石油工人技术培训系列丛书

油田机械修理

王新纯　主编

石油工业出版社

内 容 提 要

本书以典型设备为例,重点介绍了在油田广泛应用的钻机部件、修井设备、压裂设备、通井机、钻机修理附属设备以及热洗类设备的工作原理、解体检验、组装调试以及故障诊断与排除等修理规范。

本书可作为设备维修工人技术培训的教材,也可供科研人员及有关院校师生参考。

图书在版编目(CIP)数据

油田机械修理/王新纯主编.
北京:石油工业出版社,2005.8
(石油工人技术培训系列丛书)
ISBN 978-7-5021-5068-6

Ⅰ.油…
Ⅱ.王…
Ⅲ.油田开发-机械设备-修理-技术培训-教材
Ⅳ.TE94

中国版本图书馆 CIP 数据核字(2005)第 046431 号

出版发行:石油工业出版社
　　　(北京安定门外安华里2区1号　100011)
　　　网　　址:www.petropub.cn
　　　编辑部:(010)64523582　发行部:(010)64210392
经　销:全国新华书店
排　版:北京乘设伟业科技排版中心
印　刷:石油工业出版社印刷厂

2005年8月第1版　2011年12月第3次印刷
787×960毫米　开本:1/16　印张:30.5
字数:513千字

定价:25.00元
(如出现印装质量问题,我社发行部负责调换)
版权所有,翻印必究

《石油工人技术培训系列丛书》
编委会

主　　任：郑　虎
副 主 任：李万余　　　　孙祖岭　白泽生
　　　　　刘志华　孙金瑜
委　　员：(按姓氏笔画排序)
　　　　　上官建新　万志强　马卫东　马平凡
　　　　　马自勤　　王立民　王忠仁　尹君泰
　　　　　申尧民　　石桂臣　许　飞　许大坤
　　　　　朱长根　　向守源　百连刚　齐振林
　　　　　张凤山　　张景仁　张　剑　张启英
　　　　　张晗亮　　李储龙　李越强　岳丛林
　　　　　范卓瑛　　段世民　钟启钢　郭向东
　　　　　侯浩杰　　赵益红　郝春生　夏中伏
　　　　　郭跃武　　韩　炜

《油田机械修理》编写组

主　　编：王新纯
副 主 编：吴长安　高凤林　王世贵　王家齐
　　　　　韩　辉　兰中孝　张海山　李国庆
　　　　　赵公利　王秀臣　王建东　岳湘刚
　　　　　战建民
审　　稿：赵公利　温旭光　张　福　高光芒
　　　　　孙冠杰　乔庆光　孙长青　王恩才
编写人员：温旭光　高光芒　徐瑞波　宋玉双
　　　　　崔洪利　于贵山　李庆华　覃光芬
　　　　　周广庆　刘云海　范吉祥　刘连和
　　　　　胡　建　万连福　刘　辉　张　贵

努力造就更多的高技能人才

（代序）

《石油工人技术培训系列丛书》的出版，十分及时，很有必要，对加强中国石油天然气集团公司（以下简称"集团公司"）经营管理、专业技术和操作技能三支人才队伍建设，特别是操作技能人才队伍建设具有重要意义。

小康大业，人才为本。集团公司员工队伍中的高技能人才，是推动技术创新和实现科技成果转化不可缺少的重要力量，是集团公司三支人才队伍中重要组成部分。集团公司各项事业的发展，不仅需要广大专家的智慧和心血，也需要千千万万高技能人才的聪明和才智。长期以来，集团公司高技能人才奋战在油田勘探开发、炼油化工等生产一线，为科技成果的转化、产业结构的升级、企业竞争力的增强，发挥了不可替代的作用。我们要像尊重高级专家那样尊重高技能人才，要像重视高级专家那样重视高技能人才，要像关心高级专家成长那样关心高技能人才的成长。只有三支人才队伍比翼齐飞，各自发挥应有的作用，才能带动集团公司这艘巨轮乘风破浪，扬帆远航。

这些年，集团公司大力实施人才强企战略，坚持三支人才队伍一起抓，紧紧抓住培养、吸引和使用三个环节，不断改进人才工作方式方法，积极营造有利于各类人才脱颖而出的环境，有力推进了三支人才队伍建设，为建设跨国企业集团提供了人才保障。其中，在操作技能人才队伍建设方面，制定了《集团公司加强高技能人才队伍建设的意见》和《技师、高级技师管理办法》，积极组织技师、高级技师培训，全面开展班组长培训，不断提高技能鉴定工作质量，组织开展职业技能竞赛，促进了操作技能队伍素质的不断提高。但是，进一步加强高技能人才队伍建设，尽快形成一支结构合理、技术精湛、一专多能、适应国际市场规范施工作业要求的操作技能人才队伍，仍是一项十分重要而紧迫的任务。《石油工人技术培训系列丛书》的编写与出版，将为加强操作技能人才队伍培训，造就更多的高技能人才，发挥重要作用。

这套丛书从生产实际出发，以满足需求为导向，以促进员工持续学习为目的，以重点培养员工的学习能力、实践能力和创新能力为目标，内容涵盖勘探、开发、炼化、销售等领域，实践性和针对性都很强。同时，大批专家的参与写作也使教材的权威性有了保证。希望这套丛书的出版发行，能为促进集团公司员工培训工作的深入开展，为促进更多高技能人才的成长，为形成一支门类齐全、梯次合理、素质优良、新老衔接、充分满足集团公司持续有效较快协调发展需要的人才队伍做出积极的贡献。

中国石油天然气集团公司党组成员、副总经理

2005 年 1 月 28 日

目 录

第一章 钻井设备修理规范 (1)
- 第一节 12V190 柴油机的修理工艺 (1)
- 第二节 ZJ-15D 绞车修理工艺 (52)
- 第三节 SL3NB-1300 钻井泵修理工艺 (68)
- 第四节 ZJ-15D(15)变速箱修理工艺 (90)
- 第五节 MR17.5 转盘修理工艺 (112)

第二章 修井机的修理规范 (118)
- 第一节 XJ650 修井机的结构和工作原理 (118)
- 第二节 发动机的修理 (120)
- 第三节 阿里森变速箱的修理 (135)
- 第四节 修井机传动系统的修理 (148)
- 第五节 修井机液压系统的修理 (149)
- 第六节 修井机绞车、转盘等控制部分的修理 (152)

第三章 压裂设备部件修理规范 (156)
- 第一节 ALLISON 9000 系列传动箱修理规范 (156)
- 第二节 CAT3406B 发动机修理规范 (192)
- 第三节 CAT3512 柴油机修理规范 (217)
- 第四节 MWM-TBD234 柴油机修理规范 (236)
- 第五节 ZF 变速箱修理规范 (258)
- 第六节 B/FL413F 风冷柴油机修理规范 (281)

第四章 通井机修理规范 (296)
- 第一节 轮式通井机的维修 (296)
- 第二节 履带式通井机的维修 (327)

第五章 推土机和拖拉机修理规范 (337)
- 第一节 拖拉机的结构与原理 (337)
- 第二节 发动机的维修 (355)
- 第三节 底盘和推土设备的维修 (365)

第四节　整车出厂验收 ………………………………………………（374）
　　第五节　常见故障的诊断与排除方法 …………………………………（378）
第六章　热洗类设备修理规范 ………………………………………………（388）
　　第一节　GLC-60型锅炉车特车部分修理规范 ………………………（388）
　　第二节　RC-20型热洗车特车部分修理规范 …………………………（394）
　　第三节　SNC-H300型水泥车上装部分修理规范 ……………………（404）
第七章　修理案例 ……………………………………………………………（410）
　　第一节　汽油发动机 ……………………………………………………（410）
　　第二节　柴油发动机 ……………………………………………………（418）
　　第三节　锅炉 ……………………………………………………………（436）
　　第四节　底盘传动 ………………………………………………………（440）
　　第五节　电器电路 ………………………………………………………（448）
　　第六节　混砂车 …………………………………………………………（450）
　　第七节　压裂车 …………………………………………………………（455）
　　第八节　压裂仪表车和液罐车 …………………………………………（464）
　　第九节　其他 ……………………………………………………………（470）
参考文献 ……………………………………………………………………（478）

第一章 钻井设备修理规范

钻井设备主要包括钻机、钻井泵组、钻井液净化系统、动力系统(包括柴油发电机组)、空气压缩机及空气净化系统。钻机主要包括发动机或电动机、传动箱体、绞车提升系统、井架底座以及液、气、电系统等。绞车提升系统包括绞车装置、天车以及游动滑车等。绞车装置主要用于钻井过程中的提升作业和下钻时的刹车作业,主要由绞车架、主滚筒、主滚筒刹车、主滚筒辅助刹车以及天车防碰装置等组成。转盘是钻井施工中驱动钻具旋转的动力来源。钻井泵主要用于循环修井工作液,一般由电驱动或柴油机驱动。本章主要介绍 12V190 柴油机、ZJ-15D(15)绞车、SL3NB-1300 钻井泵、ZJ-15D(15)变速箱、MR17.5 转盘等部件的维修规范和修理工艺。

第一节 12V190 柴油机的修理工艺

一、12V190 柴油机的解体

(一)整机解体

整机解体工艺流程:(1)拆燃油管系统;(2)拆冷却管系统;(3)拆润滑管系统;(4)拆进气管系统;(5)拆中冷器总成;(6)拆油压低自动停车装置;(7)拆预供油泵总成;(8)拆输油泵总成;(9)拆燃油滤清器总成;(10)拆离心滤清器;(11)拆机油滤清器总成;(12)拆机油冷却器;(13)拆连接器总成;(14)拆减振器总成;(15)拆回油管组;(16)拆上、下罩壳(组);(17)拆空气滤清器;(18)拆操纵装置总成;(19)拆启动机总成;(20)拆油道盖板;(21)拆观察盖(8件);(22)拆进水管头;(23)拆水道板架;(24)拆水泵总成;(25)拆水道盖板;(26)拆呼吸器;(27)拆机油滤支架;(28)拆滑油滤支架;(29)拆油冷器左、右支架;(30)拆仪表盘总成;(31)拆排气管及波纹管组;(32)拆增压器总成;(33)拆高压油泵总成;(34)拆机械调速器总成;

(35)拆高压油泵传动装置;(36)拆减振器座;(37)拆齿轮罩壳;(38)拆飞轮端罩壳;(39)拆进、排气连杆组;(40)拆摇臂横桥、摇臂组;(41)拆喷油器总成;(42)拆手摇机油泵支架;(43)拆侧面观察盖(4件);(44)拆齿轮罩壳侧盖;(45)拆排气总管支架;(46)拆增压器支架;(47)拆启动机支架;(48)拆左、右排气管及弯头;(49)拆汽缸盖总成;(50)拆油底壳总成;(51)拆滑油泵及支架总成;(52)拆活塞连杆总成;(53)拆缸套;(54)拆曲轴总成;(55)拆止推片;(56)拆滚轮摇臂轴;(57)拆凸轮轴;(58)拆其他齿轮及齿轮座;(59)拆散热器总成;(60)拆风扇总成;(61)机体与底座分离;(62)拆水箱支架总成。

(二)整机解体中所用工具

整机解体中所用工具包括:(1)吊车;(2)开口扳手;(3)梅花扳手;(4)套筒扳手;(5)气动扳手;(6)翻转架;(7)撬杠;(8)专用绳套;(9)其他专用工具。

(三)注意事项

(1)拆下活塞连杆组时,需将缸套上部的积炭清理干净,以免划伤活塞。

(2)吊拆曲轴时,不能将绳套挂在主轴径和连杆轴径上,以免使轴径表面受到损伤。

(3)在整体吊下增压器及排气歧管总成时要掌握绳套平衡,以免造成波纹管的过度变形。

二、12V190 柴油机零配件的清洗和检验

(一)汽缸盖部件的检验

检验工具:深度尺、百分表、绞刀、研磨机、千分尺。

(1)清洗所有零件,应特别注意将气门及汽缸盖进、排气道等处的油污、积炭清理干净。

(2)检查汽缸盖有无裂纹、翘曲变形,气门密封座处有无烧损、腐蚀及下陷现象。如发现有上述损坏现象应及时进行修复或更换新件。

(3)检查进、排气门表面有无裂纹或拉伤现象,检查密封锥面和顶面有无烧损、腐蚀及不正常损坏现象。测量气门杆部与气门导管内孔间隙的配合,该间隙规定值:进气门为 0.06~0.107mm,排气门为 0.075~0.127mm。若实测间隙过大,则应配换气门或气门导管。

(4)检查气门弹簧有无扭曲变形,表面有无裂纹、锈蚀现象。

(5)检测摇臂衬套及摇臂轴的磨损状况,其配合表面有无磨损及拉伤现象,并分别测量衬套内孔和摇臂轴颈尺寸,规定配合间隙为 0.204~0.07mm。若间隙值过大,或表面出现严重损伤现象时,应配换衬套。

(6)检查摇臂衬套在摇臂座孔内是否有松动现象。两者之间应为过盈配合,如发现松动应更换新件。

(7)检查各凸头、调节螺钉及有关零件接触表面是否有凹坑、麻点及粘结现象,如有严重损伤应更换新件。

(8)检查拨叉及配合件是否有裂纹、偏磨及固定面松动现象,必要时应进行调整或更换。

(9)检查摇臂组内部油路是否畅通,可用压缩空气或细铁丝通入油道内进行检查,必要时进行清理疏通。

(10)检查所有密封件是否有损坏变形或老化现象,如有应更换新件。

(11)气门与气门座的配研。当气门与气门座面之间产生轻微的磨损凹陷或出现较小的拉痕、凹坑现象时,可采用配研方法进行修复。方法是:将汽缸盖倒置平放(使气门座朝上),在气门座表面均匀地涂一层粗研磨膏,然后用气动研磨机研 3~5min。用擦机布擦净后,再用深细研磨膏研 3~5min 即可。方法是:用擦机布擦净气门与气门座表面,然后在气门座或气门密封锥面上均匀地涂一层着色油,将气门装入导管中,用手压住气门底面使其转动 1/8~1/4 圈,迅速提起气门,观察座面着色情况,正确的配合应在座面上出现 1~1.5mm 宽的均匀、连续的接触带。同时还应检查气门凹入汽缸盖底面的深度,深度规定为 1.7~1.95mm。气门下陷深度一般不超过 3.5mm。

(12)气门座的铰削。当气门座面产生磨损凹痕或出现较严重磨损以及密封带宽度过大时,可采用铰削方法修复。方法是:先用与气门锥角相同的锥度铰刀(进气门为 60°,排气门为 45°)铰削气门座孔,然后再进行配研,并检测配合带宽度和气门下陷深度。注意:为各气门保持良好的磨体状态,相互配研后的气门均在其底面和汽缸盖底面相应座孔处打上装配标记,拆检时应按装配记号组装,不要任意调换。

(二)喷油器部件的检验

检验工具:喷油器实验台。

(1)将拆下的零件单独放入清洁的汽油或柴油中清洗干净,应注意疏通喷油器体上的油道。用压缩空气吹净,然后清理喷油头紧帽内的积炭。

(2)将喷油嘴偶件放入清洁的汽油或柴油中浸泡一段时间,再用铜丝刷将针阀体喷头表面刷净。用磨尖的铜丝或 0.35~0.40mm 的钻头清除喷孔内的积炭,然后放入清洁的汽油中清洗干净,保持各喷孔畅通。注意:清洗过程中应保持偶件的配对,不得调换。

(3)检查偶件的密封锥面及导向圆柱面是否有烧蚀或拉毛现象。

(4)检查针阀与顶杆接触的小圆柱体是否弯曲。

(5)检查偶件密封端面与喷油器体结合面贴合是否严密。

(6)若针阀与针阀体导向部分不光洁、活动性差、密封锥面有轻微损伤、针阀体与喷油器体结合面出现轻微划伤时,可采用研磨法修复。

(三)20GJ 增压器部件的检验

检验工具:百分表、千分尺、深度尺、游标卡尺。

(1)清洗压气机涡壳和扩压器上的油污。检查扩压器叶片在扩压板上的固定情况,如有松动现象,应予以固定。注意:扩压器叶片安装位置在出厂时都已调整好,并用销钉固定,不得拆动。

(2)清洗涡轮端盖、涡轮壳体和喷嘴环,将附着在表面上的积炭清除干净。若积炭清理困难时,可将其浸泡在汽油或煤油中,待积炭松软后再进行清理。检查喷嘴环叶片的紧固情况和表面状况,如有松动、损坏应其固紧或更换。

(3)清洗压气机叶轮,检查表面是否有损伤。

(4)清洗转子组,清除涡轮上的积炭。检查转子轴磨损情况及涡轮外观状况。检查密封涨圈磨损及弹力大小(将涨圈开口闭合,弹力应大于25N),如有不合格者应予以更换。

(5)清理止推片、压板、挡板等,检查各零件的磨损情况,必要时应予以更换。

(6)清洗中间支承体,检查内部冷却水道和润滑油道是否畅通,检查轴承衬套的磨损,各管接、堵头处的密封情况。

(四)空气滤清器部件的检验

用目测检验。

(1)清洗滤清器各件,内外表面应清洁干净,不得有污垢或杂物。

(2)壳体管腔、盖板不得有裂纹、破损和明显变形。

(3)纸质空气滤芯无法使用时,需要更换新件。

(4)清洗粗滤芯时,将拆下的零件用清洗剂洗干净,并用压缩空气吹干,拆卸时不要碰坏旋流管。

(5)清理主滤芯的方法是:用392~588kPa压缩空气,从滤芯内侧沿滤纸折叠方向向外吹,将聚集在滤纸上的灰尘吹净(不能由外向里吹),不要让滤芯受到冲击,也不能用强压缩空气吹,以免使滤芯变形或损伤。

(6)检查滤芯完好状况,如发现滤芯有损坏,必须更换。

(7)安全滤芯清理方法同上,如发现滤芯破损,则需换新件。

(五)中冷器部件的检验

检验工具:压缩空气、压力表、清洗机。

(1)清洗所有零件。

(2)在清洗散热片表面时,先用刷子在碱水中浸洗后,再用清水多次冲洗。

(3)用压缩空气吹干芯子组。

(4)散热片应无裂纹、无渗漏,冷却水管内腔应清洁、无水垢,管路应畅通无阻。

(5)散热片应理直、平行、间距均匀,表面应清洁、无油污。

(6)芯子组修理后,应进行密封性水压试验,压力294kPa,历时5min不得渗漏。

(7)芯子组个别扁铜管堵塞或破裂无法焊补时,允许将扁管堵塞,但堵塞数目不得超过10处。

(六)燃油管系统部件的检验

检验工具:温度计、压缩空气。

(1)在专用加热槽中煮4~6min。

(2)在清洗机内冲洗10~15min。

(3)用水冲净,用压缩空气吹干。

(4)装在高压泵上,开泵,用柴油清洗15~20min,同时观察管系是否有严重磨损或渗漏部位,如有此现象需更换新件。

(5)压缩空气吹净管内油垢、杂质等。

(七)进气管总成件的检验

检验工具:温度计、压缩空气。

(1)将各零部件在95~100℃加热槽内煮洗4~6min,然后吊出铲去石棉垫。

(2)在冲洗机中清洗15min。

(3)手工涮洗残污垫片,并用水冲洗净,然后用压缩空气吹干。

(4)各件不得有裂纹、破损和明显变形,不得有凹瘪。

(八)排气管总成件的检验

检验工具:温度计、压缩空气。

(1)将各零件放在95~100℃煮锅液内煮4~6min,然后吊出铲去石棉垫。

(2)在清洗机中冲洗15min。

(3)手涮洗残污垫片,并用水冲净。

(4)用压缩空气吹干各件。

(5)波纹管均不得有破损。

(九)机油滤清器总成的检验

检验工具:清洗机。

(1)检查机油滤清器各位置的密封胶圈是否老化,如老化更换新件。

(2)机油滤清器两端盖不得有变形和裂纹。

(3)机油滤清器本体不得有较大变形。

(十)机油冷却器总成的检验

检验工具:刷子、压缩空气。

(1)清洗所有零件。特别是芯子组、管子内外壁和散热片表面,先用刷子在碱水中浸刷后再用清水多次冲洗,最后用压缩空气吹干。

(2)检查铜管有无破损。若发现有铜管损坏,可采用焊补进行修复。若无法焊补时,可将损坏的管子两端堵牢,但堵塞处不得超过 10 处,以免影响散热效果,否则应更换芯子组。

(3)检查所有密封垫、圈有无老化、损坏现象,必要时更换新件。

(十一)气动马达总成的检验

检验工具:游标卡尺、深度尺、千分尺。
(1)清洗所有零部件。
(2)检查摩擦片有无破裂或变形损坏现象,必要时更换新摩擦片。
(3)检查叶片及定、转子表面磨损情况,必要时更换叶片。
(4)气动马达壳体、进气管接头不得有裂纹。
(5)转子、定子减速齿轮均应完好无损,符合原厂制造标准。

(十二)离心滤清器总成的检验

检验工具:塞尺、千分尺、百分表。
(1)柴油机运行 250h 左右,应清洗离心滤清器。
(2)打开转子壳后,将沉积在转子壳内壁和转子体表面上的污物刮掉,然后放入柴油或清洗剂中清洗干净。
(3)拆下集油管进行清洗。
(4)仔细疏通喷嘴上的喷孔,不要破坏喷孔的形状和尺寸。
(5)检测上下轴套与转子轴之间配合间隙。上轴套处规定间隙为 0.050~0.095mm,下轴套处规定间隙为 0.040~0.106mm。若实际间隙超出规定范围,应更换新轴套。
(6)检测转子组轴向间隙可用塞尺直接测量,该间隙标准值应为 0.5~1.0mm。

(十三)燃油滤清器总成的检验

(1)将滤芯放到柴油内将表面积污清洗干净。
(2)检查滤芯是否有破损现象,必要时应更换新滤芯。
(3)检查控制阀门转动是否灵活,是否能达到密封标准,必要时更换新的密封件。

(十四) 活塞连杆组部件的检验

检验工具：塞尺、张力计、千分尺、百分表、V形铁、游标卡尺。

(1) 活塞组的检测。首先检查活塞表面有无裂纹、刮伤或拉伤现象，应特别注意销座处有无裂纹。

(2) 根据各部位标准尺寸与磨损极限对各部位进行检查。活塞头部直径的标准尺寸为 $\phi 188.8^{0}_{-0.07}$ mm，磨损极限为 $\phi 188.65$ mm；活塞裙部（距下端70mm，垂直销轴方向）标准尺寸为 $\phi 189.69$ mm，磨损极限为 $\phi 189.55$ mm；第一道环槽与气环侧隙标准尺寸为 $0.115 \sim 0.155$ mm；磨损极限为 0.28mm；第二、第三道环槽与气环侧隙标准尺寸为 $0.095 \sim 0.135$ mm，磨损极限为 0.25mm；油环槽与油环侧隙标准尺寸为 $0.115 \sim 0.155$ mm，磨损极限为 0.28mm；活塞销座开裆与连杆小头间隙标准尺寸为 $0.4 \sim 0.7$ mm，磨损极限为 0.95mm；活塞销座孔与活塞销间隙标准尺寸为 $-0.02 \sim 0.008$ mm，磨损极限为 0.015mm。活塞头部、裙部及活塞销尺寸可用千分尺直接测出。同一组活塞质量差不大于 15g。上述实测值超出磨损极限时，应更换新活塞。注意：活塞裙部为中凸椭圆形，各部尺寸不相同测量时一定要在距活塞下端面 70mm 且垂直于活塞销孔轴线方向的位置。检查侧隙时，可将活塞环装入相应的环槽内，直接用塞尺进行测量，测量时沿周向选若干个测量点分别进行。

(3) 活塞环的检测。首先检查环的表面是否有拉伤，镀铬层是否有脱落或崩边、裂纹等损伤现象。当出现上述缺陷时，应更换新环。然后根据各部位闭口间隙，分别检测活塞环。第一道气环标准尺寸为 $0.8 \sim 1.0$ mm，最大闭合间隙为 2.5mm；第二、第三道气环标准尺寸为 $0.6 \sim 0.8$ mm，最大闭合间隙为 3mm；组合油环（不装涨簧）标准尺寸为 $0.6 \sim 0.8$ mm，最大闭合间隙为 3mm。检测方法是将活塞环放入汽缸套中磨损程度最小的位置，使活塞环平面与汽缸壁垂直，然后用塞尺测量活塞环切口处的间隙，最后分别测量所有环的切向弹力值。第一道气环标准弹力为 $73.5N \pm 14.7N$；第二、第三道气环标准弹力为 $61.3N \pm 12.3N$；组合油环（带有涨簧）标准弹力为 $137 \sim 157N$。可采用活塞环张力计直接测得其切向弹力。

(4) 连杆的检测。首先检查连杆外观是否有裂纹、锈蚀或其他损伤现象，再将连杆盖与连杆体按规定的安装扭矩结合在一起，分别测量连杆大小头孔中心距及平行度误差。中心距标准值为 $410mm \pm 0.05mm$。平行度误差采用专用工具检测。沿垂直方向上平行度误差为 0.03mm，沿水平方向上平行度误差为0.06mm。当连杆发现有损伤现象或中心距尺寸大于410.15mm，垂直方向平行度误差大于0.05mm，水平方向平行度误差大于0.10mm时，应更换连杆。同台柴油机上各活塞连杆组件间质量差，不得大于100g。

（5）连杆瓦的检查。检查轴瓦表面是否拉伤、烧熔、合金脱落或腐蚀现象，瓦背表面贴合是否均匀。轴瓦内孔的测量：将轴瓦放入连杆大头孔内，将按钮紧力矩紧固好。用内径千分尺分别在两个横截面位置处，沿相互垂直的两个方向上测得其实际直径尺寸。根据实测尺寸和形状判断误差是否超出规定要求。当轴瓦发现较重的拉伤或烧熔、合金脱落现落现象以及配合间隙过大等异常现象时，必须及时更换。

（6）连杆螺栓和螺母的检查。检查零件表面有无裂纹、锈蚀或其他损伤现象，螺纹有无变形或损坏。装配接触面是否平整，接触是否均匀。有条件时应作磁力探伤检查。如发现上述不正常现象，必须更换新件。

（十五）汽缸套部件的检验

检验工具：百分表、千分尺、深度尺、漏光板、分角仪。

（1）检查汽缸套内表面有无拉缸、裂纹等损坏现象。当表面状况正常，用测量其内径尺寸。测量时，可用内径百分表在活塞工作行程范围内依次测量4个不同位置处的孔径，在测量位置，每次应沿着机体轴向及垂直方向分别进行测量。根据实测尺寸与活塞裙部实际尺寸比较，求得最小间隙值，若该间隙值大于0.60mm时，应更换汽缸套。

（2）检查汽缸套外表面有无穴蚀现象。若穴蚀孔深度小于3mm时，可按安装方向调转90°，继续使用。若穴蚀严重，应更换缸套。

（3）在汽缸套组装到机体后，其椭圆度不得超过0.04mm。

（4）汽缸套内外表面应光洁、无擦伤、无刻痕、无拉沟，表面粗糙度Ra值不大于0.4。

（5）缸套内孔在距上端25mm和下端70mm处测量内孔的椭圆度与锥度均不应大于0.03mm。

（十六）低压停车装置总成的检验

检验工具：百分表、千分尺、游标卡尺。

（1）油缸内表面与活塞外表面不得有划伤、拉毛，表面粗糙度值不大于 0.8。

(2) 组装后各部件应灵活、无卡滞现象。

(3) 油压低于 343~392kPa 时,拨叉开始动作。

(4) 拨叉中心点的水平距离移动不得小于 65mm。

(十七) 油门操纵装置的检验

检验工具:游标卡尺。

(1) 所有零件应清洁、无锈蚀现象。

(2) 复装后手动转块应转动轻便、灵活。

(十八) 齿轮室罩的检验

齿轮室壳的各座孔上安装的部件与机体上齿轮系统直接相连,相互间具有较高的配合精度和密封要求。为保持其严格的装配精度,复装时必须进行仔细调整、找正,各密封部件要加密封垫。为了保证密封,应涂以密封胶。在紧固固定螺栓时,应注意对称紧固,各密封面应平整、无明显伤痕。固定螺栓扭矩为 88~108N·m。

(十九) 超速停车装置总成的检验

检验工具:游标卡尺。

(1) 控制阀芯与阀体孔径向间隙为 0.008~0.013mm。

(2) 各弹簧无锈蚀、断裂及弹力失效。

(3) 钩栓与控制阀芯凹槽、钩挂释放可靠。

(4) 控制阀芯内部各油路及各路接头无堵塞现象。

(5) 将阀芯垂直地从阀体内抽出 10~15mm 时,松手后阀芯能靠自重无阻滞地滑落到底。

(6) 飞铁与钩栓间隙为 0.5~1.0mm。

(7) 动作转数为柴油机额定转数 112%~115%。

(二十) 高压油泵总成的检验

检验工具:千分尺、高度尺、百分表、游标卡尺、塞尺。

(1) 将拆下的零件放入汽油或柴油中仔细地清洗几次。注意:所有偶件应单独用清洁的汽油清洗,并应成对地进行,不得错换。清洗过程中应细心操作，不得磕碰或拉伤表面。

（2）检查柱塞偶件配合表面磨损情况。柱塞装入套筒内应在任一位置转动和移动时不得有卡住或阻塞现象。若配合表面出现明显的划痕或严重磨损时，应成对更换新件。

（3）检查油阀偶件配合表面有无明显的划痕、磨损，出油阀或阀座内有无阻滞或卡住现象，必要时应成组更换新件。

（4）检查齿杆磨损情况，齿面有无损伤，是否有弯曲现象。

（5）检查挺杆外圆有无严重划伤及磨损，销孔、滚轮销及滚轮的磨损情况。

（6）检查凸轮轴凸轮表面磨损情况，有无拉伤及偏磨现象。

（7）喷油泵调节齿杆与衬套配合间隙为 0.030～0.074mm。

（8）油泵下体孔与滚轮体配合间隙为 0.025～0.077mm。

（9）滚轮体内孔与滚轮轴配合间隙为 0.006～0.037mm。

（10）喷油泵凸轮轴与中间轴承配合内孔配合间隙为 0.120～0.186mm。

（二十一）调速器总成的检验

检验工具：电子秤、千分尺、高度尺、百分表、游标卡尺。

（1）将拆下的零件放入清洁的汽油或柴油中清洗干净。

（2）检查轴头油封是否有损坏、老化现象，密封是否良好。

（3）检查齿条连接销是否有毛刺、锈蚀，转动是否灵活。注意：连接销与拉杆接头不得有发卡、粘死现象。

（4）T300/750Z 型调速器标定转速为 1500r/min，调速率为 8%，弹簧弹力范围为 85～100N，飞铁质量 297g±3g。

（5）检查顶帽表面是否有磨损现象，内孔是否磨损过大。

（6）推力轴承是否磨损。上、下轨不得有凹坑、毛刺，伸缩套应光滑、无毛刺，轴孔内光滑、无毛刺。

（7）飞铁销与飞铁配合无卡滞现象。

（8）两只球形轴承不得磨损过大，当其超过磨损极限，必须予以更换。

（9）检查调速弹簧是否有裂纹，拉力是否下降。

（10）检查滚轮是否磨损。注意：绝对不准滚轮有磨出平面现象。

（11）滚轮在滚轮销中运转灵活、无卡滞现象。

（12）调节拉杆无凹槽、无毛刺。

(13)拉杆弹簧有相应的张力、长度控制在127mm,否则将达不到功率要求。

(14)飞铁销与飞铁衬套孔配合间隙为0.013~0.044mm。

(15)飞铁滚轮销与滚轮配合间隙为0.013~0.070mm。

(16)飞铁座架衬套与伸缩轴配合间隙为0.016~0.060mm。

(二十二)喷油泵传动装置的检验

检验工具:百分表、千分尺、深度尺。

将拆下的零件清洗干净后,检查主、从动锥齿轮及联轴器,是否有点蚀、裂纹;轴承表面有无烧损、拉伤;油封是否有裂纹、老化等,如果有损伤现象应更换新件。

(二十三)飞轮连接器的检验

检验工具:游标卡尺、扭力扳手、百分表、千分尺。

(1)齿圈无掉齿、无严重切齿、无严重其他磨损,与发动机齿轮啮合间隙为0.6~0.8mm,与连接盘台阶配合间隙为0.01~0.04mm。

(2)保护铁皮无裂痕及损坏,连接盘固定螺栓扭矩245~275N·m。

(3)密封盘固定螺栓扭矩为31~41N·m。油封外径比功率输出盘内孔大0.6mm。

(4)橡胶座固定螺栓扭矩为88~108N·m,质量差不大于10g,两端台阶与孔配合间隙为0.02~0.04mm。

(5)轴承盖板固定螺栓扭矩为18~23N·m;轴向间隙不能超过0.3mm,轴承外径与孔的配合间隙为-0.02~0.01mm;内孔与定位套配合间隙为0.01~0.02mm。

(6)飞轮固定螺栓扭矩为245~275N·m。

(7)飞轮四周刻度无磨损现象,孔与定位销的配合间隙为0.01~0.02mm,与连接套相接面光滑、无损伤、无变形。

(二十四)曲轴前部轴头组件的检验

检验工具:游标卡尺、扭力扳手。

(1)减振器及连接盘固定螺栓的扭矩为147~196N·m,减振器外壳板固定螺栓不许松动,不允许硅油有渗漏,硅油不得有老化变质,减振器座与减振器的配合间隙为 0.2mm,连接盘与减振器座的配合间隙为 0.5mm。

(2)曲轴轴头螺纹处,不得有滑扣及严重碰伤现象。减振器座固定键不得有滚键及严重损伤现象,轴头背帽扭矩为 550~600N·m。

(3)油封不得有裂痕、老化及严重磨损,否则更换新油封。

(二十五)输油泵的检验

检验工具:百分表、千分尺、塞尺。

输油泵上、下盖轴向间隙值为 0.04~0.08mm,外转子与上盖径向间隙值为 0.025~0.089mm。

(二十六)水泵总成的检验

检验工具:百分表、千分尺、深度尺。

(1)检查水泵叶轮、水泵壳内腔有无腐蚀现象,检查水封配合面腐蚀、磨损状况,弹簧有无锈蚀现象,若有,更换新件。

(2)叶轮背面间隙为 1~1.3mm,水泵叶轮与进水法兰间隙为 0.8~1mm。装好后,用手拨动水泵叶轮,应转动轻快,无任何刮碰声和阻滞现象。

(二十七)传感器及仪表的检验

检验工具:仪表实验台。

(1)传感器有准确的信号,可提供真实的柴油机转数和温度值。当转速值误差超过 4% 时,更换新转速表或传感器;温度表误差大于 5% 时,更换新温度表。

(2)传感器与转数表的接线无老化及破损现象。

(3)仪表盘的减振装置应完好,仪表盘与进气道间应连接牢固,仪表盘框架应完好,无严重损坏现象。

(二十八)单向调压阀的检验

检验工具:千分尺、百分表。

(1)仔细清洗各零部件,如出现 O 形圈和弹簧断裂损坏,应予以更换。

(2)检查密封锥面接触状况,必要时可用专用工具进行配研。

(3)检查阀杆部,将阀杆插入阀盖导向孔内,阀门朝下,此时阀门应在自重作用下自由退出,不得有卡滞现象。

(二十九)飞轮端壳的检验

检验工具:游标卡尺。

密封平面处清洁、平整,无严重伤痕,稳定销及销孔无损伤,油封高出油封槽 0.3mm,在更换壳罩时必须成组更换。

(三十)油底壳的检验

检验工具:压力实验台。

(1)油底壳各密封面必须平整,无严重伤痕,整个油底壳无严重腐蚀。

(2)预热管无变形,在 98kPa 压力下进行水压试验 5min 无渗漏。

(3)防泡板的固定螺栓应防松扣,牢固可靠。

(三十一)齿轮系统的检验

检验工具:百分表、千分尺、塞尺。

(1)齿轮外端止推铜垫的轴向间隙为 0.08~0.26mm,各齿轮侧隙均为 0.15~0.48mm,各齿轮铜套与轮轴的配合间隙均为 0.065~0.130mm。

(2)各齿轮无严重磨损、掉齿及切齿现象。

(3)各齿轮座无严重磨损和变形。

(三十二)油封套及主齿轮的检验

检验工具:外径千分尺、内径百分表。

(1)锁帽上的固定锁片无损伤,锁帽处的螺纹牙型完好。

(2)油封套与油封接触面无严重磨损,油封套外径尺寸为 $\phi 130_0^{+0.043}$mm。

(3)主齿轮无严重磨损、切齿及掉齿现象,齿轮键槽完好,主齿轮固定键无滚键及磨损现象,挡油盘无损伤及变形。

(三十三)机油泵的检验

检验工具:压力实验台、千分尺、百分表、塞尺。

(1)清洗所有零件。

(2)检查泵体内腔和泵盖内侧面及衬套内表面有无擦伤及明显的磨损现象。

(3)检查泵体与泵盖上的衬套是否有松动现象。

(4)测量齿轮轴径和衬套内孔尺寸,其标准配合尺寸间隙为0.085~0.125mm;当配合间隙超差时,应更换衬套。

(5)检测齿轮径向间隙,将齿轮装入泵体内,测量齿顶圆与齿轮室之间的间隙,标准间隙为0.43~0.485mm。

(6)齿轮侧间隙标准值为0.18~0.25mm。

(三十四)曲轴总成的检验

检验工具:压力实验台、千分尺、百分表、探伤仪。

(1)用专用工具清除油道及油孔内沉积油垢。

(2)将曲轴置于煤油池内浸泡,并刷洗油道及表面。

(3)将曲轴吊出,擦净表面浮油。

(4)用压缩空气吹除表面杂质。

(5)磨修后清洗。

(6)曲轴必须做无损探伤检查,应无刻痕、无裂纹。

(7)各轴径的轴肩圆角处表面粗糙度 Ra 值不大于0.8。

(8)曲轴主轴径、连杆轴径锥度、失圆度不大于0.03mm。

(9)曲轴主轴径,连杆轴径可分级磨修,最小基本尺寸分别不小于 $\phi158$mm 和 $\phi128$mm;主轴径分级磨修,最大宽度不大于81.4mm,磨修后轴径表面硬度不得低于HRC40。

(10)曲轴主轴径为 $\phi160_{-0.025}^{0}$ mm,连杆轴径为 $\phi130_{-0.025}^{0}$ mm。当实际尺寸小于相当的基本尺寸0.05mm或圆度误差大于0.03mm时,应进行磨修,并配换轴瓦。

(11)曲轴径向跳动误差大于0.06mm时,应更换曲轴或进行调直修复。

(三十五)凸轮轴总成的检验

检验工具:千分尺、百分表、探伤仪、塞尺、V形铁。

(1)清洗所有零件。

(2)检查凸轮轴所有支承轴颈及凸轮表面有无异常磨损、裂纹、烧伤等损坏现象。凸轮轴表面粗糙度 Ra 值不大于 0.8,并应进行无损探伤检查。若有轻微的拉伤,可通过磨修进行修复。若损坏严重时,应更换新的凸轮轴。

(3)检查凸轮轴支承轴颈及凸轮轴瓦配合间隙,配合间隙规定为 0.100~0.165mm,止推间隙规定为 0.11~0.186mm。

(4)检查凸轮轴支承轴颈的径向圆跳动。方法是:用 V 形架支承凸轮轴两端支承轴颈,将千分表置于中间支承轴颈表面,测得径向圆跳动误差;该圆跳动误差应小于 0.025mm,当跳动误差大于 0.05mm 时,应进行调直或更换新轴。

(5)检查凸轮轴轴瓦有无拉伤、磨损、烧伤等损坏现象,若损坏更换新轴瓦。

(三十六)滚轮摇臂轴组件的检验

检验工具:千分尺、百分表。
(1)清洗所有零部件。
(2)检测滚轮摇臂轴与滚轮摇臂衬套的配合间隙,该间隙规定为0.065~0.102mm。
(3)拆检滚轮摇臂组。方法:取下滚轮轴端的轴用弹性挡圈、滚轮轴和浮动套。检查滚轮表面有无严重磨损、拉伤或压坑。浮动套内孔与滚轮轴之间的配合间隙,该间隙分别规定为 0.065~0.111mm 和 0.050~0.088mm。

(三十七)机体总成的检验

检验工具:千分尺、百分表、压力实验台。
(1)机体应清洗干净,油道、水道内不得有油污。
(2)缸套压入机体后进行水压试验,392kPa 时,10min 不渗漏。
(3)机体应对油路进行油压试验,980~1170kPa 时,10min 内不渗漏。
(4)机体与汽缸套的下配合带腐蚀区域是否超过缸套第一道密封环的中心位置,深度是否超过 1mm。
(5)机体汽缸套支肩上不得有腐蚀点。
(6)固定缸盖的双头螺栓不得伸长、弯曲、滑扣,不垂直度不大于全长的 0.5mm。

(7)主轴承螺栓是否松动和损坏。

(8)机体孔与汽缸套外径的配合间隙为 0.05~0.132mm。

(9)机体凸轮轴孔与凸轮轴轴瓦的配合间隙为 -0.016~0.010mm。

(三十八)风扇及其传动装置的检验

检验工具:千分尺、百分表、深度尺。

(1)将总成各零组件清洗除锈。

(2)风扇应牢固可靠,不得有裂纹,叶片形状应符合原厂制造要求。

(3)风扇皮带轮、护罩、胀紧轮及其滚动轴承应完好无损,符合原厂制造要求。

(4)皮带轮护罩、风扇护罩及导风罩不得损坏、裂纹和变形。

(三十九)水箱及其附件的检验

检验工具:压力实验台、直角尺、游标卡尺。

(1)清洗散热器及其支架各件。

(2)用碱水浸洗散热器。

(3)用专用工具疏通散热扁管,再用清水多次冲洗,最后用空气压缩机吹干。

(4)检查扁管有无破损,如发现有个别扁管破损,应进行修复;无法焊补时,可将管的两端堵死,但堵塞的根数不得超过 4 根(每个芯子组)。

(5)碰弯的散热器片应进行校正,散热片应理直、平整、片距均匀、表面清洁、无油污、无尘埃。

(6)散热器护罩铁皮框架不得变形、凹凸不平,铁网不得破损。

(7)水箱支架不得变形或有裂纹。

(8)水箱上罩几何形状要符合标准。

(9)高低温联箱胶管不得老化或有裂纹,否则应更换胶管。

(四十)主要配合尺寸

大修机主要配合尺寸参照表 1-1。

表 1–1 大修机主要配合尺寸   mm

序号	配合名称	原设计规定 孔尺寸/轴尺寸	原设计规定 配合状态	大修规定 孔尺寸/轴尺寸	大修规定 配合状态
1	机体上孔与汽缸套外径	$\phi 216_0^{+0.046}$ / $\phi 216_{-0.096}^{-0.050}$	+0.050 ~ +0.142	$\phi 216_0^{+0.072}$ / $\phi 216_{-0.122}^{-0.050}$	+0.050 ~ +0.194
2	汽缸套与活塞头部	$\phi 190_0^{+0.046}$ / $\phi 188.8_{-0.07}^{0}$	+1.200 ~ +1.316	$\phi 190_0^{+0.072}$ / $\phi 188.8_{-0.185}^{0}$	+1.200 ~ +1.457
3	汽缸套与活塞裙部	$\phi 190_0^{+0.046}$ / $\phi 189.68 \pm 0.08$	+0.230 ~ +0.436	$\phi 190_0^{+0.072}$ / $\phi 189.69_{-0.15}^{0}$	+0.310 ~ +0.497
4	第一道环槽与气环	$4.5_{+0.115}^{+0.135}$ / $4.5_{-0.02}^{0}$	+0.115 ~ +0.155	$4.6_{+0.01}^{+0.31}$ / $4.5_{-0.2}^{0}$	+0.11 ~ +0.43
5	第二、第三道环槽与气环	$4.5_{+0.095}^{+0.115}$ / $4.5_{-0.02}^{0}$	+0.095 ~ +0.135	$4.6_0^{+0.13}$ / $4.5_{-0.02}^{0}$	+0.11 ~ +0.25
6	油环槽与油环	$8_{+0.115}^{+0.135}$ / $8_{-0.02}^{0}$	+0.115 ~ +0.155	$8_{+0.013}^{+0.103}$ / $8_{-0.2}^{0}$	+0.113 ~ +0.223
7	气环闭合间隙	—	0.8 ~ 1.0（第一道气环） 0.6 ~ 0.8（第二、第三道气环）	—	0.8 ~ 1.0（第一道气环） 0.6 ~ 0.8（第二、第三道气环）
8	油环闭合间隙		0.6 ~ 0.8		0.6 ~ 0.8
9	活塞销孔与活塞销	$\phi 70_{-0.020}^{-0.005}$ / $\phi 70_{-0.013}^{0}$	+0.008 ~ -0.020	$\phi 70 \pm 0.015$ / $\phi 70_{-0.019}^{0}$	-0.015 ~ +0.034
10	连杆小头衬套孔与活塞销	$\phi 70_{+0.07}^{+0.09}$ / $\phi 70_{-0.013}^{0}$	+0.070 ~ +0.103	$\phi 70_{+0.080}^{+0.126}$ / $\phi 70_{-0.019}^{0}$	+0.080 ~ +0.145
11	连杆小头孔与衬套外径	$\phi 78_0^{+0.03}$ / $\phi 78_{+0.065}^{+0.085}$	-0.035 ~ -0.085	$\phi 78_0^{+0.046}$ / $\phi 78_{+0.005}^{+0.085}$	-0.019 ~ -0.085
12	曲轴连杆轴颈与连杆轴承孔	$\phi 130_{+0.11}^{+0.14}$ / $\phi 130_{-0.025}^{0}$	+0.110 ~ +0.165	—	+0.110 ~ +0.165
13	主轴颈与主轴承孔	$\phi 160_{+0.160}^{+0.214}$ / $\phi 160_{-0.025}^{0}$	+0.160 ~ +0.239	—	+0.160 ~ +0.239
14	机体凸轮孔与凸轮轴承	$\phi 82_0^{+0.035}$ / $\phi 82_{+0.051}^{+0.073}$	-0.016 ~ -0.073	$\phi 82_0^{+0.054}$ / $\phi 82_{+0.051}^{+0.073}$	+0.003 ~ -0.073

续表

序号	配合名称	原设计规定		大修规定	
		孔尺寸 / 轴尺寸	配合状态	孔尺寸 / 轴尺寸	配合状态
15	凸轮轴承孔与凸轮轴颈	$\phi 72^{+0.146}_{+0.100}$ / $\phi 72^{0}_{-0.19}$	$+0.100 \sim +0.165$	凸轮轴颈分级磨修、配衬套	$+0.100 \sim +0.165$
16	凸轮轴止推面与止推法兰面	$\phi 14^{+0.043}_{0}$ / $\phi 14^{-0.110}_{-0.143}$	$+0.110 \sim +0.186$	$\phi 14^{+0.07}_{0}$ / $\phi 14^{-0.11}_{-0.44}$	$+0.11 \sim +0.51$
17	机体摇臂轴套孔与摇臂轴套	$\phi 55^{+0.03}_{0}$ / $\phi 55^{+0.045}_{+0.032}$	$-0.045 \sim -0.002$	$\phi 55^{+0.046}_{0}$ / $\phi 55^{+0.05}_{+0.02}$（选配）	$-0.045 \sim -0.002$
18	滚轮摇臂轴套孔与摇臂轴	$\phi 30^{+0.041}_{+0.028}$ / $\phi 30^{-0.040}_{-0.061}$	$+0.068 \sim +0.102$	$\phi 30^{+0.112}_{+0.025}$ / $\phi 30^{-0.040}_{-0.092}$	$+0.065 \sim +0.204$
19	滚轮摇臂滚轮孔与浮动套外圆	$\phi 24^{+0.33}_{0}$ / $\phi 24^{-0.065}_{-0.078}$	$+0.065 \sim +0.111$	$\phi 24^{+0.084}_{0}$ / $\phi 24^{-0.065}_{-0.085}$	$+0.065 \sim +0.170$
20	浮动套孔与滚轮轴	$\phi 15.3^{+0.027}_{0}$ / $\phi 15.3^{-0.050}_{-0.061}$	$+0.050 \sim +0.088$	$\phi 15.3^{+0.043}_{0}$ / $\phi 15.3^{-0.050}_{-0.077}$	$+0.05 \sim +0.12$
21	汽缸盖导管座孔与气门导管外圆	$\phi 20^{+0.021}_{0}$ / $\phi 20^{+0.041}_{+0.028}$	$-0.007 \sim -0.041$	$\phi 20^{+0.028}_{0}$ / $\phi 20^{+0.041}_{+0.028}$	$0 \sim -0.041$
22	气门导管孔与进气门杆	$\phi 14^{+0.027}_{0}$ / $\phi 14^{-0.06}_{-0.08}$	$+0.060 \sim +0.107$	$\phi 14^{+0.07}_{0}$ / $\phi 14^{-0.06}_{-0.13}$	$+0.06 \sim +0.20$
23	气门导管孔与排气门杆	$\phi 14^{+0.027}_{0}$ / $\phi 14^{-0.075}_{-0.100}$	$+0.075 \sim +0.127$	$\phi 14^{+0.07}_{0}$ / $\phi 14^{-0.075}_{-0.145}$	$+0.075 \sim +0.215$
24	进、排气门底面凹入汽缸盖底面深	—	$1.50 \sim 1.95$	—	$1.5 \sim 3.5$
25	汽缸盖摇臂衬套与摇臂轴	$\phi 30^{+0.098}_{+0.065}$ / $\phi 30^{+0.041}_{+0.028}$	$+0.024 \sim +0.070$	$\phi 30^{+0.149}_{+0.065}$ / $\phi 30^{+0.041}_{+0.008}$	$+0.024 \sim +0.141$
26	气门摇臂横桥孔与导向柱	$\phi 16^{+0.122}_{+0.095}$ / $\phi 16^{+0.045}_{+0.018}$	$+0.050 \sim +0.104$	$\phi 16^{+0.205}_{+0.095}$ / $\phi 16^{+0.045}_{+0.018}$	$+0.050 \sim +0.187$
27	汽缸盖护套孔与喷油器护套	$\phi 32^{+0.027}_{0}$ / $\phi 32^{+0.087}_{+0.048}$	$-0.021 \sim -0.087$	$\phi 32^{+0.039}_{0}$ / $\phi 32^{+0.087}_{+0.048}$	$-0.009 \sim -0.087$

续表

序号	配合名称	原设计规定		大修规定	
		孔尺寸 / 轴尺寸	配合状态	孔尺寸 / 轴尺寸	配合状态
28	凸轮轴中间齿轮铜套与轮轴	$\phi50^{+0.025}_{0}$ / $\phi50^{-0.065}_{-0.105}$	$+0.065 \sim +0.13$	轮轴分级磨修,配铜套	$+0.065 \sim +0.130$
29	水泵中间齿轮铜套与轮轴	$\phi40^{+0.033}_{0}$ / $\phi40^{-0.065}_{-0.105}$	$+0.065 \sim +0.138$	轮轴分级磨修,配铜套	$+0.065 \sim +0.138$
30	燃油输油泵上盖孔与转轴	$\phi12^{-0.018}_{0}$ / $\phi12^{-0.016}_{-0.034}$	$+0.016 \sim +0.052$	$\phi12^{+0.043}_{0}$ / $\phi12^{-0.016}_{-0.059}$	$+0.016 \sim +0.102$
31	燃油输油泵下盖孔与转轴	$\phi16^{-0.018}_{0}$ / $\phi16^{-0.032}_{-0.050}$	$+0.032 \sim +0.068$	$\phi16^{+0.043}_{0}$ / $\phi16^{-0.032}_{-0.075}$	$+0.032 \sim +0.118$
32	燃油输油泵上盖孔与外转子	$\phi50^{-0.025}_{0}$ / $\phi50^{-0.025}_{-0.064}$	$+0.025 \sim +0.089$	$\phi50^{+0.062}_{0}$ / $\phi50^{-0.025}_{-0.087}$	$+0.025 \sim +0.149$
33	机油泵体与衬套	$\phi40^{+0.025}_{0}$ / $\phi40^{+0.076}_{+0.060}$	$-0.035 \sim -0.076$	$\phi40^{+0.039}_{0}$ (选配衬套)	$-0.035 \sim -0.076$
34	机油泵衬套与齿轮轴	$\phi32^{+0.025}_{0}$ / $\phi32^{-0.085}_{-0.100}$	$+0.085 \sim +0.125$	$\phi32^{+0.039}_{0}$ / $\phi32^{-0.085}_{-0.124}$	$+0.085 \sim +0.163$
35	机油泵座孔与齿轮外径	$\phi80.33^{+0.025}_{0}$ / $\phi80^{-0.10}_{-0.12}$	$+0.430 \sim +0.485$	$\phi80.33^{+0.087}_{0}$ / $\phi80^{-0.100}_{-0.119}$	$+0.430 \sim +0.536$
36	离心滤清器转子上轴套与轴	$\phi15^{+0.027}_{0}$ / $\phi15^{-0.050}_{-0.068}$	$+0.050 \sim +0.095$	$\phi15^{+0.043}_{0}$ / $\phi15^{-0.050}_{-0.093}$	$+0.050 \sim +0.136$
37	离心滤清器转子下轴套与轴	$\phi20^{+0.033}_{0}$ / $\phi20^{-0.040}_{-0.073}$	$+0.040 \sim +0.106$	$\phi20^{+0.052}_{0}$ / $\phi20^{-0.042}_{-0.092}$	$+0.040 \sim +0.144$
38	气动预供油泵铜套与转子轴	$\phi18^{+0.018}_{0}$ / $\phi18^{-0.032}_{-0.059}$	$+0.032 \sim +0.077$	$\phi18^{+0.043}_{0}$ / $\phi18^{-0.032}_{-0.075}$	$+0.032 \sim +0.118$
39	气动预供油泵泵体与外转子	$\phi67^{+0.03}_{0}$ / $\phi67^{-0.100}_{-0.146}$	$+0.100 \sim +0.176$	$\phi67^{+0.046}_{0}$ / $\phi67^{-0.100}_{-0.146}$	$+0.100 \sim +0.192$
40	气动预供油泵的转子与泵体轴向间隙	$\phi35^{+0.119}_{+0.080}$ / $\phi35^{-0.025}_{-0.050}$	$+0.105 \sim +0.169$	修复	$+0.105 \sim +0.169$

三、12V190柴油机总成件的装配

(一)汽缸盖的组装

汽缸盖所有零件检验合格后,方可进行组装。注意:

(1)安装气门组时,一定要按气门装配记号位置对号入座,不得随意调换,气门弹簧一定要将螺距较小的一端朝下放置。

(2)更换摇臂衬套时,应采用冷装。严禁采用硬砸的方法将其压入。应注意使衬套上的油孔与摇臂油孔位置对齐。

(3)安装喷油器护套时,更换的密封圈应在上、下端密封表面涂上密封胶,然后压入孔内,安装好后,必须进行密封性水压试验:向汽缸盖冷却水腔内注入压力为392kPa的冷却水,历时5min,不得有渗漏现象,注意检查护套上、下密封面、外侧堵头等密封状况。

(4)安装喷油器时,装好后测量喷油头伸出汽缸盖底面的高度,高度规定为2.4~3.0mm,该高度可以通过改变垫片厚度的办法进行调整。

(5)汽缸盖部件组装好后,加放汽缸垫,固定在机体上。在上紧汽缸盖螺母时,分别以40N·m,80N·m,160N·m,320N·m的扭矩,分4次均匀拧紧。

(二)喷油器的组装

(1)零件检查合格后,应清洗干净,若偶件损坏,必须成组更换。

(2)安装喷油头紧帽时,扭紧力矩规定为58.8~78.4N·m,必要时应检查喷油嘴伸出的高度。

(三)增压器的组装

增压器装配过程与拆卸过程相反。在装配时应注意以下事项:

(1)装配前所有零件必须用煤油或汽油冲洗干净,并在各摩擦表面涂上适当的润滑油。

(2)安装密封涨圈时,最好使用导向装置,以防胀圈开口处拉伤零件表面,同一侧上的两个涨圈开口位置应错开180°。

(3)装配转子时,压气机圆螺母扭矩为69~80N·m。

(4)安装浮动套时,应注意方向,将端面带凹槽的一侧朝向支承体。安装转子轴时,应细心操作,以防止轴肩碰伤浮动套内表面。

(5)检查所有调整垫、密封垫是否完好。

(6)装配时要保证各装配间隙:①压气机叶轮圆弧处间隙为 1.00 ~ 1.20mm;②压气机叶轮背面间隙为 1.00 ~ 1.20mm;③废气涡轮圆弧处间隙为 1.00 ~ 1.20mm;④废气涡轮背面间隙为 1.00 ~ 1.40mm;⑤喷嘴环端面间隙为 0.10 ~ 0.25mm;⑥浮动套外圆间隙为 0.195 ~ 0.225mm;⑦浮动套内孔间隙为 0.095 ~ 0.125mm;⑧转子轴向窜动量为 0.16 ~ 0.20mm;⑨压气机端密封环侧隙为 0.3 ~ 0.36mm;⑩废气涡轮端密封环侧隙为 0.3 ~ 0.36mm;⑪扩压器端面间隙为 0.3 ~ 0.36mm;⑫增压器装配完成后,用手拨动转子应灵活、轻快,不得有任何卡滞现象和刮碰声音。

(四)空气滤清器总成的组装

(1)各密封处密封要严,不得有漏气。

(2)各卡箍搭扣、螺母要装好,防止松动。

(五)中冷器总成的组装

中冷器组装后,需进行密封性水压试验,压力为 196kPa 时,5min 不得渗漏。

(六)燃油管系统的组装

(1)备齐零件并清洗。

(2)将高压油管调直。

(3)将组合件按顺序摆放。

(4)装左右排高压油管。

(5)装卡子紧固。

(6)装压帽、护圈及密封圈,并抛光球头。

(7)所有输油管线不得凹瘪、扭曲或有陡弯。

(8)低压油管线在 196kPa 时,历时 5min 不渗漏。

(9)高压油管在 784kPa 时,3 ~ 5min 内不渗漏。

(七)进气管总成及管组的组装

(1)各连接处的胶圈、胶垫应更换新件。
(2)各密封接头处应密封严密,不得漏气。

(八)排气管总成的组装

(1)装波纹管组。
(2)装上排气管弯头。
(3)装测温螺塞。
(4)把波纹管组装到排气总管上。
(5)排气歧管、总管等连接处密封要严密,不允许漏烟、漏气。
(6)排气管所用螺栓、螺母不允许用普通螺栓、螺母代替。
(7)各排气波纹管最大拉伸值不得超过1.5mm。

(九)机油滤清器的组装

(1)装上后盖板和芯杆,用手转动芯杆,检查其连接是否紧固。
(2)安装新滤芯时必须逐件仔细检查,不得有破损、挤压变形和端盖脱胶现象。
(3)放入垫圈,旋上压紧螺母。旋入时,直至刚好把滤芯压住(用手转动滤芯处于刚好不能转动),然后旋入0.5~1.0圈。注意:螺母旋紧位置是其前端槽与侧盖内侧上的拉筋位置对齐(以防安装前盖时受阻,压坏机件,并防止在工作中松动)。
(4)最后组装前盖板,并与机体相连。

(十)机油冷却器的组装

(1)组装时应注意:必须使芯子和壳体上的"0"记号对准,以免使隔板安装方位搞错,造成机油流动产生"死区",降低冷却效果。
(2)组装后,需经水压试验,水腔压力为294kPa,油腔压力为980kPa,历时5min,不得有渗漏现象。

(十一)气动马达总成的组装

(1)离合器的主、从动摩擦片应交替装入,同时调整到适宜的紧度。

(2)离合器锁紧螺母调整扭矩为245~284N·m。

(3)组装前各轴承润滑部位要加入足够的润滑油。

(4)配齐油杯、油嘴等附件。

(十二)离心滤清器的组装

(1)组装转子组。先安装集油管,应使集油管上带孔一侧朝向转子中心,然后用扁螺母将其锁紧。再依次将转子体、密封圈和转子壳装到转子套上,最后用扁螺母将其固紧。注意:转子体与转子壳相应位置处打有装配记号,安装时一定要对准原记号位置。

(2)将转子组装到转子轴上,旋紧螺母。

(3)装好转子后,用手拨转应转动灵活,无卡滞现象。最后装上外壳,并旋上固定螺母。

(十三)燃油滤清器的组装

(1)将旧滤芯从滤筒组上抽下,取新滤芯套上,并分别在距上、下端面14mm处用镀锌铁丝捆牢。

(2)装好毡垫和密封胶圈(必要时更换新件)。

(3)将滤清器盖装好。

(4)将三通阀转至全通位置。

(十四)活塞连杆部件的组装

安装前必须将所有零件检查合格后方可进行。当需要更换新件时,一定要满足零件的互换要求。

(1)连杆小头衬套的安装。将连杆均匀加热到180~200℃,取出后速将小头衬套压入孔内。注意:装入时应使衬套的油孔与连杆小头处的油孔对齐。

(2)活塞与连杆的组装。活塞与连杆通过活塞销连接在一起,安装时先将活塞销孔的一端装入挡圈,然后将活塞放入烘箱或机油中均匀加热至150~170℃。取出后,将连杆小头插入活塞中间开档处,使连杆小头孔与活塞销座孔对正,迅速装入活塞销,并将另一端挡圈装好。

(3)安装活塞环:先装油环,将锁口用钢丝穿入涨簧内,然后将涨簧装入活塞上油环槽内,并使涨簧接口与油环开口错交180°,最后油环用专用工具装入活塞的油环槽内,再依次用专用工具装入各道气环。注意:安装第二、第三道气环时一定要将凹槽的一侧朝向活塞顶。

(4)连杆轴瓦的安装。将连杆上、下轴瓦按侧面标记位置,分别放到连杆体和连杆盖座孔内,并使定位唇与定位槽位置对正,用两手同时压住瓦口两侧端面,将其压入,使瓦背与座孔面紧密贴合在一起。注意:连杆下轴瓦有内油槽,安装时不得将上、下位置装反。

(十五)汽缸套的组装

将密封胶圈分别装到汽缸套上。注意:缸套上密封胶圈应由耐油、抗高温氟橡胶制成,不得以普通胶圈代用。密封圈宽的一种倒角应朝下装置,不应有翻圈等现象;应在胶圈表面涂以少量肥皂液。

(十六)低压停车装置的复装

低压停车装置组装时,其滑阀应滑动灵活、无卡滞现象;在油压低于343-392kPa时开始动作。

(十七)油门操纵装置的复装

组装前,在零件表面涂上黄油;组装后,应转动灵活,钢丝绳的行程大于95mm。

(十八)齿轮室壳罩的复装

将齿轮室壳罩与机体间的密封垫装好,并在其正反两面涂以密封胶,然后将齿轮室壳吊装。将专用找正工具装在喷油泵支架座孔内,以工具内孔为基准,使凸轮轴外伸花键轴线与其对正,保持工具内孔与花键轴间转动灵活,然后再用专用工具调整曲轴外伸轴上的挡油螺纹圈外圆,油封座孔周围间隙应保持均匀,位置调整好后按规定扭矩均匀紧固所有螺栓。

(十九)超速停车装置的复装

(1)保持控制阀芯与阀体孔的配研间隙,必要时进行研修。

(2)动作转数的调整:向里拧调节螺栓时超速停车装置转速升高,向外拧时动作转速降低。调整后旋紧螺母,装上后盖和油塞。

(二十)高压油泵的复装

高压油泵的复装过程应注意以下事项:

(1)必须按原装配部位复装,特别是偶件不能调换。

(2)装配过程中应检查运动部件配合是否灵活,如有卡滞现象必须查明原因,并在排除后再进行装配,严禁用力强行安装。

(3)为便于供油始点的调整,挺杆组件的安装尺寸应预先调至64.5mm长度。

(4)为便于各缸供油量的调整,喷油泵应按相对位置关系记号进行装配,即将齿杆上的标记孔与泵体端面对齐(齿杆端面外伸57.0~57.5mm),再将油量控制套筒上3个调节用小孔的中间孔与调节齿圈的开口及柱塞拨块上的刻线对齐。

(5)出油阀紧座的旋紧扭矩规定为137~147N·m,应严格按规定要求旋紧,以免超出规定,造成柱塞咬死现象。

(6)喷油泵装配好后,必须在实验台上进行供油角度和供油量均匀度的检查,在调整合格后方可使用。

(二十一)调速器的复装

(1)零件检查合格后应清洗干净。

(2)油封密封效果应达到规定要求。

(3)齿条连接销与拉杆接头配合应灵活,不得有卡滞现象。

(4)飞铁推动滚轮处应无磨损现象。

(5)伸缩轴应无卡滞。

(6)为保证调速精确,飞铁质量严格控制在297g±3g(T300/750Z型泵)。

(7)为了保证柴油机调速灵活准确,调速弹簧弹力应控制在85~100N。

(8)拉杆弹簧有相应的张力,长度控制在127mm。

(9)机械式调速器采用飞溅式润滑,使用中应定期检查调速器内油面高度,以保证其正常润滑,液面太低油量不足会使零件磨损过快,液面过高会使飞铁工作时阻力过大,影响其正常工作。

(二十二)高压油泵传动装置的复装

清洗所有零件,检查合格后进行复装。注意:

(1)严格按规定的装配标记进行复装。

(2)应调整主动锥齿轮与被动锥齿轮的啮合间隙,间隙值为 0.15~0.30mm。

(3)高压油泵传动轴的轴向间隙,规定为 0.1~0.3mm,可以通过更换两侧轴承盖板垫片的厚度进行调整。联轴器外齿套与盖板端面间轴向间隙规定为 0.5~1.0mm,可通过更换盖板垫片厚度进行调整。

(4)装好后,应向齿轮联轴器内加注 3 号石墨锂基润滑油。

(二十三)飞轮连接器的复装

(1)飞轮联接器在组装后,齿圈端面摆差不大于 0.5mm,其固定螺栓的扭矩为 88~108N·m。

(2)组装时固定螺栓四角对称扭紧,扭矩为 245~274N·m。

(3)油封槽与油封配合角度合适,且定位盘无磨损、无变形。

(4)橡胶座无裂纹或老化及变形现象,无合适质量橡胶座时,可采用对称换两个橡胶座的办法。

(5)油封与油封套的配合间隙为 -0.6mm,轴承转动自由,无卡滞现象,各内螺纹连接位置无损伤,扣型完好。

(6)定位套与轴承接触表面无损伤且达到规定尺寸 $\phi 100_{-0.02}^{-0.01}$ mm,输出盘与油封接触面应光滑。

(7)飞轮连接器与曲轴组装后,飞轮外圆的圆跳动不大于 0.5mm。

(二十四)曲轴前部轴头组件的复装

(1)连接盘上的销孔有严重磨损,应进行焊修。

(2)减振器座与其他部件接触面应平整,若有碰伤用锉刀修复;组装减振器座时不得用加热的方法。

(二十五)输油泵的复装

检查油封及密封圈是否有裂纹或老化现象,必要时更换新件。注意事项:

(1) 按实测的转子与上、下盖间的轴向间隙值选取适宜厚度的垫片,使该间隙达到规定范围。

(2) 注意油封安装方向,相反方向会失去密封作用。

(3) 安装 O 形密封圈时,在密封圈外接合面可涂密封润滑脂,以增加密封的可靠性。

(4) 装好后用手转动十字头,应灵活、轻快、无阻滞现象。

(二十六) 水泵的复装

水泵壳腔腐蚀严重应更换新件,检查橡胶护套是否老化损坏,必要时更换新件,检查油封是否有裂纹老化现象。组装更换水封的方法是:把动、静环环座孔清洗干净后涂上一层厌氧胶;将动环与橡胶座一起压入叶轮座孔,严禁敲击,以免损坏动环;用专用工具将静环缓缓压入水泵壳体内,最后在动静环结合表面涂少量密封润滑脂。

(二十七) 传感器的复装

注意:在压力表安装时与机油管线接触处应按正方向安装且装上相应厚度的铜垫片,使传感器能准确得到机油压力值。

(二十八) 单向调压阀的复装

(1) 按先后次序将各部件进行组装,并紧固固定螺栓。

(2) 在规定范围内随时调整调压阀的控制压力。

(二十九) 飞轮端壳罩的复装

(1) 油封高度过低时,应更换毛毡油封;各密封垫正反面应涂密封胶,油封应高出油槽 0.3mm。

(2) 安装壳罩时,必须保持座孔与曲轴轴线间的同轴度。

(三十) 油底壳的复装

油底壳内必须清理干净,无杂物,防泡板、预热管的固定要牢固可靠。在组装时,要在其密封垫两侧涂上密封胶(在组装过程中应把所有螺栓旋入内螺纹后再对称扭紧)。

(三十一)齿轮系的复装

(1)齿轮轴座处的密封垫在涂密封胶时应注意不要将胶涂到油道孔边缘,以免堵塞油道。

(2)在安装时一定要锁紧锁帽,并用止退锁片锁好,若锁帽与锁片不对口,可采用更换锁中帽的办法进行,用压熔断丝的方法检测啮合间隙。齿轮啮合间隙的调整方法是:①松开固定中间齿轮轴的所有固定螺栓。②将中间齿轮装到轮轴上通过移到轮轴的方法来调整齿侧间隙,直到符合规定要求的固定轮轴位置,紧好螺栓,重新配装定位销。

(三十二)油封套及主齿轮的复装

将主齿轮加热到120℃,把其装到曲轴上,再将挡油盘、油封套装配到曲轴上。注意:将油封套里侧的稳定销与挡油盘上的固定孔对好,并插入主齿轮键槽内,最后将锁片装入,把锁帽锁紧,并把锁片止锁部位折弯。

(三十三)机油泵的复装

(1)组装时,应将泵体盖上定位销孔位置对正,先打入圆柱销后,再拧上两侧短螺栓。

(2)组装后用手转动主动齿轮,应灵活、无卡滞现象。

(3)最后将机油泵装到机油泵支架上。

(4)性能试验时,转速为2032r/min、机油压力为784kPa,输油量应不少于200L/min。

(5)密封试验时,转速为2032r/min,机油压力为980kPa,5min 不渗漏。

(三十四)曲轴总成的复装

(1)压装连接套。

(2)装平衡块定位销。

(3)装平衡块。

(4)装减振器座平键。

(5)装减振器座和固定螺母。

(6)装曲轴油道油堵。

(7)动平衡试验。

(8)密封试验,机油压力为980kPa,5min 不渗漏。

(9)曲轴平衡块不得调换和颠倒顺序装配,复装时应按原位装好(平衡块上打印标记的一侧,装配时朝向主轴径)。

(10)曲轴平衡块扭紧力矩为 539~588N·m;以 150N·m,300N·m,550N·m,600 N·m 扭矩分 4 次均匀旋紧。

(11)油堵螺栓扭矩为 98~118N·m,安装时应在螺母与油堵结合两处缠上丝线。

(三十五)凸轮轴的复装

凸轮轴组件的装配:

安装时应先装入止推法兰和垫圈,再用热装法装上定时齿轮和固定销帽。注意:安装定时齿轮时应将打有装配标记的一侧朝外。然后用塞尺检查止推间隙是否合格。

(三十六)滚轮摇臂轴组件的复装

(1)滚轮摇臂轴两端的油堵要牢固可靠。

(2)滚轮摇臂在装配时,注意安装方向是否正确。

(三十七)机体总成的复装

(1)装主轴承互盖双头螺栓。

(2)做主油道液压试验。

(3)装缸盖固定螺栓。

(4)装汽缸套。

(5)装凸轮轴瓦和滚轮摇臂轴套。

(6)装机体水道大盖板与水道板架。

(7)装主油道油堵。

(8)测量主轴承座孔。

(9)做水压试验、清洗。

(10)检查。

(三十八)风扇及其传动装置的复装

(1)按与拆卸相反的顺序组装。
(2)风扇轴组装后,滚动轴承轴向间隙为0.3~0.5mm。
(3)风扇组装后运转应灵活、无卡滞、无刮痕等现象。
(4)组装零部件要完整,齐全。

(三十九)散热器分总成与支架的复装

散热器总成、膨胀水池均应进行水压密封试验,在392kPa时,3~5min内不得渗漏。

四、12V190柴油机机身总成的装配

(1)按装配配套一览表检查验收零部件。
(2)在机身自由端面主油道下方装油塞和铜垫,并紧固好。
(3)装凸轮轴总成,固定止推主法兰。
(4)组装滚轮摇臂组:
① 将内六角平端紧固螺钉拧到滚轮摇臂轴两端丝孔内。
② 转架翻转30°,装滚轮摇臂轴及端环、滚轮摇臂结合组隔套及隔环。
(5)齿轮系的装配:
① 装凸轮轴中间齿轮。
② 装水泵中间齿轮和水泵小中间齿轮。
(6)主轴瓦及曲轴的装配:
① 装止推铜片,测量轴向间隙。
② 装上、下主轴瓦片。
③ 装曲轴,扭紧主轴瓦盖固定螺帽。
④ 盘转曲轴应灵活。
⑤ 曲轴主轴瓦合金属不得有孔眼、脱落、烧蚀等缺陷,表面粗糙度不低于0.8。主轴瓦的内孔锥度、失圆度不得超过0.03mm。曲轴轴承盖必须按标记安装,不得互换,安装前轴瓦内孔涂机油。
(7)齿轮罩壳及其附件的装配:

① 装齿轮罩壳。
② 装水泵总成。
③ 装传感器总成。
④ 装输油泵总成。
⑤ 装减振器座、减振器、连接盘。
⑥ 装高压油泵传动装置。
(8) 汽缸套的组装：
① 将汽缸套与密封圈一并装入机体座孔内，用专用工具将汽缸套缓慢压入机体座孔内，汽缸套装入机体座孔后要求检测内孔尺寸。
② 汽缸套压入机体后应进行密封水压试验：冷却水腔在 392kPa 水压下 5min 内不得有渗漏现象。
(9) 活塞连杆部件的安装：
① 活塞连杆部件在装入机体前，应先将汽缸套内表面、曲轴连杆轴颈和连杆轴瓦表面擦拭干净，并涂上适量机油，调整各活塞环相对位置。在汽缸套上放上专用锥度套环或采用环夹将活塞环并拢，以保证活塞组能顺利地装入汽缸套内。装入时应注意使连杆大头座孔与连杆轴颈对正，用手缓缓将活塞推入。最后装上连杆盖和连杆螺栓。旋紧螺母时，应按交叉顺序依次均匀旋紧，直到规定的旋紧扭矩。扭紧力矩为 245~265N·m。
② 注意：当每组活塞连杆部件均按规定要求装好后，应盘转曲轴，检查是否有卡滞或碰擦等异常现象。
(10) 汽缸盖的组装：
① 检查验收配件。
② 装缸盖垫、窜水胶圈、窜水铜套、组合密封垫挺杆孔衬套。
③ 用磁力千分表找 1 缸活塞上死点位置，并固定飞轮指针。
④ 用磁力千分表测量左右排活塞上死点顶面到机体顶面的高度差，计算压缩余隙。
⑤ 汽缸盖部件组装好后可吊装到机体上，在上紧汽缸盖螺母时，分别以 40N·m，80N·m，160N·m，320N·m 的扭矩，分 4 次均匀拧紧。
⑥ 装进气管及排气管。
⑦ 装顶杆及气门摇臂组。
⑧ 调气门间隙。
⑨ 校对配气定时。

⑩ 装缸盖出水管。

⑪ 装试水工具，主机试水。

⑫ 装增压器支架及顶面观察盖和垫子。

⑬ 完工检查。

⑭ 注意：汽缸盖与汽缸体的接触面应平整、光滑，粗糙度不大于6.3。汽缸盖定位止口端不得有划伤、腐蚀斑和沟槽，止口凸缘高度不应低于3.15mm。

(11) 机油泵的组装注意事项：

① 机油泵支架左、右齿轮与中间齿轮的齿轮间隙为0.15~0.48mm。

② 在保证齿轮间隙的同时，必须保证调节垫具有一定的厚度。

③ 左、右齿轮与机油泵中间齿轮的轴头端面应在同一平面或平行面内。

(12) 油底壳的组装：

① 组装时要在其密封垫两侧涂以密封胶，把所有螺栓旋入内牙后再对称扭紧。

② 注意：油底壳与机体的结合平面不得有明显的沟痕、凹凸不平或破损变形。

(13) 增压器及中冷的组装：

① 检查验收配件。

② 装增压器总成。

③ 装排气管总管。

④ 装增压器进水管系及管卡。

⑤ 装增压器进油管系及管卡。

⑥ 装中冷器总成。

⑦ 装增压器左、右进气管组。

⑧ 连接左、右中冷器总成与左、右进气管。

⑨ 完工检查。

五、12V190柴油机的数据调整

(1) 进气门间隙：0.43mm±0.05mm；排气门间隙：0.48mm±0.05mm。

(2) 增压器的试车数据见表1-2。

表1-2 增压器的试车数据

增压器的型号	类型	最高转速 r/min	标定转速 r/min	标定转速下出口压力 kPa	涡轮前最高温度 ℃	机油进油压力 MPa	机油回油温度 ℃
20GJEA	径流式废气涡轮增压	30000	27500	≥66.6	650	0.2~0.5	≤90
20GJEA-1							
20GJEA-2							
20GJB							
20GJB-1							
20GJB-2							
20GJF-1		35000	32500	93.3			

注:表中性能参数为标准环境状况下测试结果

(3) 输油泵的试验数据及要求:

输油泵组装后应进行试验,其性能应达到如下规定:

① 当柴油压力为0.4MPa,历时3min,除接泄油管处允许有少量渗油外,其他部位不得渗漏。

② 当柴油压力为0.15MPa,输油泵转速为1500r/min时,柴油流量不少于14.5L/min。

(4) 喷油泵及调速器:

① 喷油泵组装后应进行供油顺序、各缸开始供油时间、各缸供油量及其均匀度试验。供油量应符合表1-3规定。

表1-3 喷油泵的供油量

柴油机标定转速 r/min	标定工况供油量			空负荷最低转速供油量		
	喷油泵转速 r/min	冲次	油量 mL	喷油泵转速 r/min	冲次	油量 mL
1500	750	400	210±3	300	400	30^{+7}_{-6}
1200	600					
1000	500					
1300	650					

② 喷油泵与调速器组装后应进行调速性能试验,开始断油转速与断油终了转速应符合表1-4的规定。

表1-4 开始断油转速与断油终了转速的技术规范

柴油机标定转速,r/min	喷油泵标定转速,r/min	开始断油转速,r/min	断油终了转速,r/min
1500	750	760	<850
1200	600	610	<680
1000	500	510	<570
1300	650	660	<735

(5)燃油消耗率和机油消耗率:在标准环境状况、标定工况下运行,燃油消耗率和机油消耗率应符合表1-5规定。燃油消耗率最大偏差不应超过规定值的5%。

表1-5 燃油消耗率和机油消耗率　　　　　g/(kW·h)

项　目	机型		
	12缸	8缸	6缸
燃油消耗率	209.4±5%	209.4±5%	224.5±5%
机油消耗率	≥1.6	≥1.6	≥2

(6)稳定调速率。在标定工况下的稳定调速率规定如下:
① 用于机械驱动钻机时,不大于8%。
② 用于电驱动钻机时,不大于3%。
③ 用于普通发电机组时,不大于5%。

(7)转速波动率。在标定工况下,转速波动率应不大于标定转速的0.75%。

(8)最低空载稳定转速及波动值:最低空载稳定转速应不高于600r/min,其波动值偏差为±30r,稳定时间不少于5min。

(9)排气温度及其各缸不均匀度。在标定工况下,排气温度应不高于600℃(指涡轮前),各缸排气温度不均匀率应不大于8%。

(10)可靠性。大修机可靠性试验结果应符合如下规定:
① 故障前平均工作时间不小于500h。
② 故障间隔时间不小于500h。
③ 大修寿命不小于10000h。

(11)主要螺栓、螺母扭紧力矩见表1-6。

表 1-6 主要螺栓、螺母扭紧力矩

序号	螺栓、螺母名称	扭紧顺序要求	力矩值 N·m
1	主轴承螺栓	—	1300~1350
2	主轴承螺母	按大修技术文件规定	1200~1400（或以500N·m 预紧后再旋进60°~75°）
3	汽缸盖螺栓	—	360~400
4	汽缸盖螺母	按交叉顺序以100N·m, 200N·m,320N·m,360N·m扭矩分4次均匀扭紧	320~360
5	连杆螺栓、螺母	交叉对称均匀扭紧	250~270
6	曲轴平衡块螺栓	以150N·m,300N·m,550N·m, 600N·m扭矩分4次均匀旋紧	550~600
7	减振器螺栓	—	150~200
8	飞轮固定螺栓	—	250~280
9	摇臂轴固定螺栓	—	80~110
10	出油阀紧座	回松两次后再扭紧	140~150
11	增压器压气机构		70~90

（12）供油提前角见表1-7。

表 1-7 供油提前角

转速(12V机),r/min	供油提前角,(°)	转速(12V机),r/min	供油提前角,(°)
1000	32±1	1300	37±1
1200	37±1	1500	41±1

六、12V190柴油机的鉴定与试验

（一）项目试验

各类试验的试验项目按表1-8规定。

表 1-8 各类试验的试验项目规定

序号	试验项目	试验类别		
		鉴定试验	出厂试验	抽查试验
1	启动性能试验	√	△	√
2	标定功率试验	×	√	√
3	负荷特性试验	√	×	×
4	速度特性试验	√	×	×
5	调速特性试验	√	×	×
6	稳定调速率测定	√	√	×
7	标定功率工作稳定性试验	√	×	×
8	各缸工作均匀性试验	√	×	√
9	各缸排温均匀性测定	×	√	×
10	最低工作稳定转速测定	√	×	×
11	最低空载稳定转速测定	√	√	√
12	噪音测定	√	×	△
13	排气烟度测定	√	×	△
14	振动测定	√	×	△
15	机油消耗率测定	√	×	√
16	活塞漏气量测定	√	×	×
17	清洁度测定	√	×	√
18	密封性检查	√	√	√
19	可靠性试验	√	×	×

符号说明：√——进行项目；×——不进行项目；△——选择进行项目。

(二)柴油机试车检验

各类试验按表 1-9 执行。

表1–9　柴油机试车检验记录

环境温度：℃　　试车日期：　年　月　日

试验项目	负荷 / 单位	空负荷磨合	持久功率工况	12h功率工况
实测功率	kW			
转速	r/min			
运转时间	min			
机油压力	kPa			
增压器油压	kPa			
进油温度	℃			
出油温度	℃			
进水温度	℃			
出水温度	℃			
中冷器进水温度	℃			
油冷器出水温度	℃			
试车结果				

(三) 调速试验、喷油泵试验记录及调整数据记录

(1) 调速试验按表1–10执行。

表1–10　调速试验

项目	单位	规定值	实测值
12h功率标定转数	r/min	1500	
卸荷后稳定转速	r/min	≤1605	
稳定调速率	%	≤8	

(2) 喷油泵试验记录按表1–11执行。

表1–11　喷油泵试验记录

编号	转数 r/min	测量冲次数	单缸供油量 mL	单缸实测供油量											
				1	2	3	4	5	6	7	8	9	10	11	12
1	750	400	210±3												

(3) 供油提前角和气门间隙调整数据记录按表 1-12 执行。

表 1-12　供油提前角和气门间隙调整数据记录

项　目	规定值	实测值
供油提前角,(°)	41±1	
进气门间隙,mm	0.43±0.05	
排气门间隙,mm	0.48±0.05	

(四)曲轴、主轴瓦及连杆瓦检验记录

曲轴、主轴瓦及连杆瓦检验记录按表 1-13 和表 1-14 执行。

表 1-13　曲轴检验记录

曲轴编号：

轴径序号	主轴径 mm	圆度 mm	表面粗糙度 (R_a)	轴径序号	连杆轴径 mm	圆度 mm	表面粗糙度 (R_a)
1				1			
2				2			
3				3			
4				4			
5				5			
6				6			
7				7			
备注				8			
				9			
				10			
				11			
				12			

表1-14 轴瓦及连杆检验记录

主轴瓦序号	主轴瓦 mm	椭圆度 mm	表面粗糙度 (R_a)	连杆瓦序号	连杆瓦 mm	圆度 mm	表面粗糙度 (R_a)
1				1			
2				2			
3				3			
4				4			
5				5			
6				6			
7				7			
备注				8			
				9			
				10			
				11			
				12			

(五)更换配件记录

更换配件记录按表1-15执行。

表1-15 更换配件

序号	名称	单位	数量	配件来源	
				领新	修旧
1					
2					
3					
4					
5					
6					
7					
8					
9					
10					

(六)Z12V190B柴油机大修工艺流程图

Z12V190B柴油机大修工艺流程见图1-1。

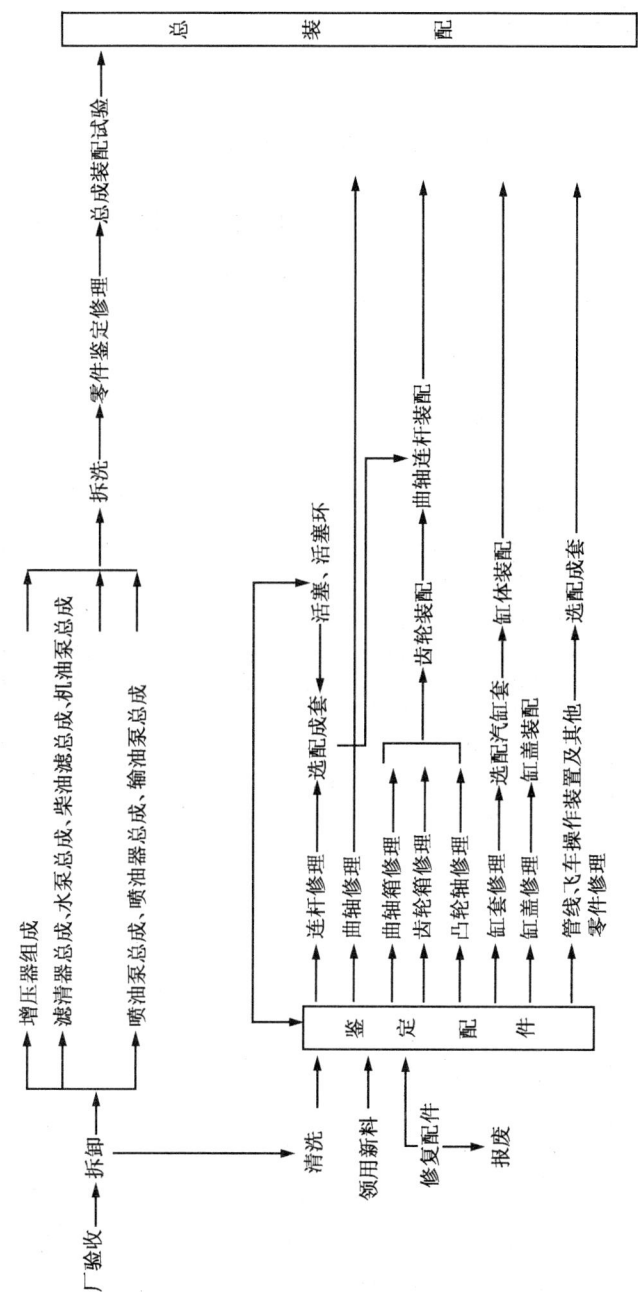

图1-1 Z12V190B柴油机大修工艺流程图

七、柴油机故障判断及排除方法

(一)柴油机启动困难或不能转动

柴油机启动困难或不能转动的原因及排除方法见表1–16。

表1–16 柴油机启动困难或不能启动的原因及排除方法

故 障 原 因	排 除 方 法
1. 启动系统故障 (1)启动机损坏 (2)启动齿轮啮合不良 (3)气源压力不足 (4)储气罐容积不够 (5)气动管系漏气 (6)继气器打不开 (7)油控阀或气控阀失灵 (8)电器元件(启动开关、继电器)失灵 (9)蓄电池充电不足 (10)器线路接触不良 (11)电源导线截面小、线太长 [以上(3)~(7)为气启动系统,(8)~(11)为电启动系统]	(1)更换启动机 (2)调整安装位置,保持正常啮合 (3)充气至规定压力 (4)加大储气罐容积 (5)排除漏气现象 (6)拆检清洗,加适量润滑油 (7)拆检油控阀或启控阀 (8)检修或更换元件 (9)充电 (10)检修重新连接 (11)更换符合规格的导线
2. 燃油系统故障 (1)缺燃油或燃油箱阀门未打开 (2)燃油质量不符合要求或含有水 (3)燃油箱安装位置过低 (4)高压油管内有空气 (5)燃油系统内空气未排干净 (6)燃油滤清器堵塞或旋阀未打开 (7)喷油器污垢或滴油、漏油 (8)供油提前角不对 (9)油量调节齿杆卡住,齿杆不在加油位置 (10)超速安全装置没有回位	(1)添加燃油,打开阀门 (2)更换规定牌号燃油、排除油箱积水 (3)按规定要求装置燃油箱 (4)撬动正时螺钉,排净管内空气 (5)排净燃油系统内空气 (6)清洗燃油滤清器,旋阀 (7)清洗或更换喷油器偶件 (8)调整供油提前角 (9)检修或更换 (10)按下回位推杆,落下截止阀芯

续表

故障原因	排除方法
3. 进、排气系统故障 　(1)空气滤清器滤芯污堵 　(2)进气管道堵塞 　(3)配气定时不对 　(4)气门或活塞环、汽缸盖处漏气	(1)清理空气滤清器 (2)清理进气管道 (3)重新调整配气定时 (4)研修气门,更换活塞环或汽缸垫
4. 润滑系统故障 　(1)机油温度过低,粘度大 　(2)气动预供油泵供油压力不足	(1)预热机油 (2)控制气源压力,检修预供油泵
5. 使用与维护不当 　(1)油压低自动停车装置操纵杆未扳下 　(2)柴油机温度过低 　(3)长时间连续怠速转动 　(4)防爆装置阀门未打开	(1)扳下操纵杆,使拨叉与定位块脱开 (2)充分暖机 (3)清除柴油机内积炭、清洗喷油气 (4)打开防爆装置阀门

（二）柴油机功率不足

柴油机功率不足的原因及排除方法见表1–17。

表1–17　柴油机功率不足的原因及排除方法

故障原因	排除方法
1. 燃油系统故障 　(1)燃油质量不好或含有水 　(2)燃油管道堵塞、泄露 　(3)燃油滤清器污堵 　(4)喷油器堵塞、泄漏 　(5)供油定时不对 　(6)喷油泵限位铅封被破坏,加油量不足 　(7)喷油泵柱塞偶件磨损严重 　(8)调速器限位铅封被破坏 　(9)油头伸出高度不符合要求 　(10)喷油泵凸轮轴磨损严重 　(11)调速器拉杆螺钉旋入太多,齿杆伸出长度不够	(1)更换合格燃油,排除油箱内积水 (2)疏通油路,检修油管 (3)清洗燃油滤清器 (4)清洗、检修或更换喷油器 (5)重新校正供油定时 (6)重新调试并铅封 (7)更换偶件并进行调试 (8)重新调试并铅封 (9)按要求重新调整 (10)更换凸轮轴 (11)重新调整

续表

故障原因	排除方法
2. 进、排气系统故障 　(1)空气滤清器污染 　(2)空气滤清器纸滤芯潮涨 　(3)进、排气道受阻 　(4)配气定时不对 　(5)进、排气门下陷严重 　(6)汽缸盖或活塞环处漏气 　(7)进、排气门漏气 　(8)中冷器脏污 　(9)进、排气凸轮磨损严重 　(10)进气管道密封不严 　(11)排气引管阻力过大,消声器不匹配 　(12)高温或高原地区空气密度小	(1)清理空气滤清器 (2)阴雨季可去掉纸滤芯 (3)清理进、排气道 (4)检查并调整配气定时 (5)更换汽缸盖 (6)更换汽缸垫、活塞环 (7)研修气门 (8)清洗中冷器 (9)更换配气凸轮轴 (10)拆检并更换密封件 (11)按规定要求设置排气引管和消声器 (12)选择合适的机型
3. 增压器故障 　(1)增压器污堵 　(2)增压器匹配不当,进气压力低	(1)清理增压器污物、积炭 (2)按不同机型选用相应型号的增压器
4. 冷却系统故障 　(1)进气温度过高 　(2)中冷器水路堵塞	(1)检查中冷水泵 (2)清洗中冷器

(三)运转不均匀

运转不均匀的原因及排除方法见表1-18。

表1-18　运转不均匀的原因及排除方法

故障原因	排除方法
1. 喷油泵故障 　(1)燃油管路或喷油泵中有空气 　(2)喷油器滴油、漏油或污堵 　(3)喷油泵柱塞弹簧断裂或弹力不足 　(4)喷油泵柱塞偶件卡死 　(5)喷油泵油量调节齿圈松动 　(6)喷油泵齿杆与齿圈磨损严重 　(7)齿杆卡滞不灵活 　(8)出油阀弹簧断裂或阀卡死	(1)排出燃油系统内空气 (2)检修或更换喷油器偶件 (3)更换柱塞弹簧 (4)更换柱塞偶件 (5)调试供油量并紧固、锁紧螺钉 (6)更换有关零件 (7)检修或更换齿杆 (8)更换弹簧,检修出油阀偶件

续表

故障原因	排除方法
2. 调速器故障 　(1) 调速器内机油过多 　(2) 飞铁衬套磨损严重 　(3) 调速器缓冲弹簧断裂或磨损严重 　(4) 调速器运动件磨损严重或卡滞	(1) 放掉多余机油 (2) 配换飞铁衬套 (3) 更换缓冲弹簧 (4) 检修或更换零件

(四) 突然停车

突然停车的原因及排除方法见表 1-19。

表 1-19　突然停车的原因及排除方法

故障原因	排除方法
1. 燃油系统故障 　(1) 燃油箱内无油 　(2) 燃油中混有水 　(3) 燃油管路堵塞 　(4) 燃油管路进气	(1) 添加燃油 (2) 查明原因,更换燃油 (3) 疏通并清洗管路 (4) 查明原因,并排气
2. 安全保护装置发生作用 　(1) 油压低自动停车装置发生作用 　(2) 油压低自动停车装置故障 　(3) 柴油机超速运行,超速停车装置发生作用 　(4) 超速停车装置故障 　(5) 防爆装置故障	(1) 查明油压低的原因并排除 (2) 检修并重新进行调整 (3) 查明超速的原因并排除 (4) 检修并重新进行调整 (5) 检修防爆装置
3. 使用与保养 　(1) 定时齿轮或喷油泵传动装置联轴器损坏 　(2) 负载突然大幅度增加	(1) 拆检并更换有关零件 (2) 避免突加负载

(五) 飞车

飞车的原因及排除方法见表 1-20。

表 1-20　飞车的原因及排除方法

故障原因	排除方法
1. 喷油泵故障 　（1）喷油泵油量调节齿杆卡滞 　（2）喷油泵柱塞弹簧断，齿圈脱落卡住齿杆	（1）检修或更换齿杆 （2）检修更换弹簧、齿圈等有关零件
2. 调速器故障 　（1）拉杆螺钉或拉杆接头处销子松脱 　（2）飞铁不灵活 　（3）限位螺钉铅封开封	（1）重新调整后紧固 （2）检查并修复 （3）重新调整并铅封
3. 使用与保养 　（1）超速安全装置失灵 　（2）接杆上定位块位置装错，使齿杆卡在加油位置	（1）检修超速安全装置 （2）重新按规定位置安装

（六）机油压力低

机油压力低的原因及排除方法见表 1-21。

表 1-21　机油压力低的原因及排除方法

故障原因	排除方法
1. 润滑系统故障 　（1）调压阀卡死或压力调节不当 　（2）油底壳内缺油或油量不当 　（3）使用牌号不符合规定要求 　（4）机油稀释 　（5）润滑系统泄露 　（6）油压表损坏 　（7）机油泵磨损严重或损坏	（1）检修并调整至规定压力 （2）添加机油至规定油量 （3）更换合格机油 （4）更换机油并查明原因予以排除 （5）检修并更换有关零件 （6）更换油压表 （7）更换或检修有关零件
2. 冷却系统 　（1）机油冷却器堵塞 　（2）机油冷却器冷却效果差	（1）清洗机油冷却器 （2）检修冷却系统
3. 使用与维护 　轴瓦烧损或间隙过大	配换轴瓦

(七)机油温度过高

机油温度过高的原因及排除方法见表1-22。

表1-22 机油温度过高的原因及排除方法

故障原因	排除方法
1. 润滑系统故障 　(1)油底壳内液面过低或过高 　(2)机油泵泵油量不足 　(3)油温表损坏	(1)调整机油液面至规定高度 (2)检修机油泵 (3)更换油温表
2. 冷却系统故障 　(1)机油冷却器堵塞 　(2)冷却水不足或水温过高 　(3)风扇皮带松弛	(1)清洗机油冷却器 (2)添加冷却水或检修冷却系统 (3)调整张紧轮
3. 使用与保养 　活塞环、汽缸套磨损严重造成漏气	更换活塞环和汽缸套

(八)机油稀释

机油稀释的原因及排除方法见表1-23。

表1-23 机油稀释的原因及排除方法

故障原因	排除方法
1. 冷却系统故障 　(1)汽缸套封水圈漏水 　(2)水泵水封漏水 　(3)汽缸盖喷油器护套上部漏水 　(4)机油冷却器铜管冻裂或锈蚀	(1)更换封水圈 (2)更换水泵水封 (3)更换护套密封圈 (4)堵焊损坏铜管
2. 燃油系统故障 　(1)喷油器回油管接头漏油 　(2)喷油器滴油、漏油、雾化不良 　(3)输油泵漏油	(1)检修或更换喷油器回油管 (2)检修或更换喷油器偶件 (3)检修输油泵
3. 使用与保养 　(1)增压器中间冻裂 　(2)长期急速运转	(1)更换中间体 (2)缩短急速运行时间

(九)排温过高

排温过高的原因及排除方法见表1-24。

表1-24 排温过高的原因及排除方法

故障原因	排除方法
1. 进、排气系统故障 　(1)进、排气通道堵塞 　(2)空气滤清器污堵 　(3)气门间隙不对 　(4)排气引管、消声器阻力过大	(1)清洗进、排气通道 (2)清理空气滤清器 (3)调整气门间隙 (4)按规定要求设置排气引管和消声器
2. 燃油系统故障 　(1)燃油质量不合格 　(2)喷油器滴油、漏油 　(3)供油提前角过迟	(1)更换合格燃油 (2)检修喷油器 (3)检查并调整供油提前角
3. 使用与维护 　(1)超负荷运行 　(2)高原地区气压低 　(3)增压器污堵	(1)降低负荷 (2)选用高原机或限负荷使用 (3)清洗增压器

(十)呼吸器溢气异常

呼吸器溢气异常的原因及排除方法见表1-25。

表1-25 呼吸器溢气异常的原因及排除方法

故障原因	排除方法
(1)活塞环磨损严重或折断 (2)活塞、汽缸套磨损严重或拉伤 (3)轴瓦烧损 (4)增压器气封损坏 (5)各活塞环开口位置重合 (6)机油中有水 (7)喷油器压帽松动 (8)喷油器下方未装垫片 (9)活塞破裂	(1)更换活塞环 (2)更换活塞、汽缸套 (3)配换轴瓦 (4)检修增压器气封 (5)调整活塞环开口位置 (6)更换机油 (7)重新调整、紧固 (8)重新安装、调整 (9)更换活塞

(十一)冷却水温度过高

冷却水温度过高的原因及排除方法见表1-26。

表1-26 冷却水温度过高的原因及排除方法

故障原因	排除方法
1. 冷却系统故障 　(1)水箱内冷却水不足 　(2)水泵供水不足 　(3)风扇皮带松弛 　(4)散热水箱芯子堵塞	(1)添加冷却水 (2)检修水泵 (3)调整张紧轮 (4)清洗冷却系统
2. 使用与保养 　(1)水温表损坏 　(2)柴油机过载运行	(1)更换温度表 (2)降低负荷使用

(十二)冷却水中混有机油

冷却水中混有机油的原因及排除方法见表1-27。

表1-27 冷却水中混有机油的原因及排除方法

故障原因	排除方法
机油冷却器铜管冻裂或腐蚀穿透	堵焊损坏铜管或更换机油冷却器芯子

(十三)排气冒黑烟

排气冒黑烟的原因及排除方法见表1-28。

表1-28 排气冒黑烟的原因及排除方法

故障原因	排除方法
1. 进、排气系统故障 　(1)进、排气道阻塞 　(2)空气滤清器污堵 　(3)排气引管阻力太大 　(4)增压器污堵 　(5)中冷器污堵 　(6)气门间隙不对	(1)清洗进、排气道 (2)清理空气滤清器 (3)按要求设置排气引管 (4)清洗增压器 (5)清洗中冷器 (6)检查并调整气门间隙

续表

故障原因	排除方法
2. 燃油系统故障 (1)喷油器滴油、漏油 (2)喷油泵供油定时不对 (3)出油阀弹簧断裂 (4)喷油泵个别油量调节齿圈松动 (5)燃油质量不合要求	(1)检修或更换偶件 (2)调整供油定时 (3)检修或更换弹簧、出油阀 (4)调整、检修供油量并紧固 (5)更换合格燃油
3. 使用与保养 超负荷运行	降低负荷使用

(十四)排气冒蓝烟

排气冒蓝烟的原因及排除方法见表 1-29。

表 1-29　排气冒蓝烟的原因及排除方法

故障原因	排除方法
(1)机油液面过高 (2)活塞环磨损严重 (3)汽缸套或活塞磨损严重 (4)各活塞环开口位置重合 (5)增压器油封失效	(1)放出多余机油 (2)暖机后再加负荷 (3)更换汽缸套或活塞 (4)调整活塞环开口位置 (5)检修或更换增压器油封

(十五)排气冒白烟

排气冒白烟的原因及排除方法见表 1-30。

表 1-30　排气冒白烟的原因及排除方法

故障原因	排除方法
(1)中冷气漏水进入汽缸内 (2)冷却水温太低 (3)燃油中有水 (4)喷油器低速时不雾化	(1)检修中冷气 (2)暖机后加负荷 (3)排放燃油箱中积水 (4)缩短低速运转时间或更换偶件

(十六)柴油机振动过大

柴油机振动过大的原因及排除方法见表1–31。

表1–31 柴油机振动过大的原因及排除方法

故障原因	排除方法
(1)扭振减振器失效 (2)飞轮不平衡或连接松动 (3)安装固定螺栓松动 (4)柴油机底座部分刚性差 (5)各轴承磨损严重,间隙过大 (6)增压器涡轮叶片或压气机叶轮损坏 (7)平衡轴齿轮装配位置有误 (8)各缸工作不平衡	(1)检修或更换扭振减振器 (2)重新调整并紧固 (3)重新调整安装位置 (4)重新紧固,加固底座 (5)配换轴承 (6)拆检配换有关零件 (7)按装配标记位置重新安装 (8)重新调试喷油泵各缸供油均匀度

(十七)不正常杂音

不正常杂音的原因及排除方法见表1–32。

表1–32 不正常杂音的原因及排除方法

故障原因	排除方法
1. 燃烧过程的敲击声 　(1)燃油质量不好 　(2)喷油压力过高 　(3)喷油量过大 　(4)喷油器滴油、漏油 　(5)供油提前角过早 　(6)出油阀弹簧断裂或卡滞 　(7)喷油泵供油时间不对 　(8)配气定时不准确	(1)更换合格燃油 (2)检查并调试喷油压力 (3)检查并调试喷油泵供油量 (4)检修或更换喷油器偶件 (5)检查并调整供油提前角 (6)更换弹簧或阀 (7)检查并调整供油时间 (8)检查、调整或更换有关零件
2. 机械的敲击声 　(1)活塞与汽缸套间隙过大 　(2)气门间隙过大 　(3)活塞与气门碰撞 　(4)轴承间隙过大 　(5)活塞环磨损严重 　(6)有机械物落入汽缸内	(1)更换活塞与汽缸套 (2)检查调整气门间隙 (3)检查气门间隙,更换有关零件 (4)配换轴承 (5)更换活塞环 (6)排除机械物

续表

故障原因	排除方法
3. 齿轮的噪音 　(1) 齿轮间隙过大 　(2) 齿轮系中有断齿 　(3) 轴承间隙过大 　(4) 固定螺栓松动	(1) 调整啮合间隙 (2) 更换齿轮 (3) 配换轴承 (4) 紧固螺栓

(十八) 增压器故障

增压器故障的原因及排除方法见表1-33。

表1-33　增压器故障的原因及排除方法

故障原因	排除方法
1. 压气机喘振 　(1) 空气滤清器污堵 　(2) 进气管道污堵 　(3) 中冷器脏污 　(4) 排气引管阻力过大,流通不畅 　(5) 消音器不匹配 　(6) 增压器污堵 　(7) 排气管道污堵	(1) 清理空气滤清器 (2) 清洗进气管道 (3) 清洗中冷器 (4) 按规定设置排气引管 (5) 按规定设置消音器 (6) 清洗增压器 (7) 清洗排气管道
2. 增压器漏油 　(1) 空气滤清器污堵,阻力过大 　(2) 增压器油封失效 　(3) 增压器气封堵塞	(1) 清理空气滤清器 (2) 更换油封 (3) 疏通气路

第二节　ZJ-15D 绞车修理工艺

一、整体外部清洗

所用工具:专用吊绳、轨道车、清洗系统。

表面卫生检查:表面无油污、泥沙等杂质。

二、零部件的拆卸

(一) 拆卸护罩

拆卸前、中、后护罩,导气龙头护罩,离合器护罩和链条盒。

所用工具:开口扳手。

零件检测:护罩及链条盒表面不平度不大于±1mm。其接口是否变形,检查连接螺栓是否损坏。

所用量具:平板测微仪。

(二) 拆卸刹车总成

1. 拆卸连接环销轴吊挂螺栓、拉杆、特殊垫圈、十字块拉杆

所用工具:手钳、铜棒、活动扳手、螺丝刀。

零件检测:连接环销轴与连接环的基本尺寸,孔为 $\phi 60_0^{+0.046}$ mm,轴为 $\phi 60_{+0.310}^{+0.190}$ mm。

检查销轴与连接环配合是否符合标准要求;检查销轴是否有毛刺,其圆柱度是否超过0.019mm;检查连接环是否扭曲变形或产生裂纹;检查调节丝杠、调节螺母是否有裂纹,有则更新。

所用量具:千分尺、百分表。

2. 拆卸平衡梁销轴挡板、销轴、轴套、平衡梁

所用工具:活动扳手、铜棒。

零件检测:销轴磨损不得超过 $\phi 75_0^{+0.046}$ mm。检查平衡梁是否扭曲变形或产生裂纹;检查销轴是否符合工艺标准,是否有毛刺、刮痕。

所用量具:千分尺、百分表、探伤仪。

3. 拆卸刹车汽缸、连接销轴、连接螺栓

所用工具:手钳、铜棒、套筒扳手、加力杆、开口扳手。

零件检测:汽缸杠杆孔与刹带轴、汽缸杠杆卡环与刹带轴的基本尺寸,孔为 $\phi 60_0^{+0.046}$ mm,轴为 $\phi 60_{-0.310}^{-0.190}$ mm。

检查轴孔配合是否符合标准;检查销轴是否有毛刺和刮痕;检查限位销是否损坏;检查汽缸是否工作正常。

所用量具:游标卡尺千分尺、百分表。

4. 拆卸托座、连接销轴连杆、被动曲柄卡环、顶杆和键

所用工具:手钳、铜棒、大锤、螺丝刀。

零件检测:刹带曲柄孔与刹带轴(两处)的基本尺寸,孔为 $\phi 60_0^{+0.046}$ mm,轴为 $\phi 60_{-0.104}^{-0.030}$ mm。

刹带轴直线度不大于0.15mm,修复后的主动曲柄、被动曲柄内孔与销孔轴线平行度不大于0.15mm,其圆柱度不大于0.019mm。检查阶梯键是否变形;检查轴孔配合是否符合标准;检查主动曲柄和被动曲柄是否有毛刺、刮痕;检查刹带轴是否弯曲变形;检查刹带轴是否有裂纹或影响强度的严重缺陷。

所用量具:千分尺、百分表、探伤仪。

5. 卸刹把轴总成

所用工具:铜棒、大锤、活动扳手。

零件检测:刹把轴两轴承座内孔磨损不得超过 $\phi 60_0^{+0.046}$ mm。

修复内孔圆柱度不大于0.013mm;刹把轴直线度不大于0.15mm。检查刹带轴是否有裂纹或影响强度的严重缺陷;检查刹把轴和支座孔是否有毛刺、刮痕;检查刹把和刹把轴是否弯曲变形。

所用量具:千分尺、百分表、探伤仪。

(三)拆卸滚筒轴总成

1. 拆卸刹带

所用工具:开口扳手、螺丝刀、专用吊绳。

零件检测:检查刹带是否有裂纹、是否失圆和扭曲。

2. 拆卸进气盘、气管线、油管线

所用工具：活动扳手、活动扳手、手钳、套筒扳手。

零件检测：离合器轮毂孔与进气盘的基本尺寸，孔为 $\phi138_{0}^{+0.063}$ mm，轴为 $\phi138_{-0.143}^{-0.043}$ mm。

检查气管线、油管线是否径向变形；检查接头处是否严重变形；检查快速放气阀和气龙头是否损坏。

所用量具：千分尺、百分表。

3. 拆卸摩擦毂、连接盘

所用工具：套筒扳手、套筒扳手、手钳、铜棒、大锤。

零件检测：离合器轮毂孔与滚筒轴的基本尺寸，孔为 $\phi138_{0}^{+0.063}$ mm，轴为 $\phi138_{+0.027}^{-0.052}$ mm。

检查摩擦毂面是否有裂纹；检查摩擦毂面磨损情况，如有深不超过1.5mm，宽不超过1mm 的少量裂纹及凹凸不平度不大于1mm 可车光修复，但车光修复直径不得小于690mm。

所用量具：游标卡尺。

4. 拆卸扭力盘摩擦片及气囊

所用工具：套筒扳手、开口扳手、螺丝刀。

零件检测：离合器扭力盘孔与钢圈轴的基本尺寸，孔为 $\phi960_{0}^{+0.140}$ mm，轴为 $\phi960_{-0.316}^{-0.086}$ mm。

检查摩擦片紧固螺钉是否脱落、松动及超值磨损；检查气囊是否损坏。

所用量具：游标卡尺。

5. 吊下滚筒轴总成，卸下刹车轮辋

所用工具：专用吊绳、套筒扳手。

零件检测：刹车轮辋孔与滚筒台阶的基本尺寸，孔为 $\phi930_{0}^{+0.140}$ mm，轴为 $\phi930_{-0.316}^{-0.086}$ mm。

检查刹车轮辋摩擦面磨损情况，如裂纹裂透、裂通应更新；摩擦面凹凸不平度大于1.5mm 可车光修复，但车光修复直径不得小于1084mm。

所用量具:游标卡尺。

6. 拆卸左轴承盖、挡板、油封压板、油封轴承

所用工具:开口扳手、专用拉拔器、铜棒。

零件检测:滚筒轴承座孔与轴承盖台阶的基本尺寸,孔为 $\phi 270_{-0.016}^{+0.036}$ mm,轴为 $\phi 270_{-0.186}^{-0.056}$ mm;3530 型轴承孔与滚筒轴的基本尺寸,孔为 $\phi 150_{-0.014}^{+0.026}$ mm,轴为 $\phi 150_{+0.003}^{+0.028}$ mm;滚筒轴承孔座与3530 型轴承的基本尺寸,孔为 $\phi 270_{-0.016}^{+0.036}$ mm,轴为 $\phi 270 \pm 0.026$ mm。

检查轴承支架是否完好,轴承是否有过热变蓝现象;滚筒轴承座孔磨损超 $\phi 270$ mm 时,应进行修复,修复后内孔圆柱度不大于 0.023mm,同轴度不大于 0.06mm。

所用量具:千分尺、百分表。

7. 拆卸链轮组件轴承挡板油封轴套、轴承、大链轮、小链轮及其油封

所用工具:开口扳手、专用拉拔器、螺丝刀、铜棒、大锤。

零件检测:3528 型、2228 型轴承孔与滚筒轴的基本尺寸,孔为 $\phi 140_{-0.014}^{+0.026}$ mm,轴为 $\phi 140_{+0.003}^{+0.028}$ mm;链轮轮毂孔与3528 型、2228 型轴承的基本尺寸,孔为 $\phi 250_{-0.016}^{+0.030}$ mm,轴为 $\phi 250_{-0.021}^{+0.025}$ mm;链轮轮毂内孔两轴承配合处修复后的内孔圆柱度不大于 0.023mm,同轴度不大于 0.05mm。23 齿轮轮孔与轮毂的基本尺寸,孔为 $\phi 230_{0}^{+0.046}$ mm,轴为 $\phi 230_{+0.084}^{+0.013}$ mm;56 齿轮与轮毂的基本尺寸,孔为 $\phi 620_{0}^{+0.110}$ mm,轴为 $\phi 620_{-0.070}^{0}$ mm。

检查油封是否断裂、超值磨损老化;检查链轮轮齿是否符合工艺标准;检查链轮轮齿磨损情况;当齿廓磨损超过 3mm 时应予以更新,个别链齿损坏或断齿不超过齿全高的1/3 时,可修复使用,修复后齿廓用样板检验;检查轴承支架是否完好,轴承是否有过热变形现象。

所用量具:千分尺、百分表。

8. 拆卸右轴承盖挡板、油封、油封压板、轴承盒、轴承

所用工具:套筒、开口扳手、铜棒、手锤。

零件检测:滚筒轴承座孔与3530 型轴承的基本尺寸,孔为 $\phi 270_{-0.016}^{+0.036}$ mm,轴为 $\phi 270_{-0.015}^{+0.026}$ mm,3530 型轴承座孔与滚筒的基本尺寸,孔为

$\phi 150^{+0.026}_{-0.014}$ mm,轴为 $\phi 150^{+0.028}_{+0.003}$ mm;滚筒轴承座孔与轴承盖台阶的基本尺寸,孔为 $\phi 270^{+0.036}_{-0.016}$ mm,轴为 $\phi 270^{-0.056}_{-0.186}$ mm。

所用量具:千分尺、百分表。

9. 拆卸滚筒轴,清洗总成零部件

零件检测:检查滚筒轴是否有裂纹和影响强度的严重缺陷,如有应更新。

所用量具:探伤仪。

(四)拆卸猫头总成

1. 拆卸猫头压板、猫头键

所用工具:套筒扳手、加长杆、大锤、铜棒、专用吊绳、开口扳手。

零件检测:猫头摩擦面不得有深 2mm 沟槽或单边磨损超过 10mm 以上,摩擦面修复后的同轴度不大于 0.025mm。猫头内锥孔用 1∶10 锥度的塞尺检查,其接触面不小于 75%。检查猫头摩擦面磨损情况是否符合工艺标准;检查猫头连接键是否扭曲变形;检查猫头内孔和轴是否有毛刺、刮痕;检查链轮轮齿磨损情况,当轮齿磨损超过 3mm 时,应予以更新,个别链齿损坏或断齿不超过齿全高 1/3 时可修复使用。

所用量具:游标卡尺。

2. 拆卸快绳挡轮、稳绳器猫头挡轮

所用工具:活动扳手。

零件检测:检查快绳挡轮和左右猫头挡轮的磨损是否符合工艺标准;检查 V 形圈是否断裂和超值磨损;检查弹簧是否产生裂纹或失效;检查滚筒内径摩擦面是否超值磨损。

所用量具:游标卡尺。

3. 拆卸油管线、畅通油道

所用工具:活动扳手。
零件检测:油道应畅通无阻。

三、零部件的安装

(一)安装滚筒轴总成

1. 清洗各零部件、安装键、滚筒

所用工具:清洗系统、专用吊绳、铜棒、大锤。

零件检测:滚筒孔与滚筒轴的基本尺寸,孔为 $\phi170_0^{+0.040}$ mm,轴为 $\phi170_{+0.068}^{+0.093}$ mm;滚筒轴外圆柱面磨损不得超过 $\phi150_0^{+0.003}$ mm,$\phi170_0^{+0.068}$ mm,$\phi180_0^{+0.068}$ mm。

修正复后柱面圆柱度不大于 0.018mm,同轴度不大于 0.05mm。检查滚筒轴是否有裂纹和影响强度的严重缺陷;检查滚筒轴和滚筒孔是否有毛刺,刮痕;检查滚筒是否有裂纹或超值磨损。

所用量具:千分尺、探伤仪、百分尺。

2. 安装轴套油封压板、油封、轴承座、轴承、轴承盖板

所用工具:铜棒、开口扳手、喷灯、手钳。

零件检测:滚筒轴轴承座外台阶基本尺寸为 $\phi430_0^{-0.630}$ mm,修复后柱面圆柱不大于 0.027mm,同轴度不大于 0.06mm;滚筒轴承座孔与 3530 型轴承的基本尺寸,孔为 $\phi270_{-0.016}^{+0.036}$ mm,轴为 $\phi270_{-0.015}^{+0.026}$ mm;3530 型轴承孔与滚筒轴的基本尺寸,孔为 $\phi150_{-0.014}^{+0.026}$ mm,轴为 $\phi150_{+0.003}^{+0.028}$ mm;3530 型轴承间隙调整在 0.1~0.2mm。

所用量具:游标卡尺。

3. 装刹车轮辋、油封、链轮、组件、轴承、轴套、摩擦毂

所用工具:大锤、铜棒、套筒、扳手、螺丝刀、手钳。

零件检测:摩擦毂孔与链轮轮毂的基本尺寸,孔为 $\phi365_0^{+0.089}$ mm,轴为 $\phi365_{+0.057}^{0}$ mm;轮辋摩擦面磨损深度单边大于 8mm 时,应进行修复,修复后柱面圆柱度不大于 0.1mm,径向圆跳动不大于 0.2mm。摩擦毂轮轴内孔圆柱度不大于 0.025mm,同轴度不大于 0.06mm。

所用量具:千分尺、百分表。

(二)安装刹带总成

1. 安装离合器总成

所用工具:开口扳手、螺丝刀、套筒扳手、大锤、铜棒、开口销。

零件检测:离合器连接盘孔与轮毂台阶的基本尺寸,孔为 $\phi 250_0^{+0.072}$ mm,轴为 $\phi 250_{-0.165}^{-0.050}$ mm。

检查是否有损坏螺钉;充气检查气囊是否完好;检查键与键槽是否扭曲变形;检查各配合表面是否有毛刺、划痕。

所用量具:游标卡尺、千分尺、百分表。

2. 安装滚筒轴总成、刹带滚轮、导向轮

所用工具:专用吊绳、套筒扳手、开口扳手、螺丝刀、活动扳手。

零件检测:机架孔与滚筒轴承座的基本尺寸,孔为 $\phi 430_0^{+0.400}$ mm,轴为 $\phi 430_{-0.630}^{-0.230}$ mm。

用手转动滚筒轴的刹车轮辋、链轮轮毂,均应运转自如。

所用量具:游标卡尺、千分尺、百分表。

3. 清洗刹车带零部件、装总成横杆、卡环、被动轴、托座、刹带曲柄键

所用工具:清洗系统、铜棒、螺丝刀、手锤。

零件检测:被动轴柄孔与刹带轴的基本尺寸,孔为 $\phi 60_0^{+0.046}$ mm,轴为 $\phi 60_{-0.104}^{-0.030}$ mm;刹车汽缸卡环孔与刹带轴的基本尺寸,孔为 $\phi 60_0^{+0.046}$ mm,轴为 $\phi 60_{-0.310}^{-0.190}$ mm;刹带轴柄孔与刹带轴的基本尺寸,孔为 $\phi 60_0^{+0.046}$ mm,轴为 $\phi 60_{-0.104}^{-0.030}$ mm;刹带托座孔与刹带轴的基本尺寸,孔为 $\phi 60_0^{+0.046}$ mm,轴为 $\phi 60_{-0.310}^{-0.190}$ mm。

检查刹带轴是否有裂纹或影响强度的严重缺陷,以及刹带轴是否有毛刺、径向圆度变形,或锈蚀,并进行修复;检查联轴键是否扭曲变形,配合尺寸是否符合工艺标准;检查横杆和卡环是否有裂纹、毛刺。

所用量具:游标卡尺、千分尺、百分表。

4. 装键、主动曲柄、支承座、托座、刹把端固定套、刹把、刹把轴

所用工具：铜棒、开口扳手、手锤。

零件检测：主动曲柄孔与刹把轴的基本尺寸，孔为 $\phi 60_0^{+0.046}$ mm，轴为 $\phi 60_{-0.104}^{-0.030}$ mm；刹把孔与刹把轴的基本尺寸，孔为 $\phi 50_0^{+0.039}$ mm，轴为 $\phi 50_{+0.002}^{+0.018}$ mm；刹把轴承座孔与轴承的基本尺寸，孔为 $\phi 75_0^{+0.046}$ mm，轴为 $\phi 75_{+0.002}^{+0.021}$ mm；刹把轴承孔与刹把轴的基本尺寸，孔为 $\phi 50_{+0.100}^{+0.220}$ mm，轴为 $\phi 50_{+0.002}^{+0.018}$ mm。

检查刹把轴是否有裂纹或影响强度的严重缺陷；检查各配合是否符合工艺标准；检查键与键槽是否扭曲变形，配合是否符合工艺标准；检查刹把轴和轴承是否有径向变形、毛刺、划痕、锈蚀。

所用量具：千分尺、百分表。

5. 装连杆刹车汽缸

所用工具：铜棒、手钳、开口扳手。

零件检测：刹车汽缸活塞杆和活塞缓冲垫的间隙应在 0～2mm 之间。检查刹车汽缸是否正常，检查各配合是否符合工艺标准。

所用量具：游标卡尺。

6. 安装平衡梁、拉杆、组件

所用工具：专用吊绳、开口扳手、铜棒、撬杠、手锤。

零件检测：平衡梁孔与铜套的基本尺寸，孔为 $\phi 75_0^{+0.046}$ mm，轴为 $\phi 75_{+0.075}^{+0.105}$ mm；平衡梁铜套孔与销轴的基本尺寸，孔为 $\phi 60_{+0.100}^{+0.174}$ mm，轴为 $\phi 60_{-0.104}^{-0.030}$ mm。

刹带总装后刹带块与轮辋接触面不小于 75%。总装后，刹把处于垂直位置时，刹带与轮辋间隙各处均匀，其值在 1.5～2.0mm 之间。平衡梁与安全限位螺钉间隙各为 5mm，两处误差不大于 1mm。检查平衡梁是否有裂纹和影响强度的严重缺陷；检查拉杆是否有损坏螺纹；检查各配合是否符合工艺标准；检查弹簧是否失效。

所用量具：千分尺、百分表。

(三)安装猫头轴总成

1. 安装轴承座、轴承、轴承盖、油封、定位螺母、链轮

所用工具:铜棒、加热炉、手锤、开口扳手。

零件检测:轴承座孔与3128型轴承的基本尺寸,孔为 $\phi 210^{+0.030}_{-0.016}$ mm,轴为 $\phi 210^{+0.025}_{-0.021}$ mm;3128型轴承孔与猫头轴的基本尺寸,孔为 $\phi 140^{+0.026}_{-0.014}$ mm,轴为 $\phi 140^{+0.028}_{+0.003}$ mm;猫头轴承座孔与猫头轴承座的基本尺寸,孔为 $\phi 210^{+0.030}_{-0.016}$ mm,轴为 $\phi 210^{-0.050}_{-0.165}$ mm。

先对猫头轴进行探伤检查,如有裂纹及影响强度的严重缺陷时应更换;检查油封是否损坏;检查轴承支架是否损坏;检查轴承是否过热变蓝;检查键与键槽是否扭曲、变形;检查挡板是否变形。

所用量具:千分尺、探伤仪、百分表。

2. 安装猫头、轴头压板、猫头轴总成

所用工具:铜棒、套筒扳手、大锤、专用吊绳。

零件检测:绞车机架孔与猫头轴承座的基本尺寸,孔为 $\phi 280^{+0.320}_{0}$ mm,轴为 $\phi 280^{-0.480}_{-1.000}$ mm。

死猫头内锥孔用1:10锥度的塞规检查,其接触面积不小于75%;检查猫头轴处圆柱面修复后的柱面圆柱度不大于0.018mm,同轴度不大于0.05mm。

所用量具:游标卡尺。

(四)安装其他零件

1. 安装传动链、快绳挡轮、猫头挡绳器、稳绳器

所用工具:专用吊绳、活动扳手。

零件检测:链条下垂度不大于链轮中心距的2%。检查链条固定销是否脱落损坏;检查链条是否有严重磨损情况;检查快绳挡轮左右猫头挡轮及稳绳轮是否超值磨损;检查U形圈是否超值磨损、断裂。

所用量具:游标卡尺。

2. 整体清洗,装各护罩及链条盒

所用工具:清洗系统、压风机、开口扳手。
零件检测:外露表面无油污、泥沙、尘土等杂质。检查护罩是否变形、破损,如有应修复。

3. 加注润滑脂、喷漆

所用工具:黄油枪、开口扳手、清洗布、压风机、手式喷枪。
零件检测:喷漆均匀,无局部过厚流淌、麻点、脱落、皱纹等现象,加注润滑脂。

四、装配时的其他要求

装配与检验

绞车在装配与检验过程中,需符合绞车零件装配及检验标准。

1. 滚筒轴总装检验要求

(1)刹车轮辋、滚筒轴经修复、组装后,应作静平衡试验,其中不平衡力矩不大于8kgf·cm❶。
(2)各链轮端面跳动应小于0.7mm。
(3)安装链条时,下垂度不大于链轮中心距的2%,下垂度应在中点悬挂17kg重物时测定。
(4)未挂链条前,应检测两者间的平行度,其值不大于千分之0.5mm。
(5)未挂链条前,用手转动滚筒轴的刹车轮辋、链轮轮毂、猫头轴猫头、均应转动自如。

2. 刹带装置总装检验要求

(1)刹带轴与刹车轴总装后,两轴之间、两轴与滚筒轴的平行度误差不

---

❶ 1kgf·m=9.80665N·m。

大于千分之 0.5mm。刹车汽缸总装时,活塞杆和活塞缓冲垫的间隙应在 0～2mm 之间。刹带和轮辋中心的误差不大于 3mm。

(2)刹带总装后不应失圆。刹带块与轮辋接触面不小于75%。

(3)总装后,刹把的调整范围应在30°～90°之间。

(4)总装后,刹把处于垂直位置时,刹带与轮辋间隙各处均匀,其值在 1.5～2mm 之间,或刹把刹紧时,角度约为30°。

(5)总装后,刹把刹紧时,刹带与导向滚轮间隙为 1.5～2mm。

(6)刹把刹紧时,平衡梁与安全限位螺钉下端的间隙各为5mm。两处误差不大于1mm。

3. 猫头轴总装检验要求

(1)猫头与轴配合用塞尺检验,大端不得有间隙。锥形接触面不得小于75%。

(2)猫头轴两轴承座上的润滑油孔,在安装时应位于垂线下方,且偏后 22°30′。

(3)两轴主、被动链轮的齿宽中心线应对中。以滚筒轴链轮为基准,用猫头轴座垫片来调整。以链轮靠滚筒侧面为基准,其偏差不大于 0.5 mm。

(4)猫头轴轴向定位轴承链轮端的3128型轴承间隙应调整到0.10～0.25mm 之间,猫头轴径向圆跳动不大于 1.5mm。

(5)链条在安装前应用柴油清洗干净,并在润滑油中浸透,保证其活动关节自由转动。

4. 其他总装检验要求

(1)绞车护罩总装后,应检查与各运动件距离不小于50mm,并紧固可靠。

(2)总装完后,各黄油嘴应按规定,加注一次润滑脂。VC700×250 离合器摩擦毂径向圆跳动不大于0.5mm。

(3)当气胎未进气时,离合器摩擦毂与摩擦片的间隙在 2～6mm 之间。

(4)滚筒轴轴向定位轴承链轮端的3530型轴承间隙应调整到0.1～0.2mm 之间。

五、设备修理、组装、检测、检验记录

(1)设备修理记录按表1-34执行。

表1-34 设备修理记录

设备名称：<u>ZJ-15绞车</u>
修理性质：_____
设备编号：_____
报修单位：_____
主 修 人：_____
检 验 员：_____
　　　　　　年　月　日

设备修理记录

	定额工时		主修人		配合人	
	实际工时		开工日期		完工日期	
	名称及规格	数量	领新	修旧	自制
主要更换配件					

（2）工序质量检测记录按表1-35执行。

表1-35 工序质量检测记录

序号	主要配合部位		基本尺寸 mm	极限偏差 mm	检测结果	
					自检	专检
1	滚筒轴承座孔与3530型轴承	孔	φ270	+0.036 −0.016		
		轴		±0.026		
2	3530型轴承孔与滚筒轴	孔	φ150	+0.026 −0.014		
		轴		+0.028 +0.003		
3	刹车轮辋孔与滚筒台阶	孔	φ930	+0.140 0		
		轴		−0.086 −0.316		
4	滚筒孔与滚筒轴	孔	φ170	+0.040 0		
		轴		+0.093 +0.068		
5	链轮轮毂与3528型、2228型轴承	孔	φ250	+0.030 −0.016		
		轴		+0.025 −0.021		
6	3528型、2228型轴承孔与滚筒轴	孔	φ140	+0.026 −0.014		
		轴		+0.028 +0.003		
7	猫头轴承座与3128型轴承	孔	φ210	+0.030 −0.016		
		轴		+0.025 −0.021		
8	3128型轴承孔与猫头轴	孔	φ140	+0.026 −0.014		
		轴		+0.028 +0.003		
9	主动轴柄孔与刹把轴	孔	φ60	+0.046 0		
		轴		−0.030 −0.104		

(3) 修理组装检验记录按表1-36执行。

表1-36 修理组装检验记录

序号	技术要求	检测结果
1	各链轮端面圆跳动应小于0.7mm	
2	VC700×250离合器摩擦毂径向圆跳动不大于0.5mm	
3	当气胎未进气时,离合器摩擦毂与摩擦片的间隙在2~6mm之间	
4	滚筒轴轴向定位轴承链轮端的3530型轴承间隙应调整到0.1~0.2mm之间	
5	猫头轴轴向定位轴承链轮端的3128型间隙应调整到0.10~0.25mm之间,猫头轴径向圆跳动不大于1.5mm	
6	刹带轴与刹车轴总装后两轴之间、两轴与滚筒轴的平行度误差,不大于千分之0.5mm	
7	刹车汽缸总装时,活塞杆和活塞缓冲垫的间隙应在0~2mm之间	
8	刹车总装后不应失圆,刹车块与轮辋接触面积不小于75%	
9	总装后,刹把处于垂直位置时,刹带与轮辋间隙各处均匀,其值为1.5~2.0mm之间,或者刹把刹紧时,角度均为30°	
10	总装后,刹把刹紧时刹带与导向滚轮间隙为1.5~2.0mm	

六、ZJ-15D型绞车修理工艺流程图

ZJ-15D型绞车修理工艺流程见图1-2。

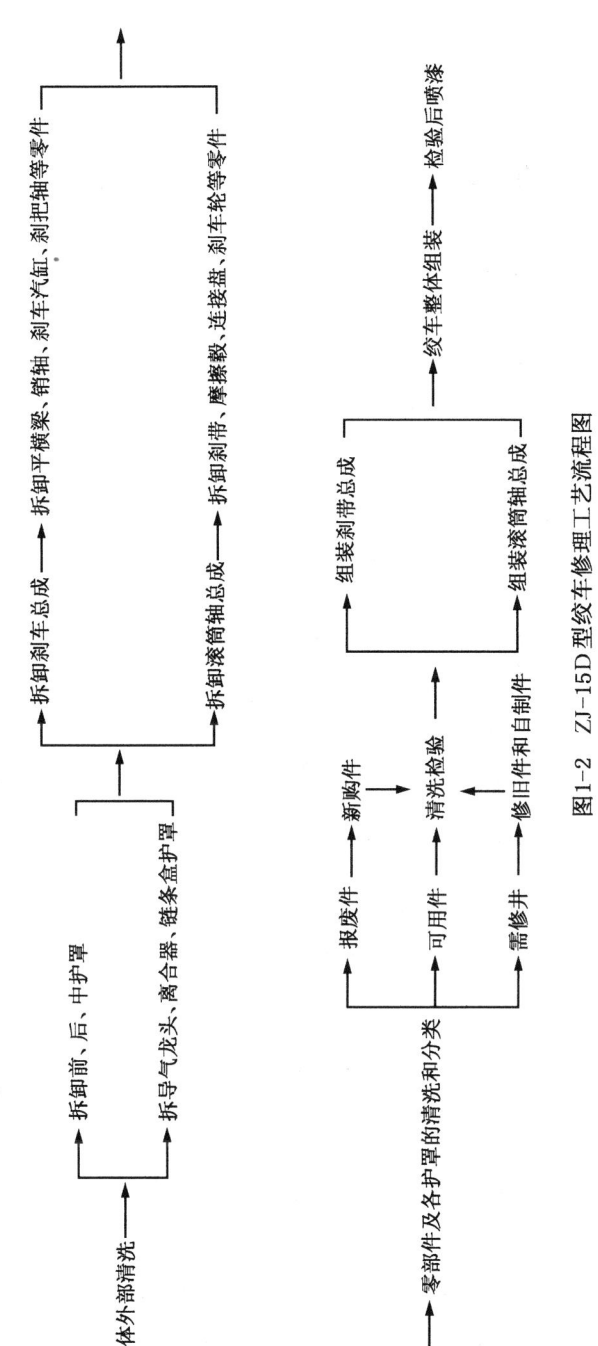

图1-2 ZJ-15D型绞车修理工艺流程图

第三节　SL3NB-1300钻井泵修理工艺

一、总成件的拆卸

(一)整体外部清洗

所用工具:专用绳套、活动扳手、清洗系统。
表面卫生检查:无油污、无泥污、无沙尘等杂质。

(二)拆卸液力端零部件

1. 拆卸排出支管总成

所用工具:专用吊绳、套筒扳手、加力杆、铜棒。
零件检验:高压排出歧管各连接法兰修复的平面度不大于0.20mm,密封钢圈及V形槽圆度不大于0.115mm。检查排出歧管各法兰面是否有沟槽、裂纹及影响强度等缺陷;检查密封圈及V形槽面有无损伤凹坑、冲蚀槽、凸起、划痕等。
所用量具:探伤仪。

2. 拆卸吸入歧管总成

所用工具:专用吊绳、内六方扳手、螺丝刀。
零件检验:V形槽圆度不大于0.115mm,检查密封圈是否损坏,V形槽是否有凹坑、冲蚀槽、凸起、划痕等。
所用量具:百分表。

3. 拆卸缸盖、压筒、阀盖、法兰

所用工具:套筒扳手。
零件检验:缸盖内孔为 $\phi140_0^{+0.015}$ mm、阀盖内孔为 $\phi184_0^{+0.072}$ mm,检查缸盖内孔、阀孔是否超值。检查内螺纹法兰和外螺纹压筒锯齿形螺纹是否磨损或损坏。

所用量具:游标卡尺、千分尺、百分表、螺纹规。

(三)拆卸液力端总成、拆卸阀箱

所用工具:专用绳套、套筒扳手、其他工具。

零件检验:缸盖孔为 $\phi 215_0^{+0.115}$ mm,吸入和排出孔分别为 $\phi 140_0^{+0.25}$ mm, $\phi 102_0^{+0.22}$ mm。

阀座孔锥面粗糙度 $R_a \leqslant 0.32$,阀箱各内面不允许有深 0.5mm、直径 1.0mm 的砂眼两处以上,不允许有气孔集聚现象。检查阀箱是否有裂纹和影响强度的严重缺陷;检查阀座锥面是否有磨损和刺出槽沟。

所用量具:游标卡尺、探伤仪。

(四)拆卸空气包总成

拆顶盖、充气接头和压力表。

所用工具:活动扳手、套筒扳手、专用吊绳。

零件检验:充气压力值不大于 4.9MPa,空气仓最高工作压力为 30.4MPa,充气停止后观察压力表变化情况,如逐渐减小表明气囊已损坏或密封不严。

(五)拆卸胶囊

所用工具:活动扳手、专用螺栓吊绳。

零件检验:检查空气包柱面是否有冲蚀槽沟;检查空气包是否有裂纹和影响强度的严重缺陷。

所用量具:探伤仪。

(六)拆卸空气包底部法兰

所用工具:开口扳手、专用吊环。

零件检验:下柱面磨损不超过 $\phi 140_{-0.143}^{-0.043}$ mm,修复面圆柱度不大于 0.02mm。检查钢圈及 V 形密封槽面是否有冲蚀槽沟。

(七)拆卸过滤器总成

所用工具:直柄扳手、专用吊绳、铜棒。

零件检验:钢圈及 V 形密封槽面圆柱度不大于 0.115mm。检查钢圈及 V 形密封槽面是否有冲蚀槽沟和凸起;检查过滤器孔有无堵塞、损坏。

(八)拆卸泵壳盖板

拆卸顶盖板、侧盖板、后盖板和轴承盖板。
所用工具:开口扳手、吊绳。
零件检验:检查密封垫有无裂纹、老化、损坏。检查有无损坏螺栓。

(九)拆卸动力端

1. 拆卸介箍挡水板

所用工具:螺丝刀、介箍专用扳手。
零件检验:检查介箍是否有过度磨损、裂纹。

2. 拆卸介杆

所用工具:套筒扳手、手钳、吊绳。
零件检验:低碳钢丝十字头孔与介杆头(3处),孔为 $\phi 70_0^{+0.046}$ mm,轴介杆与卡箍接合面圆度不大于 0.01mm,同轴度不大于 0.08mm。检查介杆直线度,如超过 0.15mm,应进行修复,修复不合格者应更新。
所用量具:千分尺、百分表。

3. 拆卸十字头总成

所用工具:手钳、套筒扳手、内六角扳手、专用吊绳、木方、弹簧钳。
零件检验:连杆小头孔与十字头销子(3处),孔为 $\phi 150_0^{+0.040}$ mm,轴为 $\phi 150_{-0.0125}^{+0.0125}$ mm;十字头孔与 32622 型轴承(6处),孔为 $\phi 240_0^{+0.046}$ mm,轴为 $\phi 240_{-0.013}^{+0.007}$ mm,32622 型轴承与十字销子(6处),孔为 $\phi 110_{-0.006}^{+0.016}$ mm,轴为 $\phi 110_{-0.003}^{+0.025}$ mm;十字头与介杆头,孔为 $\phi 70_0^{+0.046}$ mm,轴为 $\phi 70_{-0.060}^{-0.030}$ mm。连杆小头 32622 型轴承最大径向间隙为 0.35mm。

检查销轴键,检查轴承孔有无刮痕及过热情况;检查边盖侧面平面度,不大于 0.5mm 应进行修旧,修复不合格者应更新;检查各配合是否超过标准,如超出应进行修复。连杆修复孔圆柱度大头不大于 0.063mm,小头不大于0.018mm,两面三刀孔平行度不大于0.08mm,相应端面垂直度不大于0.12mm。十字头两孔修复后,圆柱度不大于0.02mm,同轴度不大于0.04mm。上下导板与十字头(3处),孔为 $\phi 465_{0}^{+0.155}$ mm,轴为 $\phi 465_{-0.223}^{-0.068}$ mm。十字头介杆孔磨损超过 $\phi 70_{0}^{+0.046}$ mm时应修复,修复孔圆柱度不大于0.013mm,与上下摩擦面的同轴度不大于0.06mm。

所用量具:游标卡尺、千分尺、百分表、塞规。

(十)拆卸主动轴总成

1. 拆卸皮带轮锥套

所用工具:手钳、套筒扳手、皮带轮专用拉拔器、锥套专用楔体。

零件检验:大皮带轮锥套孔与主动轴,孔为 $\phi 218_{0}^{+0.072}$ mm,轴为 $\phi 218_{+0.017}^{+0.063}$ mm;壳体孔与主动轴承盖台阶(两处),孔为 $\phi 460_{0}^{+0.063}$ mm,轴为 $\phi 460_{-0.223}^{-0.068}$ mm,壳体孔与32644型轴承(两处),孔为 $\phi 460_{0}^{+0.063}$ mm,轴为 $\phi 460_{-0.020}^{+0.007}$ mm,检查各配合是否超值;检查主动轴是否有刮痕、毛刺。

所用量具:游标卡尺、千分尺、百分表。

2. 拆卸油封压板、油封

所用工具:开口扳手、螺丝刀。

零件检验:检查油封是否有裂纹损坏、老化。

3. 拆卸油封压板、轴套

所用工具:开口扳手。

零件检验:轴套孔与主动轴,孔为 $\phi 218_{+0.170}^{+0.285}$ mm,轴为 $\phi 218_{+0.017}^{+0.063}$ mm。

所用量具:游标卡尺。

4. 拆卸猫头部零部件

所用工具:手钳、开口扳手、铁锤、铜棒、吊绳。

零件检验:主动轴油封轴套与主动轴,孔为 $\phi 218_{+0.170}^{+0.285}$ mm,轴为 $\phi 218_{+0.017}^{+0.063}$ mm;检查油封是否有裂纹损伤、老化。

所用量具:千分尺、百分表。

5. 拆卸主动轴

所用工具:铜棒、铁锤、吊绳、喷灯。

零件检验:轴体孔与主动轴承盖台阶,孔为 $\phi218_0^{+0.063}$mm,轴为 $\phi218_{-0.223}^{-0.063}$mm;壳体孔与32644型轴承,孔为 $\phi220_{-0.007}^{+0.022}$mm,轴为 $\phi220_{+0.017}^{+0.046}$mm;油封套孔与主动轴,孔为 $\phi218_{+0.017}^{+0.285}$mm,轴为 $\phi218_{+0.017}^{+0.063}$mm;32644型轴承孔与主动轴承32644型最大径向间隙为0.4mm。

检查主动轴是否有裂纹和影响强度的严重缺陷;检查轴承支架是否脱落、法兰损坏现象;检查主动轴直线度是否合格,若其大于0.15mm时应修复;检查轴承间隙是否超出标准。

所用量具:游标卡尺、探伤仪、百分表、千分尺。

(十一)拆卸被动轴总成

1. 拆卸轴承压板

所用工具:开口扳手。

零件检验:轴承套孔与轴承压板台阶,孔为 $\phi500_{-0.045}^{+0.018}$mm,轴为 $\phi500_{-0.385}^{-0.023}$mm,检查轴承支架是否有断裂、脱落及严重腐蚀现象。

所用量具:游标卡尺。

2. 拆卸轴承座

所用工具:被动轴承座专用套筒、扳手、手钳。

零件检验:轴承套孔与3003760型轴承,孔为 $\phi500_{-0.045}^{+0.018}$mm,轴为 $\phi500_{-0.020}^{+0.007}$mm。

所用量具:游标卡尺。

3. 拆卸被动轴总成

所用工具:专用支架、吊绳、喷灯拉拔器(被动轴承专用)、手钳、开口扳手、铜棒、大锤。

零件检验:3003760型轴承孔与被动轴(2处),轴承套孔与轴承压板台阶(2处),轴承套孔与3003760型轴承(2处),连杆偏心轮孔与被动轴(3处)。连杆孔与连杆大头轴承,轮毂与被动轴及被动轴轴承。3003760型最大径向间隙为0.45mm,10929/710型偏心轴承最大径向间隙为0.80mm。检查轴承支架有无损伤、裂痕、脱落、变形等现象;检查被动轴有无裂纹和影响强度的严重缺陷;检查各配合是否超值;检查键及键槽是否变形,齿轮是否有损伤、过度磨损现象。

所用量具:游标卡尺、塞规、探伤仪。

二、总成件的安装

(一)安装液力端总成

1. 组装阀门箱总成

所用工具:管钳、套筒扳手、专用吊绳、加力手柄。

零检验件:螺栓扭紧力矩,缸盖法兰螺栓力矩为1.86~2.16kN·m。阀盖法兰螺栓力矩为1.86~2.16kN·m。缸盖内孔不超过$\phi 215_0^{+0.115}$mm,$\phi 198_0^{+0.115}$mm。检查螺栓及内螺纹法兰,外牙压筒螺纹是否磨损、变形或损坏。

所用量具:游标卡尺。

2. 安装吸入歧管总成

所用工具:专用吊绳、内六方扳手。

零件检验:V形槽面圆柱度不大于0.115mm。旋入螺栓时检查O形圈是否错位。

所用量具:百分表。

3. 安装排出歧管总成

所用工具:套筒扳手、专用吊绳、加力手柄。

零件检验:密封钢圈及V形槽面圆柱度不大于0.115mm,排出歧管各法兰面平面度不大于0.20mm。旋入螺栓时O形密封圈是否错位,检查排出歧管有无裂纹及影响强度的严重缺陷。

所用量具:探伤仪。

(二)装配空气包总成

1. 装胶囊压板顶盖

所用工具:撬杠、套筒扳手、吊绳。

零件检验:空气包壳体内壁和上部孔修复圆度不大于0.052mm,空气包最高压力为30.4MPa,螺母扭紧力矩为1.08kN·m。检查空气包壳体内部和上部内孔有无冲蚀沟槽,内壁的修复质量是否符合压力容器技术规范。

所用量具:百分表。

2. 装空气接头、压力表、安全阀

所用工具:活动扳手、空气压缩机。

零件检验:充气压力值不大于4.9MPa,充气检验空气包是否有漏气或气路阻塞现象。

3. 装空气包总成

所用工具:开口扳手、专用吊绳、加力扳手。

零件检验:密封钢圈及V形槽密封面无凹坑凸起,其圆度不大于0.115mm,螺母扭紧力矩为1.08kN·m。检查密封钢圈及V形槽有无冲蚀及密封槽凸起;检查螺纹是否完好。

所用量具:百分表。

4. 装三通总成

所用工具:梅花扳手。

零件检验:密封钢圈及V形槽密封面圆柱度不大于0.115mm,螺母扭紧能力矩为1.08kN·m。检查密封钢圈及V形槽有无冲蚀及密封槽凸起;检查螺纹是否完好。

所用量具:百分表。

(三)安装主动轴、轴承

1. 装主动轴轴承

所用工具:专用吊绳、铜棒、手锤。

零件检验:检查主动轴是否有裂纹和影响强度的严重缺陷;检查轴承支架及滚柱是否完好;检查各配合是否符合标准;检查 326644 型轴承最大间隙是否符合标准;检查轴承架是否完好,各配合是否符合标准。

所用量具:游标卡尺、探伤仪、千分尺、百分表。

2. 装套、轴承、油封、油封压板、紧固钢丝

所用工具:开口扳手、手钳。

零件检验:检查各配合是否符合标准,如超值需进行修理。

所用量具:游标卡尺、百分表、千分尺。

3. 装猫头

所用工具:套筒扳手、大锤、手钳。

零件检验:小皮带轮与主动轮,孔为 $\phi 218^{+0.285}_{+0.170}$mm,轴为 $\phi 218^{+0.063}_{+0.017}$mm。检查各配合是否符合工艺标准,如超值需进行修理。

所用量具:游标卡尺、千分尺、百分表。

4. 装大皮带轮端

所用工具:楔块、大锤、专用吊绳、套筒扳手、手钳。

零件检验:大皮带轮锥套孔与主动轴,孔为 $\phi 218^{+0.072}_{0}$mm,轴为 $\phi 218^{+0.063}_{+0.017}$mm。壳体孔与主动轴承盖台阶,孔为 $\phi 460^{+0.063}_{0}$mm,轴为 $\phi 460^{-0.068}_{-0.223}$mm。检查锥套和大皮带轮是否到位,检查键和键槽是否完好。

所用量具:游标卡尺、百分表、千分尺。

(四)安装被动轴总成

1. 装轮毂被动大齿轮

所用工具:大锤、套筒扳手、手钳。

零件检验:轮毂与被动齿轮孔,孔为 $\phi 1250_0^{+0.105}$ mm,轴为 $\phi 1250_{-0.094}^{-0.028}$ mm。检查轮齿表面磨损、折断及键槽磨损。被动轴大齿圈固定螺栓扭紧力矩为 0.98~1.47kN·m。

所用量具:游标卡尺、千分尺、百分表。

2. 装三个曲柄连杆

所用工具:大锤、开口扳手、手钳、专用吊绳。

零件检验:轴承套孔与轴承压板台阶,孔为 $\phi 500_{-0.045}^{+0.018}$ mm,轴为 $\phi 500_{-0.385}^{-0.230}$ mm。

所用量具:游标卡尺、千分尺、百分表。

3. 装被动轴轴承

所用工具:轴承加热炉、开口扳手、手钳。

零件检验:检查轴承支架有无损坏、裂痕、脱落、变形等现象。

所用量具:游标卡尺、千分尺、百分表。

4. 装被动轴

所用工具:专用吊绳、专用套筒扳手。

零件检验:被动轴固定螺栓的扭紧力矩为 13.24kN·m。

所用量具:游标卡尺、千分尺、百分表。

(五)安装十字头总成

1. 装滑板、导板、介杆

所用工具:内六方扳手、加力手柄、套筒扳手、手钳、专用吊绳。

零件检验:导板固定螺栓扭紧力矩为 0.20~0.27kN·m。十字头轴承压板固定螺栓扭紧力矩为 0.078kN·m。上、下导板工作表面有裂纹应更新,磨损深为 1mm,宽为 1mm,长为 100mm 的沟槽应进行修复。

2. 装十字头销轴

所用工具:弹簧钳、铜棒、内六方扳手、套筒扳手。

零件检验:连杆小头孔为 $\phi 150_0^{+0.040}$ mm,十字头销轴为 $\phi 150_{-0.0125}^{+0.0125}$ mm。

所用量具:千分尺、百分表。

(六)装介杆密封总成

所用工具:套筒扳手。

零件检验:介杆固定螺栓扭紧力矩为 0.49kN·m。介杆柱面为 $\phi 110$ mm,磨损或起沟槽应进行修复。

(七)主要性能参数

(1)最大传递功率为 956kW(冲数为 120 冲/min)。

(2)最高工作压力为 30.4MPa(缸套直径为 140mm);相应的排量为 28.16L/s(冲数 120 冲/min)。

(3)最大排量为 46.54L/s(缸套直径为 180mm、冲数为 120 冲/min);相应工作压力为 19MPa。

(八)一般技术要求

(1)钻井泵的修理应符合 SY/T 5716.1—95《石油钻机大修理通用技术条件》的有关规定。

(2)主动轴、皮带轮、被动轴、连杆、阀箱、排气歧管、空气包壳体需进行探伤检查,不应有裂纹和影响强度的严重缺陷。

(3)主被动齿轮齿面的中部节圆附近不应有结疤、裂纹及缺陷,不应有严重胶合、点蚀现象,不应有齿根处断裂及连续两个齿从中间折断现象。

(4)箱体非配合表面有裂纹时,允许补焊修复。修复后需消除内应力。表面平面度不大于 0.5mm。主要螺栓、螺母装配扭紧力矩值见表 1-37。

(5)加工应符合 GB/T 5796.1—1986《梯形螺纹 牙型》,GB/T 5796.2—1986《梯形螺纹 直径与螺距系列》,GB/T 5796.3—1986《梯形螺纹 基本尺寸》,GB/T 5796.4—1986《梯形螺纹 公差》的有关规定。

(九)修理技术要求

(1)阀箱缸盖、阀盖、缸套内径为 $\phi 215_0^{+0.115}$ mm, $\phi 198_0^{+0.115}$ mm,

$\phi184_0^{+0.072}$mm，$\phi165_0^{+0.115}$mm，$\phi240_0^{+0.115}$mm，$\phi215_0^{+0.072}$mm，磨损超限应修复。修复孔的圆柱度不大于0.02mm。与相关基准孔的同轴度不大于0.05mm，与相关基准面的垂直度不大于0.10mm。

（2）吸入和排出孔为 $\phi140_0^{+0.25}$mm，$\phi102_0^{+0.72}$mm，磨损超极限应修复。修复后各孔相邻端面与标准面的平行度不大于0.12mm，垂直度不大于0.15mm。

（3）阀座孔锥面磨损或刺出沟槽应修复。修复孔的粗糙度应小于0.32。贴合度用标准锥体涂色检验沿环高度不小于30mm。

（4）修复后的阀箱各内表面，不允许有深0.5mm、直径1.0mm的砂眼两处以上。不允许有气孔聚集现象。

（5）主、被动轴应进行直线度检验。在装轴承的两轴颈之间，直线度大于0.15mm应进行校直修复，修复不了的应更换。

（6）主动轴柱面为 $\phi218$mm，$\phi220$mm 和 $\phi245$mm，磨损超限应修复。修复面的圆柱度不大于0.02mm，同轴度不大于0.05mm。

（7）被动轴柱面为 $\phi300$mm，$\phi325$mm，磨损超限应修复。修复面的圆柱度不大于0.025mm，同轴度不大于0.06mm。

（8）在齿厚方向，主动齿轮磨损大于2mm，被动齿轮磨损大于1.5mm应更换。未超过磨损极限，齿面有毛刺、磕痕等缺陷，可修复使用。

（9）主动齿轮内孔为 $\phi245$mm，磨损超限应修复。修复孔的圆柱度不大于0.02mm，与相邻端面和齿顶圆的圆跳动均不大于0.06mm。

（10）被动齿轮内孔为 $\phi1250$mm，磨损超限应修复。修复孔的圆柱度不大于0.063mm，与相邻端面和齿顶圆的圆跳动均不大于0.12mm。

（11）皮带轮和锥套的锥孔（面）磨损超限应修复。修复面的圆度不大于0.023mm，与相邻端面的圆跳动和与轮槽顶面的同轴度均不大于0.10mm。修复面用塞规（环规）涂色检查，接触度不小于75%。

（12）套内孔为 $\phi218$mm，磨损超限应修复。修复孔的圆柱度不大于0.02mm，与锥面的同轴度不大于0.06mm。

（13）被动轴轮毂、偏心轮内孔分别为 $\phi325$mm 和 $\phi325$mm，磨损超限应修复。修复孔圆柱度不大于0.025mm，与相邻端面的圆跳动和与齿圈外圆柱面的同轴度均不大于0.10mm。

（14）轮毂、偏心轮的外圆柱面分别为 $\phi710$mm 和 $\phi1250$mm，磨损超限应修复。修复面圆柱度不大于0.063mm，与相邻端面的圆跳动度和与内孔的同轴度均不大于0.10mm。

(15)连杆应进行平面度检验,侧面平面度大于0.50mm应进行修复,修复不合格者应更换。

(16)连杆两内孔分别为ϕ950mm和ϕ150mm,磨损超限应修复。修复孔圆柱度不大于0.063mm和0.018mm,两孔的平行度不大于0.08mm,与相邻端面的垂直度不大于0.12mm。

(17)十字头上、下摩擦柱面为ϕ462.8mm,磨损超限或拉起5处以上深1mm、宽1.5mm的沟槽应修复。修复面圆柱度不大于0.027mm,与基准轴线的同轴度不大于0.06mm,与基准端面的垂直度不大于0.10mm。

(18)十字头两轴承孔为ϕ240mm,磨损超限应修复。修复孔圆柱度不大于0.02mm,两孔间的同轴度不大于0.04mm,与相邻端面和基准轴线的垂直度不大于0.08mm。

(19)十字头介杆孔为ϕ70mm,磨损超限应修复。修复孔圆柱度不大于0.013mm,与上、下摩擦面的同轴度不大于0.06mm。

(20)上、下导板工作表面有裂纹应更换。

(21)上、下导板工作表面为ϕ465mm,磨损超限、偏磨或拉起5处以上深1mm、宽1mm、长100mm的沟槽应修复。修复面圆柱度不大于0.04mm。若磨损均匀、轻微、且不超过本项要求,可经处理后继续使用。

(22)十字头销子为ϕ110mm和ϕ150mm,磨损超限应修复。修复柱面圆柱度不大于0.015mm,同轴度不大于0.05mm。

(23)介杆柱面为ϕ110mm,应进行直线度检验。全长直线度大于0.15mm应修复,修复不合格者应更换。

(24)介杆柱面为ϕ110mm,磨损或拉起沟槽应修复。修复面圆柱度不大于0.01mm,同轴度不大于0.08mm。

(25)介杆插入十字头柱面为ϕ70mm,磨损超限应修复。修复面圆柱度不大于0.013mm,相邻端面的圆跳动不大于0.08mm。

(26)介杆与卡箍的结合面磨损应进行修复。修复面的圆度不大于0.01mm,同轴度不大于0.08mm。

(27)空气包壳体下部内孔为ϕ140mm,磨损超限或有冲蚀沟槽应修复。修复孔圆柱度不大于0.018mm,相邻底面的圆跳动不大于0.12mm。

(28)空气包壳体上部内孔有冲蚀沟槽应修复。修复孔圆度不大于0.052mm,空气包最高工作压力为30.4MPa,充气压力为4.9MPa。充氮气或空气,严禁充氧气及其他易燃气体。

(29)空气包下法兰柱面为 $\phi140mm$,磨损超限或有冲蚀沟槽应修复。修复面圆柱度不大于 0.02mm,相邻端面垂直度不大于 0.20mm。

(30)高压排出五通、歧管各法兰钢圈 V 形槽面,若有冲蚀沟槽应修复。修复锥面圆度不大于 0.115mm。

(31)高压排出歧管各法兰面有冲蚀沟槽应修复。修复面的平面度不大于 0.20mm。

(32)被动轴承套内孔为 $\phi500mm$、外圆柱面为 $\phi600mm$,磨损超极限应修复。修复内孔、柱面的圆柱度不大于 0.04mm,同轴度不大于 0.08mm,相邻端面垂直度不大于 0.10mm。

(33)主动轴承盖台阶为 $\phi460_{-0.223}^{-0.068}mm$,油封内孔为 $\phi290_{0}^{+0.13}mm$,磨损超限应修复。修复后的圆柱度,台阶不大于 0.027mm,油封孔不大于 0.023mm;两孔的同轴度不大于 0.12mm,与相邻端面垂直度不大于 0.15mm。

(34)缸盖柱面分别为 $\phi215_{-0.242}^{-0.170}mm$、$\phi198_{-0.242}^{-0.170}mm$;阀盖分别为 $\phi184_{-0.242}^{-0.170}mm$、$\phi165_{-0.245}^{-0.145}mm$。磨损超限或有冲蚀沟槽应修复。修复面圆柱度不大于 0.02mm,同轴度不大于 0.05mm。

(35)缸盖、阀盖、缸套内螺纹法兰及压筒、压圈、梯形螺纹磨损或损坏应修复。修复后的公差值、牙型参数应符合 GB/T 5796.1~5796.4(1986)的有关规定。

(36)钻井泵各轴承的最大径向间隙超过下列值应更换:

① 主动轴 32644 型支承轴承为 0.40mm;

② 被动轴 3003760 型支承轴承为 0.45mm;

③ 连杆大头 10920/710 型偏心轴承为 0.80mm;

④ 连杆大头 32622 型轴承为 0.35mm。

(十)总装检验要求

(1)主动齿轮、被动齿圈组的装配应标记相同,成对装配,注意旋向。

(2)装配被动轴各零件轴向尺寸应严格检查,保证各缸中心距为 460mm±0.315mm。

(3)皮带轮与锥套待组装后,才能装入主动轴组件。

(4)齿轮辐啮合面检查时,沿齿高方向接触不小于35%,沿齿长方向接触不小于60%。

(5)导板与十字头间隙控制在0.25~0.45mm范围内,并且接触面均匀,接触面积不小于50%。

(6)缸套座孔、缸套、活塞拉杆、介杆、十字头轴线的直线度不小于0.50mm。

(7)阀箱阀座孔锥面用标准锥体涂色检验,其接触面沿锥面高度不小于30mm。

(8)阀箱与泵壳体前板间隙用0.10mm厚薄规沿周边检查,其不插入的周长大于90%。

(9)阀体与液力端静压试验,在62MPa状态下,稳压5min不漏、不渗、不发汗。其压力降不大于0.5MPa。

(10)整机外观检验时,整洁、光滑、美观,外露螺栓高度不大于3牙,铭牌、标记清晰。

(11)总装后用600~120N·m的力矩旋转大皮带轮,钻井泵旋转自如,无异响和卡阻现象。

(十一)试车规范

(1)试车前的准备:

① 钻井泵需经总装检验,符合各装配质量标准,方可进行总成件试车。

② 试车前应按润滑作业表加注润滑脂,并向壳体油池加足26#双曲线齿轮油265~300L。

(2)试车要求:

SL3NB-1300型钻井泵用φ170mm缸套、在120冲/min下进行出厂试验。总运转2.5h,其要求如下:

① 负荷状态下,运转0.5h;

② 在5~7MPa状态下,运转0.5h;

③ 在10~15MPa状态下,运转1h;

④ 在20~22MPa状态下,运转0.5h。

(3)通用检查项目:

① 密封:各部位不泄通;

② 温度:各部位轴承温度不大于60℃,其他部位温度不大于70℃;

③ 平稳性:无卡阻、无异响、无明显整体振动;

④ 噪声:用A级声级计,在最高限定负荷、转速状态下监测(前后各1点,两侧各2点,共6点),噪声在90~100dB之间。

⑤ 清洁度:试车完后各润滑控的清洁度不大于2500mg。

(4)性能:在最高额定压力状态下,测值符合主要性能参数;压力波动不大于15%。

(5)安全阀:性能良好,保险、可靠。

(十二)喷漆和包装封存

(1)SL3NB-1300型钻井泵外表喷蓝色硝基漆,空气包、安全阀喷红色硝基漆。喷漆质量按SY 5308—87《石油钻采机械产品用漆通用技术》检查验收。

(2)SL3NB-1300型钻井泵为裸装件。

三、钻井泵的主要参数

(1)主要螺栓、螺母扭紧力矩值见表1-37。

表1-37 主要螺栓、螺母扭紧力矩值

序号	名　　称	规格	扭紧力矩,kN·m
1	端盖法兰双头螺栓	M36×224	1.86~2.16
2	阀盖法兰双头螺栓	M36×190	1.68~2.16
3	缸套法兰双头螺栓	M36×210	0.785
4	阀箱与泵壳双头螺栓	M36×130	2.16
5	活塞杆自锁螺母	M39	1.67~2.16
6	空气包顶盖双头螺栓	M48×180	1.08
7	空气包底法兰双头螺栓	M30×210	1.08
8	排气歧管与阀箱双头螺栓	M27×260	1.378
9	排气歧管两端法兰双头螺栓	M30×150	1.67~2.16
10	导板固定螺栓	M20×55	0.20~0.27
11	十字头轴承压板固定螺栓	M16×30	0.078

续表

序号	名　　称	规格	扭紧力矩，kN·m
12	介杆固定螺栓	M24×60	0.49
13	泵壳密封盒定位板固定螺栓	M16×55	0.12
14	主动轴皮带轮固定螺栓	M30×325	0.45~0.48
15	主动轴轴承盖固定螺栓	M16×45	0.196
16	主动轴头止推盖固定螺栓	M20×45	0.078
17	被动轴大齿圈固定螺栓	M30×160	0.98~1.47
18	被动轴承套盖固定螺栓	M16×30	0.078
19	被动轴承座压盖双头螺栓	M76×490	13.24

(2)钻井泵零件装配及检验标准见表1–38。

表1–38　SL3NB–1300钻井泵零件装配及检验标准　　　　　mm

配合部位		基本尺寸	公差带代号	极限偏差	配合公差带	免修极限
大皮带轮锥套孔与主动轴	孔	φ218	H8	+0.072 0	+0.055 -0.063	+0.080
	轴		m7	+0.063 +0.017		
壳体孔与主动轴承盖台阶(两处)	孔	φ460	H7	+0.063 0	+0.286 +0.068	+0.350
	轴		f9	-0.068 -0.223		
壳体孔与32644型轴承(两处)	孔	φ460	H7	+0.063 0	+0.083 -0.007	+0.090
	轴		j5	+0.007 -0.020		
32644型轴承孔与主动轴(两处)	孔	φ220	J6	+0.022 -0.007	+0.005 -0.053	+0.010
	轴		m6	+0.046 +0.017		
主动轴油封轴套与主动轴(两处)	孔	φ218	D9	+0.285 +0.170	+0.268 +0.107	+0.270
	轴		M7	+0.063 +0.017		
主动齿轮孔与主动轴	孔	φ245	H7	+0.046 0	-0.094 -0.169	-0.070
	轴		s6	+0.169 +0.140		

续表

配合部位		基本尺寸	公差带代号	极限偏差	配合公差带	免修极限
水泵小皮带轮孔与主动轴	孔	φ218	D9	+0.285 +0.170	+0.268 +0.107	+0.300
	轴		m7	+0.063 +0.017		
机架孔与轴承套Ⅰ和Ⅱ(两处)	孔	φ600	H8	+0.110 0	+0.110 -0.107	+0.110
	轴		k7	+0.070 0		
轴承套孔与轴承压板台阶(两处)	孔	φ500	K8	+0.018 -0.045	+0.403 +0.185	+0.450
	轴		d9	-0.230 -0.385		
轴承套孔与3003760型轴承(两处)	孔	φ500	K7	+0.018 -0.045	+0.038 -0.052	+0.040
	轴		j5	+0.007 -0.020		
3003760型轴承孔与被动轴(两处)	孔	φ300	J6	+0.025 -0.007	-0.031 -0.115	-0.010
	轴		p7	+0.108 +0.056		
连杆偏心轮孔与被动轴(3处)	孔	φ325	R8	-0.108 -0.197	-0.051 -0.197	-0.051
	轴		h7	0 -0.057		
轮毂孔与被动轴	孔	φ325	S7	-0.169 -0.226	-0.112 -0.226	-0.122
	轴		h7	0 -0.057		
被动齿轮内孔与轮毂	孔	φ1250	H7	+0.105 0	+0.199 +0.028	+0.220
	轴		g6	-0.028 -0.094		
连杆孔与连杆大头轴承(3处)	孔	φ950	K7	0 -0.090	+0.028 -0.118	+0.030
	轴		js6	+0.028 -0.028		
连杆大头轴承孔与偏心轮(3处)	孔	φ710	JS6	+0.025 -0.025	-0.025 -0.125	-0.010
	轴		n6	+0.100 +0.050		

续表

配合部位		基本尺寸	公差带代号	极限偏差	配合公差带	免修极限
连杆小头孔与十字头销子(3处)	孔	φ150	H7	+0.040 0	+0.525 -0.0125	+0.070
	轴		js6	-0.0125 -0.0125		
十字头孔与32622型轴承座(6处)	孔	φ240	H7	+0.046 0	+0.059 -0.007	+0.059
	轴		j5	+0.007 -0.013		
32622型轴承座孔与十字头销子(6处)	孔	φ110	J6	+0.016 -0.006	+0.013 -0.031	+0.020
	轴		K6	+0.025 -0.003		
十字头孔与介杆头(3处)	孔	φ70	H7	+0.046 0	+0.106 +0.030	+0.110
	轴		f7	-0.030 -0.060		
上下导板孔与十字头(3处)	孔	φ465	H9	+0.155 0	+0.378 +0.068	+0.500
	轴		f9	-0.068 -0.223		
活塞组件孔与活塞拉杆(3处)	孔	φ42	H9	+0.062 0	+0.149 +0.025	+0.160
	轴		f9	-0.025 -0.087		
阀箱孔与缸套台肩(3处)	孔	φ240	H9	+0.115 0	+0.470 +0.170	+0.500
	轴		d10	-0.170 -0.355		
阀箱孔与缸盖台肩(3处)	孔	φ215	H9	+0.115 0	+0.357 +0.170	+0.400
	轴		d8	-0.170 -0.242		
阀箱孔与缸盖台肩(3处)	孔	φ165	H9	+0.100 0	+0.345 +0.145	+0.400
	轴		d9	-0.145 -0.245		
空气包壳体下孔与法兰台肩	孔	φ140	H7	+0.040 0	+0.183 +0.043	+0.190
	轴		f9	-0.043 -0.143		

四、设备修理、组装、检测、检验记录

(1)设备修理记录按表1-39执行。

表1-39 设备修理记录

设备名称：SL3NB-1300 钻井泵
修理性质：_____
设备编号：_____
报修单位：_____
主 修 人：_____
检 验 员：_____
　　　　　年　　月　　日

设备修理记录

	定额工时		主修人		配合人	
	实际工时		开工日期		完工日期	
	名称及规格	数量	领新	修旧	自制	
主要更换配件						

(2)工序质量检测记录按表1-40执行。

表1-40 工序质量检测记录

序号	主要配合部位		基本尺寸 mm	极限偏差 mm	检测结果	
					自检	专检
1	大皮带轮锥套孔与主动轴	孔	φ210	+0.072 0		
		轴		+0.063 +0.017		
2	壳体孔与32644型轴承	孔	φ460	+0.063 0		
		轴		+0.007 -0.020		
3	32644型轴承孔与主动轴	孔	φ220	+0.022 -0.007		
		轴		+0.046 +0.017		
4	轴承套孔与3003760型轴承	孔	φ500	+0.018 -0.045		
		轴		+0.007 -0.020		
5	3003760型轴承孔与被动轴	孔	φ300	+0.025 -0.007		
		轴		+0.108 +0.056		
6	上下导板孔与十字头	孔	φ465	+0.155 0		
		轴		-0.068 -0.223		
7	32622型轴承孔与十字头销子	孔	φ110	+0.016 -0.006		
		轴		+0.025 +0.003		
8	连杆偏心轮孔与被动轴	孔	φ325	-0.108 -0.197		
		轴		0 -0.057		

续表

序号	主要配合部位		基本尺寸 mm	极限偏差 mm	检测结果	
					自检	专检
9	轮毂孔与被动轴	孔	φ325	-0.169 -0.226		
		轴		0 -0.057		
10	连杆小头孔与十字头销子	孔	φ150	+0.040 0		
		轴		+0.0125 -0.0125		

（3）修理组装检测记录按表 1-41 执行。

表 1-41　修理组装检测记录

序号	技术要求	检测结果
1	导板与十字头滑板间隙控制在 0.25~0.45mm 范围内,接触面积不小于 50%	
2	阀箱台肩不允许冲刺出沟槽,端面平整尺寸控制 $\phi 215_0^{+0.072}$mm, $\phi 240_0^{+0.115}$mm	
3	皮带轮径向、轴向跳动量不大于 1.5mm	
4	在齿厚方向主动齿轮磨损小于 2mm	
5	在齿厚方向被动齿轮磨损小于 1.5mm	
6	各密封表面装配前加润滑脂,结合处无泄漏	
7	各部零件齐全,螺栓紧固达到规定扭紧力矩;液力端螺栓紧固后,高出螺帽不大于 3 个牙	
8	总装后,旋转大皮带轮钻井泵应旋转自如,无异常和卡阻现象	

五、SL3NB-1300 型钻井泵修理工艺流程图

SL3NB-1300 型钻井泵修理工艺流程见图 1-3。

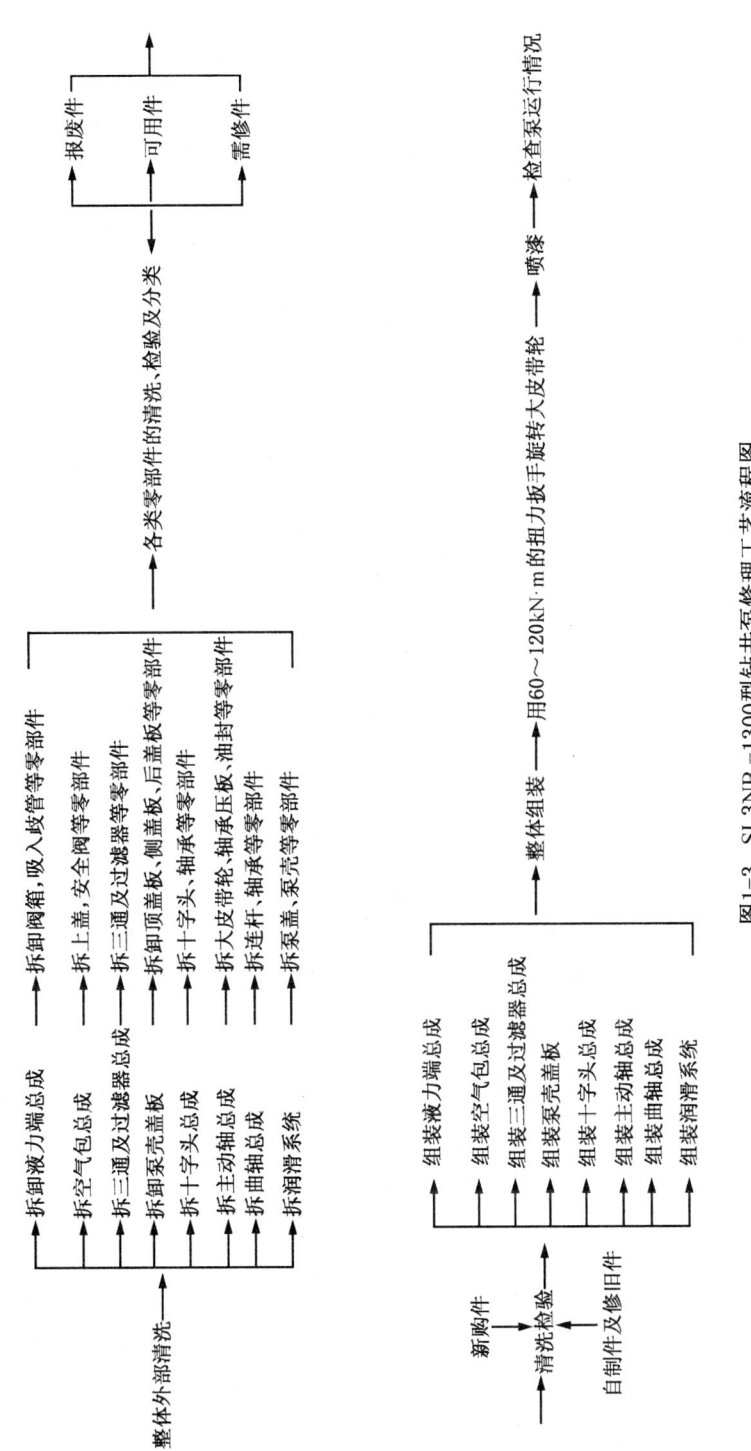

图1-3 SL3NB-1300型钻井泵修理工艺流程图

第四节　ZJ-15D(15)变速箱修理工艺

一、设备进厂验收

(1) 进厂检查该件损坏情况及欠缺零件。
(2) 做好入厂记录。

二、整体外部清洗

所用工具：专用吊绳、轨道车、铁片、开口扳手、清洗系统、压缩空气。
表面卫生检查：表面无油污、无泥沙等杂质。

三、零部件的拆卸

(一)拆卸壳体外部零件

拆卸壳体表面连接螺栓、箱体上盖及轴承盖。
所用工具：开口扳手、套筒扳手、活动扳手、专用吊绳、木方。
零件检测：检查调整垫片是否损坏、变形。

(二)拆卸输入轴总成

1. 拆卸轴承上瓦架、轴头盖板、油封压板、轴承盖

所用工具：套筒扳手、专用吊绳、开口扳手、活动扳手、螺丝刀、手钳。
零件检测：输入轴承套孔与轴承盖台阶，孔为 $\phi 215^{+0.013}_{-0.033}$ mm；轴为 $\phi 215^{+0.050}_{+0.165}$ mm。检查轴头盖板是否齐全、紧固，保险铁皮是否完好；两轴端螺孔磨损可转适当角度重开。
所用量具：千分尺、百分表。

2. 拆卸3624型轴承、4挡齿轮、126型轴承换挡齿轮、内齿圈、3挡齿轮、限位轴套卡簧等

所用工具：轴承拉拔器、卧式拆装机、卡簧钳。

零件检测：3624型轴承孔与输入轴，轴为 $\phi 120^{+0.025}_{+0.003}$ mm；126型轴承孔与输入轴，轴为 $\phi 130^{+0.028}_{+0.003}$ mm；46齿轮4挡齿轮孔与126型轴承基本尺寸，孔为 $\phi 200^{+0.013}_{-0.033}$ mm。

检查轴承最大径向间隙是否超过0.25mm；检查轴颈配合处磨损是否超下限；检查齿轮的磨损情况。

所用量具：千分尺、百分表。

3. 拆卸7620型轴承轴套、隔套、双联齿轮清洗

所用工具：轴承拉拔器、卧式拆装机、柴油清洗池、清洗刷。

零件检测：输入轴承套孔与7620型轴承，孔为 $\phi 215^{+0.013}_{-0.033}$ mm；7620型轴承孔与输入轴，孔为 $\phi 200^{+0.033}_{+0.033}$ mm；双联齿轮17齿倒挡端孔与输入轴，孔为 $\phi 100.3^{+0.035}_{0}$ mm，轴为 $\phi 100.3^{+0.139}_{+0.124}$ mm。

检查7620型轴承最大径向间隙是否超过0.25mm；检查双联齿轮磨损情况，如在齿厚方向磨损大于1mm应更新，未超过磨损极限的齿面毛刺等，可修复；当内孔磨损超上限时，可修复，修复后内孔圆柱度不大于0.02mm，圆跳动不大于0.05mm，相邻端面垂直度不大于0.12mm；检查输入轴是否裂纹，轴颈磨损可喷涂或刷镀修复0.5mm，轴的全长直线度不大于0.09mm；轴台阶磨损后进行车后加隔套修复。

所用量具：探伤仪、塞尺、千分尺、百分表。

(三)拆卸中间轴总成

1. 拆卸3628型轴承上瓦架、轴头盖板

所用工具：套筒扳手、开口扳手、螺丝刀、手钳、专用吊绳。

零件检测：双联齿轮15齿1挡端孔与输入轴，孔为 $\phi 100.5^{+0.035}_{0}$ mm，轴为 $\phi 100.5^{+0.139}_{+0.124}$ mm。

2. 拆卸轴承盖、油封压板、螺纹圈、挡圈、7528 型轴承隔套

所用工具：开口扳手、螺丝刀、手锤、铜棒、专用拉拔器。

零件检测：中间轴承套孔与轴承盖台阶，孔为 $\phi 250^{+0.013}_{-0.003}$ mm，轴为 $\phi 250^{-0.050}_{-0.165}$ mm；中间轴承套孔与 7528 型轴承，孔为 $\phi 250^{+0.013}_{-0.033}$ mm；7528 型轴承孔与中间轴，轴为 $\phi 140^{+0.028}_{+0.003}$ mm。

检查轴承套内孔磨损情况，超上限时进行焊后车削修复；检查轴承套外圆柱面磨损情况，超下限时进行焊后车削修复；检查轴承盖台阶面磨损情况，超下限时进行焊后车削修复，检查 O 形密封圈是否老化，检查 7528 型轴承最大径向间隙是否超过 0.25mm；检查轴承支架是否完整可靠；检查丝扣圈螺纹和牙嵌是否损坏，螺纹可焊后车削，牙嵌可焊接修复。

所用量具：游标卡尺、塞尺、千分尺、百分表。

3. 拆卸3628 型轴承小锥齿轮、3530 型轴承，4 挡齿轮、3 挡齿轮、132 型轴承、2 挡齿轮、内齿圈 1 挡齿轮、134 型轴承和隔套、卡簧等

所用工具：轴承拉拔器、卧式拆装机、手锤、铜棒、弹簧钳、立式千斤顶。

零件检测：3628 型轴承孔与中间轴，轴为 $\phi 140^{+0.028}_{+0.003}$ mm；29 齿轮锥轮孔与中间轴，孔为 $\phi 148^{+0.040}_{0}$ mm，轴为 $\phi 148^{+0.052}_{+0.027}$ mm；3530 型轴承孔与中间轴，轴为 $\phi 150^{+0.028}_{+0.003}$ mm；32 齿 4 挡齿轮孔与中间轴，孔为 $\phi 156^{+0.040}_{0}$ mm，轴为 $\phi 156^{+0.052}_{+0.027}$ mm；44 齿 3 挡齿轮孔与中间轴，孔为 $\phi 158^{+0.040}_{0}$ mm，轴为 $\phi 158^{+0.052}_{+0.027}$ mm；132 型轴承孔与中间轴，轴为 $\phi 160^{+0.028}_{+0.003}$ mm；56 齿 2 挡齿轮孔与 132 轴承，孔为 $\phi 240^{+0.013}_{-0.033}$ mm；1 挡、2 挡啮合内外齿轮孔与中间轴，孔为 $\phi 165^{+0.040}_{0}$ mm，轴为 $\phi 165^{+0.052}_{+0.027}$ mm；134 型轴承孔与中间轴，轴为 $\phi 170^{+0.028}_{+0.003}$ mm。

检查 3628，3530，132，134 各型号轴承的最大径向间隙是否超过 0.25mm，0.25mm，0.15mm，0.15mm，如超值则更新，保持架损坏更新；检查轴颈各配合处磨损超下限，喷涂或刷镀，厚度不超过 0.5mm；检查各键与键槽是否变形、断裂，如有键槽焊补修复，或转 90°重开；检查各齿轮磨损情况，如内孔磨损超限可焊后车削，如有点蚀、胶合或两个连续齿尖或一个齿根断裂应予以报废，部分齿面磨损可进行焊后磨削修复。

所用量具：探伤仪、千分尺、百分表。

4. 拆卸倒挡齿轮、130 型轴承和隔套、外齿圈、上连接键

所用工具：卧式拆装机、手锤、铜棒、弹簧钳、立式千斤顶。

零件检测：130 型轴承孔与中间轴，轴为 $\phi150_{+0.003}^{+0.028}$ mm；56 齿倒挡齿轮孔与 130 型轴承，孔为 $\phi225_{-0.033}^{+0.013}$ mm；7528 型轴承孔与中间轴，轴为 $\phi140_{+0.003}^{+0.028}$ mm；中间轴承套孔与 7528 型轴承，孔为 $\phi250_{-0.033}^{+0.013}$ mm。

检查 130 型轴承最大径向间隙是否超过 0.15mm，如超值或保持架损坏则更新；检查轴与 130 配合处磨损，如超下限则喷涂或刷镀，厚度不超过 0.5mm；齿轮内孔磨损超限可焊后车削，如有点蚀、胶合或两个连续齿尖或一个齿根断裂应予以报废，部分齿面磨损可进行焊后磨削修复；检查中间轴是否有裂纹等缺陷，否则报废。

所用量具：探伤仪、千分尺、游标卡尺。

(四) 拆卸输出轴总成

1. 拆卸 3626 型轴承上瓦架轴头挡圈、止动垫、弧齿锥齿轮、轴承套、3626 型轴承、轴承垫和 3528 型轴承垫

所用工具：套筒扳手、开口扳手、卧式拆装机、手锤。

零件检测：输出轴承套孔与 3626 型轴承，孔为 $\phi280_{0}^{+0.052}$ mm；输出轴承套孔与 3528 型轴承，孔为 $\phi250_{0}^{+0.046}$ mm；3626 型轴承孔与输出轴，轴为 $\phi130_{+0.003}^{+0.028}$ mm。

检查弧齿锥齿轮磨损情况，如内孔磨损超限可焊后车削，如有点蚀、胶合或两个连续齿尖或一个齿根断裂应予以报废；端面磨损超 1mm 可进行焊后磨削修复，如齿厚方向磨损大于 2mm 时应更换。检查轴承套与轴承配合内表面，如磨损超限可焊后车削修复。

所用量具：千分尺、百分表、游标卡尺、牙形样板。

2. 拆卸牙嵌离合器螺纹圈、链轮组件、透盖、3524 型轴承、压盖、油封、卡簧等部件

所用工具：开口扳手、卧式拆装机。

零件检测：输出链轮孔与 3524 型轴承盖台阶，孔为 $\phi215_{0}^{+0.046}$ mm，轴为

$\phi 215_{-0.165}^{-0.050}$ mm；3524 型轴承孔与输出轴，轴为 $\phi 120_{+0.003}^{+0.028}$ mm。

检查链轮内孔与轴承盖台阶磨损情况，如超限可焊后车削修复；检查链轮齿廓磨损情况，超 3mm 应更新，当个别链轮齿损坏或断齿不超过全齿高 1/3 时可焊钢粉修复，用牙形样板检验；检查 3524 型轴承的最大径向间隙是否超过 0.15mm，否则更新；检查轴承保持架是否损坏，如有损坏更新轴承；检查油封是否有严重磨损、损坏、老化现象，如有则更新。

所用量具：千分尺、百分表、游标卡尺。

（五）拆卸过轮轴总成

1. 拆卸 3528 型轴承盖、密封圈、长轴套并清洗各零部件

所用工具：手锤、铜棒、开口扳手。

零件检测：输出轴套孔与轴承盖台阶，孔为 $\phi 250_{0}^{+0.046}$ mm。

检查轴承盖台阶磨损情况，如超限可焊后车削修复；检查油封是否有严重磨损、损坏、老化现象，如有则更新；检查 3528 型轴承的最大径向间隙是否超过 0.25mm，如有则更新；检查输出轴是否有裂纹和影响强度的严重缺陷，如有则更新。

所用量具：游标卡尺、探伤仪。

2. 拆卸端盖齿轮过轮轴、卡簧、轴承、隔套并清洗拆卸下的零部件

所用工具：开口扳手、手锤、拉拔器、卡簧钳、清洗布、清洗刷。

零件检测：箱体孔与倒挡过轮轴闷盖台阶，孔为 $\phi 100_{0}^{+0.035}$ mm，轴为 $\phi 100_{-0.123}^{-0.036}$ mm；箱体孔与倒挡过轮轴，孔为 $\phi 100_{0}^{+0.035}$ mm，轴为 $\phi 100_{-0.071}^{-0.036}$ mm；齿轮孔与 218 型轴承，孔为 $\phi 160_{0}^{+0.040}$ mm；轴承孔与过轮轴，轴为 $\phi 90_{+0.003}^{+0.025}$ mm；箱体隔墙孔与倒挡过轮轴，孔为 $\phi 90_{0}^{+0.035}$ mm，轴为 $\phi 90_{+0.003}^{+0.025}$ mm。

检查轴颈磨损情况，磨损轻微可喷涂或刷镀修复（≤0.5mm）；检查过轮轴是否有裂纹和影响强度的严重缺陷，如有则报废；检查 218 型轴承的最大径向间隙是否超 0.15mm，保持架是否脱落，是否有裂纹和严重磨损，如有则更新；检查齿轮内孔磨损情况，如超限可喷涂或刷镀修复（≤0.5mm）。

所用量具：游标卡尺、探伤仪、千分尺、百分表。

(六)拆卸拨叉装置

拆卸连杆透盖、密封圈、紧固螺钉拨叉、拨叉轴、拨块。

所用工具:开口扳手、手锤、螺丝刀、清洗布、清洗刷。

零件检测:各挡拨叉孔与拨块轴,孔为 $\phi 20_{+0.015}^{+0.033}$ mm;各挡连杆孔与拨叉轴,孔为 $\phi 35_{0}^{+0.025}$ mm,轴为 $\phi 35_{-0.016}^{0}$ mm;箱体孔与各挡拨叉轴透盖台阶,孔为 $\phi 70_{0}^{+0.030}$ mm,轴为 $\phi 70_{-0.060}^{-0.030}$ mm;各挡拨叉透盖孔与拨叉轴,孔为 $\phi 40_{0}^{+0.062}$ mm,轴为 $\phi 40_{-0.087}^{-0.025}$ mm;箱体孔与各挡拨叉轴,孔为 $\phi 40_{0}^{+0.062}$ mm,轴为 $\phi 40_{+0.087}^{+0.025}$ mm;箱体孔与3挡、4挡拨叉轴端盖台阶,孔为 $\phi 60_{0}^{+0.074}$ mm,轴为 $\phi 60_{-0.104}^{-0.030}$ mm。

检查拨叉轴各配合处磨损是否超限,如有可喷涂或刷镀修复(≤0.5mm),或焊后车削;检查O形密封圈是否有严重磨损、损坏、老化现象,如有则更新;检查拨块磨损情况,如磨损严重则焊后修复;检查透盖磨损情况,如磨损严重则焊后修复;检查拨叉轴端键槽磨损情况,如磨损超限可焊补后刨削修复,拨块侧面磨损不允许超过1mm。

所用量具:游标卡尺、千分尺、百分表。

四、零部件的安装

(一)安装拨叉装置

装拨叉轴、拨叉、隔套、O形密封圈、透盖、紧定螺钉、拨块、连杆、固定销等。

所用工具:开口扳手、手锤、清洗布、清洗刷。

检查拨叉与连杆是否在同一平面上;检查拨叉轴端部是否影响装配的毛刺、变形面,如有则用锉刀修复;拨叉轴弯曲度不大于0.09mm;检查拨叉轴是否转动灵活且不阔;检查拨叉是否有弯曲扩张、收缩等现象。

所用量具:游标卡尺、千分尺、百分表。

(二)安装过轮轴总成

清洗并装218型轴承、隔套、卡簧、齿轮、组件挡圈、止动垫及连接螺栓。

所用工具:铜棒、手锤、清洗布、清洗刷、喷灯、加热炉、卡簧钳、开口扳手、螺丝刀。

检查倒挡轴有无裂纹和影响强度的严重缺陷;检查轴承最大径向间隙是否超限,支架是否损坏;检查齿轮磨损情况,齿面如有点蚀、胶合,一个齿根或连续两个齿尖断裂则予以报废。

所用量具:游标卡尺、千分尺、百分表、探伤仪。

(三) 安装输出轴总成

1. 清洗并安装3528型轴承、中间轴套、3524轴承挡圈、3524轴承、透盖及链轮油封

所用工具:铜棒、手锤、清洗布、清洗刷、喷灯、加热炉。

零件检测:输出轴承套孔与3528型轴承盖台阶,孔为$\phi 250_{0}^{+0.046}$mm;3528型轴承孔与输出轴,轴为$\phi 140_{+0.003}^{-0.028}$mm。

检查输出轴有无裂纹和影响强度的严重缺陷;检查3524型、3528型轴承最大径向间隙是否超限,支架是否损坏,如有予以报废;检查轴颈磨损情况,超限焊补后车削修复。

所用量具:游标卡尺、探伤仪、千分尺。

2. 压盖、透盖、止退垫圈、螺母、牙嵌、离合器的安装

所用工具:手钳、铜棒、手锤、喷灯、开口扳手。
所用量具:游标卡尺、千分尺、百分表。

3. 3528型轴承垫、卡簧、3626型轴承及垫圈、弧齿锥齿轮挡圈、止动垫、连接螺栓的安装

所用工具:卡簧钳、手钳、铜棒、手锤、套筒扳手、开口扳手。

检查3626型轴承最大径向间隙是否超限,支架是否损坏,如有予以报废;检查轴承套与轴承配合处是否超值,如有予以报废。

所用量具:游标卡尺、千分尺、百分表。

(四) 安装中间轴总成

1. 清洗并安装换挡齿轮、内齿圈、隔圈、130型轴承、卡簧、倒挡齿轮、隔套、7528型轴承挡圈、止退垫圈、圆螺母、透盖、油封、油封压板

所用工具:卡簧钳、铜棒、手锤、清洗布、清洗刷、加热炉、开口扳手。

检查中间轴有无裂纹和影响强度的严重缺陷;检查换挡齿轮齿面是否有点蚀、胶合或一个齿根断裂,如有应予以报废,检查 130 型轴承最大径向间隙是否超过 0.15mm,7528 型轴承最大径向间隙是否超过 0.25mm,轴承保持架是否损坏,如有上述情况之一,予以报废;检查圆螺母和轴外螺纹是否损坏,如有车削修复;检查油封是否超值磨损。

所用量具:游标卡尺、探伤仪、千分尺、百分表。

2. 安装 1 挡齿轮、134 型轴承、隔套、卡簧、键、2 挡齿轮、内齿圈、132 型轴承、内外隔套、卡簧、隔套、3 挡齿轮

所用工具:加热炉、卡簧钳、铜棒、手锤。

检查 1 挡、2 挡、3 挡及换挡齿轮齿面,如有点蚀、胶合、一个齿根或连续两个齿尖断裂,则予以报废;检查 134 型、132 型轴承的最大径向间隙是否超过 0.15mm,轴承保持架是否损坏,如有上述情况之一,予以报废。

所用量具:游标卡尺。

3. 安装 4 挡齿轮、隔套、3530 型轴承、隔套

所用工具:加热炉、手锉、铜棒。

零件检测:轴承加热温度为 80~100℃;检查 1 挡、2 挡、3 挡及换挡齿轮齿面,如有点蚀、胶合、一个齿根或连续两个齿尖断裂,则予以报废;轴承保持架是否损坏,如有上述情况之一,予以报废。

4. 安装小锥齿轮、3528 型轴承、止退垫圈、透盖、油封盖板、中间轴总成

所用工具:套筒扳手、开口扳手。

零件检测:小锥齿轮内孔尺寸 $\phi 115_0^{+0.035}$ mm。小锥齿在厚度方向磨损大于 2mm 应更新。

所用量具:千分尺、百分表。

(五)安装输入轴总成

1. 安装 2 挡齿轮、隔套、128 型轴承、3 挡齿轮、4 挡齿轮、隔套、3624 型轴承、止动垫

所用工具:加热炉、手锤、铜棒、卡簧钳、开口扳手。

零件检测:输入齿轮孔与输入轴,孔为 $\phi115_0^{+0.035}$ mm,轴为 $\phi115_{+0.054}^{+0.076}$ mm。

检查齿轮齿面,如有点蚀、胶合、一个齿根或连续两个齿尖断裂,则予以报废。

所用量具:千分尺、百分表。

2. 安装倒挡齿轮、1挡齿轮组、7620型轴承、轴套、透盖、油封压板、轴止动垫、输入轴总成

(六)安装壳体

所用工具:开口扳手、套筒扳手。

零件检测:壳体连接螺栓扭紧力矩为 0.49kN·m,轴承压盖连接螺栓扭紧力矩 1.08kN·m。检查孔密封槽密封是否严紧、壳体垫子定位可靠。

五、试车

(1)试车前的准备:变速箱组按 Q/SY DQ0188 检验、安装、润滑。

(2)试车要求:变速箱组用空负荷,在额定输入转速下进行出厂试验。每挡试验 0.5h,总运转 2.5h。

(3)按 Q/SY DQ0188 要求,对密封、温度、平稳性、噪声、清洁度、无卡阻、无异响进行检查验收。

(4)润滑系统试验压力达到 800~1000kPa 时,各接头处不渗漏。

六、主要性能参数

(1)额定输入功率为 245kW。

(2)额定输入转速为 373r/min。

七、一般技术要求

(1)输入轴、中间轴、输出轴需进行探伤检查,若有直纹和影响强度的严重缺陷,应予以更换。

(2)输入轴、中间轴、输出轴需进行直线度检查,若直线度大于 0.12mm 时,应作校直修复。

(3)各齿轮、链轮的内外齿面,不允许有裂纹、严重胶合、点蚀诸缺陷,不允许有齿轮根处断齿以及连续两个齿从中间折断现象,否则需更换。

(4)离合器护罩变形时,应进行整形、修复,修复后表面不平度不大于 2mm。

(5)换挡、锁挡机构,牙嵌离合器拨叉,气阀件等附件,若有损坏磨损超限时,应进行恢复性修理。

八、修理技术条件

(一)箱体

(1)箱体轴承套和轴孔(7 处),磨损超过上限时,应进行修复。修复后的内孔圆柱度不大于 0.032mm。对应孔的同轴度不大于 0.06mm,两轴线的平行度不大于 0.08mm。

(2)箱体各孔磨损超过上限时,也可先采用各箱面刨削修复。修复后的平面度不大于 0.12mm,且减薄量不大于 1.5mm。

(3)箱体非配合表面有裂纹或洞时,允许打坡口补焊修复。较大的修复表面需消除内应力,修复后表面平面度不大于 1mm。

(二)轴类(8 根)

(1)输入轴各外圆柱面磨损超过下限(8 处,见表 1-42)时,应进行修复。修复后柱面圆柱度不大于 0.018mm,同轴度不大于 0.05mm。

(2)中间轴各外圆柱面磨损超过下限(11 处,见表 1-42)时,应进行修复。修复后柱面圆柱度不大于 0.018mm,同轴度不大于 0.05mm。

(3)输出轴外圆柱面 $\phi130$mm,$\phi140$mm,$\phi120$mm 处,磨损超过极限时,应进行修复。修复后柱面圆柱度不大于 0.018mm,同轴度不大于 0.05mm。

(4)中间轴 1 处,输出轴两处外花键磨损超过极限值时,应进行修复。修复后的花键直线度不大于 0.04mm,互相装配后间隙不大于 0.10mm。

(5)倒挡过轮轴外圆柱面 $\phi90$mm,$\phi100$mm 处磨损超过极限时,应进行修复。修复后柱面圆柱度不大于 0.015mm,同轴度不大于 0.04mm。

(6)润滑泵传动轴外圆柱面 ϕ45mm(两处),ϕ46mm,ϕ30mm 处磨损超过极限时,应进行修复。修复后的柱面圆柱度不大于 0.011mm,同轴度不大于 0.03mm。

(7)拨叉轴(3根)外圆柱面 ϕ40mm(各两处),ϕ35mm(各1处),磨损超过极限时,应进行修复。修复后的柱面圆柱度不大于 0.011mm,同轴度不大于 0.03mm。

(三)齿轮、链轮(22只)

(1)斜齿(12处)、螺旋伞齿(12处)在齿厚方向磨损大于 2mm,直齿(内、外11处)在齿厚方向磨损大于 1mm 时,应更换。未超过磨损极限的去除齿面毛刺、刻痕等,可修复使用。

(2)斜齿(10只)、螺旋伞齿(1只)、直齿(2只)、轮(均见表1-42),内孔磨损超过上限时,可修复使用。修复后内孔圆柱度不大于 0.02mm,圆跳动不大于 0.05mm,相邻端面垂直度不大于 0.12mm。

(3)惯性链轮、输出轴链轮齿廓磨损超过 3mm 时,应予以更换。

(4)两链轮个别链齿损坏,或断齿不超过齿全高的 1/3 时,可修复使用。修复后齿廓用样板检验。

(5)两链轮内孔 ϕ98mm,ϕ215mm 处,磨损超过极限时,应进行修复。修复后内孔圆柱度不大于 0.018mm,与链齿根圆的圆跳动不大于 0.06mm。

(6)倒挡离合外齿轮、螺旋伞齿轮(Z=41)、输出牙嵌离合器、各花键内孔磨损超过极限值时,应进行修复。修复后的花键直线度不大于 0.04mm,互相装配后间隙不大于 0.10mm。

(四)轴承套(4只)

(1)轴承内孔磨损超过输入轴 ϕ215.013mm,中间轴 ϕ250.013mm,输出轴 ϕ280.052mm,ϕ250.046mm 时,应进行修复。修复后的内孔圆柱度不大于 0.023mm,同轴度不大于 0.05mm,相邻端面垂直度不大于 0.12mm。

(2)轴承套外圆柱面度磨损超过输入轴 ϕ255mm-0.032mm,中间轴 ϕ290mm-0.032mm,输出轴 ϕ310mm-0.032mm,ϕ280mm-0.032mm 时,应进行修复。修复后柱面圆柱度不大于 0.023mm,同轴度不大于 0.06mm,相邻端面垂直度不大于 0.12mm。

(3)惯性轴承磨损超过输入轴 ϕ215+0.046mm,固定盘配合台肩 ϕ300mm-0.108mm 时,应进行修复。修复后的内孔、台肩圆柱度不大于

0.023mm,同轴度不大于 0.06mm,相邻端面垂直度不大于 0.12mm。

(五)轴承盖(6只)

(1)轴承盖台阶磨损超过惯刹 φ215mm − 0.029mm,输入轴 φ215mm − 0.165mm,输出链轮 φ215mm − 0.165mm 时,应进行修复。修复后台阶圆柱度不大于 0.02mm,同轴度不大于 0.05mm,相邻端面垂直度不大于 0.10mm。

(2)轴承盖台阶磨损超过中间轴 φ250mm − 0.165mm,中间轴转离端 φ300mm − 0.186mm,输出轴承套 φ250mm − 0.165mm 时,应进行修复。修复后台阶圆柱度不大于 0.023mm,同轴度不大于 0.06mm,相邻端面垂直度不大于 0.12mm。

(六)摩擦毂、连接板

(1)动静离合器或惯性刹车联轴节的摩擦毂摩擦面,若有穿透性裂纹时应更换。

(2)摩擦毂摩擦面有深度不大于 1.5mm、宽度不大于 1mm 的少量裂纹及凹凸不平度不大于 1mm 时,可采用车光修复,但车光修复总直径不得小于 φ490mm。

(3)摩擦毂轮辐内孔磨损超过动静 φ98mm + 0.035mm,惯刹 φ175mm + 0.04mm 时,应进行修复。修复后的内孔圆柱度不大于 0.018mm,同轴度不大于 0.04mm,相邻端面的垂直度不大于 0.08mm。

(4)转盘离合器连接盘磨损超过内孔 φ120mm + 0.035mm,外台阶 φ210mm − 0.096mm 时,应进行修复。修复后内孔,柱面圆柱度不大于 0.018mm,同轴度不大于 0.05mm。

(七)轴承(27 副)

各轴承修复后,应保证径向间隙:球面、圆柱滚子轴承(13 副)为 0.25mm,向心球轴承(14 副)为 0.15mm。

九、装配与检验

(1)变速箱组在装配与检验过程中,需符合表 1 − 42 中变速箱零件装配及检验标准。

(2) 变速箱总装检验要求：

① 齿轮表面接触斑点检查：直尺、斜齿轮、沿齿高度方向不小于45%，沿齿长方向不小于70%，弧齿锥齿轮沿齿高度方向不小于60%，沿齿长方向不小于60%。

② 齿轮传动最小侧隙检查：直齿、斜齿轮为0.22mm，弧齿锥齿轮为0.18mm。

③ 输入轴、中间轴的圆锥滚子轴承间隙，应调整到0.12~0.20mm，并用手能转动灵活。

④ 总装后，用40N·m力矩旋转转盘离合器侧板，变速箱组应转动自如，无响声、无卡阻、摘挂挡灵活到位。

(3) 惯性刹车总装检验要求

① 气胎充气后，摩擦片与摩擦毂贴合均匀，其接触面积不小于60%。

② 当气胎未充气时，摩擦片与摩擦毂的间隙在2~5mm之间。

十、试车规范

(一)试车前的准备

变速箱组按 Q/SY DQ0188 检验、安装、润滑。

(二)试车要求

变速箱组用空负荷在额定输入转速下，进行出厂试验。每挡试验0.5h，总运转2.5h。

(三)检查项目

(1) 按 Q/SY DQ0188 要求，对密封、温度、平稳性、噪声、清洁度进行检查验收。

(2) 润滑系统试验压力达到800~1000kPa时，各接头处不渗漏。

十一、喷漆和包装

喷漆和包装封存应符合 Q/SY DQ0188 的规定，见表1-42。

表 1-42 变速箱零件装配及检验标准　　　　　　　　　　mm

配合部位		基本尺寸	公差带代号	极限偏差	配合公差带
惯刹摩擦毂轮辐孔与链轮Ⅱ	孔	φ175	H7	+0.040 0	+0.123 +0.043
	轴		f7	-0.043 -0.083	
动静摩擦毂孔、惯刹链轮Ⅱ孔与输入轴	孔	φ98	H7	+0.035 0	-0.016 -0.073
	轴		r6	+0.073 +0.051	
惯刹离合器钢圈内台肩与侧板、连接板（两处）	孔	φ770	H11	+0.500 0	+1.290 +0.290
	轴		d11	-0.290 -0.790	
惯刹离合器连接板孔与轴承台肩	孔	φ300	H7	+0.052 0	+0.160 +0.056
	轴		f7	-0.056 -0.108	
惯刹轴承套孔与轴承盖台肩	孔	φ215	H7	+0.046 0	+0.075 0
	轴		h6	0 -0.029	
惯刹轴承套孔与320型轴承	孔	φ215	H7	+0.046 0	+0.046 0
	轴		—	—	
惯刹320型轴承孔与输入轴（两副）	孔	φ100	—	—	0 -0.022
	轴		h6	0 -0.022	
输入轴承套孔与轴承盖台阶	孔	φ215	K7	+0.013 -0.033	-0.178 -0.017
	轴		f9	-0.050 -0.165	
输入轴承套孔与7620型轴承（两副）	孔	φ215	K7	+0.013 -0.033	+0.013 +0.033
	轴		—	—	
7620型轴承孔与输入轴（两副）	孔	φ100	—	—	-0.003 -0.025
	轴		k6	+0.025 +0.003	
双联齿轮17齿倒挡端孔与输入轴	孔	φ100.3	H7	+0.035 0	-0.089 -0.139
	轴		u5	+0.139 +0.124	

续表

配合部位		基本尺寸	公差带代号	极限偏差	配合公差带
双联齿轮15齿1挡端孔与输入轴	孔	φ100.5	H7	+0.035 0	-0.089 -0.139
	轴		u5	+0.139 +0.124	
22齿轮2挡齿轮孔与输入轴	孔	φ142	H7	+0.040 0	+0.013 -0.052
	轴		n6	+0.052 +0.027	
34齿3挡齿轮孔与128型轴承（两副）	孔	φ210	K7	+0.013 -0.033	+0.013 -0.033
	轴		—	—	
128型轴承孔与输入轴（两副）	孔	φ140	—	—	-0.028 -0.003
	轴		k6	+0.028 +0.003	
3挡、4挡啮合子外齿轮孔与输入轴	孔	φ135	K7	+0.040 0	+0.013 -0.052
	轴		n6	+0.052 +0.027	
46齿4挡齿轮孔与126型轴承（两副）	孔	φ200	K7	+0.013 -0.033	+0.013 -0.033
	轴		—	—	
126型轴承孔与输入轴（两副）	孔	φ130	—	—	+0.028 +0.003
	轴		k6	+0.028 +0.003	
3624型轴承孔与输入轴	孔	φ120	—	—	-0.025 -0.003
	轴		k6	+0.025 +0.003	
中间轴承套孔与轴承盖台阶	孔	φ250	K7	+0.013 -0.003	+0.178 +0.017
	轴		f9	-0.050 -0.165	
中间轴承套孔与7528型轴承（两副）	孔	φ250	K7	+0.013 -0.003	+0.013 -0.003
	轴		—	—	
7528型轴承孔与中间轴	孔	φ140	—	—	+0.028 +0.003
	轴		k6	+0.028 +0.003	

续表

配合部位		基本尺寸	公差带代号	极限偏差	配合公差带
56齿倒挡齿轮孔与130型轴承(两副)	孔	φ225	K7	+0.013 -0.033	+0.013 -0.003
	轴		—	—	
130型轴承孔与中间轴(两副)	孔	φ150	—	—	-0.028 -0.003
	轴		k6	+0.028 +0.003	
63齿1挡齿轮孔与134型轴承(两副)	孔	φ260	K7	+0.016 +0.036	+0.016 -0.036
	轴		—	—	
134型轴承孔与中间轴(两副)	孔	φ170	—	—	+0.028 +0.003
	轴		k6	+0.028 +0.003	
1挡、2挡啮合子外齿轮孔与中间轴	孔	φ165	H7	+0.040 0	+0.013 -0.052
	轴		n6	+0.052 +0.027	
56齿倒挡齿轮孔与132型轴承(两副)	孔	φ240	K7	+0.013 -0.033	+0.013 -0.003
	轴		—	—	
132型轴承孔与中间轴(两副)	孔	φ160	—	—	+0.028 +0.003
	轴		k6	+0.028 +0.003	
44齿3挡齿轮孔与中间轴	孔	φ158	H7	+0.040 0	+0.013 -0.052
	轴		n6	+0.052 +0.027	
32齿4挡齿轮孔与中间轴	孔	φ156	H7	+0.040 0	+0.013 -0.052
	轴		n6	+0.052 +0.027	
3530型轴承孔与中间轴	孔	φ150	—	—	+0.028 +0.003
	轴		k6	+0.028 +0.003	

续表

配合部位		基本尺寸	公差带代号	极限偏差	配合公差带
29 齿锥齿轮孔与中间轴	孔	φ148	H7	+0.040 0	+0.013 -0.052
	轴		n6	+0.052 +0.027	
3628 型轴承孔与中间轴	孔	φ140	—	—	-0.028 -0.003
	轴		k6	+0.028 +0.003	
箱体孔与中间轴 3628 型轴承	孔	φ300	H7	+0.052 0	+0.238 +0.056
	轴		f9	-0.056 -0.186	
转盘离合器连接板孔与中间轴	孔	φ120	H7	+0.035 0	+0.019 -0.076
	轴		r6	+0.076 +0.054	
转盘离合器连接板孔与连接盘台阶	孔	φ210	H7	+0.046 0	+0.142 +0.050
	轴		f7	-0.050 -0.096	
转盘离合器钢圈内台肩与侧板、连接板（两处）	孔	φ770	H11	+0.500 0	+1.290 +0.290
	轴		d11	-0.290 -0.790	
输出轴承套孔与 3626 型轴承	孔	φ280	H7	+0.052 0	+0.052 0
	轴		—	—	
3626 型轴承孔与输出轴	孔	φ130	—	—	-0.028 -0.003
	轴		k6	+0.028 +0.003	
输出轴承套孔与 3528 型轴承	孔	φ250	H7	+0.046 0	+0.046 0
	轴		—	—	
3528 型轴承孔与输出轴	孔	φ140	—	—	+0.028 -0.003
	轴		k6	-0.028 +0.003	

续表

配合部位		基本尺寸	公差带代号	极限偏差	配合公差带
各挡连接孔与拨叉轴（3 处）	孔	φ35	H7	+0.025 0	+0.041 0
	轴		h6	0 -0.016	
箱体孔与各挡拨叉轴透盖台阶(3 处)	孔	φ70	H7	+0.030 0	+0.090 +0.030
	轴		f7	-0.030 -0.060	
各挡拨叉透盖孔与拨叉轴（3 处）	孔	φ40	H9	+0.062 0	+0.149 +0.025
	轴		f9	-0.025 -0.087	
箱体孔与各挡拨叉轴	孔	φ40	H9	+0.062 0	+0.149 +0.025
	轴		f9	+0.025 +0.087	
箱体孔与3挡、4挡拨叉轴端盖台阶	孔	φ60	H9	+0.074 0	+0.178 +0.030
	轴		f9	-0.030 -0.104	
箱体孔与倒挡过轮轴	孔	φ100	H7	+0.035 0	+0.106 +0.036
	轴		f7	-0.036 -0.071	
26齿倒挡过桥齿轮孔与218型轴承(两副)	孔	φ160	H7	+0.040 0	+0.040 0
	轴		—	—	
218型轴承孔与倒挡过轮轴（两副）	孔	φ90	—	—	-0.025 -0.003
	轴		k6	+0.025 +0.003	
箱体隔墙孔与倒挡过轮轴	孔	φ90	H7	+0.035 0	+0.032 -0.025
	轴		k6	+0.025 +0.003	
皮带轮孔与润滑泵传动轴	孔	φ30	H7	+0.021 0	+0.019 -0.015
	轴		k6	+0.015 +0.002	

十二、设备修理、检测、检验记录

(1)设备修理记录按表 1-43 执行。

表 1-43　设备修理记录

设备名称：ZJ-15 变速箱
修理性质：＿＿＿＿＿＿＿＿
设备编号：＿＿＿＿＿＿＿＿
报修单位：＿＿＿＿＿＿＿＿
主 修 人：＿＿＿＿＿＿＿＿
检 验 员：＿＿＿＿＿＿＿＿
　　　　　　　年　　月　　日

设备修理记录

定额工时		主修人		配合人	
实际工时		开工日期		完工日期	
主要更换配件	名称及规格	数量	领新	修旧	自制

(2)工序质量检测记录按表1-44执行。

表1-44 工序质量检测记录

序号	主要配合部位		基本尺寸 mm	极限偏差 mm	检测结果	
					自检	专检
1	动静摩擦毂孔与输入轴	孔	$\phi 98$	+0.035 0		
		轴		+0.073 -0.051		
2	7620型轴承孔与输入轴	孔	$\phi 100$	—		
		轴		+0.025 +0.003		
3	3624型轴承孔与输入轴	孔	$\phi 120$	—		
		轴		+0.025 +0.003		
4	7528型轴承孔与中间轴	孔	$\phi 140$	—		
		轴		+0.028 +0.003		
5	3530型轴承孔与中间轴	孔	$\phi 150$	—		
		轴		+0.028 +0.003		
6	3628型轴承孔与中间轴	孔	$\phi 140$	—		
		轴		+0.028 +0.003		
7	转盘离合器连接板孔与中间轴	孔	$\phi 120$	+0.035 0		
		轴		+0.076 +0.054		
8	3626型轴承孔与输出轴	孔	$\phi 130$	—		
		轴		+0.028 +0.003		

续表

序号	主要配合部位		基本尺寸 mm	极限偏差 mm	检测结果	
					自检	专检
9	3528型轴承孔与输出轴	孔	φ140	—		
		轴		+0.028 +0.003		
10	3524型轴承孔与输出轴	孔	φ120	—		
		轴		+0.025 +0.003		

(3) 组装试车质量检测记录按表1-45执行。

表1-45 组装试车质量检测记录

	序号	技术要求	检测结果
	1	拨块与齿圈侧间隙小于1mm	
	2	锥齿轮辐间侧隙不大于0.5mm	
	3	φ500mm摩擦毂校验静平衡	
	4	φ500mm摩擦毂外圆尺寸不小于φ496mm,无裂纹	
	5	输入轴、中间轴的圆锥滚子轴承间隙,调整到0.12~0.20mm,用手转动灵活	
	6	各部零件齐全,连接螺栓紧固、可靠	
试车记录		箱内无异常响声	
		各密封处不松、不漏	
		各操纵机构灵活	

十三、ZJ15-15D变速箱修理工艺流程图

ZJ15-15D变速箱修理工艺流程见图1-4。

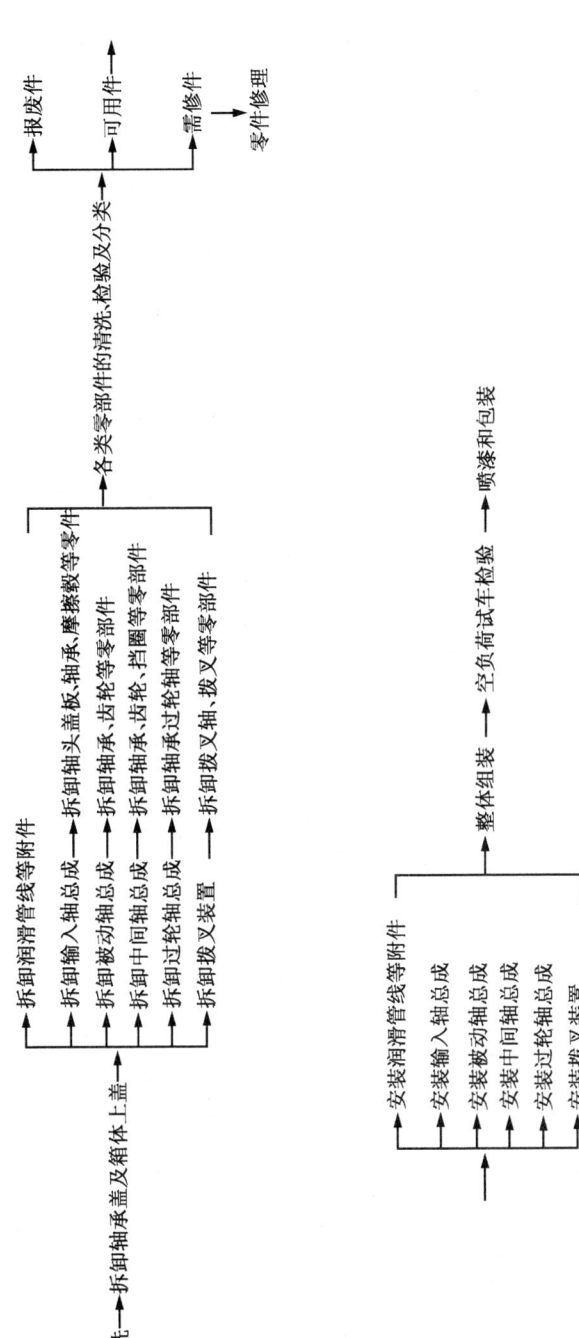

图1-4 ZJ15-15D变速箱修理工艺流程图

第五节　MR17.5 转盘修理工艺

本标准规定了 MR17.5 转盘修理工艺的标准及装配技术要求。

一、进厂检查

(1)进厂检查转盘的损坏情况及欠缺零件。
(2)做好入厂记录。

二、清洗

(1)厂房外清除转盘的外部杂质、泥土。
(2)放出转盘内余油。
(3)进入清洗间清洗,做到无油泥、无杂质。

三、拆卸

(1)拆转盘护罩：
① 拆掉 M16 螺栓 8 件。
② 起吊护罩,使护罩与主体分离。
(2)拆除调节座圈上的挡泥盘。
(3)卸调节座圈(M480×6,两个)：
① 用扳手卸下 ZG 3/4in❶丝堵 3 个
② 用扳手卸掉紧固连接螺栓、螺母各 3 个。
③ 用专用工具卸调节座圈并取下。
④ 取出防跳轴承上轨道。
(4)起吊转盘壳体,将壳体与转盘分离。
(5)拆水平轴总成：

---

❶ 1in=25.4mm。

① 拆水平轴固定螺栓、螺母(M24)。拆螺母时,尽量不拧动螺栓,只拆螺母,以保护壳体。

② 抽出水平轴总成。

③ 拆靠背轴端盖板 1 件,M16 螺栓两件。

④ 扒转盘靠背,取下靠背键。

⑤ 拆开水平轴靠背端水平轴壳体上盖板。

⑥ 拆 M16 螺栓 6 件,退出盖板中 PD130×160 骨架密封两件。

⑦ 拆开齿轮端盖板螺栓 6 件。

⑧ 扒水平轴壳体。其方法为:起吊水平轴总成于卧式拆装机上,将主轴带齿轮及轴承内轨一同退出。

⑨ 取出壳体内 3622 型轴承及 7622 型轴承外轨两件。

⑩ 退出主轴上密封轴套 1 件。

⑪ 退出主轴上 3622 型轴承内轨及 7622 型轴承两副。

⑫ 退出主轴上小圆锥弧齿轮,取下齿轮键。

(6)拆修壳体:

① 拆转盘转台锁销。

② 卸掉 M16 平柄 1 件。

③ 卸 M12 锁销座固定螺栓。

④ 卸锁销座内锁销。

⑤ 拆黄油管。

⑥ 拆防跳轴承内轨。

⑦ 拆主轴承外轨。

⑧ 检查壳体中有无变形、断裂、螺母乱扣等缺陷。

(7)检修转台:

① 取下负荷轴承。

② 取下大圆锥齿轮。

③ 拆除转台内方瓦锁销。

④ 卸手柄两件。

⑤ 拆除锁销两件。

四、清洗检修

(1)对所有拆卸部件进行严格清洗。

(2) 针对不同部件材料按要求进行清洗。

(3) 严格做到壳体内无杂质、无油泥,轴承内清洁、无水珠。

(4) 零件分类、分次,摆放规格化。

(5) 检查每个部件是否符合修理标准,对可修复零件进行修复,并达到修复标准,对所欠缺的零件进行补齐。

五、组装

(1) 组装水平轴总成:

① 将主轴垂直立于平地上,轴头朝下。

② 装7622型轴承内轨两件,热装,背靠背组装到位。

③ 装隔套1件。

④ 装32622型轴承内轨1件,热装到位。

⑤ 装密封隔套1件,热装到位。

⑥ 水平轴壳体置于专用台具上,小头向上。

⑦ 7622型轴承外轨大头向上。

⑧ 起吊主轴,轴头向上,轴尾向下,座入壳体内,使7622型轴承外轨与7622型轴承内轨(下面一个)相吻合。

⑨ 装第二个7622型轴承轨,到位吻合。

⑩ 装油槽盖板1件,M16螺栓6件,并紧固。注意油槽应与壳体上油槽对正。

⑪ 配键32mm×18mm×110mm。

⑫ 装小圆锥齿轮,热装,油温为110~150℃,加热20~25min。

⑬ 起吊水平轴组装件,使小圆锥齿轮向下,垂直立于工作台上。

⑭ 装32622型轴承外轨,冷装到位。

⑮ 装配水平轴轴承盖板。

⑯ 油封$\phi 130mm \times \phi 160mm$,142件,装入盖板油封槽中。

⑰ 油封装配唇口方向应朝向轴承方向。

⑱ 上紧密封小盖板。

⑲ 配靠背键28mm×16mm×110mm。

⑳ 装靠背1件,热装。

㉑ 装轴头小盖板1件,M16螺栓两件,并紧固。

(2) 水平轴总成装入壳体内:

① 测量小圆锥齿轮端面到水平轴大法兰端面和壳体合缝处的距离。
② 测量壳体水平轴端面合缝处到转台中心的距离。
③ 计算需用的法兰端面垫片的片数,以调整小圆锥齿轮,使小锥齿轮端面到转盘中心的距离符合打印在小锥齿轮端面的尺寸。
④ 加好调节垫片。
⑤ 将水平轴总成座入壳体水平轴孔中,注意壳体上回油孔的位置应向上。
⑥ 紧固 M24 双螺母。

(3)组装转盘壳体上负荷轴承外轨冷装时,用铜棒或铜锤敲打外轨边缘使其到位。

(4)组装转台:
① 大圆锥齿轮置于热油锅中加热 25~30min,油温为 150~200℃。
② 取大齿轮装入转台中,到位,其局部不贴合度不得大于 0.1mm。
③ 将大负荷轴承内轨置于热油锅中加热 20~25min,油温为 150~175℃。
④ 取内轨装入转台中,到位,其局部不贴合度不得大于 0.051mm。
⑤ 装负荷轴承支持架和球轴承。

(5)将转盘壳体升到转台总成上(底面朝上)。

(6)转动水平轴靠背,检查齿轮辐啮合间隙。两新齿间隙为 0.34~0.76mm,修复齿轮最大间隙不超过 2mm;若间隙不合适应重整负荷轴承外轨道和内轨道下的调节垫,直到合适为止。

(7)装入辅轴承内轨和支架。

(8)上螺纹座圈:
① 将辅轴承外轨装入上螺纹座圈,且到位。
② 将螺纹座圈旋入转台螺纹。
③ 调节轴向间隙:
a. 将螺纹座圈旋到不能启动为止。
b. 反方向再倒转 3°,使其辅轴承的轴向间隙为 0.05~0.1mm。

(9)装黄油道:油道1件,接头两件。

(10)装转台锁销(转盘正面向上):
① 锁销装入底座内,带有螺孔处向上。
② 旋入 M16 螺杆手柄。
③ 锁销装入壳体,M12 螺栓 4 个,紧固。

(11) 装方瓦锁销、锁销手柄两套件。
(12) 装转盘护罩,观察窗口、油尺。
(13) 打黄油保养,一般 2~3kg。
(14) 试车:
① 在油池中加入 90# 工业齿轮油,油面达到油标尺最高位置。
② 握紧装置手柄,放在打开位置。
③ 试运转,检查运转声音、油池温度和轴承温度是否正常。
(15) 放试车油。
(16) 外齿涂蓝色磁漆,转台、靠背涂红色磁漆。
(17) 标号出厂。

六、装配要求

(1) 转盘在检验装配过程中,应严格执行配合装配技术指标的规定。
(2) 大小锥齿轮的齿侧间隙应保证在 0.25~2mm 范围内。
(3) 齿轮的接触程度必须满足接触面沿齿高及齿长方向均不小于 50%,空载时接触痕迹应偏于小头。
(4) 装配后的水平轴轴向窜动量不大于 0.35mm。
(5) 用螺纹圈调整防跳轴承间隙,使其在 0.20~0.40mm 之间。
(6) 转台的径向、轴向跳动量不得大于 2mm。
(7) 装配后用 196N·m 的扭矩扳动连接盘转动,转台不得有卡阻现象或异常响声。

七、试车检验要求

(1) 试车前按各自油箱加注三分之一的 30°机械油,各润滑点加注润滑脂。
(2) 设备呈修后,必须按挡位进行试运转,并达到额定转速要求。
(3) 运转中不允许有异常的响声(如断齿的咬合声、齿轮的半咬合声、滚动滑动轴承的干摩擦声及别劲等异常声响),不得有卡阻现象,运转平稳;各转动件摆动幅度不能过大,各密封、丝堵、阀件、开关无渗漏或堵死现象;以 200~300r/min 的速度运转 2.5h。

(4)空转试车不少于5h,最高挡位试车不少于2h。

(5)按规定时间运转停止后不得有过热现象,其温度(油温、轴温、轴承温度或壳体温度)不允许大于60℃。

(6)试运转的设备必须在试验台架上找正,紧固后装上皮带轮和配套的三角皮带(按规定的根数配)或者链条,按由慢到快的速度顺时针方向运转,并及时测量运转中的转数、温度、压力响声等技术指标。

八、MR17.5转盘修理工艺流程图

MR17.5转盘修理工艺流程见图1-5。

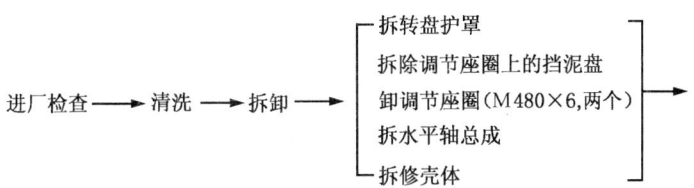

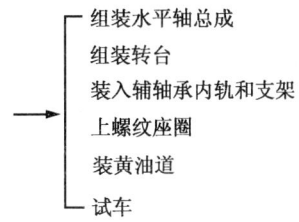

图1-5 MR17.5转盘修理工艺流程图

第二章 修井机的修理规范

本章主要以 XJ650 为例介绍修井机的结构、工作原理及其柴油机、变速箱、液压系统、绞车和转盘等主要部件的修理规范。

第一节 XJ650 修井机的结构和工作原理

一、XJ650 修井机的结构

修井机主要由以下系统构成：(1)修井机的动力；(2)传动系统；(3)控制系统；(4)行走系统；(5)液压系统；(6)提升系统；(7)刹车和辅助刹车系统；(8)船形底座、井架底座、钻台及其他。

二、XJ650 修井机各系统的工作原理

(一)修井机的动力

XJ650 修井机是采用进口的 CAT3400 系列柴油机作为主要动力。

(二)传动系统

(1)通过行走部分传输动力扭矩，使修井机可自行行走。传动系统主要部分包括阿里森变速箱、分动箱、传动轴、前(后)驱动桥、浮动桥等。其工作原理为，发动机的扭矩通过阿里森转动箱、分动箱、传动轴，使驱动桥转动而行走。

(2)作业施工部分的传动系统工作原理：发动机的扭矩通过阿里森转动箱变矩输出后，传给分动箱、角齿箱、链条箱，带动滚筒(绞车)或转盘转动，达到提升或钻进的目的。

(三)控制系统

(1)行走部分的气控系统主要是由发动机提供动力,使压风机旋转产生气压,并通过管线输送来实现行走、换挡、加速、停车、刹车等功能的控制,从而使修井机能可靠安全地运行。

(2)作业施工部分操作的气控系统主要是由司钻操作箱的各项功能控制阀来完成变矩、换挡、加速,并控制滚筒离合器、转盘离合器、水刹车离合器、转盘惯性刹车、液压系统的液压泵取力离合器、液压小绞车、液压猫头缸、防碰天车控制阀等,或手动控制和自动控制。

(四)行走系统

发动机的动力经行走的传动系统,传给驱动桥,使修井机行走。修井机有5个前进挡和一个倒挡。停车是靠气控刹车总泵来控制的。

(五)液压系统

(1)液压系统由液压油泵提供动力。
(2)由各功能的换向阀控制油缸伸缩,使井架起升和二节井架伸缩。
(3)由换向阀控制液压小绞车、液压猫头缸。
(4)由控制阀控制修井机的水平千斤腿液缸,使修井机能在船形底座上支起、卸载、车身找平、定位等。

(六)提升系统

(1)提升系统主要包括井架、天车、游动滑车大钩、滚筒(绞车)、捞沙滚筒、液压小绞车等。
(2)主要工作原理:由挂合滚筒离合器带动滚筒旋转,通过钢丝绳经天车、游动滑车,使大钩上提、下放。
(3)由司钻控制刹把,使游动滑车大钩能实现下放和停止。
(4)对于盘刹式绞车,由司钻操作液压刹车手柄实现滚筒刹车。
(5)捞沙滚筒的工作原理与主滚筒的工作原理相同。
(6)液压小绞车是通过液压马达带动降速增矩机构驱动绞盘转动,由换向阀控制液压马达,通过改变液流的方向、大小,来实现控制液压小绞车的上提、下放及速度。

(七)刹车和辅助刹车系统

(1)行走部分的刹车主要是由驾驶员操作气压刹车总泵来控制刹车分泵以实现刹车目的,用手刹车阀控制储压弹簧式刹车分泵来实现停车。

(2)主滚筒和捞沙滚筒刹车(机械型)主要工作原理:由司钻控制刹把带动刹带以使刹车毂摩擦制动,使滚筒停止运转,达到刹车的目的。

(3)辅助刹车是由司钻控制水刹车的离合器和水流的大小控制阀门,改变水刹车的旋转所产生阻力的大小,使之降低转速,实现控制游车大钩的下放速度。

(八)船形底座、井架底座、钻台及其他

(1)船形底座与井架底座的作用是支撑修井机与井架,在一个良好的地况下进行定位、找平,确保施工作业时平稳、安全可靠的承载。

(2)钻台的用途是支承钻杆和油管立柱的摆放,起下作业时负载的支承和安装转盘。

(3)其他部分包括水刹车用的冷却水箱、发动机的油箱、井架的主绷绳和防风绷绳及摆放钻具的二层平台等。

XJ650型修井作业状态基本结构示意图见图2-1。

第二节 发动机的修理

本节以CAT3400系列柴油机的修理为例。

一、发动机的解体

(1)解体前的要求:解体前要将解体的部位清洗干净;观察要解体的部件,目测有没有损坏的部位;了解零部件的结构和组装时的方向以及固定螺钉的力矩。

(2)解体的基本方法:本着先上后下、先外后内、先两边后中间的原则进行解体。例如,卸发动机的缸盖时,要将上边的附件拆下来再继续拆。

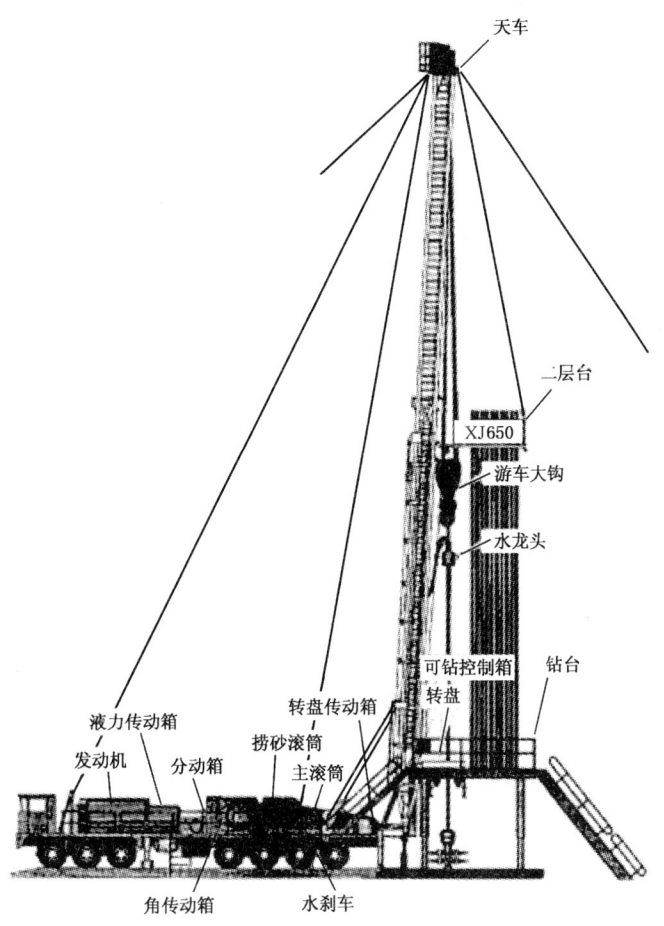

图 2-1　XJ650 型修井作业状态基本结构示意图

(3) 解体的工具要求：拆卸时必须用与螺钉相符尺寸的工具进行拆卸。拆缸盖螺钉时，要用专用的工具或适合螺钉力矩的套筒扳手和扭力扳手。

(4) 解体的注意事项：①易装错的部位要在解体前做好记号和标注顺序、方向，以免在组装的时候出现错误。②拆卸要求力矩的螺钉时一定要用扭力扳手，发现扭力大的，应想办法解决，不能在不明的情况下以不正确方法进行拆卸。③拆下来的螺钉和部件应编好顺序，做好说明。专用的高强度螺钉要放到一起，不能与其他螺钉相混，以免组装时出现错误。

(5) 解体过程中的测量与记录：①对要解体的部件进行目测和标准测量，并做好记录。②对解体部件的测量进行认真记录，以备检验、检查。

二、发动机各部件的检验工具及规范

(一)检验用的工具

(1)内径千分尺和量缸表。
(2)适合的外径千分尺。
(3)百分表测量圆跳动。
(4)带深度尺的百分表和高度尺。
(5)3H465 专用压板。
(6)8B7548 推拨器。

(二)各系统的检查规范

1. 冷却系统的检查

(1)检查风扇传动机构轴承,如果间隙超限(圆跳动 0.20mm 时),应换新。
(2)检查水泵轴承的磨损情况时,如果轴承间隙较大应换新,叶轮与壳体的间隙应为 0.56~1.60mm。
(3)检查节温器和温控器,节温器应在 80℃开启,92℃全开;温控器应在 92℃开启,80℃时关闭。
(4)检查、更换冷却液保养罐和防锈剂罐。

2. 燃油系统的检查

(1)检查高压油泵的柱塞副偶件时,如果用手拿倾角呈 30°时柱塞下行,就应换新;如果运转超过 12000h,也应换新。
(2)喷油器的运转时间超过 12000h 或雾化达不到所需的效果和压力,应换新,原则上不允许调整。
(3)检查气油比控制器,如果气油比的真空压力和所控弹簧的弹力达不到原厂的标准,应进行试调,根据情况更换新件。
(4)燃油泵的检查:①打开旁通阀,燃油压应为 80kPa;②齿轮和泵盖的间隙应在 0.02~0.51mm 之间。
(5)当燃油泵盖螺钉拧紧(30N·m±7N·m)时,轴必须能自由转动。

3. 曲轴和连杆机构的检查

(1) 曲轴:

① 曲轴的轴向间隙为 0.13~0.15mm。

② 主轴瓦和轴的间隙为 0.091~0.186mm。

(2) 油道的螺塞拧紧扭矩为 23N·m。

(3) 连杆:

① 连杆的扭曲情况。

② 连杆瓦与轴的间隙为 0.071~0.168mm,允许最大间隙为 0.250mm。

③ 连杆十字头的活塞销配间隙为 0.05~0.10mm。

④ 活塞销与活塞销孔的间隙为 0.008~0.028mm,最大允许间隙为 0.050mm。

4. 活塞和活塞环的检查

(1) 上活塞环:UP-1 记号,开口间隙(在缸内)0.274mm±0.191mm。

(2) 中活塞环:UP-2 记号,开口间隙(在缸内)1.8080mm±0.1910mm。

(3) 油环:与气环开口相隔 180°,其端隙为 0.572mm±0.090mm,侧隙为 0.510mm±0.013mm。

(4) 汽缸套内径为 137.19mm±0.03mm。

5. 润滑系统的检查

(1) 检查机油泵与机油滤清器的旁通阀:机油压力安全阀弹簧(2S276)自由长度为 152.9mm,加压 490N±27N 时,长度 117.9mm 为正常。

(2) 冷却器旁通阀弹簧:自由长度为 93.7mm,加压 76N±5.8N 时,长度 55.25mm。

(3) 9F6304 型滤清器旁通弹簧:自由长度为 105.56mm,加压 151.3N±31.2N 时,长度 57.15mm 为正常。

(4) 4N8150 滤清器旁通弹簧:自由长度为 93.7mm,加压 76N±5.8N 时,长度应为 93.7mm。

6. 涡轮增压器的检查

(1) 涡轮轴的轴向间隙为 0.08~0.25mm。

(2)卡箍的螺栓拧紧力矩为 14N·m±1N·m。

(3)固定后挡板螺栓拧紧力矩为 10N·m±1N·m。

(4)叶轮的圆跳动不应超过 0.23mm。

7. 电器系统的检查

1)发电机

(1)发电机皮带的检查:无损坏,用 50N 的力压皮带,皮带压下 20mm 为正常。

(2)发电机外部的检查:观察有无损坏现象,如风扇、皮带轮、外壳及接线螺钉和绝缘情况。

(3)检查轴承、线圈、调节器等。

(4)在 5000r/min,24V 和 27℃条件下试验时,励磁电流为 2.5~3.2A,输出电压为 27.5V±1.0V。

(5)正极输出接柱螺母或接柱的拧紧力矩为 6.2~8.0N·m。

(6)调解器容许电压范围 26~30V。

(7)正常时的输出电流,6T7223 型为 50A,9G4574 型为 35A。

2)启动机(24V 启动机 Dek-remy)

(1)0V 时,最低空载转速为 5500r/min,最高转速为 7500r/min。

(2)0V 时,电磁线圈最小电流消耗为 95A;20V 时,电磁线圈最大电流消耗为 120A。

(3)小齿轮与壳体的间隙为 8.3~9.9mm,电刷弹簧最小张力为 18N,接线柱螺母的拧紧力矩为 27~34N·m。

3)24V 电磁线圈

(1)12V 时,吸拉线圈电流消耗为 23.2~26.6A。

(2)12V 时,保持线圈电流消耗为 4.1~4.8A。

三、发动机的装配及主要规范

(一)汽缸套的装配与规范

(1)测量汽缸套的内径、圆差、锥度并记录,以便安装时选配合适的活塞。

(2)组装新缸套时,要将衬垫和隔板用专用螺栓压紧,分别以 14N·m, 25N·m,70N·m,95N·m 4 步拧紧;用 3H465 专用压板和 8B7548 推拨器横梁压紧缸套分别以 7N·m,20N·m,35N·m,70N·m 4 步拧紧,然后进行测量;汽缸套的凸出量在接近拧紧位置进行,分 4 个位置,凸出量值为 0.03 ~ 0.15mm;4 个测点允许间隙为 0.05mm,任何两缸的平均凸出量之间的最大容许尺寸差为 0.05mm。同一个汽缸盖,所有凸出量的最大容许尺寸差为 0.10mm。

(3)汽缸套内径为 137.19mm ± 0.03mm,汽缸套内径每增加 0.03mm 时,活塞环的开口(端隙)增加 0.008mm。

(二)曲轴的装配(指标准曲轴)与规范

(1)曲轴轴向间隙为 0.15 ~ 0.5mm。

(2)主轴瓦间隙为 0.09 ~ 0.186mm。

(3)曲轴主轴瓦固定螺钉的拧紧力矩为 260N·m ± 14N·m,再转 120°。

(4)油道旋塞的拧紧力矩为 23N·m。

(三)活塞的装配与规范

(1)活塞与连杆装配时,必须将活塞加热到 150℃左右。

(2)UP-1 记号的活塞环向上,环的开口方向一定要避开活塞与缸壁测压力的方向(指活塞下行工作时)。

(3)UP-2 记号的活塞环向上(第二道气环与第一道气环的开口,相差 120°)。

(4)油环与气环的开口相隔 180°。

(5)上活塞环端隙为 0.274mm ± 0.191mm,中环端隙为 1.080mm ± 0.191mm;油环端隙为 0.572mm ± 0.09mm,油环侧隙为 0.51mm ± 0.013mm。

(6)连杆与曲轴连接时,有记号一面朝前(飞轮方向为后),连杆螺钉拧紧力矩为 80N·m ± 8N·m,再转 120°。

(7)连杆瓦与轴的间隙为 0.071 ~ 0.168mm,最大允许间隙为 0.25mm,组装前要抹上机油;曲轴要清洁,用手搬动曲轴曲柄且轴向移动自如。

(四)飞轮的装配与规范

(1)组装前,固定螺钉要抹上润滑油(机油)。

(2)安装齿圈时可加热到316℃。

(3)固定螺钉拧紧力矩为270N·m±25N·m。

(4)转动飞轮,轴向端面摆差最大容许值(千分表读数)为0.34mm。

(五)汽缸盖的装配与规范

(1)汽缸盖垫片有记号的一面朝上;装上水道、油道密封圈垫时,抹上机油或专用润滑脂。缸盖螺钉拧紧顺序是从中间至两边逐步拧紧,拧紧分三次进行,大螺钉(3/4in❶)涂上2P2506螺纹润滑剂。第一次扭矩为280N·m±27N·m,第二次扭矩为440N·m±20N·m,第三次拧紧到440N·m±20N·m,拧紧小的(3/8in)缸盖螺钉装上气门挺杆和推杆。

(2)安装气门摇臂架:第一次扭矩为280N·m±27N·m,第二次扭矩为440N·m±20N·m,第三次扭矩为440N·m±20N·m。

(3)小的缸盖螺钉(3/8in)的拧紧扭矩为27N·m±4N·m。

(六)正时齿轮室的装配与规范

(1)对好正时齿轮记号,上好固定螺钉(记号√相对)。

(2)对好凸轮轴齿轮的记号(√对√),安装中间过桥齿轮。

(3)安装齿轮室,齿轮室背面的螺钉拧紧扭矩为25N·m±4N·m,其他螺钉的拧紧扭矩为14N·m±4N·m。安装高压油泵、调速器、输油泵及连接管线。

(七)进气管和排气歧管的装配与规范

(1)卡箍夹紧螺母,拧紧扭矩为8.0N·m±0.5N·m。

(2)排气歧管的锁紧螺母拧紧扭矩为55N·m±7N·m。

---

❶ 1in=25.4mm。

(3)涡轮增压器叶轮安装时,固定螺母的拧紧扭矩为17N·m,注意卸松或拧紧螺母时切勿使轴受力弯曲。

(八)机油泵的装配与规范

(1)向机油泵内加注机油,用手转动油泵时必须旋转自如。
(2)垫好各部位的密封圈,检查2S2760弹簧的高度(回油压力弹簧),试验力为490N±27N时的长度为117.9mm,卸载后的自由长度为152.9mm,外径为27.00mm。
(3)安装机油泵总成后,装上油底壳。

(九)其他附件的装配与规范

(1)安装机油旁通阀。
(2)安装机油滤清器时,用手拧紧再旋转3/4圈。
(3)安装气门室。
(4)调整好气门间隙,进气间隙为0.38mm,排气间隙为0.76mm。
(5)高压过桥油管,装上气门室盖和呼吸器。
(6)装风扇头架、风扇、皮带等。
(7)装启动机、发电机,各连接水(油)管线及气控管线。

四、发动机的调试

(1)装配完的发动机一定要进行发动调试,调试的主要目的是观察其修后的各项指标,如机油压力、水温、转速、功率、排烟情况。
(2)注意事项:①不允许发动机在机油压力低于或高于规定值的情况下运转;②水温不能在长时间超过90℃和低于40℃时运转;③不允许发动机在有异响时长时间运转;④不允许发动机在没有控制转速和紧急停车装置情况下运转。
(3)调试的主要数据范围:
① 机油压力为50~70psi❶,水温为80~92℃,转速为2100r/min,功率

---

❶ 1psi=6.89kPa。

为标准功率的 95%～105%。

② 800～900r/min 时运转 3h，1000～1600r/min 时运转 8h，1700～2100r/min 时运转 1h（不带负荷）。

③ 30%负荷时运转 4h，60%负荷时运转 8h，90%～105%负荷运转 1h。

④ 记录每个阶段的水温、机油压力，同时要注意发动机的运转状况，如果有异响、高温、机油压力值低的情况，应马上停机检查；如果没有试验台，可将发动机安装到修井机（原机）上进行试验。

五、发动机修理后的出厂

(1) 出厂检验。机油压力、水温、功率、转速值达到发动机出厂（原厂）的 95%～98%性能参数值时为合格。

(2) 在有试验台的情况下，发动机的各项指标不允许超过额定的 5%。

六、发动机的维修记录

发动机的维修记录包括：
(1) 发动机的进厂时间。
(2) 发动机的系列号。
(3) 发动机的总成号。
(4) 发动机的生产厂家、产地。
(5) 发动机的所属单位。
(6) 修理厂的地址和单位电话。
(7) 发动机的试车时间。
(8) 发动机修理部位的基本数据，如曲轴、连杆、活塞直径、汽缸直径等。
(9) 性能实验报告。
(10) 检验报告（包括各修理部位的检验数据值）。
(11) 换新件记录。
(12) 发动机的出厂时间及检验员签字等。

七、发动机的常见故障判断和排除方法

(一)发动机不能启动

(1)没有燃油供给发动机:检查燃油箱是否有油或燃油管接头是否堵塞;吸油管堵或输油泵故障或燃油滤子堵塞。

(2)停车电磁线圈卡死:电磁线圈必须通电才能停机,启动控制停机控制机构,听听是否有"咔哒"声;如果不明显,且发动机不能启动,则拆下电磁线圈,再次启动,如果能启动,更换此电磁线圈。

(3)燃油输油泵:在启动转速下,燃油应以 3lbf/in^2(20kPa)的压力向发动机供油;如果油压低于20kPa,则更换燃油滤子。检查燃油系统中是否有空气,或者燃油滤子旁通阀是否卡住,如果压力很低,则更换燃油输油泵。

(4)发动机正时不正确:检查正时记号。

(5)预热塞有故障:检查预热塞。

(6)电控自动停车保护装置有故障:在发动机正常工况下,将保护装置磁力线圈电源切断,如果能启动,说明该控制装置有问题,或换、或修、或调整。

(二)发动机缺缸工作

(1)燃油喷油嘴或燃油泵有故障:进行分缸断油,如果发现某缸在断油时发动机转速不变,说明该缸泵和嘴有问题,应当检修。

(2)气门间隙不正确:调整到规定的间隙。

(3)燃油供给压力过低:检查输油管是否有渗漏、弯折或有空气,旁通阀是否卡住或有故障,更换燃油滤清器后,输油泵应以 20~30lbf/in^2(137.8~206.7kPa)的压力向发动机供给燃油。

(4)高压油管破裂漏油:更换油管。

(5)燃油系统有空气:寻找漏气处,排除故障,燃油系统排气。

(6)气门推杆弯曲或折断:更换推杆。

(三)低速时停车

(1)急速太低:调整到正常范围。

(2)燃油供给压力低:检查输油管是否有漏、弯折现象,换滤清器,检查供燃油压力;当发动机满负荷时,供油压力应为 33±5psi(28±35kPa)。

(3)燃油喷油嘴有故障:更换。

(4)燃油喷油泵有故障或损坏:更换损坏或有故障的零部件。

(5)附加载荷过高:检查由于附属设备而引起的过度载荷。

(四)发动机转速不稳

(1)调速器控制拉杆故障:调整外部的拉杆以获得足够的行程,如果损坏,或弯曲,或太短,则更换。

(2)调速器故障:检查弹簧、拉杆或其他机件是否损坏或折断,确定齿条能否移动自如,如果这些机件存在故障,必须更换新的机件。

(五)功率不足

(1)燃油喷嘴故障:进行分缸断油,用该法检查每个缸;如果某缸断油后,发动机转速不变,说明该缸有故障,检修该缸或换新件。

(2)燃油质量低劣:清洗燃油系统、更换燃油滤芯或换燃油。

(3)增压器积炭或有其他阻力:检查、修理或更换增压器。

(4)气门间隙过大:调整到规定值。

(5)燃油供给压力过低:检查输油管有无漏、弯折,燃油系统是否有空气,燃油旁通阀是否卡住,检查输油泵所供压力是否在 20~33psi(138~228kPa)范围内,低于 20psi(138kPa)更换波芯。

(六)振动过大

(1)发动机架固定松动或损坏:重新上紧或换新。

(2)被动设备上的连接装置松动或磨损:检查连接装置与被传动装置的螺栓或螺母对正上紧。

(3)曲轴减振器或皮带轮有故障:更换新减振器或皮带轮。

(4)风扇叶片不平衡:旋松或拆下风扇皮带,短时间运转发动机,以检查振动是否依然存在;如果振动消失,则更换风扇总成。

(七)强烈的爆震

(1)燃油系统有空气:从系统中排除。

(2)燃油喷油泵柱塞和柱塞套总成有故障:更换。

(3)燃油喷油嘴有故障:更换。

(八)气门机构敲击

(1)气门间隙过大:调整至规定值,进气 0.38mm,排气 0.76mm。
(2)气门弹簧折断:更换气门弹簧以及其他所有损坏的零件。
(3)润滑不足:检查气门室的润滑情况,在各种转速下,气门室都应被润滑油浸湿,油道必须畅通。

(九)冷却液中有机油

(1)机油冷却器芯损坏:更换机油冷却器芯或修复。
(2)汽缸垫或间隔垫损坏:更换汽缸垫和间隔垫板。
(3)汽缸体有裂纹:更换汽缸体。
(4)缸盖有裂纹:更换缸盖。

(十)机械敲击

(1)发动机连杆瓦损坏:更换轴瓦,检查连杆和曲轴,如有必要则更换。
(2)主轴瓦损坏:更换轴瓦。
(3)正时齿轮损坏:根据情况更换。
(4)曲轴损坏:更换曲轴。
(5)曲轴箱内有燃油:排除引起燃油泄漏到曲轴箱中的故障。

(十一)燃油消耗过量

燃油系统内部高压泄漏:内部的泄漏将可能伴随着发动机机油压力的下降和油底壳中的机油油面增高,这种情况应检查更换引起泄漏的零部件。

(十二)气门噪声

(1)气门弯曲或折断:更换新的零件。
(2)凸轮轴断:更换所有损坏的零件,彻底清洁发动机。
(3)气门挺杆折断或严重磨损。更换相关的零件、凸轮轴或气门挺杆;检查气门是否卡死,气门挺杆是否弯曲,调整气门至规定的间隙。

(十三)气门间隙过大

(1)凸轮凸角严重磨损:检查气门间隙,更换凸轮轴及挺杆,调整气门间隙至规定值。

(2)气门头磨损:调整气门间隙,如损坏严重时更换新件。

(3)气门挺杆表面一般磨损:调整气门间隙,必要时更换新挺杆。

(4)推杆磨损:调整气门间隙,如果磨损严重,更换新推杆。

(5)摇臂接触端磨损:调整气门间隙,如果磨损严重,更换新件。

(6)润滑不足:检查气门室的润滑,在高速空转转速下,气门室应被润滑油浸湿;在低速空转下,仅有少量油滴,油道必须畅通。

(十四)气门弹簧座脱落

(1)气门锁块损坏:更换所有损坏的零件。

(2)气门弹簧断:更换气门弹簧及相关损坏的零件。

(3)气门折断:更换气门和其他任何损坏的零件。

(十五)发动机窜油

(1)气门导管磨损严重:修理汽缸盖总成。

(2)气门室润滑油过多:检查摇臂轴两端堵塞,是否在原位。

(3)活塞环槽或环及汽缸套磨损严重:检查并视需要更换相关零件。

(十六)气门间隙过小

气门锥面或气门座圈磨损:调整气门间隙至规定值,根据情况修理汽缸盖,换气门座圈。

(十七)发动机早期磨损

(1)进气管漏气(增压前和滤后):检查连接部密封垫和管路是否漏气,修理所有泄漏之处。

(2)内部高压燃油管线漏失稀释润滑油:这种故障可能伴随着燃油消耗量过大,发动机机油压力降低,这时应更换引起燃油泄漏的机件,检查更换气门罩内破损的燃油高压管线及接头。

(十八)发动机润滑油中含有冷却液

(1)机油冷却器损坏:更换机油冷却器或芯。

(2)汽缸垫损坏:更换汽缸垫,保证汽缸盖螺栓符合规定的扭矩。

(3)汽缸盖有裂纹:更换汽缸盖。

(4)汽缸体有裂纹:更换汽缸体。

(5)汽缸套阻水圈泄漏:更换阻水圈。

(6)汽缸套有裂纹或有故障:更换汽缸套。

(十九)严重的黑烟或灰烟

(1)可供燃烧的空气不足:检查空气滤清器是否堵塞,检查进气歧管压力,检查增压器运转是否正常。

(2)燃油喷油嘴堵塞或漏油:更换喷油嘴。

(3)气油比控制器调整不正确:换新或重调气油比控制器。

(二十)严重的白烟或蓝烟

(1)气门导管磨损:修理汽缸盖总成或换导管。

(2)活塞环磨损、卡死或断:更换。

(3)曲轴箱油面过高:查明原因,排除多余的机油。

(4)润滑油中有冷却液:检查汽缸盖或缸体裂纹。

(5)涡轮增压器油封失效:检查机油进油管,修理涡轮增压器。

(二十一)发动机油压过低

(1)发动机机油被燃油稀释:检查引起内漏机件及燃油输油泵与驱动轴上的唇形油封,排放曲轴箱机油,修理相关部件,换新机油。

(2)曲轴轴瓦间隙过大:更换轴瓦或曲轴,检查机油滤清器的工作是否正常,如有必要更换新零件。

(3)正时齿轮轴承间隙过大:检查轴承,根据需要更换相关零件。

(4)摇臂轴孔或摇臂磨损过度:检查轴承,根据需要更换新零件。

(5)机油泵故障:修理或更换。

(6)机油压力表失灵:更换。

(7)机油滤清器或油冷却器堵塞:修理或根据情况更换新机件。

(8)机油泵安全阀卡死:清洁安全阀和壳体,如有必要则更换。

(9)凸轮轴与瓦间隙过大:更换新的凸轮轴或瓦。

(二十二)发动机消耗机油过高

(1)机油泄漏:更换泄漏部位密封垫或密封圈。

(2)曲轴箱油面过高:标准加注,查明原因,放出多余的机油。

(3)油温过高:检查机油冷却器旁通阀,如有故障则更换新件,清洁机油冷却器芯。

(4)活塞环和(或)汽缸套磨损过渡:视需要更换有关零件。

(二十三)发动机冷却液温度过高

(1)已燃气体进入冷却液:查明已燃气体在什么地方进入冷却系统,视需要修理或更换有关零件。

(2)节温器或水温表有故障:检查节温器开启温度及其安装是否正确。检查温度表,如有必要则更换。

(3)冷却液液面太低:检查更换漏水的密封垫及软管,相关接头,添加冷却液。

(4)通过散热器的气流受阻:清除散热器外表面上的所有污物。

(5)水泵有故障:检查水泵叶轮,视需要修理水泵。

(6)散热器太小,不适应发动机:安装一个容量合适的散热器。

(7)风扇没有正确安装在护罩内或没有挡风护罩:正确安装风扇或风扇护罩。

(8)冷却液中有可燃气体:找出可燃气体进入冷却系统的部位,根据需要进行修理。

(二十四)启动机不能启动发动机

(1)蓄电池容量太小:检查蓄电池,充电或更换。

(2)线路或开关有故障:检修或更换。

(3)电磁线圈有故障:更换。

(4)启动机有故障:修理或换新。

(二十五)发电机不充电

(1)驱动皮带松弛:调整皮带。

(2)充电线路、接地线路、蓄电池接头断路或电阻过高:检查全部接头,清洁后更换零件。

(3)电刷过度磨损、断路或有故障:更换电刷总成。

(4)励磁线圈断路:更换电枢总成。

(二十六)发电机充电率低或不稳定

(1)驱动皮带松弛:调整皮带。

(2)充电线路、接地电路、蓄电池接头时而断路或电阻过高:检查全部导线连接部位,并进行清洁紧固。

(3)电刷过度磨损、卡住或有故障:更换电刷总成。

(4)调节器有故障:更换调节器。

(5)整流二极管短路或断路:更换有故障的发电机整流二极管。

(6)电枢搭铁接地或短路:更换电枢总成。

(二十七)发电机充电率过高

(1)接头松动:上紧发电机和调节器接头。

(2)调节器有故障:更换调节器。

(二十八)发电机有噪声(异响)

(1)驱动皮带损坏:更换皮带。

(2)皮带或皮带轮不对中:调整驱动皮带轮、发电机皮带轮和皮带对中。

(3)皮带轮松动:上紧皮带轮螺母,如果键槽磨损换新。

(4)轴承磨损:更换轴承。

(5)发电机整流二极管短路:更换二极管总成。

(6)电枢或转子轴弯曲:更换有关零件。

第三节 阿里森变速箱的修理

本节以阿里森5961型变速箱修理为例。

一、解体阿里森变速箱所用的工具、设备的要点及注意事项

(一)解体用的工具、设备

解体用的工具、设备包括:(1)J-6534-02变矩器套筒扳手;(2)J-

7441 弹簧压缩器;(3)J-23552 导轮总成安装工具;(4)J-23556 支脚;(5)J-24711 换挡缓冲离合器钻孔夹具;(6)拉力器;(7)工作台;(8)1356N·m 扭力扳手;(9)5t 以上的起重设备。

(二)解体的方法、顺序及注意事项

(1)将易弄错的部件做好记号,拆下的所有螺钉要分组标号,按顺序放好,以免组装时弄错。

(2)注意事项:

① 拆卸法兰盘时,不要用撬棍或锤敲打,要用拉力器。

② 当吊起变矩器之前,一定要注意闭锁离合器内的零件可能从壳体里落下伤人和损坏机件。

③ 拆导轮时,如果滚子圈没有和导轮一起吊起,注意导轮的滚子可能会掉出,避免将部件损坏。

④ 拆卸卡簧卡子时,要用专用工具。离合器的活塞要用手轻轻地拉出。

⑤ 要记住密封环的密封方向。

⑥ 螺钉要按部位放在一起,防止专用的螺钉与普通的螺钉相混。

⑦ 在拆弹簧时,要将成组的弹簧放到一起,避免与其他相同的弹簧相混。

⑧ 解体时要记住活塞与摩擦件的顺序和方向(受力方向)。

⑨ 在未组装时,不要拆各调压阀和溢流阀的弹簧,只有断定该阀有问题时方能解体,而且要由经过培训的专业人员进行。如果有条件的话,对需解体的阀进行压力检测后视其结果再进行解体。

⑩ 阀总成解体时,要放在干净的地方。

⑪ 分解主变速箱时,要先将跨接管用专用工具取出,以免将里边的机件损坏。

⑫ 需要解体控制阀总成时,注意该阀的弹簧与其他的弹簧都很相似时防止可能被错误地互换。

⑬ 压离合器弹簧时,要有专用的卡具,以免发生危险。

⑭ 拆导轮和泵轮时,卡簧要用专用工具拆卸,以保证安全。

⑮ 所有的密封件一定要的新件。

二、变速箱的检验

(一)测量工具

检验变速箱部件所需测量工具:(20~200mm,0~100kg 规格的弹簧)高度和压力值检测仪器、高度尺、千分尺、百分表等工具。

(二)主要部件的技术要求和检验要求

1. 主要部件的技术要求

(1)锁止离合器活塞表面最大磨损为 0.25mm,摩擦片最小厚度为 3.94mm,最大锥度为 0.25mm,后板表面最大磨损为 0.25mm。

(2)变矩器、导轮止推环最小厚度为 2.97mm,自由轮表面最小外径为 120.62mm,导轮最大内径为 121.23mm,导轮后板最小厚度为 11.96mm。

(3)输油泵和回油泵的齿轮泵体之间最大径向间隙为 0.31mm,最大端隙为 0.25mm。

(4)主调压阀芯在阀体内最大间隙为 0.102mm,导轮的控阀芯在阀体内最大间隙为 0.076mm,主调压阀芯在阀体内的最大间隙为 0.102mm。

(5)闭锁阀芯在阀体内最大间隙为 0.102mm,截流阀芯在阀体内最大间隙为 0.102mm。

(6)液力变矩器控制阀在阀体内最大间隙为 0.152mm。

(7)副变速器的直接挡离合器活塞与摩擦片端面最大磨损为 0.51mm,摩擦片最小厚度为 4.57mm,最大锥度为 0.31mm,最小槽深为 0.13mm。

(8)离合器钢片最小厚度为 4.67mm,最大锥度为 0.76mm;离合器片组最小厚度为 13.82mm,后板最大磨损为 0.51mm;副变速箱行星齿轮和增速离合器止推板最小厚度为 1.38mm,后板表面最大磨损为 0.51mm;离合器摩擦片最小厚度为 4.57mm,最大锥度为 0.31mm,最小槽深为 0.31mm;离合器钢片最小厚度为 4.67mm,最大锥度为 0.76mm,离合器片组最小厚度为 27.74mm。

(9)5 挡和 6 挡离合器活塞表面最大磨损为 0.51mm,离合器摩擦片最小厚度为 4.57mm,最大锥度为 0.31mm,最小槽深为 0.13mm;离合器钢片最小厚度为 4.67mm,最大锥度为 0.76mm,后板表面最大磨损为 0.51mm;手动液控阀总成各阀芯在阀体内的最大间隙为 0.08mm。

(10)3 挡和 4 挡离合器止推环最小厚度为 1.40mm,行星架最大端隙为 1.4mm,离合器片最小厚度为 4.57mm,最大锥度为 0.31mm,最小槽深为 0.13mm;离合器钢片最小厚度为 4.67mm,最大锥度为 0.76mm,成组最小厚度为 27.74mm;活塞套的作用面最大台阶磨损为 0.51mm。

(11)1 挡和 2 挡离合器止推环最小厚度为 1.40mm,行星架最大端隙为 1.40mm,离合器磨损片最小厚度为 4.57mm,最大锥度为 0.31mm,最小槽深 0.13mm;离合器钢片最大厚度为 4.67mm,最大锥度为 0.76mm,成组最小厚度为 36.98mm;活塞套的作用面最大台阶磨损量为 0.51mm。

(12)倒挡行星齿和离合器止推环最小厚度大环为 1.91mm,小环为 1.41mm,小齿轮在行星架内最大端隙为 1.40mm;离合器摩擦片最小厚度为 4.57mm,最大锥度为 0.31mm,最小槽深 0.13mm,成组最小厚度为 46.23mm;离合器钢片最小厚度为 4.67mm,最大锥度为 0.76mm。

2. 变速箱主要部件的检验要求

(1)弹簧必须清洗干净后进行检查。如果有过热、两个弹簧相互摩擦的现象,而且有磨损、变形和不能恢复的,应换新弹簧。不符合弹簧试验参数的,如试验加力后的高度和自由长度不能使用,一定要换原厂的标准配件,不能使用其他厂家的代用弹簧,以免出现不必要的损失。

(2)弹簧在组装前要进行弹力和自由长度试验,并做好记录。下面是一些主要弹簧的参数:

① 润滑油调压阀弹簧自由长度为 82.0mm,承载(加压)106~116N 时为 59.4mm。

② 变矩器进口单向阀弹簧承载 427~462N 时,长度为 55.9mm,自由长度为 66.0mm(粗的)。

③ 主调压阀弹簧自由长度为 114.3mm,承载 370~422N 时,高度为 89.2mm;定位球的弹簧自由长度为 18mm,承载 34~37N 时 14.7mm。

④ 导轮控制阀弹簧自由长度为 113mm,承载 76~80N 时的长度为 52.8mm。

⑤ 滤清器旁通阀的弹簧自由长度为 116.6mm,承载 56~190N 时的长

度为67.6mm。

⑥ 主调压阀的弹簧自由长度为114.3mm，承载370~422N时的长度为89.2mm，闭锁阀的弹簧长度为72.1mm，承载116~124N时的长度为40.1mm。

⑦ 变矩器调压阀的弹簧自由长度为67.6mm，承载48~58N时的长度为45.5mm。

⑧ 倒阀换挡阀的弹簧自由长度为46.3mm，承载94~111N时的长度为31mm。

⑨ 3~4挡上缓冲阀的弹簧自由长度为114.3mm，承载50~60N时的长度应为26.2mm。

⑩ 3~4挡下缓冲阀(内)弹簧自由长度为96mm，承载169~186N时的长度为47mm。

⑪ 3~4挡下缓冲阀(外)的弹簧自由长度为40.9mm，承载121~146N时的长度为26.9mm。

⑫ 3~4挡活塞回位弹簧自由长度为63mm，承载258~352N时的长度应为78.5mm。

⑬ 1~2挡上缓冲(外)弹簧自由长度为114.3mm，承载50~60N时的长度应为26.2mm；1~2挡上缓冲(内)弹簧，自由长度为96mm，承载169~186N时的长度为47mm。

⑭ 1~2挡下缓冲弹簧自由长度为40.9mm，承载121~146N时的长度为26.9mm。

⑮ 1~2挡活塞加回位弹簧自由长度为71.9mm，承载321~391N时的长度为59.9mm。

⑯ 倒挡下缓冲弹簧自由长度为52.3mm，承载250~280N时为26.9mm；内簧的自由长度为75.4mm，承载17~18N时的长度为71.9mm。

3. 检验注意事项

一定要检查变矩器元件的间隙，如果有较大的变形和严重的磨损，应换原厂原型号配件。换件前，一定要对照变速箱的型号、系列号、总成号、部件号，否则会造成不必要的损失。要检查油泵的主压力值及滤清器内的高磁棒上的铁屑。

三、变速箱的装配

装配前的准备

（1）将经过检验的配件清洁干净，尤其是各部位的结胶，必须清理干净。油道必须畅通，同时要用高压空气吹通（8～10kgf❶）。干后，按原厂提供的总成号、型号、部件号进行零件选配，不允许采用其他与原厂的配件不相符的零件混装。将要安装的摩擦片用变速箱油进行浸泡，至少 10min。密封件和轴承要检查密封效果，且弹簧的自由长度和加压试验后的参数在允许的范围内方可进行装配。卡簧要确认没有过度的磨损方能使用。太阳轮和星行轮的间隙在允许范围内，轴内的轴承和花键没有明显和超限的磨损。成组的离合器摩擦片的高度应在参数范围内。阀件要进行除胶，密封性和压力等要进行测试，有条件时可上台试验检测。各连接部位的密封垫、密封胶圈及其结合面，要清理干净，以保证安装后的密封性能良好，从而能达到一次性安装合格。

（2）组装的顺序可按拆解的相反顺序进行。一般是先装里边，一层一层地进行，每一道工序都要由专业人员安装。在组装活塞密封环时，要用专用的润滑剂进行润滑处理，以保证安装质量。

（3）各部件组装时的基本参数和规范。副变速箱齿圈和轴承盖螺栓的扭矩为 131～155N·m，5/8～11×3¾in❷ 螺栓和锁紧垫的固定螺钉扭矩为 159～189N·m，低速齿圈固定用螺钉为 3/8～24×5/8in，自锁进行固定，以保证中速行星轮架的花键与低速齿圈的花键对正。1/2～20×1¼in 自锁螺栓扭矩为 131～155N·m，分动箱壳的固定螺钉为 5/8～11×1¾in，扭矩为 159～189N·m。自锁螺母（前加力输出轴）的扭矩为 949～1355N·m，5/8～1×1in 螺栓的扭矩为 182～216N·m。

定位销（分动箱上）为 3/4in×1¼in，有调整垫片部位的要按原厂的规定和参数进行调整。装分动箱后盖时锥形轴承的调整间隙在 0.28～0.33mm 之间。装完副变速器和增速挡离合器固定毂时，要将跨接管装入油道，以免造成不必要的返工和损失。组装副变速器行星齿轮、直接挡离合

---

❶ 1kgf = 9.8N。
❷ 1in = 25.4mm。

器和液力减速器时,要用油浸热液力减速器转子,温度为148℃(不要用火焰直接加热),热装冷却后再进行下一步。安装皮托管总成时,要装到正确位置,否则变速箱没有皮托的压力,也就没有闭锁作用。

组装直接挡离合器片时,应卡上卡环,吊起,再对好定位销位置,垫好垫片。组装时还要对好离合器片的齿,将液力减速器壳体装在变速箱上,上好螺钉后,装油泵驱动齿轮时,要小心慢放,与涡轮保持对中,以保证在装配过程中不损坏轴上的勾形密封环。安装变矩器泵轮、导轮时,要用专用工具将导轮内的单向离合器装到轴上,再装涡轮闭锁离合器和飞轮总成。拧紧飞轮螺钉,拧紧扭矩为56~66N·m。安装回油泵排油管、油底壳、粗滤网总成、换挡阀总成、主调压阀总成、减速阀总成等,最后再连接管线,准备与发动机连接。

四、变速箱的调试

阿里森变速箱在一般情况下是不允许调试的,因为不论是哪个阀件的总成,出厂时参数已设置好了,上台进行试验时就应将变速箱油加到标准位置。每个挡挂上空载试转5min观察油压表的压力值,如果压力摆动范围太大,应做好记录,以便分析原因,查找和排除故障。如果各挡试转5min后,压力表值合格且稳定,就证明组装没有问题。变速箱的主压力输入油泵的发动机转速为100r/min时,流量为54gal❶/min、1500r/min时主压力应为1172~1275kPa,润滑压力为138kPa,空挡;油门全开、压力测试口压力为207kPa,直通型初次加注变速箱油70L,带分动箱型加注49L。油底壳内的正常温度为82~93℃,变矩器出口最高温度为135℃,最大输入功率(净)为500hp❷。如果以上的所有参数在试验台上测试达到要求,即可投入正常使用。如有某一个测试压力口的压力值不在参数之内,就要进行分析、检查,找出问题所在。如实填写实验报告,以备查阅。

五、变速箱的出厂、试车要求及注意事项

(1)出厂:修理后的变速箱要经专业人员验收,合格后方能出厂并

---

❶ 1UKgal=4.546dm³。
❷ 1hp=745.7W。

投入使用。出厂的资料有：入厂时间、变速箱型号、系列号、总成号、换件记录、各系统检测记录、试压记录、上台实验报告；各测试孔的压力值、温度和运转时间；承修单位、时间、电话、承修人、检验人、送修单位、验收人等。

(2) 试车：要求可按原厂规定的输入功率、输出功率、液压力值、工作温度等参数进行。在保证油位正常的情况下，每个挡空载运转 5min，观察压力表读数和变速箱的液力变矩器的温度。先以 30% 功率试运转 2h，如果温度正常，再观察每个挡结合时的离合器反映速度，如果在 700r/min 时反映正常，就可以进行 50%~90% 的功率试车 1h。如果工作温度和系统各部位的压力值正常，用手试变矩器的温度，如果正常说明已达到修理后的目的，有关参数参照原厂规定。

(3) 注意事项：要检查所有经过测试位置的管线连接是否正常，测试孔的丝堵是否拧紧，没有连接的管线是否清洁。试后的变速箱不能长时间怠速运转。在环境温度低于油的标准温度时，要给变速箱进行预热，要用专用的阿里森变速箱油。加油时，油桶要清洁，绝对不能将不合格的油加入变速箱。正常运转时，检查油滤网内的高磁棒上的金属屑的量，及时清洗滤网，并换新油。

六、维修记录

维修人员要将换下来的旧件进行记录，所更换的弹簧要有自由长度和加力后的长度记录。所修总成阀件要记录最大间隙值、名称、进厂时间、型号、总成号、送修单位、承修单位、换件目录、承修人、检验人、验收人、出厂时间、试车的实验报告、出厂后的主压力值、工作温度等。

七、常见故障判断与排除方法

(一) 变速箱过热

变速箱过热原因及排除方法见表 2-1。

表 2-1 变速箱过热原因及排除方法

原因	排除方法
(1)油位过高或过低	恢复正常的油位
(2)车辆过载	减少负载
(3)发动机冷却水过热	排除发动机的过热现象
(4)热交换器管子堵塞	清理或更换热交换器或换管子
(5)冷却液面低	添加冷却剂,检查有无泄漏
(6)漏油	检查变速箱和所有的外接管线,并检修泄漏处
(7)车辆制动器拖滞	检查并排除
(8)变矩器定子被卡住	检查变矩器各组件
(9)离合器打滑	检查变速器、更换磨损的活塞密封环或离合器片

(二)油内进入空气(起泡沫)

油内进入空气(起泡沫)原因及排除方法见表 2-2。

表 2-2 油内进入空气(起泡沫)原因及排除方法

原因	排除方法
(1)使用不正确级别的油	换油、使用合适级别的油
(2)油位高或低	恢复正常的油位
(3)空气进入油泵的吸入端	检查油泵螺栓和垫片
(4)油内有水	检查泄油源,把系统清洁干净

(三)发现油内有重金属屑

原因:变速箱内部有损坏。

排除方法:将变速器完全拆开,清洗和修理,更换滤清器和清洗外部管线和冷却器。

(四)发现油内有冷却剂

原因:热交换器泄漏。

排除方法:将变速器完全拆开,彻底清洗;更换所有有摩擦面的离合器片,修理或更换热交换器,更换滤清器和清洗外部管线。

(五)无论选速器在何挡位,变速器都不运转

无论选速器在何挡位,变速器都不运转原因及排除方法见表2-3。

表2-3 无论选速器在何指位,变速器都不运转原因及排除方法

原　　因	排除方法
(1)内部机械失灵	检修变速器
(2)传动系统失灵	检查变速器的输入和输出端
(3)油位低	回复正常的油位

(六)无论选速器在何位,变速器挡位都不变

原因:锁在原挡。

排除方法:实行复位,检查换挡器。

(七)换挡不稳

换挡不稳原因及排除方法见表2-4。

表2-4 换挡不稳原因及排除方法

原　　因	排除方法
(1)换挡器故障(选速器)	检修、更换
(2)换挡汽缸故障	检修、更换
(3)气压线路有故障	检查、检修气压线路

(八)在某个挡位压力不正常,在另一个挡位时正常

在某个挡位压力不正常,在另一个挡位时正常原因及排除方法见表2-5。

表2-5 在某个挡位压力不正常,在另一个挡位时正常原因及排除方法

原　　因	排除方法
(1)在某个挡位离合器结合时漏油	更换或修理阀体总成
(2)在某个挡位活塞密封时漏油过多	修理变速箱并更换活塞密封圈

(九)倒挡时出现爬行

原因:怠速过高。

排除方法:调整油门。

(十)润滑油压力低

润滑油压力低原因及排除方法见表2-6。

表2-6 润滑油压力低原因及排除方法

原因	排除方法
(1)缺油	补充至标准油位
(2)内漏过多	检查阀体安装螺栓、润滑油路阀座和弹簧
(3)散热器油路阻塞或漏油	检修或换新散热器
(4)润滑油路阀弹簧软	换阀弹簧(原厂件)

(十一)从滤清器向外冒油

从滤清器向外冒油原因及排除方法见表2-7。

表2-7 从滤清器向外冒油原因及排除方法

原因	排除方法
(1)油尺太松	上紧油尺,必要时换新
(2)油面太高	放油至正常油位
(3)呼吸孔堵塞	清洗或更换通气口
(4)油尺垫片磨损严重	更换垫片或换油尺

(十二)动力输出机构丧失动力

动力输出机构丧失动力原因及排除方法见表2-8。

表2-8 动力输出机构丧失动力原因及排除方法

原因	排除方法
(1)导轮控制阀弹簧软或坏(指可调变速器)	换弹簧或检修变速箱
(2)导轮控制阀失效(指可调)	修理导轮控制阀总成
(3)导轮进油管路内部漏(指可调)	解体修理相关部位
(4)导轮活塞叶片失效	检修分解相当部位

(十三)在一个挡位内没有动力输出

原因:挡位离合器失灵(打滑)。

排除方法:检修变速器,检查在该挡位内活塞的密封件有无磨损,活塞壳有无断裂或该挡的离合器片有无严重磨损。

(十四)在2挡、4挡、6挡和倒挡运行,其他挡不运行

原因:分动器的超速离合器不能松开或分动器直接离合器打滑。
排除方法:检修分动器有无磨损的零件。

(十五)3挡和5挡运行,其他挡不运行

原因:分动器的直接离合器不松开或分动器的超速离合器打滑。
排除方法:检修变速器和分动器有无磨损的零件。

(十六)离合器接合慢

离合器接合慢原因及排除方法见表2-9。

表2-9 离合器接合慢原因及排除方法

原　　因	排除方法
(1)油位低	加油到合适的油位
(2)活塞密封件磨损	检修变速器、更换密封件

(十七)动力和加速不足

动力和加速不足原因及排除方法见表2-10。

表2-10 动力和加速不足原因及排除方法

原　　因	排除方法
(1)发动机的功能不正常	检查发动机
(2)液压减速器只能局部工作	检查连接杆
(3)行驶手刹车拖滞	检查、排除

(十八)变矩器失速时发动机转速高

变矩器失速时发动机转速高原因及排除方法见表2-11。

表2-11 变矩器失速时发动机转速高原因及排除方法

原 因	排除方法
(1)油位低	加油到合适油位
(2)离合器打滑	检修变速器,更换离合器活塞密封环或离合器片

(十九)变矩器失速时发动机转速低

变矩器失速时发动机转速低原因及排除方法见表2-12。

表2-12 变矩器失速时发动机转速低原因及排除方法

原 因	排除方法
(1)发动机输出力矩低	调节发动机并检查输出功率
(2)变矩器元件互相干扰	失速时检查有无噪声,必要时换变矩器
(3)变速器油达不到工作温度	变速箱加温至82~93℃

(二十)变矩器出口压力低

变矩器出口压力低原因及排除方法见表2-13。

表2-13 变矩器出口压力低原因及排除方法

原 因	排除方法
(1)油位低	加油至合适的油位
(2)油管漏油	检查有无漏油,若有则排除
(3)油滤器堵塞	清洗油滤器
(4)油泵有故障	清洗油滤器,修理或更换油泵组件

(二十一)总压力低

总压力低原因及排除方法见表2-14。

表 2-14　总压力低原因及排除方法

原　因	排除方法
(1) 油位低	加油至合适的油位
(2) 液压系统内漏油	检查全部外部各点有无泄漏,检查各挡位,找出内部漏油点
(3) 调压器失灵	检修阀组件
(4) 油泵组件的输入端磨损	修复或更换油泵组件
(5) 油滤器堵塞	清洗油滤器
(6) 输入泵的吸入端漏气	检查输入泵,检修泄漏处

第四节　修井机传动系统的修理

一、检验

(1) 检验工具:要求用千分尺对所维修的轴径进行测量,对与轴进行过盈配合的要用内径千分尺或量缸表进行测量,一般的技术要求可根据生产厂家提供的技术标准进行检验。

(2) 各种轴承及配合的范围,可根据厂家的要求和提供的数值进行维修、检验。

二、装配

(1) 对维修部位,可根据该部分的结构特性,进行合理的装配,需要过盈的,应按其要求对其组装配件进行合理的加热处理。各轴的轴向间隙一定要按原厂的规定进行组装,调整好调整垫片的厚度,确保机件在转动时没有发紧、发热的现象,以保证机件的使用寿命。润滑结构的油道要保证畅通。

(2) 装配过程中,应按原轴承级别装配,不允许降低某个参数的级别,以保证其可靠性和安全性。如果是代用品,可采用同级别或略高级别的配套轴承代用。各部连接部位的专用螺钉不能随意改换。对安全性要求高的部位,必须按要求达到相应的拧紧扭矩。

三、调试出厂

(1) 对所组装的部位,应在技术要求范围内进行调试,要保证每个轴承转动自如,没有松紧过度的现象。要按规定进行磨合试验,如果在磨合试运转过程中发现有高温、异响等现象,要检查问题的所在,并予以处理。

(2) 出厂时,对所修理的总成要进行试后检查,对经过调试的部位进行复检;所修的总成件要有维修单位、送修单位、承修人、入(出)厂时间、验收与检验人员的签字、试验记录以及换件记录等,供以后备查;要按标准加注标准的润滑油。

四、传动系统常见故障原因及排除方法

传动系统常见故障原因及排除方法见表 2-15。

表 2-15 传动系统常见故障原因及排除方法

原因	排除方法
(1) 所有传动系统没有动力输出	检查传速箱是否有输出,结合器是否挂合,传动轴是否断裂,根据情况排除
(2) 分动箱缺油高温	按规定加油,检查润滑装置
(3) 角传动箱异响	检查齿轮,必要时换新齿轮
(4) 分动箱连续异响	检查润滑油、轴承,加油,换损坏的轴承
(5) 传动轴振动响	检查传动轴的动平衡,或换新传动轴
(6) 输入轴和输出轴旋转时漏油	检查轴承间隙,换轴承和油封

第五节 修井机液压系统的修理

一、解体注意事项

解体的注意事项:

维修人员不能随意改变泵机系统规定参数值、排量、溢流阀的回油压力,另外在确定某个元件有故障时,可根据情况修理或换原厂的配件,尤其是溢流、超压保护操作控制阀,换同型号的原厂控制阀。对所维修过的工作

油缸,在使用前必须排尽空气,方能进行工作试验。解体的元件要清洗干净,防止尘污进入液压系统,因为尘污会给该系统造成不必要的损失。

二、液压系统的检验

用内(外)径千分尺检查操作阀芯的直径,同时测量阀芯与操作阀的间隙,间隙不应超过 0.09mm。测量液压马达在规定压力值的转速和扭矩及连接管线的压力值,一般在 2000psi－2500psi(14－17.5MPa)为合格。检查液压系统的主油泵,可按系统要求进行测试,也可按泵的标准压力进行测试,但要注意安全,不能超过标准的 5%。同时测量溢流阀和调压阀的调整范围,是否能达到系统的要求,否则要进行修理或换新。不要随意调高系统各部溢流阀的参数,以免在使用过程中出现危险和事故。

三、液压系统的组装

(1)组装液压系统时,要由专业人员进行,要参照厂家设计的液压系统的工作原理图进行组装。不能随意改变标准。

(2)组装液压绞车时,要注意单向离合器和制动阀的方向,注意进油压力和回油的方向。安装主油泵时,要将管线注满油,以免在运转时烧坏油泵。安装液缸的管线时,要注明使用前必须将液缸的空气排净,以免在使用时出现不必要的损失。

四、调试液压系统

(1)要按厂家设计的标准调试液压系统。使用前的调试,可按操作规程进行。必须注意,使用前调试主要液缸和承载液缸时,必须首先排净液缸中的空气,让液缸充满液压油(要保证液压油的标号),不能随意降低液压油的标号,以保证系统的使用寿命和压力,并避免在使用过程中出现不应有的故障。

(2)检查使用液压系统时所有承载支撑的销子及座的牢固性及安全性。修复后的调压阀要经过试验,如果没有条件,则要确认系统压力表完好,由专业人员调试,同时要做好应急的准备。要做到随时切断动力和发动机熄火的准备。

(3)调试后,出厂时要标明修理换件的部位,并提供修前、修后及调试报告,注意填写维修记录要有承修单位进厂时间、换件、调试记录、实验报告。

五、液压系统的常见故障原因及排除方法

液压系统的常见故障原因及排除方法见表 2-16。

表 2-16 液压系统的常见故障原因及排除方法

原因	排除方法
(一)系统没有压力或压力低	
(1)缺油	加油至标准位
(2)压力表坏	校验压力表或换新
(3)没有接泵的动力	检查控制部分是否挂合
(4)进油泵油滤堵	清洗进油滤清器
(5)泵有故障	检修泵或换新
(6)调压不准,溢流阀坏	校溢流阀
(7)泵的进油口漏气	检查修复
(8)取力器带泵离合器打滑	检修取力器
(9)取力器本身没有动力输出	检查取力器输入动力和变速器输出部件
(二)系统压力够,但井架液缸不能起升	
(1)控制阀本身的原因	检查控制阀的安全保护装置,可能卡住或弹簧弹力低,调整加垫,每次不能超过1mm
(2)液压工作缸的原因	检修液缸的活塞密封,必要时换活塞密封件
(三)工作液缸起升时脉动	
(1)液缸本身有空气	排气至出油
(2)其他原因	检查起升时是否有外来的阻力
(3)压力源工作不稳	检查调整压力源、溢流阀和安全阀

第六节 修井机绞车、转盘等控制部分的修理

一、绞车、转盘等解体前的准备

(1)除一般工具以外要准备吊车、专用拉力器、加热枪或电气设备。

(2)解体时应注意所有过盈配合的轴键连接部位要用专用拉力器拆解,不能用锤子敲打,以免损坏机件。

(3)控制部分解体时,要注意各气、液、电路的控制方向,做好记号,以免组装时出现错误。控制阀件解体前要注意阀的结构及原理,避免解体时由于弹簧和压力引起伤人和损坏机件的事情发生。

二、检验

(1)解体时要一边解体一边进行目测,观察或用千分尺等测量轴的外径和孔的内径。

(2)由专业人员对解体的控制部件进行检验。

(3)主要技术规范(供参考):

① 推盘式绞车离合器片间隙为 4~6mm。

② 气囊压力为 700~800kPa。

③ 排气时间,不超过 1s。

④ 刹车毂磨损超过 10mm 必须更换。

⑤ 转盘齿轮啮合间隙为 0.3~0.5mm。

⑥ 转盘齿轮啮合面一般不能少于 70%。

⑦ 转盘水平轴轴承组装后间隙不能超过 0.5mm。

⑧ 转盘负荷轴承间隙磨损不能超过 1mm。

⑨ 转盘扶正轴承磨损间隙不能超过 1mm。

⑩ 防碰天车各控制阀反映速度不能超过 1s。

⑪ 行走桥空气弹簧气压不能超过 400kPa(指浮桥)。

⑫ 所有控制阀和被控阀,在 800~1000kPa 时,不能出现漏气。

三、装配

(1)绞车各轴的轴承组装时,要保持其过盈配合的技术要求,加热温度不能超过300℃。

(2)组装绞车离合器时,要保证离合器片的正常间隙,以免在运转时发热烧坏气囊,一般间隙在3~4mm之间。中心钢片弹簧的高度要一致,气囊的气压在800~1000kPa时应不漏,离合器片在齿毂内要活动自如。

(3)组装转盘时要调整好负荷轴承、水平轴承、扶正轴承的标准间隙,可按出厂(原厂规定)要求进行调整,一般在0.8~1.0mm之间,齿轮啮合面达70%以上。

(4)转盘的正(倒)挡箱组装时,要保证齿套的啮合深度,轴承转动自如,转盘离合器分离、结合平稳,间隙合适。

(5)控制部分组装时,要了解被控制阀件的作用,不要随意改变其压力范围,避免出现不必要的损失。一般气控元件组装时不要用润滑脂和其他油类润滑,最好用甘油进行润滑处理,确保阀件组装后的使用寿命。

四、调试

(1)绞车组装后的调试主要是指离合器的间隙、气囊供气和排气的时间以及刹车毂与刹带的间隙。有刹带托进装置的按原厂的要求进行调节,平衡梁的调节丝杆必须保证与刹车毂的切线平行,也就是切线与平衡梁成90°角。刹把的行程为37°(在保证操作者操作方便、可靠、安全的情况下)。

(2)转盘修理后的调试主要是指调整好水平轴及主锥齿与盆齿的啮合间隙和啮合面。在保证上述条件的同时,用手转动应自如,无响、无拖带的现象。扶正轴承和水平轴承可按原厂出厂的技术要求进行调整,如果需要加减垫片进行调整,每次加减垫片不得超过0.5mm。

(3)气控部分的调试主要根据系统的要求调试,一般是控制气压快速排气的时间及供气和充气速度,以保证设备能安全正常地运转为原则。尤其是防碰天车的控制,要将控制的大钩提升高度反复地试调多次,确认无误后方可进行正常运行。其他控制阀可按原厂设计技术要求进行调试,操作者必须是有经验的人员或专业人员。所有控制气阀在使用前要调试可靠,必须保证能适时断气和供气,否则不允许装到修井机上,以避免出现不必要的损失。

五、出厂要求及注意事项

(1)出厂时将所修的部件进行试运转,绞车离合器的供气和排气时间要符合规定,离合器结合间隙分合要彻底,不能有拖磨现象。各轴承要加符合标准的润滑脂。所有维修过的部位要有维修换件记录和责任人、验收人的签字。

(2)出厂的转盘要经过扭矩、转速试验,要有记录、实验报告和换件记录,试运转1h后无异响、高热达70℃以上,方能投入使用。如果没有条件,可在机上进行试运转,扭矩达30%~50%,试运转1h,扭矩达60%~90%,试运转30min。如果不出现异响、高温可继续使用,否则要检查各部的配合间隙。

(3)气控部分出厂时要有承修人的签字和换件记录,可参照原厂家的使用注意事项及规范。

六、常见的故障原因及排除方法

常见的故障原因及排除方法见表2-17。

表2-17 常见的故障原因及排除方法

原　　因	排除方法
(一)绞车不转或慢	
(1)传动部分没有动力输入	检查角箱、链条、离合器是否好用
(2)有动力输入	检查绞车离合器是否挂合,控制气阀是否好用,气囊是否漏气,离合器是否打滑
(3)防碰阀故障	解除防碰装置,恢复正常工作模式

续表

原　因	排除方法
(二)绞车离合器高热、冒烟	
(1)离合器打滑	调整或换离合器片
(2)气囊漏气严重	换新,调整至原来标准
(3)系统气压不足	检查,气源调整至0.8MPa
(4)绞车本身的轴承卡死	检修,换新轴承
(三)转盘不转或转速慢	
(1)离合器打滑或气压不足	检修,打气
(2)转盘的轴承烧死卡住	修转盘
(3)转盘传动无动力输入	检查,输入复位
(四)绞车气控阀失灵	
(1)气压不足0.4MPa或漏气	检修,打气压至0.8MPa
(2)操作阀故障	检查被控继气器
(3)时阀动作有气防碰装置起作用	检查被控常闭继气器、刹车汽缸及防碰装置复位
(4)操作阀没有气,失灵	检查防碰装置的常开继气器
(5)没有油门(加不上油)	检查熄火汽缸控制阀是否打开及气源气压是否正常,控制阀是否调压失灵
(6)绞车离合器不排气	检查继气器,快速放气阀是否失灵
(7)干燥气不排气(0.8MPa以上)	检查调压阀气源或阀芯

第三章 压裂设备部件修理规范

压裂设备主要包括压裂车、混砂车、仪表车等。压裂车是压裂的主要动力设备,它的作用是产生高压,大排量地向地层注入压裂液,压开地层,并将支撑剂注入裂缝。压裂车主要由运载汽车、驱泵动力(CAT3512 柴油机)、传动装置(ALLISON 传动箱)以及压裂泵等 4 部分组成。混砂车的作用是将支撑剂、压裂液以及各种添加剂按一定比例混合起来,并将混合好的携砂液供给压裂车,压入井内。混砂车主要由运载汽车、供液、输砂、传动等 4 个系统组成。仪表车用于施工时记录压裂过程的各种参数,控制其他压裂设备的中枢系统,又称压裂指挥车。其他设备包括液(酸罐)车、运砂车等,提供压裂液和石英砂等支撑剂。本章重点介绍压裂设备主要部件包括 ALLISON 9000 系列传动箱,ZF 变速箱以及 CAT3406B,CAT3512,MWM - TBD234 和 B/FL413F 柴油机的修理规范。

第一节 ALLISON 9000 系列传动箱修理规范

一、设备维修

(一)零部件维修

1. 停车制动总成的维修

1)拆卸

拆卸见图 3-1。

(1)压下弹簧壳 22,并转动,卸下弹簧壳,取出弹簧。卸下两个黑色蹄片,压下弹簧 23 和两个弹簧壳 24。如果必须更换时,卸下弹簧销 26。

(2)卸下两个黄色蹄片回位弹簧 15。

(3)从制动蹄片底部,卸下绿色弹簧 21。

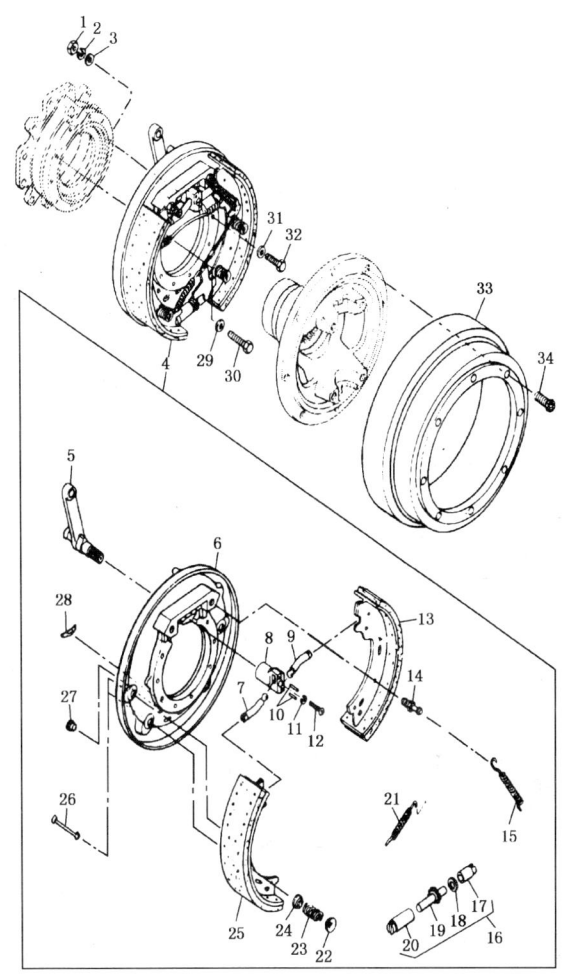

图3-1 停车制动总成拆装图

1—螺帽,1/2~20in(10个);2—锁紧垫圈,1/2in(10个);3—平垫圈(10个);4—自动调整停车制动总成;5—凸轮轴和杠杆总成;6—后板;7—连接连杆;8—凸轮;9—连接连杆;10—弹簧销(2个);11—锁紧垫圈10号;12—机械螺钉,10~32×1½in;13—制动蹄片和衬片(右侧);14—支座销(2个);15—蹄片回位簧(2个);16—调整螺钉总成;17—插座;18—止推垫圈;19—调整螺钉;20—枢轴螺帽;21—弹簧;22—弹簧壳(2个);23—蹄片压下簧(2个);24—弹簧壳(2个);25—制动蹄片和衬片(左侧);26—弹簧销(2个);27—探测孔盖(4个);28—调整孔盖(2个);29—平垫圈(2个);30—螺栓,1/2~20×1⅞in(2个);31—平垫圈(8个);32—螺栓,1/2~20×2½in(8个);33—停车制动毂;34—螺栓,3/4~16×1½in(8个);

(4)卸下两个支座销 14。

(5)卸下固定凸轮轴和杠杆总成 5 的机制螺钉 12 和锁紧垫圈 11,卸下杠杆总成。

(6)作为一个总成,卸下凸轮 8、连接连杆 7 和 9。卸下弹簧销 10,使连接连杆 7 和 9 脱开。

(7)卸下制动蹄片和衬片 13、25。

(8)卸下调整螺钉总成 16,必要时分开这些零件。

(9)卸下探测孔盖 27 和调整孔盖 28。

2)清洗

(1)用矿物溶剂或蒸气清洗各金属零件,并用压缩空气吹干。用蒸气清洗时(不要使用苛性钠溶液),零件吹干后应立即涂上防锈油。

(2)清洗后,检查零件以确保它们完全清洁。必要时,需重新清洗。

3)检验

参阅本节一中的(二)部件的检验。

4)装配

装配见图 3-1。

(1)把凸轮轴和杠杆总成 5 固定就位,并安装凸轮 8 锁紧垫圈 11 和机械螺钉 12,并拧紧机械螺钉 12。

(2)用润滑脂润滑连接连杆 7 和 9 的球形端,把连杆固定于凸轮就位,安装弹簧销 10。

(3)把绿色弹簧 21 连接于制动蹄片。

(4)用 Lubriplate 润滑剂或等效品涂加于蹄片边缘。注意:不要将油、润滑脂或其他污染物与制动衬片接触。

(5)用 Lubriplate 润滑剂或等效品涂加于制动蹄片辐板上与支座块和调整螺钉相接触的表面处,并装上弹簧 21,使制动蹄片和衬片 13 和 25 就位。

注:如凸轮轴和杠杆总成 5,从左侧动作,应把调整螺钉总成 16 和调整螺钉 19 装于总成的右端。如果凸轮轴和杠杆总成 5 从右侧动作,则应把调整螺钉总成 16 和调整螺钉 19 装于总成的左端。

(6)润滑并装配 17,18,19 和 20(如图 3-1 所示),安装调整螺钉总成 16。

(7)把连接连杆 7 和 9 连接于制动蹄片。

(8)安装支座销 14 和两个蹄片回位弹簧 15。拧紧支座销到 150~250

lbf·in(17~28N·m)。

(9)如果弹簧销26已被卸下,则穿过后板安装此销。

(10)在弹簧壳24的下方制动蹄片上涂加 Lubriplate 润滑剂或等效品。把弹簧壳24、蹄片压下簧23和弹簧壳22装于弹簧销26上。压下弹簧壳以压缩弹簧,并转动弹簧壳以固定弹簧。

(11)装上探测孔盖27和调整孔盖28。

2. 电动换挡主控制阀体总成——CLT9880 型号的维修

1)拆卸

拆卸见图 3-2。

(1)卸下4个固定线束护板的螺栓14、锁紧垫圈15和线束护板13,卸下14个电磁线圈盖固定螺栓12和锁紧垫圈11。

注:使用最大外径为0.630in(16mm)的薄壁深套筒扳手拆卸和安装电磁线圈螺栓。

(2)卸下电磁线圈盖和板总成16。卸下衬垫28。

(3)卸下电磁线圈板上的两个螺钉27,并小心地提起电磁线圈盖19,直至可以接近电磁线圈导线和接地线为止,分开电接头。

(4)卸下固定电磁线圈的螺栓22、锁紧垫圈21和接地接线端。卸下盖和衬垫20。

(5)检查电线束17上有无孔A(图3-3)。如果无孔A,则按如图3-3所示钻出孔A。

(6)卸下剩下的电磁线圈固定螺栓22、锁紧垫圈21和电磁线圈23。从电磁线圈23上取下密封环。

注意:阀体总成上装有弹簧和别的零件,且有些零件外表极为相似,为了避免错误地互换,请在卸下每个零件时,做上相应的标签,以便于正确装配阀体部件。

(7)从主控制阀体46的阀腔里卸下5/16in 定位珠44、弹簧29、电磁线圈调压阀30、分流器换挡阀31、弹簧32、外簧33、内簧34、优先阀35、高挡位换挡阀36、弹簧37、高—中挡位换挡阀38、弹簧39、中挡位换挡阀40、弹簧41、闭锁换挡阀42和弹簧43。

注意:阀体的下端微调阀盖总成83有弹簧载荷,当卸下螺栓时,必须把该盖总成约束住。

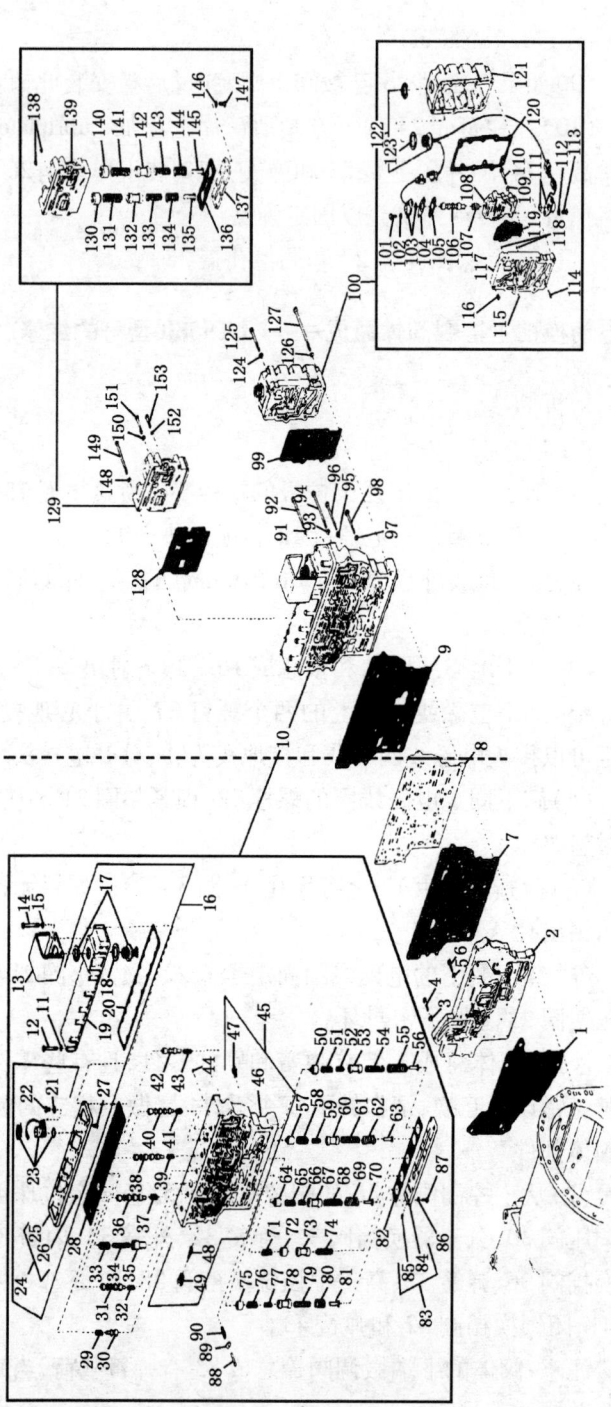

图3-2 主控制阀体、低挡位阀体拆装图

1—衬垫；2—油路连通板；3—锁紧垫圈；3/8in（3个）；4—螺栓，3/8~16×1³/₈in（3个）；5—平垫圈（2个）；6—螺栓，3/8~16×1¹/₄in（2个）；7—衬垫；8—隔板；9—衬垫；10—主控制阀体总成；11—锁紧垫圈，1/4in（14个）；12—螺栓，1/4~20×3⁵/₈in（14个）；13—线束护板；14—螺栓，1/4~20×4¹/₄in（4个）；15—锁紧垫圈，1/4in（4个）；16—电磁线圈盖和板总成；17—电线束；18—接头垫圈；19—电磁线圈（和电缆夹）**，（5个）**；21—锁紧垫圈，1/4in（14个）**，（10个）**，22—螺栓，1/4~20×5/8in（14个）*，（10个）**；23—电磁线圈（和电缆夹）（7个）*，（5个）**；24—电磁线圈安装板总成；25—电磁线圈安装板；26—塞（5个）；27—螺钉（2个）；28—衬垫；29—弹簧；30—电磁线圈调压阀；31—分流器换挡阀；32—弹簧；33—阀；34—弹簧；35—优先阀；36—高挡位换挡阀；37—阀；38—高主控制阀体总成；39—弹簧；40—中挡位换挡阀；41—弹簧；42—闭锁换挡阀；43—阀；44—弹簧；45—定位珠，5/16in；46—主控制阀体总成；47—阀体（4个）；48—滤网总成；49—管塞；59—内簧；1/8in；50—高一中挡位微调上阀；51—外簧；52—内簧；53—挡块；54—中挡位微调下阀；55—外簧；56—内簧；57—中挡位换挡阀；58—外簧；59—内簧；1/8in；60—低挡位微调上阀；61—内簧；62—外簧；63—定位阀；64—中挡位微调上阀；65—内簧；66—外簧；67—挡块；68—分流；69—外簧；70—挡块；71—弹簧；72—微调阀压上阀；73—阀；74—弹簧；75—分流—直接微调上阀；76—外簧；77—内簧；78—分流—直接微调下阀；79—外簧；80—外簧；81—挡块；82—衬垫；83—微调阀盖（2个）；84—微调阀盖总成；85—管塞；86—锁紧垫圈，1/4in（14个）；87—锁紧垫圈；1/4~20×1¹/₄in（14个）；88—销；89—排油阀压单向阀；90—弹簧；91—锁紧垫圈3/8 in（4个）；92—螺栓，3/8~16×4¹/₄in（4个）；93—锁紧垫圈，3/8~16×3¾in（9个）；3/8in（2个）；94—螺栓，3/8~16×5in（3个）；95—锁紧垫圈，3/8in（9个）；96—螺栓，3/8~16×3³/₄in（9个）；97—锁紧垫圈，3/8in（11个）；98—螺栓，3/8~16×3in（13个）；99—衬垫；100—低排阀阀体和盖总成；101—阀盖；1/4~20×1¹/₈in（2个）；102—微调阀盖，1/4in（2个）；103—电磁线圈，12V；104—电磁线圈；105—衬垫；106—低挡位换挡阀；107—阀；108—低挡位换挡阀体109—锁紧垫圈1/4 in（7个）*；110—螺栓，1/4~20×2in（7个）；111—电磁线圈，12V；112—电线束；113—阀；114—螺栓，3/8~16×5/8 in（2个）*；115—量孔塞；116—星形环；117—油路连通板，12V；118—量孔塞，1/8 in NPTF（2个）*；119—衬垫；120—衬垫；121—电线束；122—电磁线圈盖；123—接头垫圈；124—锁紧垫圈，3/8 in（3个）；125—螺栓，3/8~16×3in（3个）；126—锁紧垫圈；3/8 in（8个）*；127—螺栓，3/8~16×6in（8个）*；128—衬垫；129—微调阀体总成，1/8 in NPTF（2个）；130—分流—超速微调上阀；131—弹簧；132—分流—超速微调下阀；133—内簧；134—外簧；135—挡块；136—外簧；137—盖；138—管塞；1/8in NPTF（2个）；139—超速微调上阀；140—高挡位微调上阀；141—弹簧；142—高挡位微调下阀；143—内簧；144—外簧；145—挡块；146—锁紧垫圈，1/4 in（8个）*；147—螺栓，1/4~20×1in（8个）*；148—锁紧垫圈，3/8 in（5个）；149—螺栓，3/8~16×6in（5个）；150—锁紧垫圈，3/8 in（3个）；151—螺栓，3/8~16×2¹/₂in（3个）；3/8~16×1¹/₂in；152—锁紧垫圈，3/8 in（3个）；153—装有空挡连锁的型号。

*装有挡位连锁的型号；**装有空挡连锁的型号。

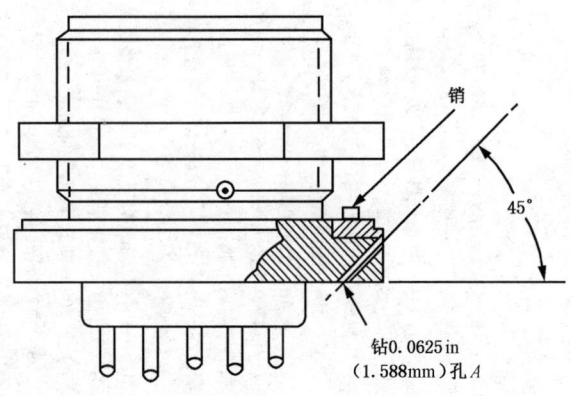

图 3-3 线束斜孔

(8)把阀体的顶部朝下放置,并卸下 14 个总成固定螺栓 87 和锁紧垫圈 86。

(9)卸下盖总成 83,卸下衬垫 82,如果必须更换总成上的管塞 85,则需卸下该管塞。

(10)从主控制阀体 46 的阀腔内卸下阀挡块 81、外簧 80、内簧 79,把分流—直接微调下阀 78、内簧 77、外簧 76 和分流—直接微调上阀 75、弹簧 74、微调调压下阀 73、微调调压上阀 72 和弹簧 71、微调调压下阀 73、微调调压上阀 72 和弹簧 71、挡块 70、外簧 69、内簧 68、中挡位微调下阀 67、内簧 66、外簧 65 和中挡位微调上阀 64、挡块 63、外簧 62、内簧 61、低挡位微调下阀 60、内簧 59、外簧 58 和低挡位微调上阀 57、挡块 56、外簧 55、内簧 54、高—中挡位微调下阀 53、内簧 52、外簧 51 和高—中挡位微调上阀 50。

(11)从主控制阀体 46 上卸下 4 个 1/8in 管塞 47、1/8in 管塞 49 和滤网总成 48。注意,不要卸下量塞。

(12)除非更换零件,否则不要从主控制阀体 46 上卸下排油调压单向阀 89 及与之相连的销 88 和弹簧 90。

2)清洗

(1)用矿物溶剂或蒸气清洗各金属部件,并用压缩空气吹干。用蒸汽清洗时(不要使用苛性钠溶液),零件吹干后应立即涂上防锈油。

(2)用软质金属丝来回穿过各阀腔,并用矿物溶剂冲洗以清洁之,然后用压缩空气吹干阀腔。

3)检验

检验参阅本节一中的(二)部件的检验。

4)装配

装配见图3-2。

(1) 在每个电磁线圈23的沟槽内装上O形密封环。安装电磁线圈板上的塞26,拧紧该塞到10~12lbf·ft(14~16N·m)。

(2) 电磁线圈E(见图3-4)应按图示进行安装。若把电磁线圈一端转到另一端安装,会部分关闭电磁线圈下面的油道,增大换挡阀顶部排放电磁线圈调整油压的时间,从而产生换挡错乱现象。

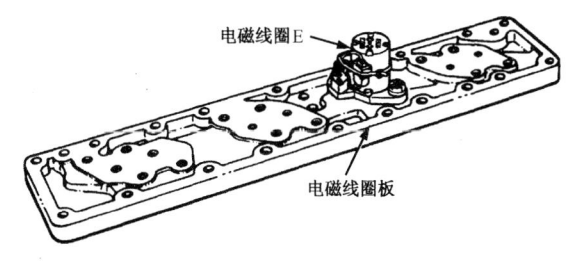

图3-4 电磁线圈E的位置

(3) 见图3-5,安装7个电磁线圈23(装有挡位连锁的型号)或5个电磁线圈23(装有空挡连锁的型号),并用13个螺栓22(装有挡位连锁的型号)或9个螺栓22(装有空挡连锁的型号)和锁紧垫圈21固定电磁线圈。

(4) 拧紧电磁线圈的螺栓到9~11lbf·ft(13~14N·m),使剩下的一个螺栓不拧紧。

(5) 在电磁线圈安装板25上安装衬垫20。

(6) 如果电线束17已被卸下,把电线束和接头垫圈18装进电磁线圈盖19。把电线束的销对准盖的孔拧紧固定螺帽到30~35lbf·ft(41~47N·m),穿过孔A(见图3-3)装一个塑料电缆夹,绕住电线束17的接线,并把该夹接紧。

(7) 使电磁线圈盖19靠近电磁线圈安装板25,把剩下的螺栓22和锁紧垫圈21装进电磁线圈A或B以连接线束接地接线端(见图3-5),拧紧螺栓到9~11lbf·ft(13~14N·m)。

(8) 如图3-5所示,把线束导线连接电磁线圈导线,再次检查导线的连接以确保其正确。用电缆夹把每根导线捆结于电磁线圈。

(9) 把盖电磁线圈盖19装于衬垫20和电磁线圈安装板25上,确保没有导线被夹于盖和板之间。不用力,盖的自身重量应能闭合衬垫与盖之间的间隙。用两个10~24in×1in❶平头螺钉27固定该盖。拧紧这两个螺钉

---

❶ 1in=25.4mm。

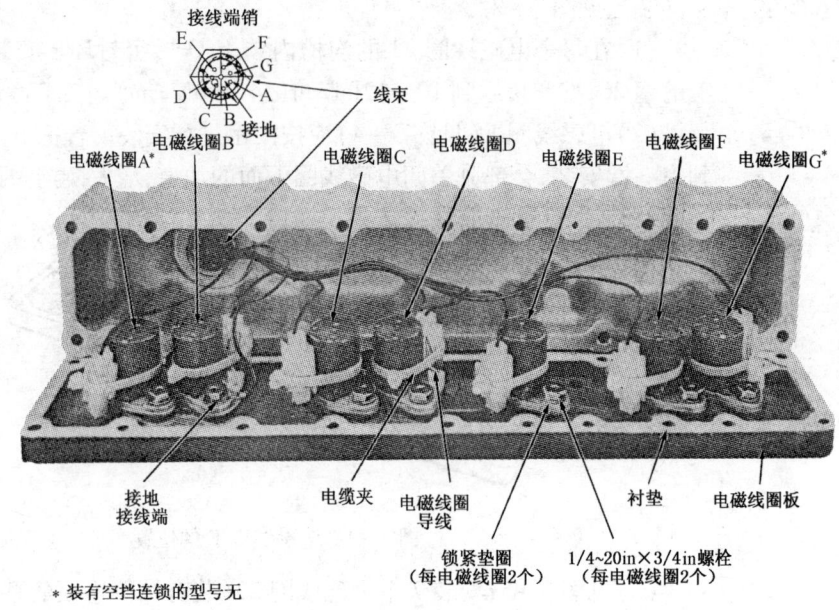

图3-5 电磁线圈

到24~36lbf·in(2.8~4.0N·m)。

(10)把主控制阀体46放置于直立的位置上。

(11)把闭锁换挡阀弹簧42和弹簧43装进阀腔A(见图3-6)。

(12)把中挡位换挡阀弹簧40和弹簧41装进阀腔B。

(13)把高—中挡位换挡阀弹簧38和弹簧39装进阀腔C。

(14)把高挡位换挡阀弹簧36和弹簧37装进阀腔D。

(15)把优先阀35、外弹簧33和内簧34装进阀腔E。

(16)把分流器换挡阀弹簧31和弹簧32装进阀腔F。

(17)把电磁线圈调压阀30和弹簧29装进阀腔G。

(18)安装5/16in定位珠44,用无头1/4~20in导向螺栓装上衬垫28及电磁线圈盖和板总成16。

(19)安装线束护板13(如装有)和4个1/4~20×4$\frac{1}{2}$in螺栓14和锁紧垫圈15(注意:不要在此处使用锁紧垫圈)。安装14个1/4~20×3$\frac{1}{4}$in螺栓12及锁紧垫圈11。均匀地拧紧这18个螺栓到9~11lbf·ft(13~14N·m)。

(20)把阀体翻转倒置。

(21)把高—中挡位微调上阀50装进阀腔H(见图3-6),在同一阀腔内,

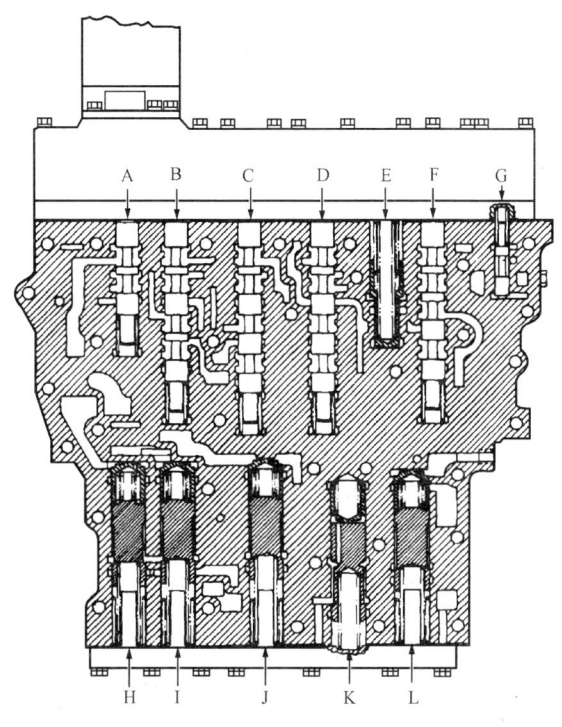

图 3-6 闭锁阀体

安装外簧 51、内簧 52、高—中挡位微调下阀 53、外簧 55、内簧 54 和挡块 56。

(22) 把低挡位微调上阀 57 装进阀腔 I(见图 3-6)。在同一阀腔内,安装外簧 58、内簧 59、低挡位微调下阀 60、外簧 62、内簧 61 和挡块 63。

(23) 把中挡位微调上阀 64 装进阀腔 J(见图 3-6)。在同一阀腔内,安装外簧 65、内簧 66、中挡位微调下阀 67、外簧 69、内簧 68 和挡块 70。

(24) 把弹簧 71 装进阀腔 K(见图 3-6)。在同一阀腔内,安装微调调压上阀 72(无量孔)、微调调压下阀 73(钻孔的内油道)和弹簧 74。

(25) 把分流—直接微调上阀 75 装进阀腔 L(见图 3-6)。在同一阀腔内,安装外簧 76、内簧 77、分流—直接微调下阀 78、外簧 80、内簧 79 和挡块 81。

(26) 安装衬垫 82,把两个管塞 85 装进微调阀盖 84。拧紧这两塞到 10~12lbf·ft(14~16N·m)。用无头 1/4~20in 导向螺栓安装微调阀盖总成 83。

(27) 安装 14 个 1/4~20in×1¼in 螺栓 87 和锁紧垫圈 86。拧紧这些螺栓到 9~11lbf·ft(13~14N·m)。

(28)如已卸下,则安装销 88,排油调压单向阀 89 和弹簧 90。把阀 89(突起侧先行)装于销 88。把弹簧 90 装于销,抵住阀 89 的凹侧。

(29)把销 88 与阀和弹簧一起压进主控制阀体 46 的销孔到达 0.340in(8.63mm)的高度。

(30)把滤网总成 48(开口端先行),装进主控制阀体 46,用管塞 49 固定之。拧紧管塞 49 到 10~12lbf·ft(14~16N·m)。

3. 低挡位换挡阀体和盖总成——CLT9880 型号的维修

1)拆卸

拆卸见图 3-2。

(1)卸下两个平头螺钉 114。小心地把电磁线圈盖 121 提起,并从电磁线圈 103 和 111 分开有记号的 A 和 B 的两根导线。

(2)卸下衬垫 120,并废弃之。除非必要,不要卸下螺帽和电线束 122。

(3)卸下两个电磁线圈固定螺栓 101、锁紧垫圈 102、电磁线圈 103、电磁线圈板 104 和衬垫 105。从电磁线圈下面卸下 O 形密封环。

(4)如装有,卸下两个螺栓 113、锁紧垫圈 112 和电磁线圈 111。从电磁线圈下面卸下 O 形密封环。

(5)卸下低挡位换挡阀 106 和弹簧 107。

(6)卸下 7 个螺栓 110、锁紧垫圈 109 和低挡位换挡阀体 108。卸下衬垫,并废弃之。

注意:不要从油路连通板 117 卸下量孔塞 115 和 118。

(7)从油路连通板 117 卸下星形环 116。

2)清洗

(1)用矿物溶剂或蒸气清洗各金属部件,并用压缩空气吹干。用蒸气清洗时(不要使用苛性钠溶液),零件吹干后应立即涂上防锈油。

(2)用软质金属丝来回穿过阀腔,并用矿物溶剂冲洗干净,然后用压缩空气吹干。

(3)清洗后,检查零件以确保它们完全清洁,必要时需重新清洗。

3)检验

检验参阅本节一中的(二)部件的检验。

4)装配

装配见图 3-2。

(1)把星形环 116 压进油路连通板 117 的台阶处。

(2)把衬垫119和低挡位换挡阀体108装到油路连通板117上。用7个1/4~20×2in螺栓110和锁紧垫圈109固定油路连通板。螺栓拧紧力矩为9~11lbf·ft(13~14N·m)。

(3)把弹簧107和低挡位换挡阀106装进低挡位换挡阀体108内。

(4)把O形环装进电磁线圈103的沟槽里。安装衬垫105、电磁线圈板104和电磁线圈103。用两个1/4~20×1⅛in螺栓101和锁紧垫圈102固定电磁线圈。拧紧这两个螺栓到9~11lbf·ft(13~14N·m)。

(5)对于挡位连锁型号,如已被卸下,则把O形密封环装进电磁线圈111的沟槽里。安装电磁线圈,并用两个3/8~16×5/8in螺栓113和锁紧垫圈112固定电磁线圈。拧紧这两个螺栓到9~11lbf·ft(13~14N·m)。

(6)把衬垫120装到油路连通板117。

(7)如已从电磁线圈盖121拆下电线束122,就把它与接头垫圈123一起装上。把电线束的销对准盖上的孔。拧紧螺帽到20~24lbf·in(2.3~2.6N·m)。

(8)如图3-7所示,把电线束连接到电磁线圈。

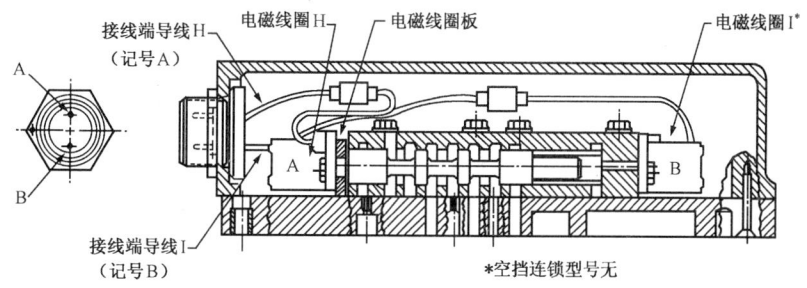

图3-7 电液控制阀

(9)安装电磁线圈盖121,小心不要把导线夹在盖和油路连通板之间。盖应不必受力而能就位。用两个平头10~24×1¼in螺钉114固定该盖。拧紧螺钉到24~36lbf·in(3~4N·m)。

4. 分流—直接离合器和毂总成的维修

1)拆卸

(1)卸下固定皮托集油环的6个自锁螺栓和3个锁片,卸下集油环。

(2)从离合器毂上卸下卡环,从离合器毂上卸下两密封环。

(3)从离合器和毂总成提起毂和活塞总成,并将其翻转,置放于压床上,用碟形弹簧压缩器 J-T441 压缩活塞弹簧,卸下卡环和活塞弹簧,从活塞上分开毂。仅在必要时,卸下轮毂上的 8 个定位销。从毂上卸下小直径密封环。

(4)把一个薄的片状工具插进大密封环沟槽内,使密封环一部分边缘外露,用手指把它拉出。建议所有的密封环都应更换。

(5)从离合器毂上卸下 5 片内花键离合器片和 4 片外花键离合器片。

2)清洗

(1)用矿物溶剂清洁离合器片。

(2)用矿物溶剂或蒸气清洗各金属零件,并用压缩空气吹干。用蒸气洗时,零件吹干后应立即涂上防锈油。

注意:彻底清洗密封环沟槽,确保沟槽侧边和底部不能有毛刺或粗糙处。

(3)清洗后,检查零件以确保它们完全清洁,必要时需重新清洗。

3)检验

检验参阅本节一中的(二)的检验。

4)装配

(1)把离合器毂大直径朝上放置于工作台上。从一片内花键离合器片开始,交替地把 5 片内花键离合器片和 4 片外花键离合器片装进离合器毂内。

(2)如已卸下离合器毂上的 8 个定位销,则一同装进离合器毂内,深度为齐平减去 0.03in(0.76mm)。

(3)把小密封环装进毂的小直径处。

(4)用变速箱油或油溶性脂少量涂于活塞壳体和活塞毂密封面上。注意,不要把润滑脂涂于密封环沟槽内。把大密封环装进离合器毂的沟槽内[为了便于安装,可把大密封环在油槽内加热到 150~200℉(65~93℃)约15min,然后立即安装],注意唇部应朝向活塞安装。

(5)用薄层石油基润滑脂涂于大、小两密封环上,并把活塞总成装进毂内。

(6)安装活塞回位弹簧(突起侧朝上)。用碟形弹簧压缩器 J-7441 压缩碟形弹簧,并把卡环装进毂的沟槽里。

(7)把离合器毂和活塞总成装进离合器毂,活塞朝向离合器片。

(8)把卡环装进离合器毂,把两个密封环装到离合器毂。

(9)对于非车辆型号,把皮托集油环装进离合器毂,并用3片锁片和6个 5/16~24×1/2in 螺栓固定该环。拧紧螺栓力矩为 19~23lbf·in (26~31N·m)。

5. 分流器行星架总成的维修

1)拆卸
(1)从行星架上卸下卡环。
(2)以卡环侧朝下方式放置行星架,把4个轴总成压出。卸下这些轴使4个 3/16in 滚珠自由掉落。除非发现漏油现象,否则不要从这些轴上卸下4个膨胀塞。把卸下的轴和滚珠存放于容器里。
(3)从行星架上卸下4个小齿轮、滚针轴承和止推垫圈,并从小齿轮上卸下滚针轴承。

2)清洁
(1)用矿物溶剂或蒸气清洗各金属零件(轴承除外),并用压缩空气吹干。用蒸气清洗的零件吹干后应立即涂上防锈油。
(2)用矿物溶剂清洗轴承。倘若这些轴承特别脏或充满了硬化的润滑脂,则在清洁它们之前,应先把它们浸泡于矿物溶剂中。清洗之后,轴承不能用压缩空气吹干,应将其放在干净的无绒毛巾上自然晾干。如果装配工作不能立即完成,应用清洁纸或无绒毛布包装或盖住轴承,以防尘土的侵入。
(3)清洁后,检查各零件以确保其完全清洁。必要时,需重新清洗。

3)检验
检验参阅本节一中的(二)部件的检验。
注:行星小齿轮组是匹配的齿轮组。如果一个小齿轮需要更换,其余的小齿轮也必须更换。

4)装配
每次装修行星架总成时,应安装新的滚针轴承、止推垫圈和轴。
(1)如已卸下,把新的4个膨胀塞压到低于轴的端面 0.30~0.50in (0.76~1.27mm)处。
(2)装配之前,把轴总成冰冻于干冰中1h,或把行星架置于油槽或电炉 300~350°F(149~176°C)加热(搬动零件时戴手套)。
(3)用旧轴磨细 0.005in(0.127mm)作为小齿轮对准工具。该工具的一端应略为倒角。

(4) 把一个止推垫圈装到小齿轮对准工具上。

(5) 把小齿轮装到对准工具上。

(6) 把轴承和另一垫圈装到到对准工具上。

(7) 握住装在一起的小齿轮组件,取出对准工具,并把小齿轮组件装进行星架(行星架的卡环槽朝上)。

(8) 重复步骤(4)~步骤(7),依次装上剩下的小齿轮组件。把行星架(卡环槽朝上)放置于压床上。

(9) 把小齿轮对准工具插入行星架的每一个轴孔内,对准每个小齿轮组件,让对准工具就位。用轴置换对准工具。

(10) 把冷冻过的轴总成装进行星架,使滚珠(3/16in)凹槽对正。

(11) 把滚珠装进轴的凹槽,用油溶性润滑脂固定之。

(12) 把轴总成压进行星架,直到它牢固地到达底部时为止。

(13) 重复步骤(9)~步骤(12),安装剩下的3个轴总成和滚珠。

(14) 装上内卡环,以固定轴总成于行星架上。

(15) 在轴的位置上涂上变速箱油,以防冷冻过的轴氧化锈蚀。

6. 分流器齿环和轮毂总成的维修

1) 拆卸

(1) 把轴承护圈和轴承自分流器齿环轮毂拉出。

(2) 卸下卡环。

(3) 从分流器齿环卸下轮毂,在轮毂里取出台阶连接式密封环。

2) 清洗

清洗参阅本节一中的(一)5.2)。

3) 检验

检验参阅本节一中的(二)部件的检验。

4) 装配

(1) 把台阶连接式密封环装进轮毂内,把分流器齿环轮毂装进分流器齿环。

(2) 安装卡环。

(3) 安装轴承护圈(较小直径先进)。

(4) 把轴承压到轮毂里,使之与轮毂表面齐平。

7. 高一中挡位行星架总成——CLT9880 型号的维修

1）拆卸

(1) 从行星架总成上卸下卡环。

(2) 花键端朝下放置行星架总成，压出 6 根轴。卸下这些轴，6 个滚珠便自由落下，把所有轴和滚珠存放于一个容器内。

(3) 卸下 6 个小齿轮、滚柱轴承和止推垫圈，从小齿轮上卸下轴承。

2）清洗

清洗参阅本节一中的（一）5.2）。

3）检验

检验参阅本节一中的（二）部件的检验。

注：行星小齿轮组是匹配的齿轮组，如果其中一个小齿轮需要更换，剩下的一些小齿轮也必须更换。

4）装配

(1) 装配前，用干冰冷冻轴 1h，用油槽或电炉子 300～350 ℉（149～176℃）加热行星架（搬动零件时要戴手套）。

(2) 用旧的轴磨细 0.005in（0.127mm）作为小齿轮对准工具。

(3) 翻转行星架，使花键端朝上。

(4) 把垫圈装到小齿轮对准工具上。

(5) 把小齿轮装到对准工具上。

(6) 把轴承和另一垫圈装到对准工具上。

(7) 抓住装配在一起的小齿轮组件，取出对准工具，把小齿轮组件装到行星架上。

(8) 重复步骤（4）～步骤（7），把剩下的小齿轮组件安装于行星架上。把行星架总成置放于压床上（花键端朝上）。

(9) 把小齿轮对准工具，插进行星架里每个主轴孔进行小齿轮组件的对准。让对准工具留下，安装时用轴置换该工具。

(10) 把一根冷冻过的轴装进行星架，在轴上装滚珠的凹槽。

(11) 把滚珠装进轴的凹槽内，用油溶性润滑脂固定之。

(12) 把轴压进行星架，直到它牢固地到底。

(13) 重复步骤（9）～步骤（12），安装剩下的 5 根轴。

(14) 在轴周围涂上一层变速箱油以防止冷冻过的轴氧化锈蚀。

(15) 安装卡环。

8. 变矩器传动壳体的维修

1)拆卸

注意:在搬动变矩器传动壳体时,要小心注意防止锁止离合器活塞掉落伤人。

(1)从变矩器传动壳体上卸下带有密封环和胀圈的活塞(如装有)。

(2)从活塞上卸下密封环和胀圈。

(3)从变矩器传动壳体上卸下密封环和胀圈。

(4)从变矩器传动壳体后面卸下卡环。卸下轴承滚柱和外座圈总成。

(5)如果必须更换零件,卸下 8 个定位销和两个 1/8in❶NPTF 塞。

(6)检查壳体上两个 5/16in × 5/16in 销四周有无漏油现象,如发现有泄油现象,则应把它们卸下。

(7)翻转壳体,从输入轴上把轴承拉出。

2)清洗

清洗参阅本节一中的(一)5.2)。

3)检验

检验参阅本节一中的(二)部件的检验。

4)装配

(1)把轴承压到输入轴,使轴承牢固地抵住轴上的台阶。

(2)如已卸下,安装两个 1/8inNPTF 塞。拧紧力矩为 10 ~ 12lbf·ft(14 ~ 16N·m)。

(3)如已经卸下,安装两个 5/16in 销。把它们压到 0.01 ~ 0.03in(0.25 ~ 0.76mm)的深度并销紧之。

(4)如已卸下,安装 8 个定位销,把它们压到低于壳体最大径表面1.55 ~ 1.57in(39.4 ~ 39.8mm)深度。

(5)安装轴承滚柱、外座圈总成及卡环。

(6)把变速箱油或油溶性脂少量涂于变矩器壳体,将胀圈内槽向外装进沟槽。

(7)把密封环在油槽内加热到 150 ~ 200°F(65 ~ 93℃),约 15min 然后立即安装。安装时从相对于胀圈开口端处开始,向两个方向安装,直到把密封环完全装好为止。注意:不可因安装需要而使密封环拉伸或变形,且只能

---

❶ 1in = 25.4mm。

用手指,不能用工具强使密封环就位。

(8)用薄层石油基润滑脂涂于变矩器壳体密封环上,并把它与变矩器壳体径向对正中心。

(9)用步骤(6)~步骤(8)相同的方法把密封环和胀圈装进活塞的沟槽里,并把活塞总成装进变矩器传动壳体的后腔穴里。

9. 变矩器导轮总成的维修

1)拆卸

(1)卸下固定飞轮滚柱就位的导轮装配工具J-29853。这样会使滚柱(10个)自由掉落,卸下20个杯,10个弹簧和10个销。

(2)卸下前侧板卡环。

(3)卸下前侧板及导轮凸轮。

(4)卸下后侧板卡环。

2)清洗

清洗参阅本节一中的(一)5.2)。

3)检验

检验参阅本节一中的(二)部件的检验。

4)装配

(1)安装后侧板卡环。

(2)把导轮放于工作台上,导轮叶片前缘(叶片较厚部分)朝上。

(3)安装后侧板。

(4)把导轮凸轮装进导轮,使凸轮的凹槽深端朝向逆时针方向(见图3-8)。

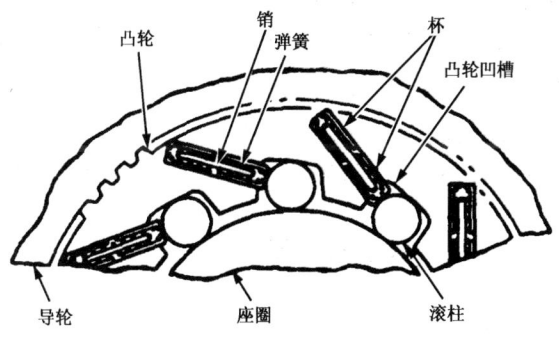

图3-8 变矩器导轮

(5)安装前侧板。

(6)安装卡环。

(7)把一个弹簧和销装进杯,并把另一个杯装到弹簧的另一端,然后把这些装配好的零件装进凸轮凹槽一边的内孔中。重复以上步骤,安装剩下的9个弹簧总成。

(8)用螺丝刀或铁片压缩弹簧总成安装凸轮凹槽滚柱,安装时要转动装配工具,使每个凸轮凹槽正对工具的开槽,让装配工具留在此位置,直到被装配的导轮安装到变矩器时为止。

10. 变矩器泵轮和辅助传动齿轮总成的维修

1)拆卸

(1)从变矩器泵轮上卸下16个1/2~20in×1~3/4in螺栓,8个锁条和4个锁片。

(2)卸下滚珠轴承和辅助传动齿轮。

2)清洗

清洗参照本节一中的(一)5.2)。

3)检验

检验参阅本节一中的(二)部位的检验。

4)装配

(1)把辅助传动齿轮装进变矩器泵轮,使泵轮的螺孔与传动齿轮的螺栓孔对正。

(2)把泵轮和辅助传动齿轮总成置于工作台上,并把轴承内座圈的一半堵住就位。把轴承保持架和滚珠装进泵轮。用足够的油溶性润滑脂固定这些滚珠。安装轴承座圈的另一半,把轴承装配环装进轴承内孔的沟槽里,使2个座圈得以固定。

(3)安装4个锁片、8个锁条和16个1/2~20×1¾in螺栓。拧紧力矩为96~115lbf·ft(130~155N·m),把锁条的角弯曲顶住螺栓头部。

11. 变矩器壳体总成的维修

1)拆卸

拆卸见图3-9。

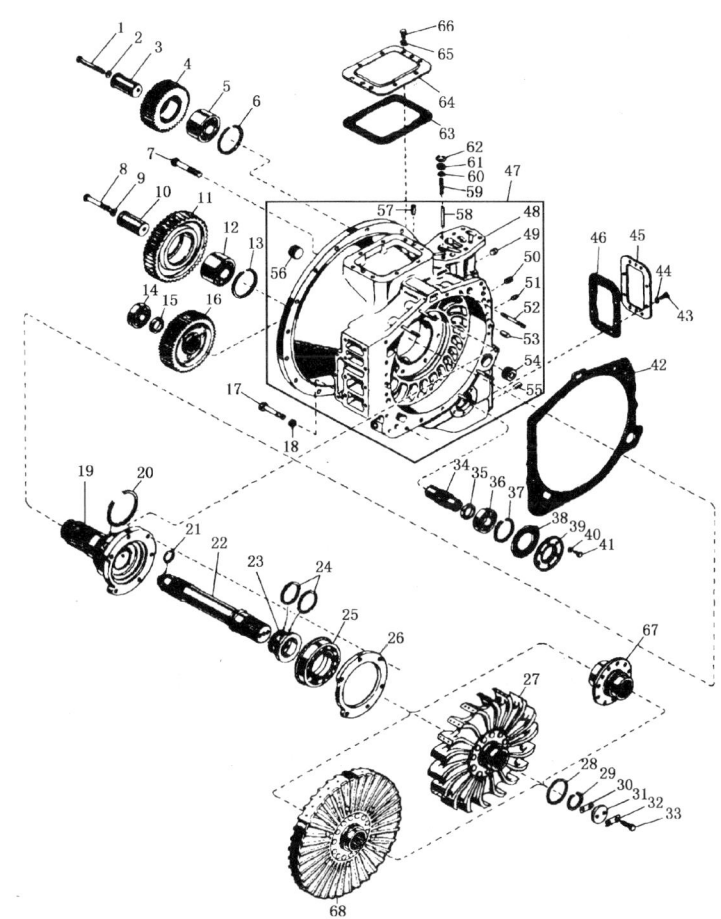

图 3-9 变矩器壳体总成

1—螺栓,1/2~13×3¾in;2—锁紧垫圈,1/2in;3—轴;4—动力输出(PTO)惰轮;5—双列滚珠轴承;6—卡环;7—螺栓,1/2~13×3in(6个);8—螺栓,1/2~13×3¾in;9—锁紧垫圈,1/2in;10—轴;11—油泵惰轮;12—双列滚珠轴承;13—卡环;14—单列滚珠轴承;15—隔环;16—油泵主动齿轮;17—螺栓,1/2~13×3in;18—锁紧垫圈,1/2in;19—变矩器研磨轴套;20—密封环;21—台阶连接式密封环;22—涡轮轴;23—轴套;24—密封环(2个);25—单列滚珠轴承连卡环;26—护圈;27—减速器转子;28—密封环;29—卡环;30—垫片[0.025~0.005in(0.64~0.13mm];31—锁板;32—锁条;33—螺栓,1/2~20×1¼in(2个);34—泵传动毂;35—隔环;36—单列滚珠轴承;37—卡环;38—衬垫;39—辅助传动盖;40—锁紧垫圈,3/8in(6个);41—螺栓,3/8~16×7/8in(6个);42—衬垫;43—螺栓,7/16~14×7/8in(8个);44—锁紧垫圈,7/8in(8个);45—动力输出座盖;46—衬垫;47—变矩器壳体总成;48—变矩器壳体;49—管塞,1/2in NPTE;50—管塞,3/8in;51—管塞,1/4in,NPTF;52—螺杆(5个);53—定位销(2个);54—管塞,1~1/4in;55—定位销(2个);56—管塞,1~1/4in;57—定位销(2个);58—定位销;59—弹簧;60—润滑压阀;61—润滑调压阀座;62—卡环;63—衬垫;64—动力输出座盖;65—锁紧垫圈,7/16in(8个);66—螺栓,7/16~14×7/8in(8个);67—转子毂;68—减速器转子

*垫片组选择并安装后,**高度为 2.97~3.03in(75.4~76.9mm)。

(1)如果必须卸下变矩器研磨轴套,把壳体后表面朝下放置于压床上,把轴套从其内孔中压出。

(2)卸下卡环,并卸下润滑调压阀座 61、润滑调压阀 60 和弹簧 59。如必须更换,则卸下销 58。

(3)如果必须更换零件或清理油道,卸下 1/2inNPTF 管塞 49、3/8in 管塞 50 和两个 1~1/4in 管塞 54 和 56。如必须更换,卸下定位销 53,55 或 57 和螺杆 52。

2)清洗

清洗参阅本节一中的(一)5.2)。

3)检验

检验参阅本书一中的(二)部件的检验。

4)装配

装配见图 3-9。

(1)如果螺杆 52 已被卸下,则安装新的螺杆。把螺杆(1/2~13in 螺纹先行)装于变矩器壳体 48。拧紧这些螺杆到 15~65lbf·ft(21~88N·m)和 2.97~3.03in(75.4~76.9mm)高度。如定位销 53 已被卸下,把新的定位销压到 0.49~0.51in(12.44~12.95mm)高度。如定位销 55 或 57 已被卸下,把新的定位销压到 0.43~0.45in(10.92~11.43mm)高度。

(2)安装管塞 49,并拧紧到 23~27lbf·ft(32~36N·m)。安装管塞 50,并拧紧到 18~22lbf·ft(25~29N·m)。安装管塞 54 和 56,并拧紧到 95~105lbf·ft(129~142N·m)。

(3)如定位销 58 已被卸下,则安装一个新的。把该定位销压到 0.79~0.81in(20.06~20.57mm)高度。

(4)把弹簧 59 和润滑调压阀 60(突起端朝上)装到定位销上。安装润滑调压阀座 61,压缩弹簧,并安装卡环 62。

(5)如已卸下变矩器研磨轴套 19,把两个无头导向螺栓装进变矩器壳体 48 的后面。

(6)把研磨轴套放在干冰中冷冻几个小时,用手套把它安装进变矩器壳体,此时用导向螺栓对准螺栓孔。

12. 输入油压排出泵和管总成的维修

1)拆卸

(1)松开管件,并从油泵总成卸下变矩器进油和排油管。

(2)卸下6个3/8~16×2¼ in 螺栓和锁紧垫圈。卸下排油泵体总成。如果滚针轴承需更换,把损坏的轴承破坏,并从油泵体卸下这些滚柱轴承。

(3)卸下排油泵齿轮,同时卸下衬垫并报废。卸下后齿轮传动键的滚针轴承。

(4)从油泵体卸下板总成和衬垫,并废弃该垫衬。检查油泵齿轮的端向间隙和径向间隙(参阅部件的检验),从油泵体卸下3个油泵齿轮。

(5)如必须更换零件,从油泵体压出滚针轴承。

(6)从油泵体卸下9个星形公差环。

2)清洗

清洗参阅本节一中的(一)5.2)。

3)检验

检验参阅本节一中的(二)部件的检验。

4)装配

(1)把9个星形公差环装进油泵体。

(2)如果滚针轴承已被卸下,则把新滚针轴承装进油泵体的齿轮腔穴侧,压住轴承保持架有号码的一侧。把轴承压到它们的腔穴,深度为0.06~0.10in(1.52~1.54mm)。

(3)安装油泵主动齿轮,花键轴向着油泵体,把滤网大直径先行装进油泵体。

(4)把两个惰轮装进油泵体后,安装一个新的衬垫。

(5)把油泵板总成装到油泵体上。

(6)用油溶润滑剂把滚柱装进油泵传动轴的沟槽里,使滚柱进入排油泵主动齿轮的沟槽后安装该齿轮。

(7)把两个排油泵惰轮装进油泵惰轮轴,把一个新的衬垫装到板总成上。

(8)如果轴承已被卸下,则安装新的轴承。在压床上压住轴承保持架有号码的一侧,把轴承压进油泵体内,深度为 0.06~0.10in(1.52~2.54mm)。

(9)把排油泵体总成装进板总成,并用6个3/8~16×2¼ in 螺栓和锁紧垫圈固定之。拧紧这些螺栓到26~32lbf·ft(35~43N·m)。

(10)如果接头(1~1/2in)和密封环已被卸下。把它们装上,并拧紧这些接头到110~130lbf·ft(150~176N·m)。

(11)安装变矩器进油管和排油管。

(二)部件的检验

1. 铸件和加工表面的检验

(1)检查内孔有无磨损、刮痕、拉槽和污物。用细砂布去除刮痕和毛刺及外来污物。如果用细砂布不能去除零件上的刮痕和毛刺,则更换该零件。

(2)检查所有的油道有无堵塞,用压缩空气或软质金属丝前后反复穿过油道,再用清洗溶剂冲洗。

(3)检查安装面有无刻痕、毛刺、乱伤和外来污物。用细砂布或软油石排除上述疵病。一旦刮伤无法用细砂布排除,更换该零件。

(4)检查螺纹开口有无损坏的螺纹。用丝锥重新攻丝,可以使用螺纹镶套,但该镶套不要承受高压油,高压部分使用镶套会漏油。

(5)更换开裂的壳体或其他铸件。用约8000安匝数来确定磁力探伤和清洗过的行星架是否破裂,如开裂,更换该行星架。

注:有些变矩器涡轮的涡轮叶片外边缘上有不平整的铸造形状,这种"关闭"记号不是裂缝,对变速箱操作无损害。

(6)检查所有的加工表面有无损坏、漏泄或其他故障,对损坏零件进行修理或更换。

(7)有些零件(特别是行星架)会变色(稻草色以至蓝色),如果仅该零件本身变色(如行星架变色,而轴不变色),乃来自制造过程,并不说明有问题。但是,如果在该处所有的零件部变色了(如行星架和轴都变色了),则说明出现过热现象,应更换这些零件。

2. 衬套和止推垫圈的检验

(1)检查衬套有无刮痕、毛刺、失圆、锋利边缘及过热现象。用细砂布修磨刮痕,用刮刀或刀片去除毛刺和锋利边缘。如果衬套失圆严重,刮痕过深或过度磨损,用合适尺寸的更换工具更换之。当必须切断损坏了的衬套时,注意不要损坏与衬套相配的内孔。

(2)检查止推垫圈有无变形、刮痕、毛刺和磨损,磨损过度或有缺陷的止推垫圈应予以更换。

3. 油封和衬垫的检验

（1）更换所有的密封环（除钩形外）、油封和合成衬垫。

（2）检查钩形密封环有无磨损、断勾和变形。

（3）如钩形密封环的外圆周边上出现任何磨损现象，或侧面有过度的磨损时，则把一个新的钩形密封环装上。密封环的侧面需光洁，其最大的磨损量必须在 0.005in（0.13mm）以内。与密封环相配的轴槽（或内孔）侧面必须光洁，其粗糙度不可大于 50μin（1.27μm），且与旋转轴线的垂直度，不可大于 0.002in（0.05mm）。如轴槽侧面必须重新加工，则装上一个新的密封环。

4. 齿轮的检验

（1）检查齿轮有无刮伤、压痕、毛刺或断齿，如果损伤不能用软磨石修整，应更换齿轮。

（2）检查轮齿磨损情况，如原来的齿形已破坏，应更换齿轮。

（3）检查齿轮止推面有无烧蚀、刮痕或毛刺，如用软磨石不能排除缺陷，应更换齿轮。

5. 花键零件的检验

检查有无剥落、扭曲、断裂或毛刺。用软磨石去除毛刺，如有其他缺陷，应更换零件。如果对装配的紧度无影响，允许花键零件有一定的磨损。

6. 螺纹零件的检验

检查螺纹零件有无毛刺和损伤，用软磨石或细锉去除毛刺。对于损伤的小螺纹，可用旧的绞丝板牙修整螺纹。对于损伤的大螺纹，用细锉修整。如果损伤无法修整时，则更换零件。

7. 卡环的检验

检查所有的卡环有无压凹、变形或过度磨损。如有上述缺陷，应更换卡环。卡环必须紧密地卡在其槽内以取得正常的功能。

8. 弹簧的检验

检查弹簧有无过烧、永久变形或与相邻零件摩擦而产生的磨损。若发现上述缺陷中之一时,应更换弹簧。检验弹簧的数据(载荷与高度的关系),参阅表3-3弹簧数据。

9. 离合器片的检验

(1)检查摩擦材料表面钢片(内花键离合器片)有无毛刺、嵌入金属颗粒、表面严重麻点、过度磨耗、锥形、裂纹、变形、损坏和花键齿,用软磨石打磨毛刺,更换有其他缺陷的离合器片。

(2)检查离合器钢片(外花键离合器片)有无毛刺、刮伤、过度磨耗、锥形、嵌入金属、擦伤、裂纹、断裂和损坏的花键齿,用软磨石打磨毛刺和表面微小不平整处,更换有其他缺陷的离合器片。

(3)离合器片的锥度可通过测量自离合器片内径处至水平面之间的距离来确定,超过规定锥度的离合器片应更换之(参阅表3-1损耗极限)。

10. 压合过盈配合件的检验

如发现由于相对运动而产生的松动,应更换该总成。

11. 离合器活塞内滚珠的检验

检查离合器活塞内所有的滚珠能否自由活动,若有任何限制,则当离合器接合时,滚珠将不能就位。

12. 密封接触表面的检验

检查密封的接触表面或唇部。粗糙、拉毛、麻点或损耗会引起漏油或使油封损坏,必须加以克服和纠正。如果缺陷不能消除,则损坏的零件应予以更换。

13. 油泵齿轮的检验

检查油泵齿轮端面间隙和径向间隙。将钢尺横跨齿轮和壳体,用塞尺测量两者之间的距离即为齿轮和泵盖间的端面间隙。齿轮与壳体间的径向间隙,用窄塞尺测量轮齿和壳体之间的距离(测量几处),确定之。惰轮最大端面间隙为0.01in(0.25mm),惰轮最大径间间隙为0.012in(0.30mm);主动齿轮最大端面间隙为0.010in(0.25mm),主动齿轮最大径间间隙为0.012in(0.30mm),更换过度间隙的齿轮。

14. 轴承的检验

(1)检查轴承的转动是否灵活。清洁并涂加润滑油后,如转动仍不灵活,更换该轴承。

(2)检查轴承座圈有无烧蚀、麻点、刮伤、裂纹、碎裂等,滚珠或滚柱有无严重磨损。如有上述中的一种,应更换轴承。

(3)检查轴承壳体和轴有无拉槽、毛刺或擦伤情况,如有,说明轴承能在内孔或轴上转动。倘若这种损坏不能用细砂布修好,则更换此损坏件。

(三)组装调试

1. 检查油温

(1)在车辆仪表板上可装油温表以指出变矩器出口(进入冷却器)的油温,油温表的发送装置装在减速器控制阀顶上的螺纹孔内。该表刻画150～330℉(65～165℃)的温度范围。150～275℉(65～135℃)部分为绿色带,275～330℉(135～165℃)部分为红色。绿色部分为安全操作范围,红色表示过热,(除减速器作用时)。仅对间歇性减速器作业,变矩器出口油温可以高于275℉(135℃),但绝对不能高于330℉(165℃),变速箱正常操作温度为180～200℉(82～93℃)。

(2)倘若变矩器出口油温已高达最高允许温度,则应把设备停止运转,并把变速箱换到空挡。发动机以1500r/min转速使变速箱油温降低。倘若约30min内变速箱油温没能降低,或继续运转后仍然过热,必须停止发动机并找出原因。发动机以1500r/min运转时,变速箱油温为180～200℉(82～93℃)时,应进行油压检查。

2. 检查并调整主油压

(1)主油压可用装在仪表板上的油压表检查,或把油压表装在主调压阀体前方或顶部的1/4inNPTF螺纹孔里。进行主油压检查时,发动机转速为1500r/min,变速箱处于正常的操作温度180~200℉(82~93℃),且失速输出。

(2)对于CLBT9680,9681和9686型号,倒挡、空挡、1挡和2挡的主油压量为220~250lbf/in^2(1517~1723kPa)。3~6挡的主油压应为160~180lbf/in^2(1104~1241kPa)。

(3)对于CLT9880和9884型号,倒挡、1挡和2挡主油压应为220~250lbf/in^2(1517~1723kPa);3~8挡主油压应为160~180lbf/in^2(1104~1241kPa)。

(4)如操作油压不符合所要求的范围、主油压需进行调整。可增或减主调压阀簧的助力器信号塞端的垫片以提高或降低主油压。垫片位于助力器塞的内孔,卸下主油压调压阀塞、衬垫和助力器塞,以增加或减少调整垫片。现有垫片的厚度有0.0289in(0.734mm)和0.0528in(1.341mm)两种。其中较薄的每一个垫片对油压约有6lbf/in^2(41kPa)的影响,较厚的每一垫片对油压约有10lbf/in^2(69kPa)的影响。增加或减少垫片的数目以取得正确的油压。

3. 检查并调整润滑油压

(1)把油压表接到变矩器壳体左侧的测压栓,可进行润滑油压的检查。当变速箱处于1挡、失速输出、180~200℉(82~93℃)正常的操作温度;发动机以1000r/min运转时,润滑油压应为50~80lbf/in^2(345~551kPa)。

(2)当进入变矩器的油压低于润滑油压37lbf/in^2(255kPa)以上时,润滑调压阀应从润滑管线将油排放到变矩器进入管线,以避免变矩器出现空穴。如果此时润滑调压阀没有工作,则应拆下该伞形阀,检查其是否受损,其加载弹簧是否符合要求。

4. 检查变矩器出口油压

(1)可以在装用温度发送装置处(1/2in NPTF 螺纹孔)检查变矩器出口油压。当变速箱处于正常操作温度180~200℉(82~93℃),所有挡位(包括空挡在内)的最高变矩器出口油压应为65lbf/in^2(448kPa),最低为30lbf/in^2(207kPa)。

(2)位于液力减速器控制阀壳体内的变矩器出口调压阀调节变矩器出口油压。它从变矩器经冷却器把超出65~30lbf/in^2(448~207kPa)的油卸到油底壳。如果变矩器出口油压不在正常工作范围内,则应检查变矩器出口调压阀是否受损,其加载弹簧是否符合要求。

5. 检查离合器油压

(1)见图3-10上有关离合器测压栓的位置。

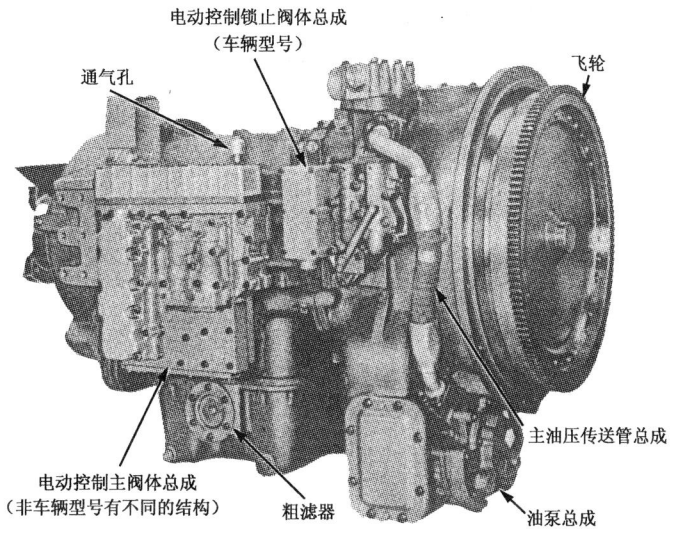

图3-10 CL(B)T9000系列变速箱外形图

(2)所有离合器测压栓的离合器接合油压应等于主油压。

(四)竣修检测

1. 油位检查

(1)变速箱主壳体的左下侧装有一个油位观测表,可以用于测出变速箱油位。另外,如果无油位观测表,可用油位检查塞确定油位。

(2)油位检查应在发动机于1000r/min转速转几分钟后进行。此时设备处于水平位置上,变速箱处于正常操作温度180~200℉(82~93℃),液力减速器(如装有)必须处于关(OFF)的位置。油位处于能看见至红线的范围内为安全油位区。若用检查塞观察,则取下检查塞,油位座位于塞水平线上。倘若油位低于水平线,则应加入足够的变速箱油,使油位与塞水平一致;倘若油位高于塞水平线,则排除过量的油以使油位于塞水平线上。

2. 油温检测

变速箱正常工作油温为 180~200℉(82~93℃)。

3. 输入转速、扭矩及功率检测

(1) CLBT9680(车辆型号)的额定值如下:

最大输入转速:2100r/min。

最大输入扭矩:3600lbf·ft(488N·m)。

最大输入功率:1250hp(932kW)。

(2) CLBT9686,CLT9880(非车辆型号)的额定值:

最大输入转速:2100r/min。

最大输入扭矩:4900lbf·ft(6644N·m)。

最大输入功率:1700hp(1268kW)。

(3) CLT9884,CLT9885 的额定值:

最大输入转速:2100r/min。

最大输入扭矩:6100lbf·ft。

最大输入功率:2250hp(1678kW)。

(五)维修记录

维修记录见表 3-1。

表 3-1 维修记录

变速箱型号		进修日期		竣修日期	
承修人				检验员	
序号	维修项目			维修原因	

变速箱状态说明_____

_____。

维修总结_____

_____。

二、设备出厂

(一)设备验收

参阅设备维修中的(四)竣修检测。

(二)设备试运转

(1)启动设备前,将清洁的变速箱油重新加满变速箱至正确的油位。

(2)启动发动机,让发动机空运转 2~3min,检查主油压。倘若此时的主油压有波动,应加入更多的油,使主油压稳定。在主油压稳定以后,以各级挡位操作设备,直到温度达到 180°F(82℃),停止设备运转,检查油位[参阅(四)1.油位检查]。

(3)在发动机运转时,认真检查滤清器部件、粗滤器及各油管线有无漏油现象。

(4)检查变速箱润滑油压,变矩器出口压力及各离合器接合油压是否正常。

(5)检查变速箱的输入转速、扭矩和功率是否正常[参阅本节一、设备维修中的(四)3.]。

三、设备维修标准

(一)设备修理通用技术要求

(1)进行变速箱大修时,为了确保人身安全,必须牢固地垫好主壳体总成和后壳体总成。卸下变矩器壳体总成时,必须把很沉重的变速箱输出端垫好,以防主壳体和后壳体总成向后倾倒。

(2)吊起变矩器传动壳体或飞轮总成时,要小心注意防止锁止离合器零件掉落伤人。

(3)卸下后壳体时,活塞可能仍留在后壳体里面。如果活塞留在后壳体里,那么把活塞支承住,使之不致掉落。

(4)不要用压缩空气吹干轴承。高速旋转的轴承会解体损坏。

(5) 不要对主油压软管接头铜焊处及主油压接头铜焊处进行焊接修理。对镀镉材料焊接会产生有毒的黄棕色烟雾,这是十分危险并可能致命。

(6) 不要用燃烧废弃了的特氟隆油封,否则会产生有毒气体。

(7) 卸掉线束之前,必须切断设备电器系统的电源。以便防止换挡出现差错。

(8) 排除电动换挡电磁线圈各种故障之前,一定要使发动机停止转动,制动车辆并锁住车轮。当发动机正在转动,维修人员在车辆底下时,千万不能把电源接通于任何一个电动阀体部件。倘若发动机未能停止运转,且未施加制动,一旦电磁线圈接通了外部电源而作用时,车辆便转动。由于故障保护系统的作用,即使卸除电源,也不可能把转动了的车辆停下来。车辆的停止只能通过施加制动或使发动机停止运转才能做到。

(9) 进行失速试验时,必须认真地防止车辆转动。所有停车制动和行车制动均必须处于制动状态,堵住车轮,使车辆不能转或后退。人员离开车辆行驶路线以保安全。

(二) 主要设备修理技术标准

主要设备修理技术标准见表 3-2 和表 3-3。

表 3-2 损耗极限

序号	部件名称	损耗极限	
		in	mm
1	锁止离合器		
	锁上离合器活塞最大表面损耗	0.010	0.25
	摩擦表面离合器片最小厚度	0.180*	4.58*
	摩擦表面离合器片最大锥度	0.010	0.25
	钢离合器片最大锥度	0.030	0.76
	离合器片组最小厚度	0.958	24.33
	离合器后板最大表面损耗	0.010	0.25
2	变矩器		
	止推垫圈最小厚度	0.246	6.25
	导轮止推板最大内径	4.773	121.23
	导轮滚柱座圈最小外径	4.749	120.62

续表

序号	部件名称		损耗极限	
			in	mm
3	输入压力和排油泵	惰轮最大端面厚度	0.010	0.25
		惰轮最大径向间隙	0.012	0.30
		主动齿轮最大间隙	0.010	0.25
		主动齿轮最大径向间隙	0.012	0.30
4	分流—直接离合器	离合器活塞最大表面损耗	0.020	0.51
		摩擦表面离合器片最小厚度	0.190*	4.83*
		摩擦表面离合器片最大锥度	0.012	0.30
		钢离合器片最大锥度	0.030	0.76
		离合器毂最大表面损耗	0.020	0.51
		离合器片组最小厚度	1.4204	36.08
5	分流—超速离合器	离合器厚板最大表面损耗	0.020	0.51
		钢离合器片最大锥度	0.030	0.76
		离合器片组最小厚度	1.9632	49.87
		摩擦表面离合器片最小厚度	0.190*	4.83*
		摩擦表面离合器片最大锥度	0.012	0.30
6	分流器行星齿轮	小齿轮最大端面游隙	0.55	1.39
7	高挡位离合器	离合器活塞最大表面损耗	0.020	0.51
		摩擦表面离合器片最小厚度	0.190*	4.83*
		摩擦表面离合器片最大锥度	0.012	0.30
		钢离合器片最大锥度	0.030	0.76
		离合器毂表面最大损耗	0.020	0.51
		离合器片组最小厚度	1.4204	38.08
8	中挡位离合器	离合器后板表面最大损耗	0.020	0.51
		离合器支座表面最大损耗	0.020	0.51

续表

序号	部件名称		损耗极限	
			in	mm
8	中挡位离合器	摩擦表面离合器片最小厚度	0.190*	4.83*
		摩擦表面离合器片最大锥度	0.012	0.30
		钢离合器片最大锥度	0.030	0.76
		离合器片组最小厚度	2.7684	70.32
9	中挡位行星齿轮	小齿轮最大端面游隙	0.55	1.39
10	低挡位离合器	钢离合器片最大锥度	0.030	0.76
		摩擦表面离合器片最小厚度	0.190*	4.83*
		摩擦表面离合器片最大锥度	0.012	0.30
		离合器片组最小厚度	2.2818	57.96
11	低挡位行星齿轮	小齿轮最大端面游隙	0.055	1.39
12	倒挡离合器 (CLBT9680~CLBT9686)	后板每一侧最大表面损耗	0.020	0.51
		摩擦表面离合器片最小厚度	0.180*	4.58*
		摩擦表面离合器片最大锥度	0.012	0.30
		钢离合器片最大锥度	0.030	0.76
		离合器片组最小厚度	1.9015	48.30
13	倒挡行星齿轮 (CLBT9680,CLBT9688)	小齿轮最大端面游隙	0.055	1.39
14	高一中挡位离合器 (CLT9880)	后板每一侧表面最大损耗	0.020	0.51
		摩擦表面离合器片最小厚度	0.180*	4.58*
		摩擦表面离合器片最大锥度	0.012	0.30
		钢离合器片最大锥度	0.030	0.76
		离合器片组最小厚度	1.9015	48.30
15	高一中挡位行星齿轮 (CLT9880)	小齿轮最大端面游隙	0.055	1.39
16	变速箱后盖和转速表传动	衬套最大内径	0.377	9.57

* 沟槽深度应大于0.002in(0.005mm)。

表 3－3　弹簧数据

序号	弹簧名称	承载长度 in(mm)	lbf(N)	序号	弹簧名称	承载长度 in(mm)	lbf(N)
1	导轮弹簧(无色)	1.52 (38.6)	0.9~1.0 (4.0~4.4)	13	滤清器旁通阀簧(无色)	2.66 (67.56)	35.1~42.7 (156~190)
2	润滑油压调压阀簧(无色)	2.00 (50.8)	25.2~30.8 (112~137)	14	滤清器固定簧(无色)	1.50 (38.1)	31.5~38.2 (140~170)
3	分流—超速活塞回位簧(九色)	2.38 (60.5)	27.9~34.1 (125~151)	15	主调压阀簧(无色)	3.79 (96.2)	57.8~69.8 (257~310)
4	分流—超速活塞回位簧(黄底、深绿端)	2.38 (60.5)	27.9~34.1 (125~151)	16	锁止阀簧(黄色底)	1.80 (45.7)	39.6~42.6 (176~189)
5	变矩器减压阀簧(绿条)	1.68 (42.7)	70.3~77.7 (313~345)	17	锁止阀簧(黄条)	1.62 (41.1)	19.2~21.4 (86~95)
6	中挡位离合器活塞回位簧(无色)	2.92 (74.2)	33.3~40.7 (149~181)	18	电磁线圈调压阀簧(白底、蓝条)	1.02 (25.9)	19.5~23.7 (87~105)
7	中挡位离合器活塞回位簧(黄底、浅蓝端)	2.56 (65.0)	64.6~79.0 (288~351)	19	分流器换挡阀簧(橙色条)	1.22 (31.0)	21.0~25.0 (94~111)
8	低挡位离合器活塞回位簧(无色)	1.94 (49.3)	27.9~34.1 (124~151)	20	优先阀外簧(深绿底、白条)	1.26 (32.0)	26.1~28.9 (116~128)
9	低挡位离合器活塞回位簧(黑底,绿色)	2.24 (56.9)	49.8~60.8 (222~270)	21	优先阀内簧(紫底、橙色条)	2.60 (66.0)	22.5~27.5 (100~122)
10	低挡挡位离合器活塞回位簧(白色)	2.04 (51.8)	70.9~86.6 (316~385)	22	高挡位换挡阀簧(橙色条)	1.22 (31.0)	21.0~25.0 (93~111)
11	低挡位离合器活塞回位簧(深绿底)	2.24 (51.8)	49.8~60.8 (222~270)	23	中挡位换挡阀簧(橙色条)	1.22 (31.0)	21.0~25.0 (93~111)
12	主调压阀簧(无色)	3.79 (96.2)	57.8~69.8 (257~310)	24	低挡位换挡阀簧(橙色条)	1.22 (31.0)	21.0~25.0 (93~111)

续表

序号	弹簧名称	承载长度 in(mm)	lbf(N)	序号	弹簧名称	承载长度 in(mm)	lbf(N)
25	倒挡位换挡阀簧（橙色条）	1.22 (31.0)	21.0~25.0 (93~111)	40	高挡位微调下阀下簧（橙条）	1.06 (26.9)	27.0~33.0 (120~146)
26	倒挡微调上阀簧（橙色条）	1.03 (26.2)	11.2~13.6 (50~60)	41	高挡位微调下阀内簧（白底、紫条）	3.05 (77.5)	11.4~12.6 (51~56)
27	倒挡微调下阀内簧（红底、紫条）	1.58 (40.1)	63.6~70.4 (283~313)	42	高挡位微调上阀簧（橙条）	1.03 (26.2)	11.2~13.6 (50~60)
28	倒挡微调下阀外簧（紫底）	1.06 (26.9)	27.0~33.0 (120~147)	43	分流—超速微调上阀簧（橙条）	1.03 (26.2)	11.2~13.6 (50~60)
29	低挡位微调上阀簧（橙色条）	1.03 (26.2)	11.2~13.6 (50~60)	44	分流—超速微调下阀内簧（红底、紫条）	1.58 (40.1)	63.6~70.4 (283~313)
30	低挡位微调下阀内簧（紫底、黄色条）	1.80 (45.7)	82.6~91.4 (368~406)	45	分流—超速微调下阀外簧（紫底）	1.06 (26.9)	27.0~33.0 (120~146)
31	低挡位微调下阀外簧（红底、蓝条）	1.22 (31.0)	42.0~52.0 (187~231)	46	电磁线圈调压阀簧（白底、蓝条）	1.02 (25.9)	19.5~23.7 (87~105)
32	中挡位微调上阀簧（橙条）	1.03 (26.2)	11.2~13.6 (50~60)	47	分流器换挡阀簧（橙条）	1.22 (31.0)	21.0~25.0 (94~111)
33	中挡位微调下阀簧（红底、紫条）	1.58 (40.1)	63.6~70.4 (283~313)	48	优先阀外簧（深绿底、白条）	1.26 (32.0)	26.1~28.9 (116~128)
34	分流—直接微调上阀簧（橙条）	1.03 (20.2)	11.2~13.6 (50~60)	49	优先阀内簧（紫底、橙条）	2.60 (66.0)	22.5~27.5 (100~122)
35	分流—直接微调下阀内簧（紫底、黄条）	1.80 (45.7)	82.6~91.4 (368~406)	50	高挡位换挡阀簧（橙条）	1.22 (31.0)	21.0~25.0 (94~111)
36	分流—直接微调下阀外簧（红底、蓝条）	1.22 (31.0)	42.0~52.0 (187~231)	51	高中挡位换挡阀簧（橙条）	1.22 (31.0)	21.0~25.0 (94~111)
37	排油调压阀（黄底、白端）	0.94 (23.9)	0.1~0.2 (0.4~0.8)	52	中挡位换挡阀簧（橙条）	1.22 (31.0)	21.0~25.0 (94~111)
38	微调助力调压阀（蓝底、红条）	0.80 (20.3)	9.9~10.9 (44~48)	53	闭锁换挡阀簧（橙条）	1.22 (31.0)	21.0~25.0 (94~111)
39	微调助力调压阀簧（绿端）	1.75 (44.4)	21.4~25.4 (96~112)	54	高—中挡位微调上阀外簧（橙条）	1.03 (26.2)	11.2~13.6 (50~60)

续表

序号	弹簧名称	承载长度 in(mm)	承载长度 lbf(N)	序号	弹簧名称	承载长度 in(mm)	承载长度 lbf(N)
55	高—中挡位微调上阀内簧(紫底、白条)	2.22 (56.4)	2.9~3.5 (13~15)	70	分流—直接微调下阀内簧(红底、黄条)	1.85 (47.0)	38.0~42.0 (169~186)
56	高—中挡位微调下阀内簧(紫底、黄条)	1.80 (45.7)	82.6~91.4 (368~406)	71	分流—直接微调下阀外簧(绿条)	1.06 (26.9)	57.0~63.0 (254~280)
57	高—中挡位微调下阀外簧(红底、蓝条)	1.22 (31.0)	42.0~52.0 (187~231)	72	排油调压阀簧(白底、绿条)	0.94 (23.9)	0.1~0.2 (0.4~0.8)
58	低挡位微调上阀外簧(橙条)	1.03 (26.2)	11.2~13.6 (50~60)	73	低挡位换挡阀簧(橙色)	1.22 (31.0)	21.0~25.0 (94~111)
59	低挡位微调上阀内簧(紫底、白条)	2.22 (56.4)	2.9~3.5 (13~15)	74	分流—超速微调下阀簧内簧(橙条)	1.03 (26.2)	11.2~13.6 (50~60)
60	低挡位微调下阀内簧(红底、紫色)	1.58 (40.1)	63.6~70.4 (283~313)	75	分流—超速微调下阀内簧(紫底、红条)	3.05 (77.5)	11.4~12.6 (51~56)
61	中挡位微调下阀外簧(紫底)	1.06 (26.9)	27.0~33.0 (120~147)	76	分流—超速微调下阀外簧(紫底)	1.06 (26.9)	27.0~33.0 (120~147)
62	中挡位微调上阀外簧(橙条)	1.03 (26.2)	11.2~13.6 (50~60)	77	高挡位微调上阀簧(橙条)	1.03 (26.2)	11.2~13.6 (50~60)
63	中挡位微调上阀内簧(紫底,白条)	2.22 (56.4)	2.9~3.5 (13~15)	78	高挡位微调下阀内簧(紫底、白条)	3.05 (77.5)	11.4~12.6 (51~56)
64	中挡位微调下阀内簧(红底、黄条)	1.85 (47.0)	38.0~42.0 (169~186)	79	高挡位微调下阀外簧(紫底)	1.06 (26.9)	27.0~33.0 (120~147)
65	中挡位微调下阀外簧(紫底)	1.06 (26.9)	27.0~33.0 (120~147)	80	换挡塔水平件弹簧(无色)	0.46 (11.7)	6.9~8.5 (31~37)
66	微调调压上阀簧(橙条)	1.03 (26.2)	11.2~13.6 (50~60)	81	制动蹄片回位弹簧(黄底)	6.16 (156.5)	54.0~66.0 (240~293)
67	微调调压下阀簧(红底、黄条)	1.85 (47.0)	38.0~42.0 (169~186)	82	制动自动调整弹簧(绿底)	5.36 (136.1)	27.0~33.0 (120~146)
68	分流—直接微调上阀外簧(橙条)	1.03 (26.2)	11.2~13.6 (50~60)	83	制动蹄片压下调簧(黑底)	0.88 (22.4)	40.0~50.0 (178~222)
69	分流—直接微调上阀内簧(紫底、色端)	2.22 (56.4)	2.9~3.5 (13~15)				

注:(1)螺栓的拧紧力矩已在部件维修部分写明,在此不再赘述。
(2)某些早期变速箱可能有不同颜色的标记。

第二节　CAT3406B 发动机修理规范

一、设备维修

（一）部件维修

1. 发动机总成的拆卸和安装

1）拆卸要点
（1）车辆停在平地上，并卡紧轮胎。
（2）倾翻驾驶室。
（3）排净冷却液。
（4）卸下动力转向液压管路。
（5）拆开电路、燃油管路、空气管路、车速表、油门。
（6）拆卸软管，并卸下散热器。
（7）拆卸进气管和排气管。
（8）拆下变速器操纵机构和变速器。
（9）吊起发动机。
2）安装要点
与拆卸次序相反。注意查看是否有机油、燃油、冷却剂及空气泄漏。

2. 发动机运动部件

（1）汽缸盖结构见图 3-11。
（2）摇臂轴总成见图 3-12。
1）拆卸要点
（1）汽缸盖：
① 拆下中冷器进气管，见图 3-13。
② 拆下外壳，见图 3-14。
③ 拆下喷油器管线，图 3-15 中 A 为套筒扳手。
④ 拆下喷油器管线，并装上螺帽防止杂质进入燃油系统，见图 3-16。
⑤ 拆下摇臂轴固定螺栓，见图 3-17。

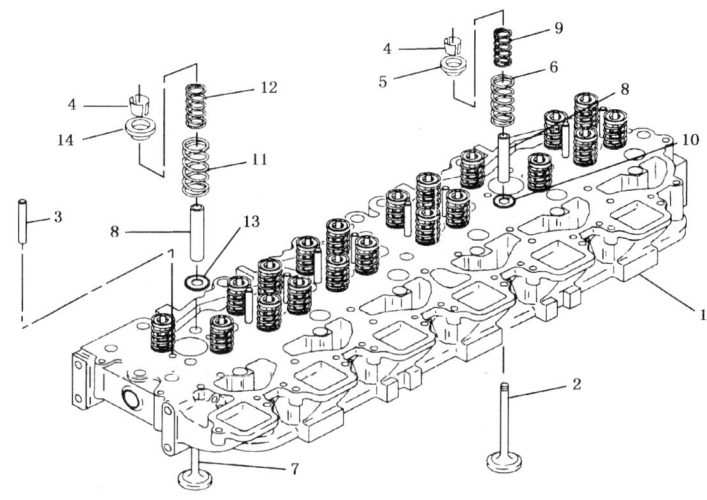

图 3-11 汽缸盖结构

1—汽缸盖总成;2—进气门;3—销;4—气门锁片;5—旋转盘;
6—气门弹簧(外);7—排气门;8—气门导管;9—气门弹簧(内);
10—下阀座;11—气门弹簧(外);12—气门弹簧(内);
13—下阀座;14—旋转盘

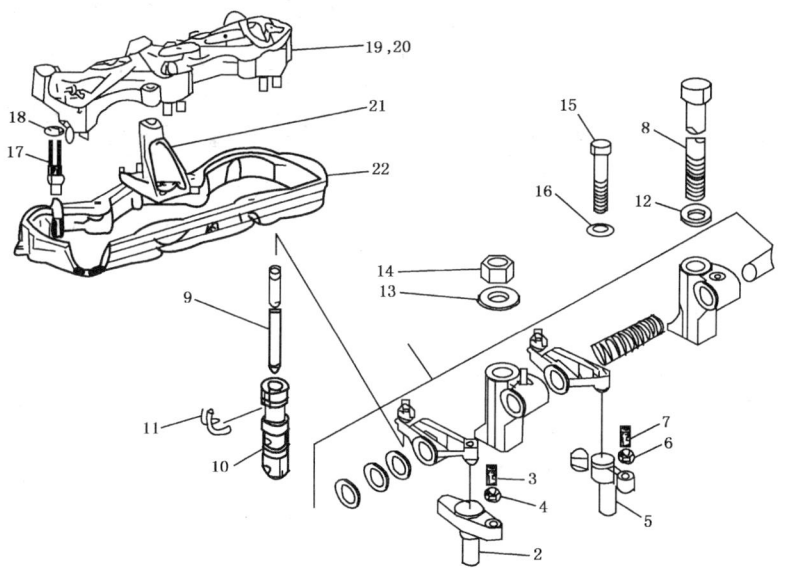

图 3-12 摇臂轴总成

1—摇臂总成;2—过桥(排气门);3—调整螺钉;4—螺母;5—过桥(进气门);
6—螺母;7—调整螺钉;8—螺栓;9—推杆;10—气门挺杆总成;11—挺杆
弹簧;12—垫子;13—垫子;14—螺母;15—螺栓;16—垫子;17—双头螺栓;
18—垫子;19—壳体;20—壳体;21—支架;22—隔板

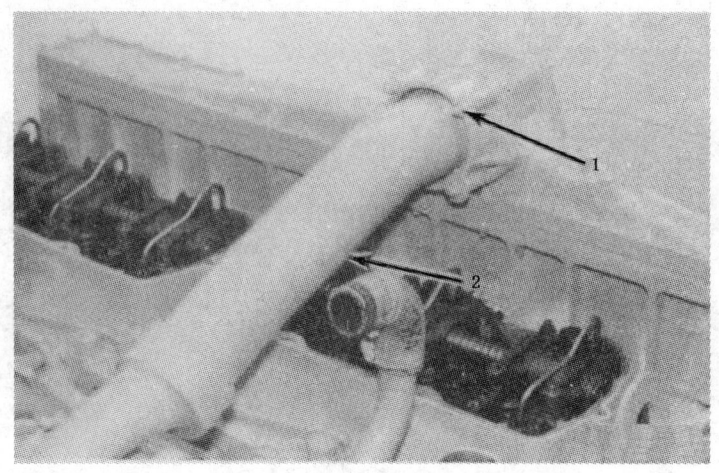

图3-13 中冷器管
1—螺栓；2—进气管

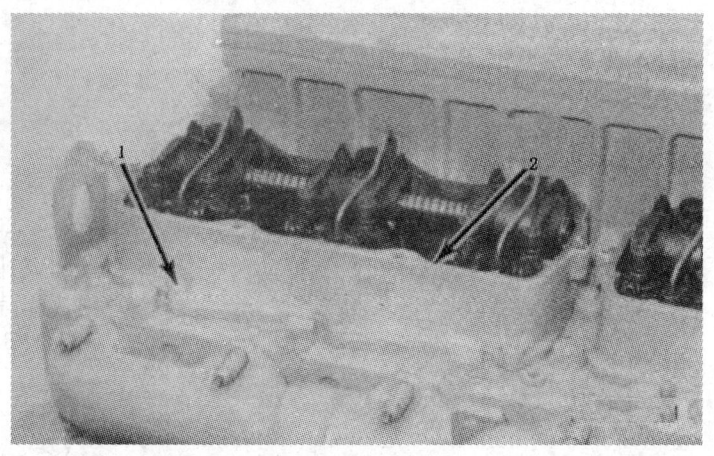

图3-14 外壳
1—螺栓；2—气门室盖

⑥ 拿掉摇臂轴固定螺栓。
⑦ 取出推杆，图3-18中A为推杆。
⑧ 对每个过桥留下记号，便于安装时归位，图3-19中A为过桥。
(2) 卸下汽缸盖，螺栓分布如图3-20。
注意：不要将缸盖放在平面上，那样会造成喷油器损坏。
(3) 卸下气门弹簧：
① 卸下气门杆座、上阀座以及内外弹簧。

图 3-15 拆喷油器管线(1)

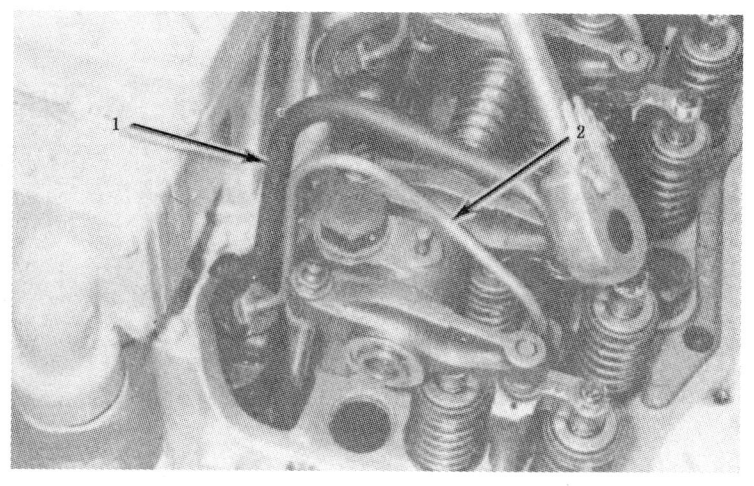

图 3-16 拆喷油器管线(2)
1—专用工具;2—高压管线

② 卸下进气门和排气门。

注意:在各气门上做好记号,以便于安装。

(4)清洗汽缸盖:清洗汽缸盖并清除积炭。

注意:不要损坏缸盖下表面。

(5)更换气门导管:

① 用青铜棒和锤子敲打导管,并将其卸下。

② 安装时,切勿使其端部弯曲。

图 3-17 摇臂轴固定螺栓
1—螺栓;2—摇臂轴

图 3-18 推杆

注意:压力装配时,切勿损坏导管上端部或下端部;装配时导管外表面必须涂抹发动机油。

(6)气门系统更换方法:

① 卸下气门座,用拉拔器拔出气门座圈。

② 安装时敲入即可。

2)安装要点

图 3-19 过桥

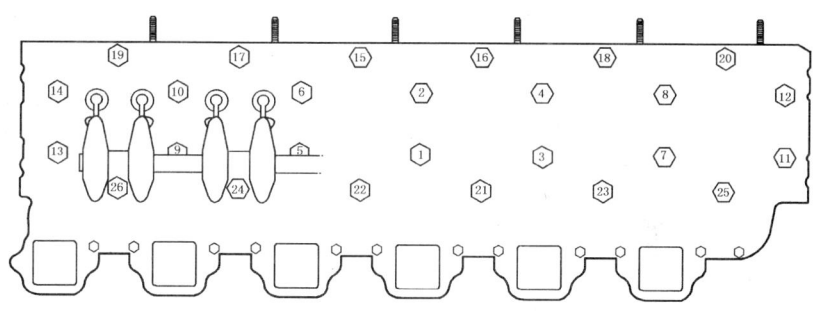

图 3-20 汽缸盖螺栓拆卸顺序分布图

(1) 安装气门和气门弹簧:在汽缸盖上安装气门弹簧下座圈、气门弹簧和上座圈。

注意:安装前,每个部件都需涂油;需把每个气门置于原来的位置。

(2) 安装汽缸盖衬垫:安装前必须清除缸盖和缸体表面污垢、水分、机油,切勿用旧衬垫。

(3) 安装汽缸盖:汽缸盖螺栓拧紧顺序如图 3-21 所示。

① 第一次拧紧①~⑳螺栓至 270N·m ± 25N·m。

② 第二次拧紧①~⑳螺栓至 450N·m ± 20N·m。

③ 安装摇臂轴。

④ 第一次拧紧㉑~㉖螺栓至 270N·m ± 25N·m。

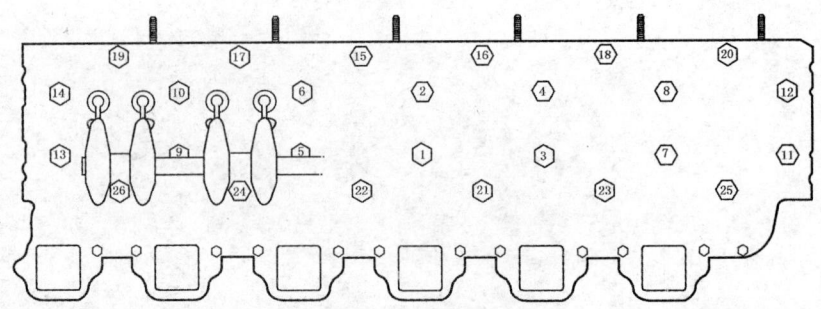

图 3-21 汽缸盖螺栓拧紧顺序

⑤ 第二次拧紧㉑~㉖螺栓至 450N·m ± 20N·m。

3) 发动机部件的检查和修理

发动机部件的检查和修理见表 3-4。

表 3-4 发动机部件的检查和修理   mm

检查项目		标准值	极限值	维修措施	检查方法
齿轮轴轴径		69.982 ± 0.061	—	更换	测量
齿轮轴向间隙		0.10 ~ 0.26		更换止推片	测量
凸轮高度	进气	10.212		更换齿轮	测量
	排气	10.210		更换齿轮	测量
进气门	气门杆外径	9.441 ± 0.08		更换	测量
	导管内径	9.487 ± 0.025	9.538	更换	测量
排气门	气门杆外径	9.441 ± 0.008	9.408	更换	测量
	导管内径	9.487 ± 0.025	9.538	更换	测量
气门下陷	进气	1.22	—	更换气门和气门座	测量
	排气	1.22		更换气门和气门座	测量
气门面角度	进气	29.25° ± 0.25°		校正	测量
	排气	44.25° ± 0.25°		校正	测量
气门座角度	进气	30.25° ± 0.50°		校正	测量
	排气	45.25° ± 0.50°		校正	测量
排气管断裂损坏		—		更换	测量
排气管断裂损坏		—		更换	直观检查
汽缸盖断裂		—		更换	直观检查
气门接触	气门头全部边缘接触均匀	—		选配气门	直观检查

3. 正时齿轮和齿轮轴

正时齿轮组如图 3-22。

1) 拆卸要点

要用专用工具拉出齿轮。

2) 齿轮安装要点

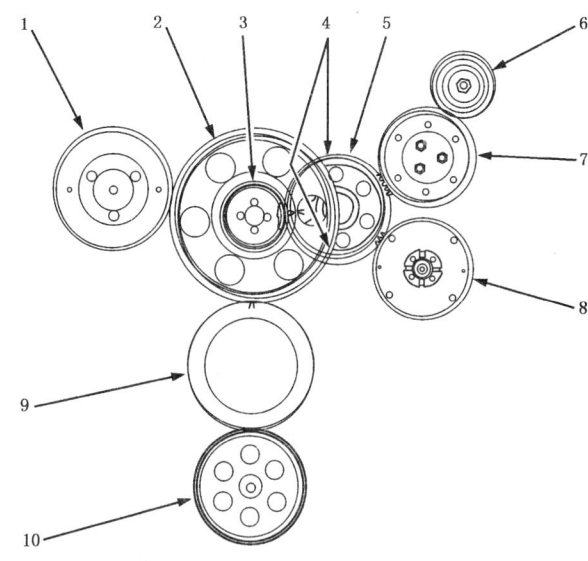

图 3-22 正时齿轮组图

1—水泵齿轮;2—惰轮总成;3—惰轮;4—"K"记号;5—凸轮轴齿轮;
6—打气泵齿轮;7—惰轮;8—输油泵齿轮;9—曲轴齿轮;10—机油泵齿轮

(1) 齿轮加热至 315℃。

(2) 齿轮用键连接在齿轮轴上。

(3) 齿轮轴瓦上涂抹机油。

(4) 小心将凸轮轴总成装至缸体上。

(5) 将惰轮总成 2 装于轴上,使惰轮上"V"记号与曲轴齿轮上"B"记号对准;同时使凸轮轴齿轮上的"K"记号能够在惰轮两侧看到。

(6) 将垫片和螺栓装于惰轮上。

4. 汽缸体、活塞和曲轴

1) 拆卸要点

(1)卸下曲轴减振器和皮带轮。
(2)卸下曲轴前油封。
(3)卸下活塞和连杆。

注意:卸下的零件按汽缸编号的顺序排列。小心切勿改变连杆和盖的组合。拉出活塞前,要从缸套上部清除积炭。

不要让连杆碰弯活塞冷却喷嘴。

(4)卸下缸套。注意按序号排列好缸套。
(5)卸下曲轴。注意,卸下曲轴前先测量曲轴轴向间隙(0.15~0.51mm)。如果超出修理极限(0.89mm),则更换止推瓦或曲轴。
(6)卸下连杆。
(7)卸下活塞环。

注意:连杆和活塞按汽缸编号的顺序排列。

2)安装要点

(1)更换活塞销衬套,见图3-23。

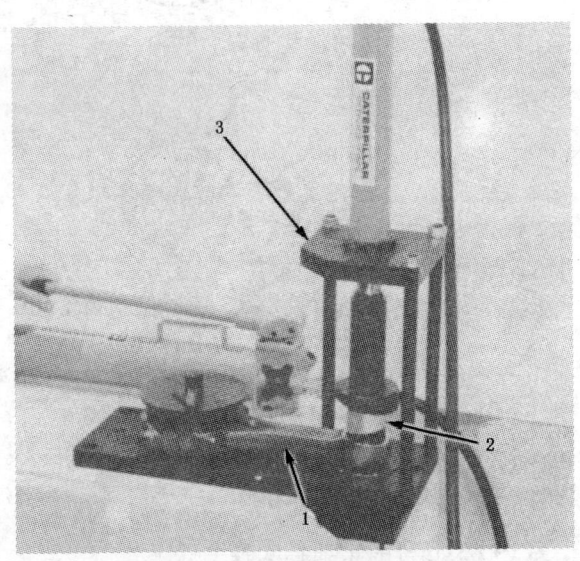

图3-23 更换活塞销衬套
1—连杆;2—活塞销衬套;3—专用工具

(2)安装活塞和连杆:活塞和连杆共有三处安装标识,分别为活塞顶部"FRONT"标识,活塞下方彩色标识和连杆瓦盖上的斜槽。安装时,"FRONT"标识和"彩色"标识应朝向发动机前方,连杆斜槽应位于发动机右侧(从飞轮端看)。

活塞标记见图3-24。

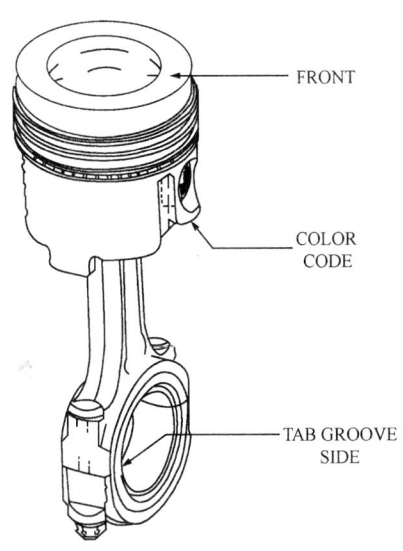

图3-24 活塞标记

使活塞环标记朝上,用专用工具安装活塞环。第一道环标记"up-1",第二道标记"up-2",油环无标记。

注意:油环弹簧接口需在活塞环内部,即与油环接口成180°。安装后的活塞各开口成120°。

(3)安装曲轴:把主轴瓦和轴瓦盖安装到缸体上。

注意:把带油孔的轴瓦安装到缸体上,不带孔的安装到瓦盖上,在轴瓦内表面涂抹干净的机油。

把曲轴安装到缸体上,注意检查主轴瓦盖上的标记号。

拧紧螺栓,第一次紧到260N·m±14N·m,然后按转角120°±5°进行,螺栓上涂抹机油。

把止推瓦安装到缸体上,注意带有"Block side"字母的一侧朝向缸体,安装在第4道轴径上。

确认曲轴运转顺畅,检查曲轴游隙。

(4)安装缸套。注意,缸套密封圈必须用新的。

(5)安装活塞。注意,活塞带有"FRONT"标记和彩色标记的一侧朝向发动机前方连杆,不要碰到活塞冷却喷嘴。

(6)安装连杆瓦盖。注意,连杆瓦与连杆瓦盖凹槽对准,并涂抹机油;

对准连杆瓦盖和连杆的标记和编码,切勿改变连杆盖和连杆的组合。连杆螺母拧紧到80N·m±8N·m,再转角120°。

3) 汽缸、活塞和曲轴的检查和修理

汽缸、活塞和曲轴的检查与修理见表3-5。

表3-5 汽缸、活塞和曲轴的检查和修理   mm

检查项目		标准值	极限值	维修措施	检查方法
缸套内径		137.19±0.03	—		测量
缸套凸台厚度		8.890±0.020	8.870	更换	测量
活塞环端隙	第一道	0.724±0.190	—	更换	测量
	第二道	1.08±0.19	—	更换	测量
	油环	0.572±0.190	—	更换	测量
油环厚度		3.137±0.013	—	更换	测量
活塞销与活塞销孔之间的间隙		0.010~0.028	0.05	更换活塞、活塞销	测量
连杆小头衬套内径		50.830±0.008	—	—	测量
活塞销与连杆衬套之间的间隙		0.022~0.048	0.250	更换衬套或活塞销	测量
曲柄连杆轴径	标准	90.000±0.020	—	磨轴	测量
	加大1	89.370±0.020	—	磨轴	测量
	加大2	88.730±0.020	—	更换	测量
连杆轴瓦与曲轴之间的间隙		0.062~0.160	0.200	更换	测量
曲轴轴径	标准	120.650±0.020	—	磨轴	测量
	加大1	120.015±0.020	—	磨轴	测量
	加大2	119.380±0.020	—	测量	测量
主轴瓦间隙		0.091~0.186	0.250	更换轴瓦或曲轴	测量
曲轴轴向间隙		0.15~0.50	0.89	更换轴瓦或曲轴	测量
连杆油道堵塞		—	—	更换	—
曲轴油道堵塞		—	—	清洗	—
曲轴断裂和磨损		—	—	更换	颜色检查

5. 油底壳

注意油底壳没有变形、裂纹。

6. 油泵

油泵的检查与维修,见表3-6。

表3-6 4N0733型油泵的检查与维修

检查项目	标准值	极限值	维修措施	检查方法
流量	310kPa/2550r/min,272L/min	—	更换泵	测量
	560kPa/2550r/min,144L/min	—	更换泵	测量
驱动轴直径,mm	22.217±0.005	—	更换	测量
驱动轴衬套内径,mm	22.258±0.008	—	更换	测量
从动轴直径,mm	22.217±0.005	—	更换	测量
从动轴衬套内径,mm	22.258±0.008	—	更换	测量
齿轮长度,mm	79.375±0.025	—	更换	测量
泵体深度,mm	79.502±0.020	—	更换	测量
调压弹簧自由长度,mm	152.9	—	更换	测量

7. 机油冷却器

拆机油冷却器见图3-25。
拆下冷却器,冷却器重54kg。
用直径3.81mm的铜棒清理滤芯。
注意:所有O形密封圈需换新。

8. 飞轮

飞轮的表面不平度小于0.25mm。

9. 喷油器

按下列程序操作:
(1)清洗喷油器。

图 3-25 拆机油冷却器
1,2,6—接头;3—水管;4—螺栓;
5—传感器;7—机油冷却器;8—油管

(2) 检查喷孔有无堵塞。

(3) 测试针阀开启压力:用 6V4022 试验台测试,刚好使测试液能流经喷嘴的压力为 3100~4100kPa,否则不能使用。注意,压力不能超过 14000kPa。

(4) 喷头漏泄:压力保持在 10000~14000kPa 之间,保持 30s 内滴油不能超过 15 滴。

(5) 回漏速度:检查压力从 7000kPa 回到 3500kPa 所用的时间,见表 3-7。

表 3-7 压力从 7000kPa 回到 3500kPa 所用的时间

喷油器情况	压力降,kPa	允许时间间隔,s
新的或修复过的	3500	最少 30
使用过的	3500	最少 20

10. 涡轮增压器

涡轮增压器结构见图 3-26。

涡轮增压器的检查与维护见表 3-8。

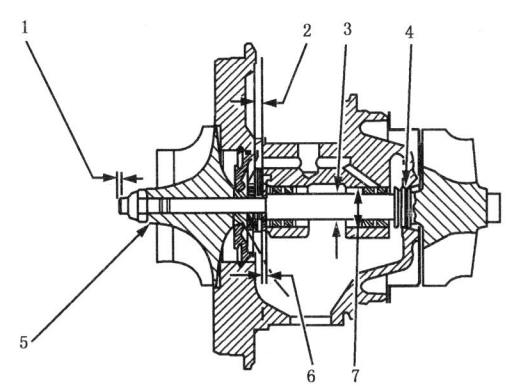

图 3-26 涡轮增压器结构图
1—端隙;2—止推轴承厚度;3—轴径;
4—密封环;5—叶轮;6—止推环厚度;
7—壳体内径

表 3-8 C4D 和 S4D 型涡轮增压器的检查与维护　　mm

检查项目	标准值	极限值	维修措施	检查方法
端隙	0.114±0.038	0.200	更换	测量
止推轴承厚度	5.36±0.03	—	更换	测量
轴径	15.997~16.005	—	更换	测量
衬套内径	16.035~16.043	—	更换	测量
涡轮轴与衬套之间的间隙	—	0.05	更换轴衬套	测量
止推环厚度	2.553±0.013	—	—	—

注:安装后的涡轮增压器启动前需注入干净的机油。

11. 水泵

水泵的结构见图 3-27。

水泵的检查与维修见表 3-9。

表 3-9　水泵的检查与维修　　mm

检查项目	标准值	极限值	维修措施	检查方法
轴径	19.10±0.05	—	更换	测量
叶轮与壳体之间的间隙	0.56~1.50	—	更换叶轮	测量

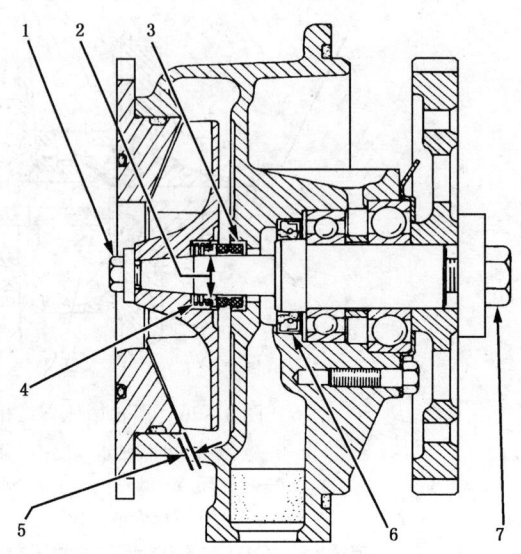

图3-27 水泵结构图
1,7—螺母;2—轴径;3,4—水封;
5—叶轮与壳体间隙;6—油封

注意:更换水封可不用将泵从发动机上拆下。

12. 节温器

检查和维修要点:将节温器放入水中检查开启温度和开启行程,此过程需10min。

节温器的检查与维修见表3-10。

表3-10 节温器的检查与维修

检查项目	标准值	极限值	维修措施	检查方法
开启温度,(°)	92	—	更换	测量
开启行程,mm	>9.53	—	更换	测量

(二)发动机的调整

(1)确定1缸上止点。

(2)转动发动机:当6缸进气点火时,1缸进、排气门都可转动则1缸活塞在压缩冲程上止点。

(3)气门间隙:进气0.38mm,排气0.76mm。

(4)燃气系统放空:由于3406柴油机没有回油管,所以大修后发动机必须放空。方法是:断开喷油器进油口,启动发动机直至没有气泡渗出,拧紧螺母即可。

(三)维修记录

发动机维修记录见表3-11~表3-17。

表3-11 维修记录概要

用户		失效日期	
订单号		运转小时	
工作单号		维修日期	
发动机系列号		数量	
生产厂家			
发动机型号			

维修原因:_____
:
最高小时数:_____
丢失或损坏部件说明:_____
:

表3-12 设备情况

机架:		新		修复		更换	
情况:_____							
修正:							
安装机架:		新		修复		更换	
情况:_____							
修正:							
水箱接管:		新		修复		更换	

表3-13 汽缸盖

操作	是	否	数量
磁粉探伤			
清洁			
检查			

续表

操作	是	否	数量
压力测试			
再用			
报废			
裂缝			
新件安装			
缸盖螺栓			
气门			
气门座			
气门锁片			
气门弹簧			

表 3–14　缸体

操作	好	坏	数量
主轴瓦座孔			
再用			
报废			

表 3–15　气门与喷油器机构

气门摇臂：	新	修复	更换

情况：_____

修正：_____

喷油器：	新	修复	更换

情况：_____

修正：_____

摇臂轴	新	修复	更换

情况：_____

修正：_____

气门桥：	新	修复	更换

情况：_____

修正：_____

挺杆：	新	修复	更换

情况：_____

修正：_____

表 3-16 连杆

连杆:		新		修复		更换	

情况：_____

修正：_____

活塞:		新		修复		更换	

情况：_____

修正：_____

活塞销:		新		修复		更换	

情况：_____

修正：_____

卡簧:		新		修复		更换	

情况：_____

修正：_____

表 3-17 曲轴

主轴颈	磁粉探伤		尺寸		抛光	

情况：_____

修正：_____

连杆轴颈	磁粉探伤		尺寸		抛光	

情况：_____

修正：_____

主轴瓦	数量		尺寸	

情况：_____

修正：_____

止推瓦	数量		尺寸		轴向间隙	

情况：_____

修正：_____

连杆瓦	数量		尺寸	

情况：_____

修正：_____

二、设备出厂

发动机试车：

(1) 大修后需通过台架试验。

(2)大修后发动机性能允许范围(比较新机):

输出功率:5%~-3%。

柴油耗:2.5%~-3.0%。

额定转速:±10r/min。

调整时允许误差:额定转速检查时允许偏差为:25r/min;高怠速检查时允许偏差为:40~-80r/min;低怠速检查时允许偏差为:±30r/min。

三、设备维修标准

(一)螺栓拧紧力矩

螺栓拧紧力矩见表3-18。

表3-18 螺栓拧紧力矩

螺栓和螺母(英制)					
螺纹尺寸,in	拧紧力矩		螺纹尺寸,in	拧紧力矩	
	N·m	lbf·ft		N·m	lbf·ft
1/4	12±3	9±2	3/4	370±50	275±35
5/16	25±6	18±4.5	7/8	620±80	460±60
3/8	47±9	35±7	1	900±100	660±75
7/16	70±15	50±11	11/8	1300±150	950±100
1/2	105±20	75±15	11/4	1800±200	1325±150
9/16	160±30	120±20	13/8	2400±300	1800±225
5/8	215±40	160±30	11/2	3100±350	2300±250

(二)正常大修必须更换的零部件

(1)密封件(水封、油封、密封垫)。

(2)活塞环。

(3)主轴瓦、连杆轴瓦。

(4)球轴承,气门转盘。

(5)节温器。

(6)排气歧管螺钉。

(7)各种橡皮管。

(三)检查修复后可再用的部件

(1)汽缸套、机体、隔板、汽缸盖、油底壳、前后盖板、飞轮、大部分螺钉。

(2)连杆、活塞、活塞销、曲轴、凸轮轴、气门机构、喷油器机构、齿轮轴。

(3)增压器、机油泵、输油泵、水泵、喷油器、调速器、启动机。

(4)齿轮轴轴承,齿轮架轴承。

(5)机油冷却器芯,中冷器芯。

(四)一般零件检查原则

(1)肉眼观测:裂缝、变色、变形、锈迹、抛光、凹坑、麻点、划痕、割痕。

(2)工具测量:长度、深度、高度、宽度、角度、倒角;内径、外径、螺距;间隙、侧隙、轴隙、周隙;探伤。

(五)一般零件可否再用原则

(1)肉眼观察无裂缝、变色、变形、锈迹、抛光、凹坑等损坏现象。

(2)工具观测各尺寸符合技术规格手册要求。

(3)要求探伤检查的部件必须通过探伤检查。

(4)决定再用的零部件做好再用次数标记。

(六)一般注意事项

(1)随时带上安全镜或风镜,以保护眼睛。

(2)维修作业前,应摘下戒指、手表、领带,并脱下宽松的衣服。

(3)将长发牢固束在头后。

(4)车辆作业时,禁止吸烟。

(5)切莫将工具遗留在发动机舱内。

(七)数据及技术规格

数据及技术规格见表3-19。

表 3-19 数据及技术规格

型号:CAT3406B
类型:柴油、4 冲程、6 汽缸、直列、水冷、直喷
吸气方式:废气涡轮增压
缸径和冲程:137.2mm×165.1mm(5.40m×6.50m)
排量:14.6L
点火顺序:1,5,3,6,2,4
旋转方向:从飞轮看逆时针
气门座锥角:
进:30.25°±0.5°
排:45.25°±0.5°
气门锥面角:
进:29.25°±0.25°
排:44.25°±0.25°
气门间隙:
进气门　　0.38mm(0.015in)
排气门　　0.76mm(0.030in)
发动机油泵:
类型:齿轮泵强制压力供油
驱动:齿轮驱动
发动机润滑油冷却:壳管式、水冷
节温器:蜡封型

四、发动机的常见故障及排除方法

发动机的常见故障及排除方法见表 3-20。

表 3-20 发动机的常见故障及排除方法

故 障 原 因	排 除 方 法
1.启动开关接通时,发动机不转	
蓄电池输出电量低	见本表 3
接线或开关有故障	见本表 3
启动机电磁线圈有问题	见本表 3

续表

故　障　原　因	排　除　方　法
启动机故障	见本表3
发动机内部问题造成曲轴不能转动	如分离驱动设备后,曲轴仍不能转动,则拆下喷油器检查汽缸内的状况;如问题不在这里,则需拆开检查发动机
2. 发动机启动不起来	
曲轴转速低	见本表3,4,5
燃油滤清器脏	更换
燃油输油管堵塞或破裂	清洗或更换油管
燃油压力低	启动时燃油压力必须大于20kPa
不供油	向燃油箱加油,向系统供油(排除空气)
喷油正时不对	调整喷油正时
3. 启动机不转	
蓄电池电量低	充电或更换
接线或开关有故障	修理或更换
启动机电磁线圈有问题	换新线圈
启动机故障	修理或更换
4. 发电机不充电	
皮带松	调整皮带
充电电路或接地回路或蓄电池接线故障	检查导线或节点,更换失效零件
碳刷失效	更换碳刷
转子故障	更换转子
5. 交流发电机充电率不稳	
皮带松	调整皮带
充电电路或接地回路或蓄电池接线故障	检查导线或节点,更换失效零件
电压调节器失效	更换
6. 发电机有杂音	
皮带磨损或破裂	换新皮带
皮带轮松动	检查、更换
轴承磨损	安装新轴承
7. 发动机着火不良或运转不平稳	
燃油压力低	查明油箱中确有燃油;检查油箱与输油泵之间管路有无泄漏或凹瘪的地方,有无空气进入;检查燃油压力;检查燃油泵

续表

故障原因	排除方法
燃油系统中有空气	通常由燃油泵吸入端进空气
高压油管泄漏	换新
气门间隙不对	调整
喷油正时不对	调整
8. 功率不足	
燃油品质差	加入优质燃油
燃油压力低	查明油箱中确有燃油;检查油箱与输油泵之间管路有无泄漏或凹瘪的地方,有无空气进入;检查燃油压力;检查燃油泵
进气系统漏气	检查进气歧管压力,检查空气滤清器是否堵塞
调速器连杆	检查是否能够达到全行程,视情况更换
气门间隙不对	调整
喷油正时不对	调整
功率调定太低	按发动机铭牌调定功率
涡轮增压器积炭	检查,必要时修理
9. 低速时发动机熄火	
燃油压力低	查明油箱中确有燃油;检查油箱与输油泵之间管路有无泄漏或凹瘪的地方,有无空气进入;检查燃油压力;检查燃油泵
怠速转速太低	调整调速器
10. 发动机转速变化突然	
调速器或燃油喷油泵失效	检查有无损坏的弹簧、连杆或其他零件;拆下调速器,检查控制连杆有无自由行程
11. 燃烧噪声大	
燃油品质差	换新油
喷油正时不对	调整
12. 配气机构有杂音	
气门弹簧或锁片损坏	换新件,锁片损坏会使气门掉进汽缸造成更严重的损坏
润滑不足	检查气门室内润滑情况,必要时清洗油路
气门过桥损坏	换新
气门间隙大	调整

续表

故障原因	排除方法
13.配气机构杂音大	
气门弹簧折断	换新
凸轮轴损坏	更换所有损坏零件,彻底清洗发动机
14.气门间隙太大	
润滑不足	检查气门室内润滑情况,必要时清洗油路
摇臂工作面磨损	换新
气门杆端磨损	换新
推杆磨损	换新
气门挺柱磨损	换新
气门过桥磨损	调整,必要时换新
凸轮轴凸轮磨损	换新
15.气门间隙太小或没有间隙	
气门座或气门接触表面磨损	修复汽缸盖
16.发动机有杂音	
连杆轴承损坏	换新
正时齿轮损坏	换新
发动机附件损坏	修理或更换
17.振动太大	
减振器或皮带轮松动	检查紧固或更换
减振器有故障	换新
发动机支架松动	紧固
着火不良或运转不平稳	见本表7
18.白烟或蓝烟过多	
发动机润滑油太多	放掉多余的油,并查明来源
喷油正时不对	调整
着火不良或运转不稳	见本表8
气门导管磨损	更换
活塞环磨损	更换
涡轮增压器油封失效	更换
19.排气中有机油	
气门室内机油太多	确保摇臂轴端有堵油塞

续表

故 障 原 因	排 除 方 法
气门导管磨损	更换
活塞环磨损	更换
20. 机油消耗量大	
发动机机油多	放掉多余机油,并查明来源
机油泄漏	找出泄漏处,检查呼吸器是否脏污
机油温度高	检查机油冷却器是否正常
气门室内机油太多	确保摇臂轴端有堵油塞
气门导管磨损	修理
活塞环磨损	更换
21. 黑烟或灰烟多	
进气不足	检查空气滤清器是否堵塞
喷油器有故障	换新
喷油正时不对	调整
22. 机油压力低	
机油滤清器或机油冷却器脏污	检查旁通阀,清洗芯管
润滑油中有柴油	找出柴油从何处进入
摇臂与摇臂轴之间的间隙太大	检查气门室中的机油,必要时换新件
机油泵吸油管有故障	换新
压力调节阀不关闭	清洗阀体,必要时换新
机油泵有故障	修理或更换
曲轴轴颈与轴瓦之间的间隙过大	检查轴瓦,必要时更换
凸轮轴轴颈与轴承套之间的间隙太大	必要时更换凸轮轴和轴承套
机油压力表失效	安装新表
23. 机油中有冷却液	
机油冷却器芯管损坏	换新
汽缸垫损坏	检查汽缸套突出量,换新垫
汽缸盖有裂纹或损坏	换新
汽缸体有裂纹或损坏	换新
缸套阻水圈损坏	换新
24. 冷却系统中有机油	
机油冷却器芯管损坏	换新

续表

故障原因	排除方法
汽缸垫损坏	检查汽缸套突出量,换新垫
25.冷却液温度高	
冷却液不足	补充冷却液
节温器或水温表有故障	检查,必要时换新
水泵有故障	修理
喷油正时不对	调整
26.排气温度高	
进气系统漏气	检查进气歧管压力,消除漏气
排气系统漏气	找出漏气原因,进行修理
进气或排气系统堵塞	消除堵塞
喷油正时不对	调整

本节所有数据适用于系列号为 5KJ1 型以上的发动机。

第三节 CAT3512 柴油机修理规范

一、设备维修

(一)零部件维修

1. 汽缸盖

1)拆卸要点

(1)放净冷却液。

(2)拆下燃油管线。

(3)拆下凸轮观察盖,便于拆除燃油制控制杆。

(4)拆下气门室盖。

(5)拆下摇臂轴。

(6)拆下喷油器。

(7)拆下冷却液管。

(8)拆下进气管。

(9)松开缸盖螺栓、拆下缸盖(缸盖重47kg)。

(10)取下隔板的垫子。

(11)取出气门挺杆。

(12)用专用工具拆下气门。注意,如果气门可以重新使用,必须做好标记(标在缸上),不可装错。

(13)拆下气门导管(用锤子敲出气门导管)。

(14)拆下气门座圈(用专用拉拔器拉出)。

2)安装要点

安装过程与拆卸相反:

(1)气门座圈:冷冻座圈,然后将其装入。

(2)气门导管。

(3)挺杆。注意,挺杆一旦从缸盖中拆下,装复时必须换新。

(4)气门。注意,气门旋转盘需换新。

(5)隔板垫子。

(6)缸盖。安装时,先将干净机油涂至螺纹表面,按以下顺序拧紧:

① 全部拧到30N·m±5N·m。

② 拧到270N·m±35N·m。

③ 拧到450N·m±20N·m。

(7)安装冷却水歧管,螺钉拧紧到45N·m±7N·m。

(8)喷油器。

注意:

① O形圈需换新。

② 不能敲出喷油器弹簧。

③ 固定座拧紧力矩为65N·m±7N·m。

(9)摇臂轴。

(10)燃油控制杆。

3)气门和气门弹簧的检查与维修

气门和气门弹簧的检查与维修见表3-21和表3-22。

表3-21 气门的检查与维修　　　　　　mm

检查项目	标准值	极限值	维修措施	检查方法
挺杆直径	29.000±0.010	—	更换挺杆	测量
汽缸盖挺杆孔内径	30.000±0.025	—	更换汽缸头	测量

续表

检查项目	标准值	极限值	维修措施	检查方法
气门导管高度	26.00 ± 2.00	—	更换汽缸头	测量
气门导管内径	9.487 ± 0.025	9.540	更换汽缸头	测量

表 3-22 气门弹簧的检查与维修   mm

检查项目			标准值	极限值	维修措施	测量方法
气门弹簧	自由长度	外	62.50	—	更换弹簧	测量
		内	51.54	—	更换弹簧	测量
	外径	外	43.96	—	更换弹簧	测量
		内	29.24	—	更换弹簧	测量
	弯曲量	外	—	2.18	更换弹簧	测量
		内	—	1.83	更换弹簧	测量
气门杆直径			9.441 ± 0.008		更换气门	测量
气门头直径			56.00 ± 0.15		更换气门	测量
气门面角度			29.25° ± 0.25°		更换气门	测量
座圈角度			30.25° ± 0.50°		更换气门	测量
座圈孔直径(汽缸盖)			60.000 ± 0.025		更换汽缸头	测量
座圈外径			60.119 ± 0.015		更换	测量
气门间隙		进	0.38	—	调整	测量
		排	0.76	—	调整	测量
摇臂轴外径			37.048 ± 0.013		更换摇臂轴	测量
摇臂衬套内径			37.140 ± 0.015		更换衬套	测量
汽缸盖高度			142.00 ± 0.015		更换汽缸盖	测量
隔板厚度			12.313 ± 0.025		更换隔板	测量
垫片厚度			0.208 ± 0.025		更换垫片	测量

2. 活塞与连杆

1）拆卸要点

(1) 松开连杆螺栓,取出连杆瓦盖。注意,每组连杆需做好记号(缸数、连杆和瓦盖组合)。

(2) 由下往上推出活塞和连杆。

(3) 用专用工具取下活塞环。

(4) 取下活塞销。

2）安装要点

(1) 清洗环槽。

(2) 安装活塞环。注意,"up"标记一面朝上,并且3道环开口互成120°。

(3) 安装活塞销。注意,确认卡簧完全卡入槽中。

(4) 安全活塞。环上涂抹机油,用专用工具装入。

(5) 安装连杆。连杆螺栓拧紧方法如下:

① 拧紧4和5到90N·m±5N·m。

② 拧紧6和7到90N·m±5N·m。

③ 拧紧4和5到90N·m±5N·m。

④ 拧紧6和7到90N·m±5N·m。

⑤ 每个螺栓转角90°±5°。

连杆螺栓的位置见图3-28。

图3-28 连杆螺栓的位置

3）活塞与连杆的检查与维修

活塞与连杆的检查与维修见表3-23。

表3-23 活塞与连杆的检查与维修　　　　mm

检查项目	标准值	维修措施	检查方法
连杆销突出量	3.5~4.5	更换连杆销	测量
连杆孔径	143.028±0.015	更换连杆	测量
活塞销衬套内径	69.992~70.008	更换	测量
连杆轴承尺寸	135.133~135.194	更换轴瓦	测量
连杆瓦与曲轴之间的间隙	0.107~0.218	—	
活塞销直径	69.957~69.967	更换	测量

续表

检查项目			标准值	维修措施	检查方法
活塞环	环槽宽度	汽环1	—	—	—
		汽环2	—	—	—
		油环	5.050±0.013	更换活塞	测量
	厚度	汽环1	—	—	—
		汽环2	—	—	—
		油环	4.068±0.013	更换活塞	测量
	端隙	汽环1	0.80±0.20	更换活塞	测量
		汽环2	0.80±0.20	更换活塞	测量
		油环	0.56±0.12	更换活塞	测量
连杆瓦尺寸		标准	135.00±0.025	更换	测量
		加大1	134.370±0.025	更换	—
		加大2	133.730±0.025	更换	—

3. 汽缸套

1）拆卸要点

做好记号后,拆出汽缸套。

2）安装过程

（1）更换新的缸套密封圈,安装时涂上机油。

（2）检查缸体平度：<0.05mm。

（3）确认每个缸套记号,装于原来缸体中。

3）汽缸套的检查与维修

汽缸套的检查与维修见表3-24。

表3-24 汽缸套的检查与维修　　　　　mm

检查项目	标准值	维修措施	检查方法
汽缸套内径	170.025±0.025	更换	测量
法兰厚度	12.65±0.02	更换	测量

4. 曲轴

1）拆卸要点

(1)拆下主轴承盖,每个重16kg。

(2)拆下中间轴承上的止推瓦(两片)。

(3)在曲轴前后端装入螺栓,吊出曲轴,轴重545kg。

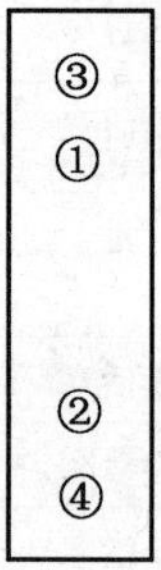

2)安装要点

(1)将瓦装入上瓦座。注意,上瓦带有油道孔,内表面涂抹机油。

(2)装入曲轴。注意,将曲轴上带有"Front"的一端朝前。

(3)拧紧瓦盖。将曲轴瓦盖螺栓涂抹机油后拧入,如图3-29所示,由①~④的顺序拧紧至136N·m±14N·m,再拧转角180°±5°。

图3-29 紧瓦盖的顺序

(4)装入止推瓦。将浸了机油的止推瓦装入,再按步骤(3)拧紧瓦盖。

3)曲轴轴径的检查与维修

曲轴轴径的检查与维修见表3-25。

表3-25 曲轴轴径的检查与维修   mm

检查项目		标准值	维修措施	检查方法
曲轴端隙		0.17~0.63	更换曲轴	测量
曲轴瓦尺寸	标准	160.000±0.025	磨轴	测量
	加大1	159.370±0.025	磨轴	测量
	加大2	158.730±0.025	更换	测量

5. 回油泵

1)拆卸要点

(1)拆下油底壳。

(2)拆下同油管。

(3)拆下回油泵。

2)安装要点

(1)安装机油泵。注意,O形密封圈一定不要损坏。

(2)装回油管。

(3)安装油底壳。

3)回油泵的检查与维修

回油泵的检查与维修见表3-26。

表3-26 回油泵的检查与维修

检查与调整	标准值	维修措施	检查方法
齿轮长度	110.000±0.015	更换齿轮	测量
齿轮座孔深度	110.15±0.02	更换	测量
齿轮轴直径	31.742±0.008	更换	测量
齿轮轴衬套内径	31.837±0.070	更换	测量
轴端距齿轮面距离	34.0±0.5	更换	测量

6. 节温器

1)拆卸要点

(1)拆开进、排水管。

(2)松开节温器壳体螺栓。

(3)吊下节温器壳体。

(4)取出节温器。

2)安装要点

(1)安装节温器。注意,节温器弹簧一侧向上。

(2)安装壳体。

(3)连接进、排水管。

3)节温器的检查与维修

节温器的检查与维修见表3-27。

表3-27 节温器的检查与维修

检查项目	标准值	维修措施	检查方法
开启温度,℃	92	更换	测量
最小开启行程,mm	9.53	更换	测量

7. 水泵

1）拆卸要点

（1）放水。

（2）拆下回水管。

（3）拆下水泵,泵重34kg。

2）安装要点

（1）安装水泵。注意,确保垫子和O形圈都在正确的位置。

（2）安装泵管线。

3）水泵的检查与维修

水泵的检查与维修见表3-28。

表3-28 水泵的检查与维修

检查项目	标准值	维修措施	检查方法
叶轮拧紧力矩,N·m	200±25	—	测量
泵壳螺栓拧紧力矩,N·m	27±4	—	测量
叶轮与壳体之间的间隙	0.62~1.39mm	更换叶轮	测量

8. 机油泵

1）拆卸要点

（1）拆下冷却器。

（2）拆下机油泵,泵重39kg。

（3）拆下泵盖。

（4）压下齿轮。

2）安装要点

（1）加热齿轮到316℃,装入轴中。

（2）安装壳体。注意,销子需全部对正,调压阀需涂抹机油。

3）机油泵的检查与维修

机油泵的检查与维修见表3-29。

表 3-29　2W5477 型机油泵的检查与维修

检查项目		标准值	维修措施	检查方法
齿轮宽度	mm	84.000±0.015	更换齿轮	测量
泵体深度		84.150±0.020	更换泵体	测量
齿轮轴直径		31.742±0.008	更换轴	测量
齿轮衬套内径		31.811±0.93	更换衬套	测量
销钉距壳体距离		6.0±0.5	更换	测量
惰轮轴端距齿轮面距离		34.0±0.5	更换	测量
驱动轴端距齿轮面距离		47.0±0.5	更换	测量
衬套安装深度		1.5±0.5	更换	测量
调压阀弹簧	测试力下的长度,mm	117.9	更换	—
	测试力,N	490±27	更换	—
	自由长度,mm	152.9	更换	—
	外径,mm	27.00	更换	—

9. 涡轮增压器

1）拆卸要点

（1）松开卡箍拆下外壳。注意,拆前需在壳体上做好记号,便于装配,不要对叶轮施加侧向力。

（2）将增压器放于专用工具上（垂直放置）,松开叶螺母。

（3）取下密封环。

（4）取下止推轴承及垫片。

2）安装要点

（1）安装止推轴承。注意,涂抹机油。

（2）安装密封环。注意,两道环开口互成180°。

（3）安装叶轮。拧紧叶轮螺栓到14～17N·m,转动叶轮再松开螺母,然后拧紧到3.5N·m,再转角120°。

（4）安装壳体。壳体卡箍紧到14N·m±1.5N·m。

3）TV91型涡轮增压器的检查与维修

TV91型涡轮增压器的检查与维修见表3-30。

表 3-30　TV91 型涡轮增压器的检查与维修　　　　　　　mm

检查项目	标准值	维修措施	检查方法
轴承内径	21.585~21.595	更换轴承	测量
叶轮轴直径	21.539~21.549	更换叶轮	测量
壳体内径	30.594~30.607	更换壳体	测量
轴承外径	30.467~30.480	更换轴承	测量
轴端隙	0.165±0.063	更换止推瓦	测量

10. 喷油器

1) 拆装要点

(1) 松开紧固架。

(2) 拉出喷油器。注意,不要敲击弹簧或碰弯加油齿条。

2) 安装要点

(1) 安装喷油器。注意,O 形圈需全部换新。

(2) 安装紧固架:

① 全部拧紧后,加油齿条能自由移动。

② 螺母紧到 65N·m±7N·m。

3) 喷油器的检查与维修

(1) 漏泄量:将喷油器压力升至 13000~15000kPa 保持,在不到 7min 时间里,压力不致降到 12500kPa。

(2) 检查各喷孔有无堵塞。

(3) 针阀开启压力:针阀开启压力为 3100~4100kPa,如不在此压力范围内,切勿再使用此喷油器。

(4) 喷头池漏:把试验装置快速泵到刚足以使表上压力保持在 10000~14000kPa 之间,使用秒表对喷油器进行 30s 直观检查。

要求:30s 内不能从喷油器喷头上落下超过 15 滴的油。

(二) 组装调试

调整气门间隙

(1) 确定第 1 缸活塞上止点的位置:

① 从飞轮壳体右前方卸下位于启动机上方的盖子和定时孔塞。

② 把定时螺栓(固定盖子于飞轮壳体上的长螺栓)穿过飞轮壳体内的

定时孔,转动发动机,直到定时螺栓与飞轮内螺孔接合为止。

注意,如果飞轮转动超过接合点,必须把飞轮按相反于发动机正常运转的方向转动约30°角,然后把飞轮按发动机正常运转的方向转动,直到定时螺栓与螺孔接合为止,这么做可以消除齿间的间隙。

③ 卸下第1缸的气门室盖。

④ 如果第1活塞在压缩冲程,可用手移动气门摇臂,如不能则处于排气冲程,此时必须再转360°。

点火顺序见表3-31。

表3-31 点火顺序

点火顺序(从飞轮端看)	
逆时针旋转	顺时针旋转
1-4-9-8-5-2-11-10-3-6-7-12	1-12-9-4-8-5-11-2-3-10-7-6

(2)凸轮轴定时:

① 从发动机两侧卸下后凸轮轴盖。

② 参阅"确定第1缸活塞上止点的位置"。

③ 当1缸处于压缩冲程上止点时,应能看到凸轮轴后部的定位槽。

④ 此时将定时销从其各储存位置卸下。

⑤ 把定时销通过发动机内的孔,装入位于发动机每侧凸轮轴内的槽中,为了使发动机能正确定时,定时销必须进入每个凸轮轴的槽内。

⑥ 如果定时销不在两个凸轮轴的槽内接合,发动机就不能按时喷油,此时需调整凸轮轴。

注意,如果凸轮轴位移超过18°角(近似1/2横宽),气门就会与活塞接触,会造成发动机的严重损坏。

(3)喷油定时:测量喷油器从动件到凸肩的距离,数值由发动机铭牌提供。

(4)喷油同步:

① 拆下同步螺栓及垫圈将其拧入旋塞处的螺孔中。

② 转动制动器到"供"油位置,直至顶到同步螺栓,将制动器固定。

③ 把同步量规放在喷油器体和齿条端部之间的喷油齿条圆柱部分,用一螺丝刀调整操纵杆,直到量规刚好贴到喷油体及齿条端部为止。

(三)竣修检验

各部件符合原技术要求。

(四)维修记录

填写3512大修卡,见表3-32。

表3-32 3512大修卡

运行单位		日期	
订单号		工作小时	
发动机系列号		数量	
发动机型号		工号	
出产厂家		:	

维修原因:_____

.

最高小时:_____

损坏及丢失零件说明:_____

.

部件名称	新	修复	更换	数量	探伤	尺寸	备注
机架							
水箱管							
汽缸盖							
气门							
气门座							
气门锁片							
气门弹簧							
汽缸体							
汽缸套突出量							
汽缸套							
气门摇臂							
喷油器							
喷油器臂							
气门桥							

续表

部件名称	新	修复	更换	数量	探伤	尺寸	备注
挺杆							
凸轮轴							
连杆							
曲轴							
机油冷却器							
水泵							
油泵							
涡轮增压器							
输油泵							
风扇							
调速器							
启动机							
测试报告：							

二、设备出厂

（一）性能要求

输出功率：+5%～－3%。

油耗：+2.5%～－3%。

额定转速：±10r/min。

额定转速检查时允许偏差：±25r/min。

高怠速检查时允许偏差：+40～－80r/min。

低怠速检查时允许偏差：±30r/min。

进气管压力检查允许范围：±10%。

发动机工作温度:92℃。

主油压力:20~60psi❶。

各部位无渗漏,无敲击声。

(二)试运转

试运转1h,无渗漏、无异响。

三、设备维修标准

(一)一般标准

(1)清洁。

(2)穿戴工作鞋、工作服、防护眼镜、手套。

(3)采用适当起重设备。

(4)严格按规范步骤进行拆装。

(5)拆下零件应按次序放在指定容器中,不得随地丢放。

(二)正常大修必须更换的零部件

(1)密封件(水封、油封、密封垫)。

(2)活塞环。

(3)主轴瓦、连杆瓦、止推瓦。

(4)球轴承。

(5)气门转盘。

(6)节温器。

(7)排气管螺钉。

(8)各种橡皮管。

(三)检查修复后可再用的零部件

(1)汽缸套、机体、隔板、汽缸盖、油底壳、飞轮、大部分螺钉。

(2)连杆、活塞、活塞销、曲轴、凸轮轴、气门机构、喷油器机构、燃油杆

---

❶ 1psi=6.89kPa。

系、齿轮系。

（3）增压器、机油泵、输油泵、水泵、喷油器、调速器、减振器、启动机。

（4）凸轮轴瓦、齿轮系轴承。

（5）机油冷却系芯、中冷器芯。

（四）一般检验原则

（1）目测：裂缝、变色、变形、抛光、凹坑、麻点、划痕、割痕。

（2）工具测量：长度、高度、深度、宽、角度、倒角、内径、外径、间隙、侧隙、轴隙。

（3）探伤。

四、CAT3512 柴油机的常见故障与排除方法

CAT3512 柴油机的常见故障与排除方法见表 3-33。

表 3-33　CAT3512 柴油机的常见故障与排除方法

故　障　原　因	排　除　方　法
1. 启动开关接通时,发动机不转	
预润滑泵的机油压力开关失效	更换开关
蓄电池输出电量低	见本表 3
接线或开关有故障	见本表 3
启动机电磁线圈有故障	见本表 3
启动机有故障	见本表 3
发动机内部问题造成曲轴不能转动	如分离驱动设备后,曲轴仍不能转动,则拆下喷油器检查汽缸内的状况;如问题不在这里,则需拆开检查发动机
2. 发动机启动不起来	
曲轴转速低	见本表 3,4,5
燃油滤清器脏	更换
燃油输油管堵塞或破裂	清洗或更换油管
燃油压力低	启动时燃油压力必须大于 20kPa
不供油	向燃油箱加油,向系统供油(排除空气)
喷油正时不对	调整喷油正时
3. 启动机不转	

续表

故障原因	排除方法
蓄电池电量低	充电或更换
接线或开关有故障	修理或更换
启动机电磁线圈有故障	换新线圈
启动机有故障	修理或更换
4. 发电机不充电	
皮带松	调整皮带
充电电路或接地回路或蓄电池接线故障	检查导线或节点,更换失效零件
碳刷失效	更换碳刷
转子故障	更换转子
5. 交流发电机充电率不稳	
皮带松	调整皮带
充电电路或接地回路或蓄电池接线故障	检查导线或节点,更换失效零件
电压调节器失效	更换
6. 发电机有杂音	
皮带磨损或破裂	换新皮带
皮带轮松动	检查、更换
轴承磨损	安装新轴承
7. 发动机着火不良或运转不平稳	
燃油压力低	查明油箱中确有燃油;检查油箱与输油泵之间的管路有无泄漏或凹瘪的地方,有无空气进入;检查燃油压力;检查燃油泵
燃油系统中有空气	通常由燃油泵吸入端进空气
高压油管泄漏	换新
气门间隙不对	调整
喷油正时不对	调整
8. 功率不足	
燃油品质差	加入优质燃油
燃油压力低	查明油箱中确有燃油;检查油箱与输油泵之间的管路有无泄漏或凹瘪的地方,有无空气进入;检查燃油压力;检查燃油泵
进气系统漏气	检查进气歧管压力,检查空气滤清器是否堵塞
调速器连杆	检查是否能够达到全行程,视情况更换

续表

故障原因	排除方法
气门间隙不对	调整
喷油正时不对	调整
功率调定太低	按发动机铭牌调定功率
涡轮增压器积炭	检查,必要时修理
9. 低速时发动机熄火	
燃油压力低	查明油箱中确有燃油;检查油箱与输油泵之间的管路有无泄漏或凹瘪的地方,有无空气进入;检查燃油压力;检查燃油泵
怠速转速太低	调整调速器
10. 发动机转速变化突然	
调速器或燃油喷油泵失效	检查有无损坏的弹簧、连杆或其他零件;拆下调速器,检查控制连杆有无自由行程
11. 燃烧噪声大	
燃油品质差	换新油
喷油正时不对	调整
12. 配气机构有杂音	
气门弹簧或锁片损坏	换新件,锁片损坏会使气门掉进汽缸造成更严重的损坏
润滑不足	检查气门室内润滑情况,必要时清洗油路
气门过桥损坏	换新
气门间隙大	调整
13. 配气机构杂音大	
气门弹簧折断	换新
凸轮轴损坏	更换所有损坏零件,彻底清洗发动机
14. 气门间隙太大	
润滑不足	检查气门室内润滑情况,必要时清洗油路
摇臂工作面磨损	换新
气门杆端磨损	换新
推杆磨损	换新
气门挺柱磨损	换新
气门过桥磨损	调整,必要时换新

续表

故障原因	排除方法
凸轮轴凸轮磨损	换新
15. 气门间隙太小或没有间隙	
气门座或气门接触表面磨损	修复汽缸盖
16. 发动机有杂音	
连杆轴承损坏	换新
正时齿轮损坏	换新
发动机附件损坏	修理或更换
17. 振动太大	
减振器或皮带轮松动	检查紧固或更换
减振器有故障	换新
发动机支架松动	紧固
着火不良或运转不平稳	见本表7
18. 白烟或蓝烟过多	
发动机润滑油太多	放掉多余的油,并查明来源
喷油正时不对	调整
着火不良或运转不稳	见本表8
气门导管磨损	更换
活塞环磨损	更换
涡轮增压器油封失效	更换
19. 排气中有机油	
气门室内机油太多	确保摇臂轴端有堵油塞
气门导管磨损	更换
活塞环磨损	更换
20. 机油消耗量大	
发动机机油多	放掉多余机油,并查明来源
机油泄漏	找出泄漏处,检查呼吸器是否脏污
机油温度高	检查机油冷却器是否正常
气门室内机油太多	确保摇臂轴端有堵油塞
气门导管磨损	修理
活塞环磨损	更换
21. 黑烟或灰烟多	

续表

故 障 原 因	排 除 方 法
进气不足	检查空气滤清器是否堵塞
喷油器有故障	换新
喷油正时不对	调整
22. 机油压力低	
机油滤清器或机油冷却器脏污	检查旁通阀,清洗芯管
润滑油中有柴油	找出柴油从何处进入
摇臂与摇臂轴之间的间隙太大	检查气门室中的机油,必要时换新件
机油泵吸油管有故障	换新
压力调节阀不关闭	清洗阀体,必要时换新
机油泵有故障	修理或更换
曲轴轴颈与轴瓦之间的间隙过大	检查轴瓦,必要时更换
凸轮轴轴颈与轴承套之间的间隙太大	必要时更换凸轮轴和轴承套
机油压力表失效	安装新表
23. 机油中有冷却液	
机油冷却器芯管损坏	换新
汽缸垫损坏	检查汽缸套突出量,换新垫
汽缸盖有裂纹或损坏	换新
汽缸体有裂纹或损坏	换新
缸套阻水圈损坏	换新
24. 冷却系统中有机油	
机油冷却器芯管损坏	换新
汽缸垫损坏	检查汽缸套突出量,换新垫
25. 冷却液温度高	
冷却液不足	补充冷却液
节温器或水温表有故障	检查,必要时换新
水泵有故障	修理
冷却液中有燃烧气体	找出渗漏处
冷却系统负荷过重	降低负荷
喷油正时不对	调整
26. 排气温度高	
进气系统漏气	检查进气歧管压力,消除漏气
排气系统漏气	找出漏气原因,进行修理
进气或排气系统堵塞	消除堵塞
喷油正时不对	调整

第四节　MWM–TBD234 柴油机修理规范

一、零部件检验与维修

(一)连杆的检修

连杆是十分重要的部件,它将活塞的往复力转换为曲轴的旋转力矩。当大修柴油机或发生相关故障时,必须检查连杆。

1. 拆检步骤(单缸拆检、修理)

(1)先放尽冷却水,以防拆缸盖时冷却水流入燃烧室。

(2)拧下待检缸的进、排气管螺栓,再全部松开(不必取下)此列排气管螺栓,将排气管拉开一点。

(3)拆除缸盖罩和摇臂座,取出气阀推杆。

(4)均匀拆下缸盖螺栓,在缸盖上拧上两个螺栓或吊环(M10),拔下缸盖,允许用橡皮锤震松缸盖。

(5)拆下油底壳,盘车到合适位置,拆下连杆盖。

(6)清除缸套上部积炭后,用软材料长棒将连杆、活塞顶出缸套。

注意:① 用布或黄油防止积炭落入活塞与缸套缝隙中。

② 不得刮伤缸套。

③ 不得碰撞缸套和冷却喷嘴。

④ 做好各缸记号,不能搞乱。

(7)取出活塞销一边锁环,推出活塞销,取下连杆。

(8)检修连杆瓦:

① 瓦面有严重划伤、磨损或镀层脱落现象,应换新。

② 连杆轴颈表面有磨痕、粘结、划伤,其表面平整度达不到 $\sqrt{R1.6}$,应拆下曲轴,磨修曲轴或抛光修理,但其配合间隙要保证。

③ 如达到或接近(大修)磨损极限值,必须换新。连杆磨损极限参数见表 3–34。

表 3-34 连杆磨损极限参数表

项目	新装机,mm	磨损极限,mm
连杆大孔(不带瓦)	$\phi 98_0^{+0.022}$	—
连杆大孔(带瓦)/瓦厚	实测,$3_{-0.035}^{-0.024}$	实测
配合径向间隙	0.09~0.135 min0.075,max 0.150	0.185
椭圆度	0.035	0.055
锥度	0.025	0.045
大端单面侧隙	0.5~0.8	1.2
连杆衬套	$\phi 50_{+0.09}^{+0.144}$	$\phi 50.20$
椭圆度	0.025	0.06
锥度	0.025	0.06
配合径向间隙	0.09~0.15	0.21
衬套与连杆孔平行度	0.01	0.025

(9)检修连杆衬套:若连杆衬套有严重划伤或内径孔尺寸达到或接近(大修)磨损极限值,以及连杆衬套与连杆孔平行度超差,必须换新(连杆杆身变形,必须换新)。连杆衬套的检修方法如下:

① 用压衬工具压出连杆衬套。

② 将新的连杆衬套放到液氮中冷却 1~2min 后,压入连杆座孔中,其油孔应能用 $\phi 6mm$ 的检验棒插入。

③ 按要求找正后,精镗连杆衬套内孔,并保证尺寸要求。

注意:① 大修或发生重要故障,应对连杆进行磁力探伤检查。

② 若连杆有严重碰伤、边烧或裂纹,应换连杆。

③ MWM-TBD234 柴油机连杆共有 16 个质量组别,从 3500~3900g,每组以 25g 分挡。要求一台机必须用同一质量组别的连杆。因此,用户向厂家订购连杆必须查清连杆质量组别编号。在连杆杆身用稀盐酸写 1,2,3……字样的号码即为质量组别编号。如无法查知,只能购买 7,8,9 中间挡。

2. 装配注意事项

(1)清洗干净各零件,保证配合间隙,按原位装配连杆,活塞不能搞乱。

(2)连杆与活塞组装时,其连杆拐向与活塞顶部箭头指向相反,而与活塞裙部缺口方向一致。

(3)大修时,连杆瓦的定位弹性销应换新,从外向里打入,露出高度为 $2_0^{+0.3}$mm。

(4)活塞环开口方向相邻的环相错 120°,组合刮油环开口与弹簧涨圈接口相错 180°,用专用导套从缸套推入。

注意:① 活塞侧面和缸套擦净后,多涂些 14# 机油。

② 推入时,连杆不能碰撞曲轴。

③ 活塞顶部箭头指向机体轴线,而裙部缺口对准冷却喷嘴。

(5)连杆瓦与连杆座孔擦洗干净,瓦背不能涂油,瓦的定位缺口与定位销对准,上、下瓦必须对齐。瓦面与连杆螺栓涂 14# 机油,连杆盖与连杆上的配对号必须装在同一侧。安装前,最好先预装压紧,拆下带瓦一起安装。

(6)拧紧连杆螺栓时,先将连杆盖轻打,使定位齿啮合好后,再均匀预紧,其扭矩为 90N·m;做好记号,再拧 60°,即一个螺栓棱面,用手能灵活晃动连杆大端。

(7)若拆动冷却喷嘴,重装时必须在活塞下死点对准活塞的进油孔,转动曲轴检查连杆大头,活塞与冷却喷嘴应有一定安全间隙(不大于 1.5mm)。

(8)装好缸盖。

(9)按拆卸反顺序装上各零部件,其 O 形圈、密封垫片应换新,排气管螺栓涂防粘结剂。

(二)活塞组件的检修

活塞是将燃料燃烧的热能,通过连杆传递给曲轴转换为机械动能的重要运动件。它在高温、热负荷冲击的恶劣环境下工作。其冷却是通过冷却喷嘴喷射的机油和活塞环传递给缸套热量以及扫气的方式来达到的。MWM-TBD234 柴油机活塞上有两道气环和一道组合刮油环来密气、布油、刮油。若进气不干净、油料牌号不对、含杂高和燃烧不良所产生的积灰、高温,都会加快活塞、活塞环的磨损和损坏,应提前检修。

1. 拆检步骤

(1)按连杆拆检步骤(1)~步骤(7),拆下活塞组件。

(2)做好各缸顺序标号,将活塞清洗干净,对积炭可在金属清洗剂中加热到 60~80℃ 浸泡,用软木、毛刷清洗。注意,用软木清除积炭,必须沿圆周方向刮,以防划伤加工纹路。

(3)检查活塞、活塞环、活塞销的磨损情况,接近或达到磨损极限,应换新件。

(4)若活塞环接触带不连续,有拉伤应换新;Ⅰ号、Ⅱ号气环的接触带宽度占环宽的2/3以上应换新;Ⅲ号刮油环刮油面磨损达到1mm宽时,应换新。

(5)测量活塞环开口尺寸时,可将活塞环装到新缸套或清洗干净(积炭清除)、无磨损的缸套上部用塞尺测量。

(6)一般大修机时,有条件的活塞应作银粉探伤检查,有裂纹必须换新。

2. 装配注意事项

(1)用活塞环钳装上各道活塞环。活塞环应能在槽中灵活转动,不卡滞,并保证其侧隙。

注意:① Ⅰ号、Ⅱ号气环有字(TOP)面向上(活塞顶为上),若无字,则不分反正。

② Ⅲ号刮油环中的弹簧涨圈接口用钢丝穿好与刮油环开口相错180°。

(2)活塞销可在20℃以上的常温下涂少量机油装入座孔中,手感不应换有径向间隙;为方便装配,允许将活塞均匀加热到40~50℃。

(3)装锁环时,不能损伤座孔;可先装连杆销,后装锁环,这样就不易损伤座孔 。

(4)按拆卸反顺序重装。

注意:冷却喷嘴是在专用试验装置上校正的,修理时不得随意弯校。若有碰撞痕迹、裂纹,必须换新。

(三)缸套的检修

缸套与活塞组件、缸盖形成封闭的燃烧室,其内部受热负荷冲击及活塞环、活塞的摩擦和撞击,并通过外部冷却水冷却。为了减小活塞的摩擦,缸套内壁加工成带有相互交叉的珩磨网纹,以便存油。若缸套磨损严重或达到中修期(5000~10000h),必须拆检缸套。

1. 拆检步骤

(1)按拆检连杆步骤先拆下缸盖,盘车初步检查缸套磨损情况;需要拆下缸套检修时,再进一步分解。

(2)用专用拔缸套工具,拔出缸套。注意,不得碰到冷却喷嘴。

(3)检查、测量缸套的磨损情况,若达到或接近磨损极限,应换新缸套。

注意:① 用汽缸百分表测量时,最好在千分尺上对表"0"位(ϕ128mm);也可在缸套上部无磨损处,擦净(无积炭)对表,但测量值只能供参考。

② 在2~3个测量带上沿轴线及垂直两方向测,计算平均内径值和椭圆度。

(4)缸套的修理:

① 对磨损严重、珩磨网纹磨光或拉伤较多的缸套,其内径尺寸小于ϕ128.15mm,可重新珩磨修理,直至有清晰的50°~60°的网纹。注意,珩磨时,上、下磨损较小两处要多珩磨几下,使尺寸尽量一致,但内径应大于ϕ128.25mm,否则换新或短时间使用。

② 如果珩磨网纹清晰,只有较轻的拉缸或划伤现象,可重新珩磨修理;若无条件,可用较粗的80~100号砂布,顺网纹来回交叉大面积磨修,直至伤痕被网纹盖住,但椭圆度应不大于0.08mm。

珩磨举例:如珩磨转速为150r/min,升降频率为:1次(来回)/s至0.75次/s。

(5)对缸套外壁有穴蚀、生锈、结垢现象,但不太严重,清理后可继续使用,但冷却水必须按要求添加NL浮化油。

2. 装配注意事项

(1)清洗缸套积炭时,应先浸泡,后用软木、毛刷清洗,以防划伤缸套。

(2)缸套O形圈必须换新,并涂黄油,其座孔应擦净。

(3)缸套装入时允许用橡皮锤打入,最好用手扳住一侧,而打另一侧,以使缸套平正压入。

(4)按装配连杆、缸盖的要求,装好连杆、活塞和缸盖及外部零部件等。

(5)将机油全部放尽(拆前放出,若更换时间不到,继续使用),将底壳清洗干净,重新加机油运转一段时间,停车后检查机油中是否有水;方法为:从油底壳最低处放出些机油沉淀后再倒出多余的机油,留一点用棉纱等物蘸蘸,点燃,如有"噼啪"声,说明机油中有水,应继续查找原因,修理。

(四)曲轴的拆检

曲轴是对外输出扭矩的重要零件,它承受很大的扭矩和冲击负荷。MWM-TBD234柴油机主轴承和连杆轴承,均采用浮动式薄壁轴承瓦。为了建立良好的油膜润滑,就必须保证合适的径向间隙和椭圆度。当柴油机大修或主轴瓦磨损严重(间隙过大,油压低)、损坏时,应拆检曲轴及主轴瓦等零件。

1. 拆检步骤

(1)油、水放尽后,拆掉外部零部件及前、后端盖、连杆等。

(2)用磁力表架和百分表测量曲轴轴向间隙和各齿轮啮合间隙,若达到或接近磨损极限时,应更换止推圈和各齿轮。

(3)均匀拧下主轴承盖螺栓(不取出),用拉拔器将其拉出,或用橡皮锤两侧边打边拉取下。

(4)在曲轴两端分别拧上两个飞轮螺钉,用钢丝绳平稳吊出曲轴,取下止推环。

(5)检查曲轴:大修时,必须对曲轴进行磁力探伤检查。若各轴颈有轻微划伤、磨痕,要抛光修理;若有明显划伤、磨痕或轴颈尺寸达到磨损极限,应按表3-35修理、重磨曲轴,并选配同挡轴瓦。

表3-35 曲轴轴颈分级磨修及轴瓦对应表　　mm

修理等级号	主轴颈 $^{-0.036}_{-0.058}$	主轴瓦号	主轴瓦厚 $^{-0.024}_{-0.063}$	连杆轴颈 $^{-0.036}_{-0.058}$	连杆瓦号	连杆瓦厚 $^{-0.012}_{-0.024}$
0	ϕ105.00	6.234.0.430.001.7	4.000	ϕ92.00	6.234.0.430.600.7	3.000
1	ϕ104.75	6.234.0.430.003.7	4.125	ϕ91.75	6.234.0.430.602.7	3.125
2	ϕ104.50	6.234.0.430.005.7	4.25	ϕ91.50	6.234.0.430.604.7	3.250
3	ϕ104.25	6.234.0.430.007.7	4.375	ϕ91.25	6.234.0.430.606.7	3.375
4	ϕ104.00	6.234.0.430.009.7	4.500	ϕ91.00	6.234.0.430.608.7	3.500

注意：① 测量轴颈尺寸时，必须在两个测量带、三个方向上测得，并取算术平均值。

② 每个油孔、轴颈根部都要求修圆。

(6) 主轴瓦第三层为铅锡铜合金，其厚度为 $0.22\mu m \pm 2\mu m$。若达到磨损极限，应换新或重镀修理。若有少量轻微划伤，可用光滑的圆弧金属棒涂上机油修复。

注意：① 按装配要求装好主轴瓦，拧紧螺栓。

② 测量内孔尺寸，计算其配合间隙、椭圆度、锥度。

③ 若有一项达到或接近磨损极限值，应换新瓦或选厚壁瓦。

(7) 止推环是用 GZ－Gupb15Sn(铅青铜)材料造成，它的作用是调整、保证曲轴轴向间隙；若止推环达到或接近磨损极限时，必须换新。

若曲轴与止推环的定位面有明显磨痕，应抛光修复或重磨修复（否则会加快止推环和曲轴定位面的磨损）。根据实际尺寸来单配止推环（两个环尺寸一致），以保证轴向间隙在 $0.1 \sim 0.2mm$(max0.26) 范围。注意，单配止推环，应由生产厂家按图纸加工单配。

(8) 曲轴齿轮是经软氮化处理的，如曲轴齿轮磨损达到或接近磨损极限，必须更换。曲轴齿轮是采用大过盈量装在曲轴上的，拆时必须清洗干净齿轮前端轴颈，涂少量机油（以防划伤轴颈），用拉码拉下齿轮（允许烘热齿轮）。

装齿轮时，必须先测量齿轮内孔和曲轴轴颈尺寸，以保证装配过盈量，然后将齿轮均匀加热到 $220 \sim 270 ℃$，保温 $10 \sim 15min$ 后，用专用定位工具，分别迅速地装到曲轴上。

注意：① 曲轴齿轮有严格的定位、定距要求，必须由生产厂家用专用工具装配。

② 装齿轮时，不可涂油。

2. 装配注意事项

(1) 机体、曲轴应清洗干净，特别是各油孔要用压缩空气反复吹净，并用布擦净各结合面。

(2) 主轴瓦应先预装定位，其瓦背不得涂油，上、下对齐，定位缺口对准定位销；拧紧螺栓后，再拧下，拉出轴承盖，注意上、下瓦不得错位。

(3) 在主轴颈、瓦面涂上干净的 14 号机油，将曲轴平稳吊放到座孔中，并先装2,3……挡主轴承盖(从飞轮端数为第1挡)。用橡皮锤先将轴承盖打到底,再均匀预紧各螺栓(先内后外)。

(4)将止推环两面涂上干净的锂皂化脂,分别装到第1挡两侧槽中,测量曲轴轴向间隙,保证在0.1~0.2mm(max0.26mm),然后装上带瓦、带定位半环的轴承盖(埋头螺钉拧紧后必须冲铆防松)。

(5)拧紧主轴承螺栓时,要求先用200N·m扭矩预紧(做好记号),再(分两次)拧90°,即一个半棱面。注意,拧紧螺栓顺序是同轴承盖是先内后外,整机为先中间后两端。

(6)转动曲轴检查应灵活性,无卡滞现象,再检查各平衡块与机体的间隙,应均匀,不大于1.5mm。

(7)用260N·m+10N·m扭矩检查平衡块内六角螺钉的拧紧情况。

(8)按拆卸的反顺序装好各零部件,其中O形圈、密封垫片应换新。

(五)平衡轴的检修

TBD234-V8机平衡轴质量分布是偏离中心线的不对称轴,通过二级齿轮与曲轴齿轮啮合(要求啮合标记"O"与"Ⅰ"相啮合)。它采用浮动式润滑的轴承衬套。其机油从第1挡衬套进入,通过平衡轴上的油道,流到其他轴颈润滑。由于平衡质量分布不对称,因此对衬套的磨损较快。当缺油、断油时,易造成衬套拉伤、烧结故障,如发现、修理不及时,将造成机体座孔过烧,使机体报废。在机油压力低、机油太脏、需拆油底壳检查故障以及大修时,应检查平衡轴衬套及平衡轴的磨损情况。

1. 拆检步骤(V8机)

(1)拆下油底壳、飞轮、后端盖。

(2)检查齿轮啮合间隙和平衡轴轴向间隙,若达到磨损极限值,则更换齿轮和挡板。

(3)拆下挡板,小心拉出平衡轴。注意用手托住,不可碰伤衬套,并取下中间齿轮。

(4)清洗干净零件后,检查、测量平衡轴、衬套、齿轮、轴颈、挡板的磨损情况;若达到或接近磨损极限时,应更换磨损零件。

注意:① 选择过盈量为0.035~0.05mm的衬套装配。

② 衬套在液氮中冷却时间不易长,一般为0.5~1min,取出用导向工

具迅速装入。

③ 第 1 挡衬套油孔应对准机体内侧油孔，并使 $\phi 5mm$ 的检查杆能通过，其衬套不得高出机体端面。

④ 若平衡轴、轴颈有磨痕、划伤、跳动超差，允许磨修，但要保证与衬套的配合间隙为 $0.06 \sim 0.11mm(max0.135mm)$。

⑤ 换平衡轴齿轮时，必须由生产厂家用专用定位工具装配。其齿轮需均匀加热到 $220 \sim 270℃$，保温 $5 \sim 10min$。平衡轴在定位工具上校正（指针对准平衡轴刻线）固定后，迅速装齿轮，使"1"标记的齿与定位 V 槽相啮合，并使有"1"标记的面向外。

2. 装配注意事项（V8 机）

(1) 将各零件清洗干净，油孔用压缩空气反复吹净。

(2) 涂机油后，用手托住，慢慢装入，注意不能划伤衬套，用手转动应无卡滞、灵活。

(3) 中间齿轮的"1"标记齿与平衡轴齿轮"1"标记齿相啮合，而"0"标记齿与曲轴齿轮的"0"标记齿相啮合。

(4) 挡板螺栓弹簧垫圈应换新，固紧后挡板应与平衡轴凸台有一定的间隙，而轴向间隙为 $0.05 \sim 0.20mm(min0.04mm)$；若轴向间隙太小，不得以磨挡板面来修调（因为表面化合物层太薄），只能以喷涂中间齿轮的轴颈端面加高来调大轴向间隙。

(5) 按拆卸反顺序装好各零部件，注意飞轮螺栓扭矩为 $380N·m$ 或 $200N·m + 60°$。

（六）凸轮轴、挺杆、顶杆、摇臂的检修

柴油机是通过凸轮轴、挺杆、顶杆、摇臂来控制气阀配气定时，以保证柴油机正常、可靠运转。若发生挺杆破损（油底壳有冷硬铸铁块）、顶杆弯曲（调整不当）、齿轮螺钉断等有关故障或到中修、大修时间，应拆检凸轮轴及有关零件和气阀、活塞。若顶杆弯曲，还应检查气阀、活塞。

1. 拆检步骤

(1) 拆下缸盖罩、摇臂座，拿出顶杆。

(2) 拆下前盖上的各部件和前盖、油底壳。

(3)测量凸轮轴齿轮与曲轴齿轮、高压泵传动齿轮的啮合间隙,若超过0.40mm,应更换齿轮。测量凸轮轴轴向间隙,若达到或接近磨损极限,应换止推环和凸轮轴环。

(4)拆下高压油泵传动齿轮和凸轮轴齿轮以及止推半环。

(5)将机体反转,转动凸轮轴,使挺杆脱开,即可抽出凸轮轴和挺杆。

(6)清洗各待检零件,检查、测量,若达到或接近磨损极限,应换新或修理。

注意:① 更换凸轮轴环,应将环加热到220~270℃,保温5~10min后,迅速套装,并保证环到凸轮轴端面的面尺寸($16.5_0^{+0.13}$ mm)。

② 换衬套时,应选择过盈量为0.035~0.060mm的新衬套(未精镗内孔的半成品),将其放到液氮中冷却1~2min后,迅速装到座孔中,其油孔应对准机体油道孔;再将挺杆油路堵头(8件)取下,钻通两端凸轮轴衬套与A、B两列挺杆油道;然后按要求精镗衬套内孔,修圆各油孔锐边,清洗干净后,打下铝堵头。

③ 若凸轮轴轴颈磨损严重,允许重磨、抛光修复,其轴颈最小尺寸为$\phi 54.62$mm,并将各轴孔锐边修圆(R2)。按轴颈实际尺寸,精镗衬套内孔,保证配合间隙为0.06~0.11mm(max0.15mm)。

④ 挺杆装到座孔中,手感有明显的径向间隙时应换新,其底面有明显磨痕、龟裂、裂纹,必须换新。

⑤ 顶杆若有弯曲(不允许重新校直)、内腔堵死、球头部磨损严重,必须换新。一般顶杆球头与挺杆、调节螺钉的接触面,在球头顶部50%以上有连续的接触带或接触面为佳。若球头全部接触或接触带偏下为不理想,在大修时最好更换。

⑥ 大修时,应更换摇臂调节螺钉和挡圈。

2. 装配注意事项

(1)在挺杆球坑中加满14#机油,用拇指按压,其油槽处的油孔应能顺利流出机油,以检查挺杆油孔的畅通;装到座孔中、上、下转动都能灵活、无卡滞,装上凸轮轴用手转动应灵活、无卡滞。

(2)固定止推半环和凸轮轴齿轮的螺钉最好涂少量的GY-168密封胶防松(螺纹必须除油)。

(3)凸轮轴固定螺钉扭矩为90~95N·m(如螺钉涂胶防松,扭矩可为

80~85N·m,拧紧前应先用橡皮锤将齿轮打到底,拧紧后将定位销完全打到底;其齿轮的"0"标记齿与曲轴正时齿轮的"0"标记齿相啮合。

(4)凸轮轴轴向间隙应为 0.15~0.35mm(min0.10mm,max0.38mm)。

(5)高压油泵传动齿轮的"0"标记齿与凸轮轴齿轮的"0"标记齿相啮合(同时凸轮轴齿轮与曲轴齿轮"0"标记齿相啮合),其固定螺钉(M10)扭矩为 85_0^{+5} N·m,拧紧后定位销完全打到底。

(6)顶杆应用压缩空气吹净,保证畅通,蘸油后,轻轻放入。

(7)装好摇臂应重新检查配气定时,以判定装配的正确性,然后重调气阀间隙。

(8)按拆卸反顺序装好各零部件。

(七)高压油泵传动检修

高压油泵的传动件主要由传动机构和片式联轴节组成,在发生故障或中、大修时,应拆检。

1. 拆检步骤

(1)先目视检查片式联轴节钢片有无裂纹、损伤(盘车)、螺栓是否松动以及传动机构密封圈是否漏油;若钢片有裂纹,必须换新。

(2)用手扳动传动机构轴(最好脱开连接),初步判断滚动轴承的磨损情况;若有明显的间隙,则进一步拆检。

(3)拆下前盖上各零件及前盖,先测量传动机构齿轮啮合间隙;若达到磨损极限值 0.4mm 或齿面有严重磨损、裂纹、粘结现象,必须换齿轮。

(4)拆下 A 列进气管,松开主动侧内六螺钉,可用螺丝刀打入开口。

(5)拆下传动机构齿轮,拧下固定传动机构的螺母,取下传动机构;若半圆键损伤,则换新。

(6)检查传动机构,若传动轴摆动手感明显,必须分解检查滚动轴承磨损情况;如磨损严重,必须换新,而密封圈尖口因磨损严重而漏油,则换新。

2. 装配注意事项

(1)装传动机构径向密封圈时,在外圈涂少量密封胶 GY-168,平整打入座孔;若传动轴磨出较深的痕迹,密封圈打入位置应与原位置错开 2~3mm 左右。

(2)齿轮"0"标记齿与凸轮轴齿轮"0"标记齿相啮合(凸轮轴与曲轴的齿轮"0"标记齿必须同时啮合),其啮合间隙为 0.08～0.26mm(min0.05mm)。

注:用螺栓将中隔板主部(两处 ϕ10.5mm 孔)压紧在机体上,才可测得准确数据。

(3)若拆动片式联轴节,必须在从动、主动联轴节法兰上做好标记,以便重装,否则看键槽方位。V8 机主动、从动联轴节键槽相错 180°。

(4)装片式联轴节时,注意钢片应处于平整状态,用 100_0^{+10}N·m 的扭矩拧紧主动侧内六角螺钉(M12)。

(5)必须重新调整好喷油提前角,将所有片式联轴节 M12 螺栓,按 100N·m+10N·m 扭矩拧紧。

(6)按拆卸反顺序装好各零部件,其中密封垫片、O 形密封圈应换新。

(八)前、后盖径向密封检修

前、后盖径向密封圈采用带弹簧自紧圈的结构,弹簧的张力使橡胶尖口箍在轴颈上,用以密封机油。

如密封圈尖口磨损严重,就会造成漏油;若机油太脏,还易将轴颈磨出沟槽。因此,在发生漏油或大修时,应更换密封圈。

1. 拆检前盖径向密封圈及其安装

(1)拆下前盖上各零件及三角皮带轮。

(2)拆下前盖,检查径向密封圈橡胶尖口磨损情况,如磨平或断裂,则换新。

(3)先将待拆径向密封圈位置做好标记后,打下。

(4)将新的径向密封圈涂密封胶 GY-168,从前盖正面对称均匀打压装入,不得歪斜;若轴颈磨出沟痕,新装径向密封圈位置必须与原位置错开 2～4mm,以保证密封可靠和延长密封圈的寿命。

(5)按拆卸反顺序装好各零部件。

注意:① 前盖密封垫片换新时,在下部约 200～250mm 处两面均匀涂密封胶 GY-168 或 7304(底部多余部分切掉)。

② 装前盖要特别注意不得损伤密封圈尖口和防止自紧弹簧圈掉下。并在密封圈和轴颈上涂黄油润滑。

③ 三角皮带轮固紧螺钉扭矩为 380_0^{+10}N·m 或 200N·m+60°。

2. 拆检后盖径向密封圈及其安装

(1)拆下飞轮连接法兰及飞轮。

(2)拆下后盖检查,如磨损,可按修前盖径向密封圈方法更换(可选取下环检查)。

(3)检查曲轴后端的环,若磨出沟痕,而不在正中位置,可取下反面装,或将径向密封圈与原位置错开 2~4mm。

(4)按拆卸反顺序装上后盖和飞轮等。

注意:① 后盖密封垫片损坏应换新,并涂黄油防粘(底部多余部分切掉,涂密封胶 7304)。

② 为防止损伤密封圈尖口处,应先装后盖,然后装环,并在密封圈和环外径处涂黄油。

③ 飞轮固紧螺钉扭矩为 380_0^{+10} N·m 或 200N·m +60°。

二、组装调试及竣修检测

(一)配气定时及检调

柴油机是由进气→压缩→膨胀做功→排气 4 个过程组成一个工作循环,靠配气机构完成工作循环。进、排气阀按要求准时打开、关闭,被称之为配气定时。正确的配气定时是柴油机正常、可靠工作必不可少的保证。

TBD234 柴油机为 V 型机,是由一根凸轮轴控制 A,B 两列进、排气阀配气定时的,在新装、大修或拆动传动齿轮及凸轮轴、曲轴重装后,应检查配气定时,以检查气阀传动机构及齿轮装配和零件是否正确、合格。因此,只需抽查一个缸的配气定时。

一般检查 B 列最后一缸(前端第一个),因缸活塞处于压缩冲程上死点时,V8 型机的凸轮轴齿轮与曲轴齿轮、喷油泵传动轮"0"标记齿同时啮合,便于检查、确定。

1. 检查配气定时

首先,必须将抽检缸的进、排气阀间隙调到 1mm(放大公差),然后用手不断转动气门推杆,同时慢慢盘车(从飞轮端着逆时针)来检查,其要求见表 3-36。

表 3–36　1mm 时配气检查定时表

配气状态	配气定时(TBD)
气阀相角为曲轴转角,±2°	
进气阀开(动→刚转不动)	上死点前 9°30′
进气阀关(不动→刚转动)	下死点后 29°30′
排气阀开(动→刚转不动)	下死点前 41°
排气阀关(不动→刚转动)	上死点后 7°

注意:因手感、间隙调整等误差,一般配气相角误差在±5°范围内时,传动齿轮等装配和零件都是正确、合格的。但误差大于±6°时,应重新调整、检查,否则查找原因。

2. 气阀间隙调整

当配气定时检查合格后,将所有的进、排气阀间隙调整到要求值(见表 3–37)。

表 3–37　气阀间隙及配气定时表

气阀间隙	配气定时(TBD)
进气阀间隙,mm	0.3
排气阀间隙,mm	0.5
进气阀开,±2°	上死点前 26°30′
进气阀关,±2°	下死点后 46°30′
排气阀开,±2°	约下死点前 47°
排气阀关,±2°	约上死点后 13°

注意:① 调整气阀间隙时,进、排气阀必须彻底完全关闭后再转 60°左右,一般在此缸处于压缩冲程上死点左右(±60°)来调整。

② 挺杆必须落到凸轮基圆上(油多易吸住)。

按下列发火顺序(循环)调整气阀间隙:

B4→60°→A1→120°→B2→60°→A3→120°→B1→60°→A4→120°→B3→60°→A2→120°→B4(A1～A4,B1～B4 均为各缸的标记)。

3. 调整气阀间隙的步骤

(1) 拆下各缸缸盖罩。

(2) 盘车确定任意一缸压缩冲程上死点。对 V8 机可慢慢盘车(逆时针),先找进、排气冲程上死点,同列连杆轴颈同方位的另一缸为压缩冲程上死点(进、排气阀完全关闭)。从此缸按发火顺序开始调整气阀间隙。

(3) 调整前,先用拧紧调节螺钉(再回松)或橡皮锤打压的方法,使挺杆落到底,避免假象。

(4) 按要求,用塞尺在摇臂与气阀杆顶部之间测量,调节螺钉背帽,拧紧后(35~40N·m)拉动塞尺,手感松紧应适中。

(5) 复查合格后,装上缸盖罩,各缸的密封垫片(排气阀将关闭,而进气阀刚刚打开)要放正,损坏的要换新。

(二) 喷油提前角的检调

如怀疑喷油提前角有变动或拆修齿轮传动系统、高压油泵、片式联轴节时,必须检查喷油提前角。一般喷油提前角变动、打滑都是向喷油提前角小的方向变动,这将使后燃加重、排温增高、烟度加黑。

1. 检查步骤(测活塞距离方法)

(1) 拆下任意一缸的缸盖罩和高压油管。

(2) 盘车找到此缸的压缩冲程上死点(可先找进、排气冲程上死点后,转一圈),拆下气阀摇臂座,用拆装气阀工具拆下任意一个气阀的卡瓣、弹簧(如活塞不在上死点,可盘车调整)。

(3) 用百分表、磁力表架(或钢尺、游标尺、深度尺)测量气阀上死点。即:要用手轻轻压住气阀顶住活塞,慢慢盘车,百分表指针由上行到不动,为活塞上死点,调整百分表,预压 10mm,并调"0"位。

(4) 在喷油泵与测量缸对应的输油阀上装好专用测喷油始点毛细管。

(5) 向喷油泵打油(用手动预供泵或油杯),来回盘车(注意气阀不可掉入导管中)直到毛细管向外喷油、无气泡为止,并排出一段油,使油位在玻璃管中部。

(6) 必须先倒车(上死点前约 30°),再慢慢正盘车(从后看逆时针),同时观看玻璃管油位,油位突升点,即为供油开始点。此时,百分表读数减

10mm(预压值)即为活塞至上死点的距离,复查两次以上取平均值(三次测量值应接近)。

(7)将实测值与表3-39(按转速、机型查出)的要求值比较是否合格,如实测值比表3-39数值小0.3~0.4mm是正常的,属于合格(毛细管测量方法与生产厂采用的方法不同,加上目视误差等原因)。如小得多,则说明喷油提前角有变动,必须重新调整。准确的测量方法是(生产厂家采用的方法):拆下输油阀体,取出输油阀,装上高压油管。采用滴油方法,即每秒约1滴时,为供油始点,此方法测得H值应与表3-39一致才为合格。安装时应注意清洗干净各零件,小心地装上输油阀,其输油阀体拧紧扭矩为75~80N·m(进口泵)。

注意:此法必须由熟练的工人操作。

(8)按反顺序装好拆下的零件。

2. 调整喷油提前角的步骤

如检查喷油提前角有变动或新装、大修、修泵时,应重新调整喷油提前角。

(1)先进行检查步骤(1)~(5)(但对新装、大修可不必,在活塞顶部直接测量或在曲轴端装刻度盘)。

(2)松开喷油泵片式联轴节主动端(前端)上两个M12的固紧螺母(能顺利转动),如不方便,可拆下A列进气管和测量缸的喷油器。

(3)先倒盘到曲轴上死点前约30°,再慢慢正盘曲轴(为了消除传动轴承和齿轮间隙)到百分表指数为X或刻度盘转角θ时停。X的计算式为:

$X = 10 -$ 活塞到上死点距离 $- (0.3 \sim 0.4) + 0.3 \text{(mm)}$

而 $\theta =$ 喷油提前角 $+ (0.5° \sim 0.8°) + 0.5°$

(4)用扳手慢慢顺时针(从前端看)转动喷油泵凸轮轴(联轴节从动端),使毛细管内油面突升,马上停转。

(5)小心地用两把S19扳手将松开的联轴节螺栓、螺母拧紧。

(6)按检查步骤(6)、(7)复查,直到合格。

(7)用100~110N·m的扭矩拧紧联轴节螺栓、螺母,并复查联轴节所用M12的螺栓、螺母。

(8)按拆卸的反顺序装好拆下的零件。

(9)曲轴转角与活塞距离对照表见表3-38。

表 3-38　TBD234 曲轴转角与活塞距离对照表（以上死点为基准）

曲颈长:140mm,连杆长:255mm					
曲轴转角,(°)	活塞距离,mm	曲轴转角,(°)	活塞距离,mm	曲轴转角,(°)	活塞距离,mm
0	0	15.0	3.03	30.0	11.79
0.5	0.003	15.5	3.23	30.5	12.17
1.0	0.01	16.0	3.44	31.0	12.56
1.5	0.03	16.5	3.66	31.5	12.95
2.0	0.05	17.0	3.88	32.0	13.35
2.5	0.09	17.5	4.11	32.5	13.75
3.0	0.12	18.0	4.35	33.0	14.16
3.5	0.17	18.5	4.59	33.5	14.57
4.0	0.22	19.0	4.83	34.0	14.99
4.5	0.28	19.5	5.09	34.5	15.41
5.0	0.34	20.0	5.35	35.0	15.84
5.5	0.41	20.5	5.61	35.5	16.27
6.0	0.49	21.0	5.89	36.0	16.71
6.5	0.57	21.5	6.16	36.5	17.15
7.0	0.67	22.0	6.45	37.0	17.60
7.5	0.76	22.5	6.74	37.5	18.05
8.0	0.87	23.0	7.04	38.0	18.51
8.5	0.98	23.5	7.34	38.5	18.97
9.0	1.10	24.0	7.65	39.0	19.43
9.5	1.22	24.5	7.96	39.5	19.90
10.0	1.35	25.0	8.28	40.0	20.38
10.5	1.49	25.5	8.61	40.5	20.86
11.0	1.64	26.0	8.94	41.0	21.34
11.5	1.79	26.5	9.27	41.5	21.33
12.0	1.95	27.0	9.62	42.0	22.32
12.5	2.11	27.5	9.97	42.5	22.81
13.0	2.28	28.0	10.32	43.0	23.31
13.5	2.46	28.5	10.68	43.5	23.82
14.0	2.64	29.0	11.04	44.0	24.34
14.5	2.88	29.5	11.42	44.5	24.87

(三) TBD234 系列柴油机的一些调整参数和调整方法

由于柴油机零件的互换性、零件加工时必不可少的加工误差以及柴油机装配时的特殊要求,在柴油机装配时必须进行必要的调整,以保证柴油机良好的装配和可靠的运行。

(1) 曲轴前端齿轮和机油泵齿轮的啮合间隙为 0.1~0.2mm,其余各对齿轮的啮合间隙为 0.08~0.28mm。

(2) 余隙尺寸:活塞顶面至汽缸盖底面密封面的距离(上止点位置),增压发动机为:1.05~1.35mm。

(3) 从汽缸盖底面密封面至进、排气门底面的距离:

进气门:增压发动机 0~0.4mm。

排气门:增压发动机 1.1~1.5mm。

(4) 飞轮壳体中心孔和曲轴中心的同轴度为 0.25mm。

(5) 两个进气管和中冷器相连接的一端平面的平面度为 0.1mm。

(6) 轴承间隙:

① 主轴承:径向 0.25~0.17mm,轴向 0.12~0.26mm。

② 连杆大端轴承:径向 0.090~0.135mm,轴向 0.5~0.8mm。

③ 连杆小端衬套:径向 0.05~0.09mm。

④ 平衡轴轴承:径向 0.06~0.11mm,轴向 0.05~0.20mm。

⑤ 摇臂轴承:径向 0.02~0.07mm,轴向 0.05~0.46mm。

⑥ 凸轮轴轴承:径向 0.06~0.11mm,轴向 0.20~0.35mm。

⑦ 喷油泵驱动装置:轴向 0.01~0.05mm。

⑧ 活塞冷却喷嘴的调整,把发动机盘车至下止点位置后,喷嘴的喷孔对准活塞冷却槽进油孔。

三、设备试运转及验收

柴油机安装时要注意:动力输出,要采用弹性连接,其结构不同,对中要求也不一样,一般圆周和端面的跳动量小于或等于 0.5mm。连接螺栓的强度等级应为 10.9 级或 12.9 级。安装好冷却水系统、燃油系统、排气系统、电气系统后,即可加水、加油试车运转,但特别注意要有良好的通风环境。

启动前的准备工作:

(1)检查油标尺油位,该油位应在下线至上线之间,如长时间运转,最好位于上线,否则应加机油。

(2)检查冷却水水位,水位低于加水盖上的水位指示板时,应加水。加水时应放尽冷却系统中的气体(在A、B列进气前部螺塞处放气),寒冷地区允许加防冻剂。

(3)检查蓄电池的电压是否到24V,或检查溶液密度,应在1.23~1.28范围内,若低于1.21应充电。

(4)首次运转应向油浴式空气滤清器中加14#机油至刻线。对湿式空气滤清器应沾满机油后,抖落多余的机油,无流下为止,再装到进气管上。

(5)用手拉放停车电磁阀,检查灵活性。

(6)将所有系统阀门打开,电气系统开关置于工作位置。

(7)按压停车按钮,检查停车电磁阀是否动作并到底,松手后能灵活复位(有的带延时功能)。

(8)按压紧急停车按钮,检查超保断油电磁阀(或停车电磁阀一起)动作,松手后,能灵活复位(有的带延时功能)。

(9)按压试灯按钮,检查各信号灯是否亮及仪表是否正常,按压复位按钮,复位。

(10)检查操纵杠杆的灵活性。

(11)手动盘车检查灵活性(主要是首次启动)。

(12)操纵杠杆放到怠速位置,齿轮箱离合手柄到放空车位置。

(13)排除柴油机上及运动部件周围的杂物。

(14)用手动燃油预供泵向柴油机供油,同时在燃油滤清器上放气(螺塞处)。对首次、不常运转或拆过柴油机上燃油软管的柴油机,还应在高压油泵回油管接螺钉处和高压油管接尖处放气,直至放尽燃油系统中的空气为止。

(15)向海水冷却系统加水,以使海水泵能正常泵水。开车时加水漏斗阀门可打开(允许不断加水)排尽气体,正常泵水后再关闭。

四、柴油机的操纵和注意事项

做好启动准备工作的柴油机,启动前最好先向润滑系统预供机油,直至油压表有显示。

(一)柴油机的启动

(1)若装有机油手动预供泵或电动预供泵的柴油机,先向柴油机预供机油,否则用柴油机的启动器盘车,以预供机油。即用手压下(拉)停车电磁阀杠杆或按压停车按钮,然后再按压启动按钮来盘车,直至油压表有显示(一次只需10s,不可过长)。松开启动按钮柴油机停车后,再松开停车按钮。

(2)等停车电磁阀复位后,按下复位按钮即可按压启动按钮启动柴油机。

注意:如连续三次启动不了,应找出原因排除后,才可再次启动。

(二)启动后的检查

(1)检查冷却水温、油温、油压,转速等各仪表是否正常指示。

(2)淡水泵、海水泵是否正常泵水,以手摸进、出水管温度差判断。

(3)机油、冷却水液面是否达到刻线,否则添加。

(4)检查喷油器或喷油泵柱塞是否工作,手摸高压油管,应有脉冲膨胀手感。

(5)监听有无不正常的响声。

(6)检查漏油、漏水、漏气现象,必要时停机排除。

(7)新机、中修、大修或连续运转1000h(或1年),应拆下缸盖罩,检查摇臂供油和气阀旋转情况。

注意:必须在停车状态进行拆装,如有油压低、飞车、严重的三漏现象,必须立即停车排除。

(三)暖机运转

柴油机启动后,在急速下检查一切正常,即可暖机。柴油机在冷机下运转,其各处配合间隙都不是处于最佳,磨损最大,特别是对活塞环。故尽量减少急速运转时间,应适当提高柴油机转速来暖机,最好在额定转速的2/3转来暖机。如1500r/min的柴油机可在1000~1200r/min下暖机,待冷却水温度达到40℃时,暖机结束,即可加负荷。

(四)加负荷

暖机结束后即可加负荷,最好先加25%～50%的负荷,运转一段时间,进一步暖机,使油水温度提高以后,再加负荷到100%。加负荷时,应平稳,缓缓增加。对发电机组,最好按0→25%→50%→75%→100%左右的负荷分级加载。但最后一级加载不得超负荷,并在带60%以上的负荷情况下,继续加载到100%负荷。否则,最后一级加载超负荷或机组带负荷低于60%,易使柴油机发生波动和掉负荷,严重的可造成柴油机停车。

注意:要考虑环境(进度)温度、海拔高度对功率的影响,随时对功率修正。

五、MWM-TBD234型柴油机主要技术性能参数

MWM-TBD型柴油机主要技术性能参数见表3-39。

表3-39 MWM-TBD234型柴油机主要技术性能参数

项 目		TBD234-V8型参数
汽缸布置或缸数		V8
缸径,mm		128
冲程,mm		140
单缸排气量,m³/min		1.8
进、排气阀数,个		各1个
压缩比		15:1
配气定时±2°	进、排气阀间隙1mm时	
	进气阀开:上死点	前10°
	进气阀关:下死点	后29°
	排气阀开:下死点	前41°
	排气阀关:上死点	0°
发火次序:A1→B2→A3→B1→A4→B3→A2→B4		
进气阀间隙,mm		0.3
排气阀间隙,mm		0.5
机油压力,bar❶		5～6
最低点火转速(20℃),r/min		115
喷油器开启压力,bar		210+8

---

❶ 1bar=10^5Pa。

续表

项　　目		TBD234-V8型参数
机油压力低(报警),bar		1.7
机油压力过低(停车),bar		1.4
冷却水温(最佳),℃		76~82
冷却水温(最高),℃		85
冷却水温(报警),℃		90~100
机油温度(最高),℃		120
排气温度,℃		650
最大滑油消耗,g/(kW·h)		1.36
喷油提前角上死点前±5°		曲轴转角25°
		距离7.98~8.62mm
重要螺纹连接扭紧力矩,N·m	轴承盖 M18-12.9	200+90°
	连杆螺栓 M16X1.5-12.9	230+10
	平衡块 M16-10.9	260+10
	汽缸盖 M18-10.9	200-100-200-400+10
	喷油器压板 M8-8	15+5
	进气管 M10-8.8	50+5
	排气管 M10-10.9	50+5
	摇臂支架 M10-10.9	65+5
	曲轴飞轮端 M16X1.5-12.9	380+10
	曲轴皮带轮端 M16X1.5-12.9	380+10
	发动机支座 M12-12.9	140+5
	发电机皮带轮 M24X1.5	120+30
	发电机皮带轮 M14X1.5	35+15
	淡水泵皮带轮 M16X1.5	140+10
	风扇传动轴颈 M20-8.8	415+10
	风扇传动轴颈 M16-10.9	300+10
	喷油泵出油阀管接	40+5
	高压油管管接	20+5
	喷油泵驱动齿轮 M10-12.9	85+5
	喷油泵联轴节 M12-10.9	100+10
	张紧轮 M14-8.8	100+10
	飞轮壳体 M12-8.8	75+5
	飞轮壳体 M8-12.9-12.9	40+5
	飞轮壳体 M16X1.5-12.9	370+10
	飞轮壳体 M10X1.25-12.9	90+5
	凸轮轴齿轮 M10X1.25-12.9	90+5
	油底壳 M8-8.8	20+5
	高压油泵轴 M20X1.52	40+10
	摇臂调节螺钉锁紧螺母 M10	30+3

第五节　ZF变速箱修理规范

一、概述

ZF同步变速箱5S-110GP和ZF各挡均用啮合齿套的变速器5K-110GP,第一代结构和第二代结构变速箱都是由一个带爬坡挡和倒挡共4挡——变速箱部分和一个行星结构串联组成的。行星组可使4个挡加倍,由此就可提供带有爬坡挡的总共9个相互连接的前进挡,可提供以下结构的变速器:

(1)同轴输出(型号:5S-110GP或5K-110GP)。

(2)不同轴输出(型号:5S-110GPU或5K-110GPU)。

(3)全轮驱动(型号:5S-110GPA或5K-110GPA)。

(4)双轴分动器(型号:5S-110GPV或5K-110GPV)。

在变速维修时,必须注意清洁和专业技术操作。只有在必须更换新的零件时,才可拆开变速箱。在从车上拆下变速箱打开之前必须用合适的清洗剂将变速箱彻底清理干净,在拆或装变速箱时,各个工序都必须使用规定的专用工具。装配工作必须在一个干净的工作场所进行。在重新装这些零件之前,要除去壳与盖的接触面和密封面上旧的密封材料。已损坏的零件和那些磨损厉害的零件应换成新件,同时必须由专业人员评定是否正确匹配。以下变速箱的各主要零部件维修、检验均以5S-110GP第一代结构图3-30为例说明。

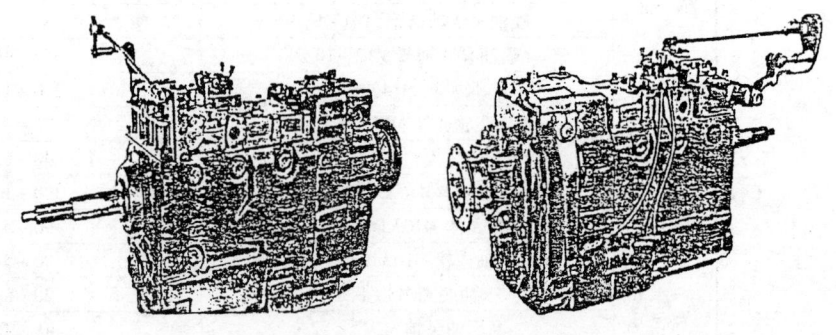

图3-30　变速箱5S-110GP外形图

二、几种基本部件

(一)双位换挡控制缸

松开与双位换挡控制缸和继电器阀(4/2 旁通阀)相连的压缩空气接头的两处螺纹连接[图 3-31(右)]取下两个管路,松开并拔出拨叉头上横向销孔中的开口销[图 3-31(左)],转动并拉出换挡控制缸。取下缸悬架上的 4 个固定螺栓,将换挡控制缸完整取下来。

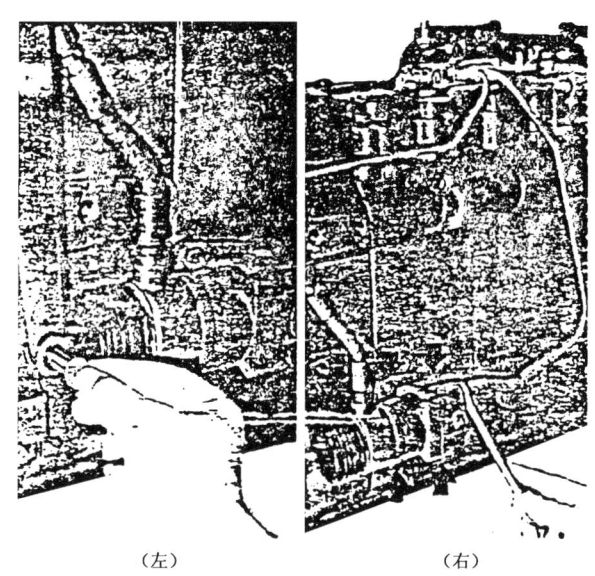

(左)   (右)

图 3-31 取双位换挡控制缸螺栓

图 3-32 中所示为双位换挡控制缸处于外止动位置。

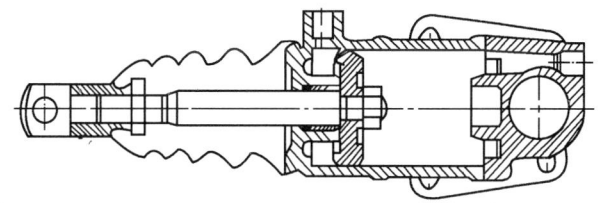

图 3-32 双位换挡控制缸

图 3-33 为双位换挡控制缸拆装图。

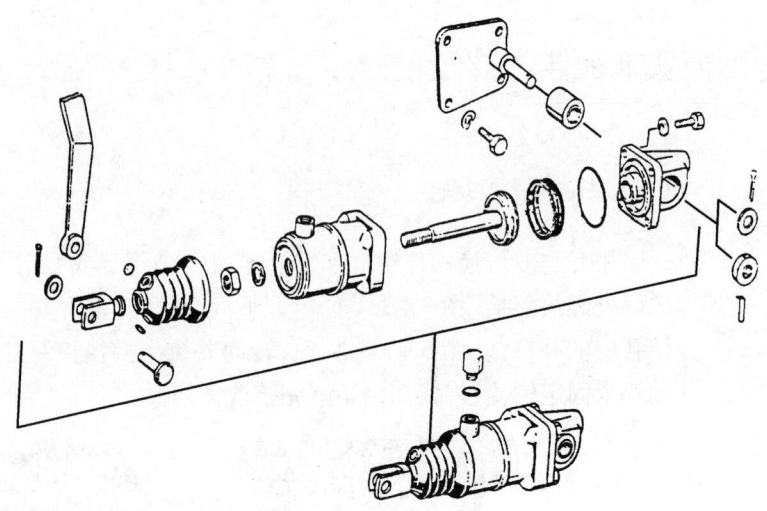

图 3-33 双位换挡控制缸拆装图

检查控制缸壳体内的密封环,必要时更换。活塞皮碗在任一侧位置套到活塞上,如有损坏需更换。活塞皮碗的密封唇涂抹多功能油脂"natronverseift"(钠皂化的),活塞小心地装入双位换挡控制缸,O形环卡到控制缸盖上。在此要注意O形环的正确位置。控制缸盖置于双位换挡控制缸上,控制缸盖中的轴承孔必须与控制缸压缩空气接口呈合适的角度。盖中的压缩空气接口必须位于上部。旋入六角头螺柱及弹性挡圈,并以 2.5kgf·m(1kgf·m=9.8N·m)的拧紧力矩从对面均匀拧紧。轴套推入控制缸盖的孔中,在此要注意:两侧轴套超出部分应一样大。汽缸悬架从正确一侧,即换挡控制缸安装侧,导入轴套。将六角螺母拧到活塞杆螺纹上,防尘罩以较大开口套到双位换挡控制缸上。防尘罩径向位置即排气是任意的,叉头拧到活塞杆上,叉头上的螺母要拧紧,防尘罩应套到叉头上。

修装后换挡位置的最小装配尺寸为228mm,最大为240mm,在最大装配尺寸(240mm)时,拨叉头能进行12mm的调整。在内部止动位置时的最小装配尺寸为170mm,最大为182mm,通过压缩空气使换挡控制缸多次向两侧动作,其行程为62mm。

(二)同步器的组装及从动侧接合体的轴向调整

如图3-36所示,放入调整卡规(规格为 1×56136336),卸下驱动侧接合体,使齿圈露出来。

如图3-34(右半图)所示,将从动侧接合体对心置于同步器上,并将此接合体靠在调整垫圈上,轴向无间隙。从动侧接合体相对于装好的同步器的轴向位置要用位于从动侧接合体和轴套或深槽球轴承(图3-35)之间的调整垫圈来调整。调整垫厚通过以下测量得到。

从动侧接合体平面和同步环之间的间隙用两个塞尺测量,见图3-34(左半图)。塞尺对称插入,记录平均值,该间距必须是2.4mm,取下调整卡规,偏差通过插入较厚或较薄的调整垫圈进行修正,调整垫圈有下述厚度供货:

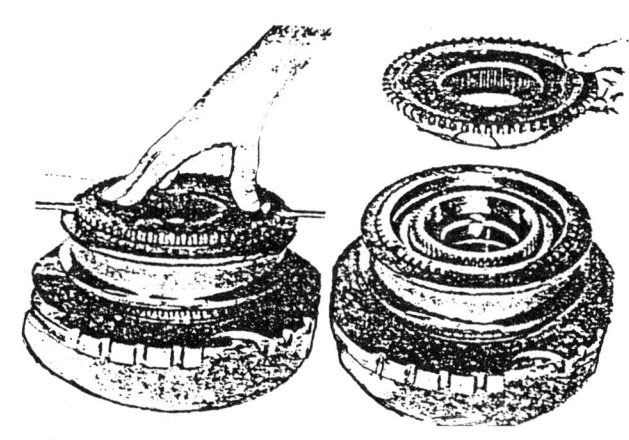

图3-34 同步器的组装

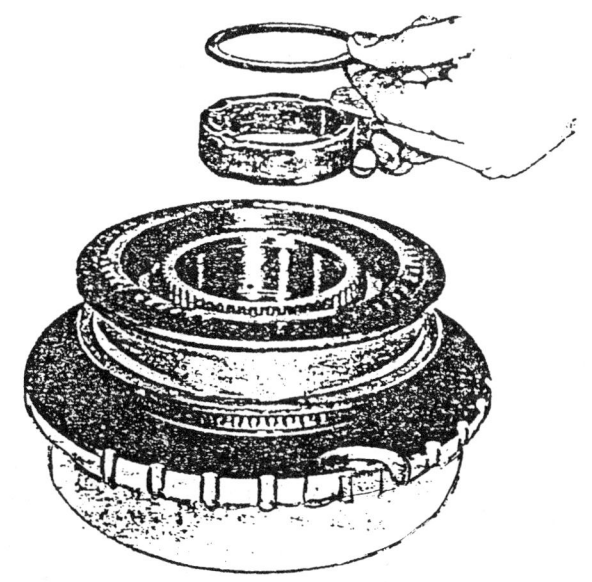

图3-35 从动侧接合体及深槽球轴承

0730 102 457 为 3.0mm;0730 102 456 为 3.2mm;
0730 102 455 为 3.4mm;0730 102 454 为 3.6mm;
0730 102 453 为 3.8mm;0730 102 452 为 4.0mm;
0730 102 451 为 4.2mm;0730 102 450 为 4.4mm;
0730 102 449 为 4.6mm。

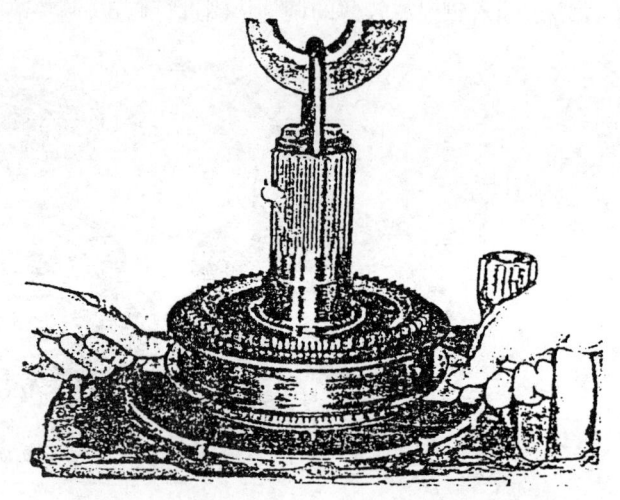

图 3-36 同步器轴向间隙的测定

用规定的、用于安装的调整垫圈再次检验规定的间距(2.4mm),取下接合体,调整垫圈及轴套。

将轴套对正置于中间框架中深槽球轴承的轴承内环上(图 3-35),调整垫圈,对正靠在轴套或深槽球轴承一内环上。

如图 3-37 所示,6 个新的小压簧放到 6 个新的大压簧中,然后将弹簧分别推入压块中。6 个带有压簧的压块进入同步器体的孔及凹槽中,压块以图中显示的径向位置位于凹槽中。压块的装法:在压块上最薄的位置穿一根绳子,安装杠杆置于压块中心孔上,以弹簧压力反方向回压压块,这样压块下端面就会靠在孔边缘上。此时用绳子向上拉压块,以便压块球形部分进入孔中,继续压压块,直到它在接合套中锁紧。这样,装入了 6 个压块,接合套就处于中间位置了。

同步环上的 3 个凸台与同步器体外花键一圈中的 3 个凹槽相啮合,两个止动弹簧对称推到同步器上,这样同步环被固定在安装位置内,保证接合套不会弹跳。接合套套到同步器体上,并尽可能远地推向接合体方向。这样,接合套与同步环的齿相啮合,接合套相对于同步体的径向位置已给定。

从图 3-39 中可见接合套中的铣孔 a 和 b 位于同步体中压块的凹槽上方。

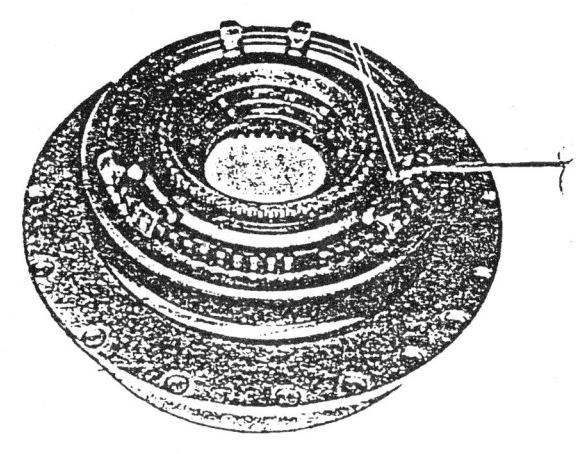

图 3-37 止动弹簧安装示意图

如图 3-38 所示，必要时加热同步器，凸台指向齿圈推入，使之轴向靠在齿圈或中间架的花键上。从同步体到同步环的径向位置必须保证同步环一周的 3 个凸台置于同步器体外花键一圈中的三个凹槽中。在位于同步器体前的环槽中装入弹性挡圈并使之轴向无间隙，可提供的弹性挡圈厚度有：
0630 501 171 = 3.8mm；0630 501 060 = 4.0mm；
0630 501 172 = 3.9mm。

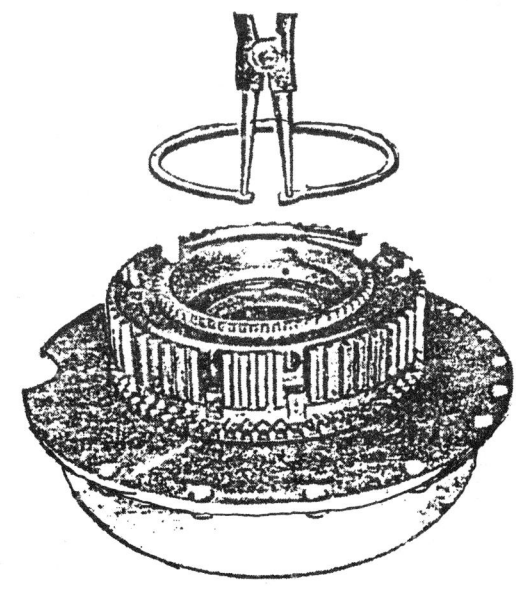

图 3-38 压簧

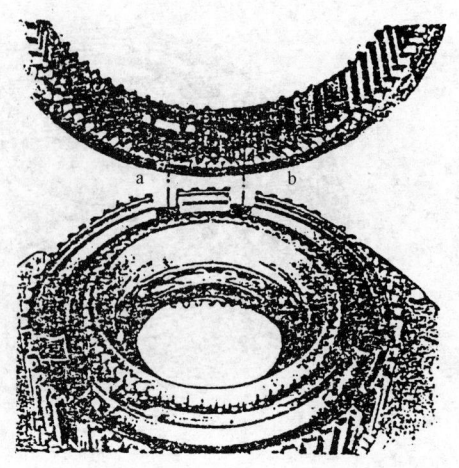

图3-39 止动弹簧示意图

检验弹性挡圈配合面是否无缺陷。

组装同步器前,要检验同步环的磨损极限,最大极限为0.8mm,用塞尺测量同步体和同步环对着的两个位置之间的距离,如测出距离小于0.8mm,就应更换同步环。同时,通过目测来检查一下连接杆的磨损情况,有必要的话进行更换;安装接合体在"慢"的范围内磨损极限大于或等于1.2mm,在"快"的范围内大于或等于1.0mm。

图3-40为一行星齿轮组同步器分解图。

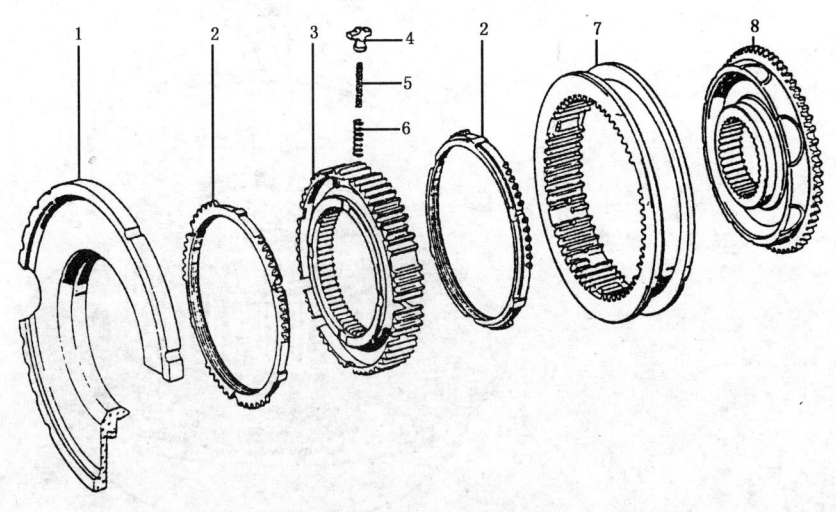

图3-40 同步器分解图

1,8—锥盘;2—同步锁环;3—同步器齿毂;4—定位销;5,6—弹簧;7—接合套

(三)主轴

如图 3-41 所示,此图是变速箱 5S-110 的主轴总装图。

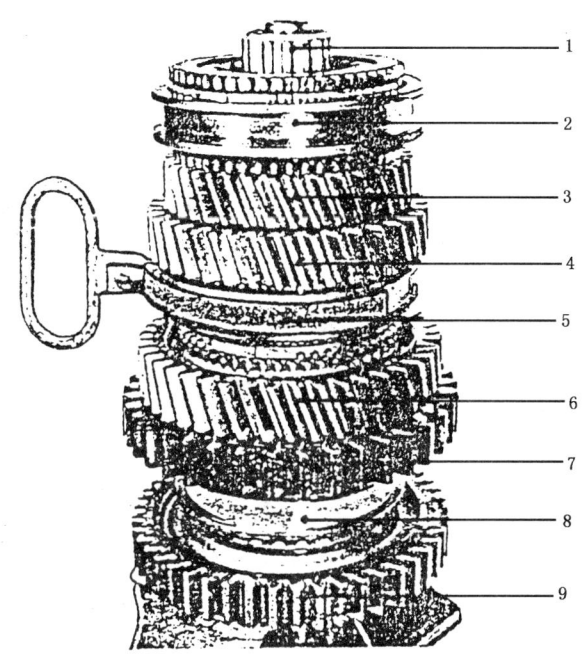

图 3-41 主轴总装图
1—轴承;2,5,8—接合套;3—3 挡齿轮;
4—2 挡齿轮;6—1 挡齿轮;7—爬行挡齿轮;9—倒挡齿轮

如图 3-42 所示,把保险环从滚柱轴承上的环形槽中取出。用挡圈钳子把保险环装入直滚柱轴承之前的环形槽中,检查保险环与槽的配合情况。

如图 3-43(左半图)所示,用夹紧块和基本工具把滚柱轴承从主轴承颈上拔下,在基本工具的拔出轴与主轴的轴承颈之间要放合适的加长工具。

把在同步体或者是接合套之前的带槽螺母的保险去掉,把带槽螺母拧松并取出。用三臂拔轮器把 2 挡及 6 挡的斜齿轮从下面抓住,在主轴的轴承颈上要垫上适当的加长工具,把 2 挡及 6 挡和 3 挡及 7 挡带止动套筒的斜齿齿轮、滚针轴承以及完整的同步装置或带 3~4 挡及 7~8 挡滑动套筒的耦合体一起从主轴上拔出。把 2 挡及 6 挡斜齿齿轮轴承滚道上滞留滚针轴承从主轴上取出。用带槽螺母扳手把在同步体或连接套之前的带槽螺母

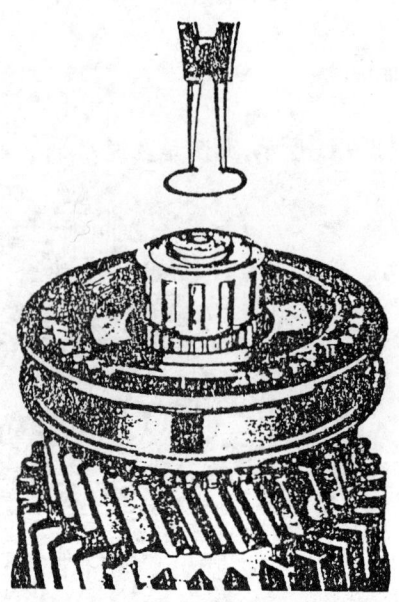

图3-42 主轴拆卸检测示意图(1)

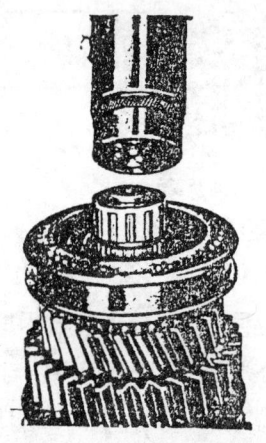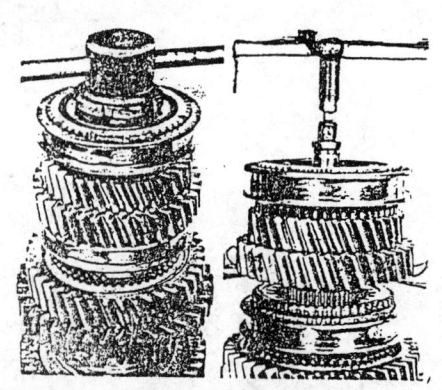

图3-43 主轴拆卸检测示意图(2)

拧上,力矩约25kgf·m(1kgf·m=9.8N·m),并装上一圆形穿销。将3挡及7挡的耦合体放在斜齿齿轮的短齿上,耦合体的套筒加热到大约85℃,然后把整个3—4及7—8挡的同步装置向主轴上推,同时在同步体上向驱动侧转动,直到轴向与主轴的花键贴合。检查3挡或7挡斜齿齿轮的轴向间隙应为0.20~0.4mm,同步间隙必须大于或等于0.6mm。

如图3-44(左半图)所示,把加热到约120℃的止动衬套推到主轴的配合面上,使其无间隙贴合,检查2挡或6挡斜齿齿轮的轴向间隙应为0.20~0.55mm,同步间隙必须大于或等于0.6mm。

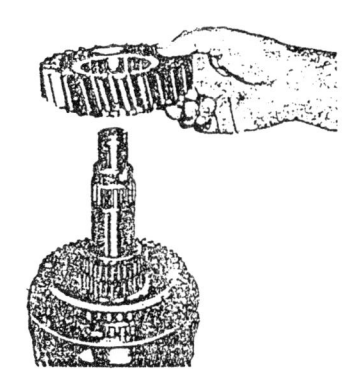

图3-44 主轴拆卸检测示意图(3)

同样检查倒挡轮的轴面间隙为0.20~0.4mm,爬坡挡圆柱齿轮此时间隙为0.20~0.45mm,检查1挡及5挡斜齿轮轴向间隙为0.20~0.45mm,同步间隙必须大于或等于0.6mm。

(四)分离结构驱动装置

如图3-45所示,从动侧圆锥滚柱轴承内环加热到约80℃后套到传动轴上并轴向无间隙地相互贴紧,将从动侧圆锥滚柱轴承外环装到连接板上,零件都无间隙地相互贴紧。驱动侧圆锥滚柱轴承外环推入连接板轴承孔内,到轴向接触面。检查传动轴润滑油孔的通孔是否通畅,圆柱滚子装到传动轴内。泵内转子上的槽所处的位置,能达到圆柱滚子及泵壳内的槽一同得到保护。调整垫套到传动轴上,并随着相应的衬套把轴面贴紧调整垫,驱动侧圆柱滚子轴承内环压装到传动轴上,内环和相应的衬套及垫圈无间隙夹紧,将带测量表的测量表架安装到连接板上并测量传动轴轴向间隙,必须在0.02~0.07mm范围内,如果没达到这个值,就要调整垫片厚度,垫片的厚度有以下几种:

0730 002 122 = 2.0mm;0730 002 121 = 2.2mm;

0730 002 120 = 2.5mm;0730 002 119 = 2.7mm;

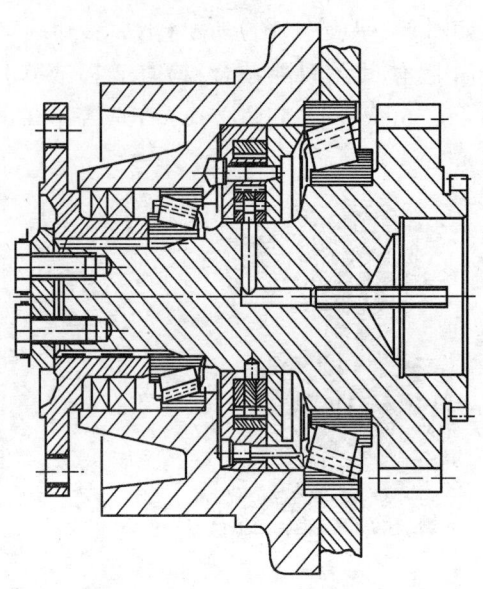

图 3-45 分离结构示意图

0730 002 118 = 3.0mm；0730 002 117 = 3.2mm。

  调整完轴向间隙后，取出用来夹紧轴承内环的衬套。用接头把径向密封环顶入连接板内，把第一个质量为"viton"的内径向密封环及第一个径向密环一直往里推，直到从连接板边缘到径向密封环端面达到16mm为止。第二个质量为"perbunan"的径向密封环推到与第一个相贴为止。径向密封环的密封唇总是指向圆锥滚子轴承，径向密封环之间空隙用轴承油填充。

  把传动法兰加热到85℃，并推到传动轴上直到轴面接触。将装在密封面的压板，用密封膏薄薄涂一层并装在法兰上，用两个加固螺栓固定住，并用5kgf·m(50N·m)力矩拧紧。

  对于S—结构，为了测量传动轴上的驱动轮和4挡及8挡连接体之间安装时出现的隔离环厚度，应测量和图3-46中所描述的含义相同的"a"和"b"。把测出的隔离环装在4挡及8挡连接体的凹槽内。连接板及驱动装置连接体安装在变速箱上，并用软锤轻轻地、均匀地敲打，使它们轴向接触。装上带弹簧垫的加固螺栓并均匀拧紧，六角螺栓M18×1.5拧紧力矩为200N·m，六角螺栓M10拧紧力矩为49N·m。

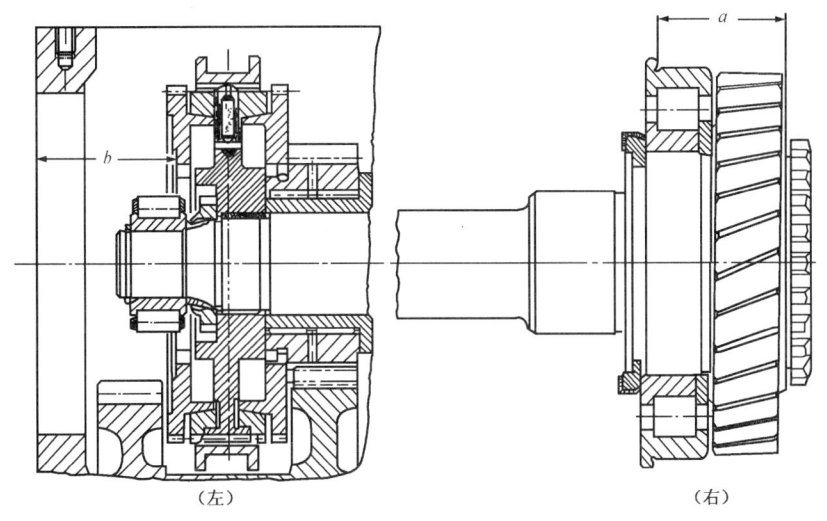

图3-46 驱动轴

(五)润滑油泵

如图3-47所示,松开润滑油泵上内六方螺栓并取出。将泵盖从泵外壳上取出,如图3-47(左)所示,检查内转子和外转子的特性以及泵壳和泵盖上的螺纹尾扣面。

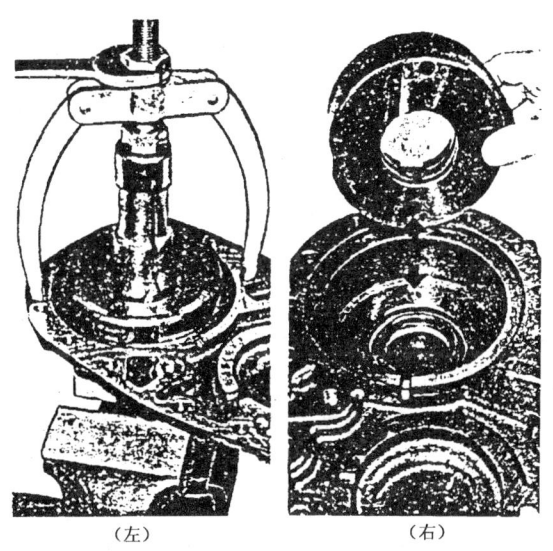

图3-47 润滑油泵的拆卸

内转子和外转子位于泵壳中的安装位置,把泵盖放在泵外壳上,泵外壳上的4个孔与泵盖上的螺纹孔重合,从泵外壳侧临时放进4个带齿形垫片的内六方螺栓(不要拧)。

泵盖与泵外壳对准位置(对中心),把预装好的润滑油泵在反安装位置处装进连接板,直到泵外壳与泵盖对准,如图3-47(右)所示。在此位置把内六方螺栓临时拧紧,如图3-48所示,将润滑油泵从连接板中抽出。最后,用0.6kgf·m(1kgf·m=9.8N·m)的力矩把内六方螺栓拧紧,通过转动检查泵的灵活性。

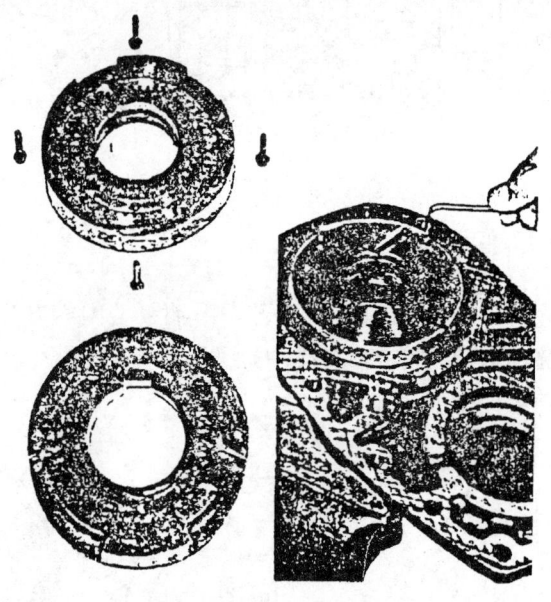

图3-48 润滑油泵检测示意图

如图3-49所示,把千分表放在千分表座上,千分表座放在转子与外转子之间的外壳横梁上,千分表的测杆头放在泵外壳的平面上并把千分表调整到零如图3-49(左)所示。

千分表的测杆头放到内转子和外转子上并确定内转子和外转子的轴向间隙,如图3-49(右)所示。内转子和外转子在新状态下的轴向间隙总计为0.070~0.101mm,太大的间隙会减少泵的输送功率。润滑油泵的输送流量为7.2L/min。测量条件:砂转速为1000r/min,油为SAE-80,温度为40~50℃。如果所列的数据达不到,则应换润滑油泵。

图 3-49 润滑油泵检验示意图

(六) 双 H 换挡气动阀

双 H 换挡气动阀见图 3-50。

图 3-50 双 H 换挡气动阀

松开气动阀上的4个六角螺栓并把它们取下,用塑料锤子轻敲气动阀,使它松开,并与密封圈一起从换挡机构壳体上拆下。换挡轴位于中心位置,处于安装状态的气动阀带有密封装置,装在换挡机构壳体内。将把带有弹簧垫的六角螺栓装上,用49N·m的力矩拧紧,检查换挡机构功能。气动阀是总成件,只能整体更换。

(七)挡位开关

如图3-51所示,在安装状态下,带有中性位置开关的法兰盘与密封圈一起装到换挡机构壳上,再把六角螺栓装上并用25N·m力矩拧紧,用检验灯检查换挡机构的功能。在"空挡"位,检验灯亮。接通挡位置,灯不允许亮,在其他情况,开关无缺陷,可调整密封环厚度。

图3-51 换挡机构检测示意图

三、5S-110GP变速箱的调整数据和拧紧力矩

调整数据和拧紧力矩见表3-40。

表 3-40　调整数据和拧紧力矩

项目名称	数据	量具	备注
输出端轴承的轴向间隙(轴承外圈),mm	0	深度尺	间隙允许≤0.1mm,用于平衡垫调整
1~2挡或5~6挡同步器壳体上挡圈轴向间隙,mm	0.02~0.05	塞尺	可用不同厚度挡圈调整
主轴上倒车挡齿轮的轴向间隙,mm	0.2~0.4	塞尺	所给间隙用于检验
主轴上爬挡齿轮和1或5挡斜齿轮轴向间隙,mm	0.2~0.45	塞尺	所给间隙用于检验
主轴上2或6挡斜齿轮轴向间隙,mm	0.2~0.55	塞尺	所给间隙用于检验
主轴上3或7挡斜齿轮轴向间隙,mm	0.2~0.4	塞尺	所给间隙用于检验
倒车齿轮轴上倒车齿轮轴向间隙,mm	0.2~0.6	塞尺	所给间隙用于检验
中间轴轴向间隙,mm	0.12~0.15	千分表 弹簧秤	在中间轴扭转阻力为5~10kgf·cm❶时调整
滑动套筒中滑块间隙,mm	0.2~0.5	塞尺	较大的尺寸对于应滑块和导向槽的磨损
滑动套筒中滑块的最大允许间隙,mm	约1	塞尺	当超出所给数值时要查明磨损情况,并更换相应零件(目检)
换挡机构盖内换挡轴上止动弓形块的轴向间隙,mm	0.1~0.3	塞尺	所给间隙用于检查
换挡机构盖内换挡轴上夹子的轴向间隙,mm	0.08~0.38	塞尺	所给间隙用于检查
换挡机构同滚针轴承的结构安装尺寸,从夹子或止动弓形块一侧壳体连接正面至滚针轴承正面测量,mm	2+0.5	深度尺	适用于全部4种型号的换挡机构
同步环或离合器体的磨损极限,在环端面和离合器体端面之间进行测量,mm	0.8	塞尺	尺寸降低时,应更换同步环,或可能的话换离合器体

❶ 1kgf·m=9.8N·m。

续表

项目名称		数据	量具	备注
第1、第3挡或第5、第7挡同步间隙,mm		≥0.6	塞尺	同步间隙上极限对应于0.8mm的磨损极限
主动轴的主动轮与4挡和8挡的离合器体之间安装间隔垫的轴向间隙,mm		0.3+0.3	深度尺	在变速箱中心方向上,对于夹紧的主动轴必须达到轴向间隙
两个同步装置的同步压力,kPa		30~35	深度尺	更新所有同步装置压力弹簧,以保证同步压力
主关闭阀安装前的检查测量,阀门上φ20mm端面与定位销长平面之间的间隙,mm		≥0.2	深度尺	确定阀门凸轮和定位销的磨损,阀门仅可整套更换
润滑油泵供油量,L/min		7.2	量杯秒表	在泵转速为1000r/min下测量,油SAE-80,40~50℃
中间轴齿轮垫压配合的温度,℃		130~160	温度测笔	凸轮座和轴座在安装时要无油
同步装置中安装的拉力弹簧的检验	长度,mm	17.8	卡尺、弹簧	无环,承载弹簧长度
	弹力,kgf❶	2.11±0.2	秤	所需的弹力
同步装置中大压力弹簧的检验	长度,mm	26.25	深度尺	承载弹簧长度
	弹力,kgf	9.45±0.9	秤	所需的弹力
同步装置中小压力弹簧的检验	长度,mm	27.7	深度尺	承载弹簧长度
	弹力,kgf	3.2±0.3	秤	所需的弹力
同步装置中压力弹簧的检验	长度,mm	7.0	深度尺	承载弹簧长度
	弹力,kgf	7.5±0.7	秤	所需的弹力
换挡轴上大压力弹簧的检验	长度,mm	30	深度尺	承载弹簧长度
	弹力,kgf	32.6±3.3	秤	所需的弹力
换挡轴上小压力弹簧的检验	长度,mm	30	深度尺	承载弹簧长度
	弹力,kgf	22.6±0.3	秤	所需的弹力
换挡轴上大压力弹簧(0732 040 282)的检验	长度,mm	17.8	深度尺	承载弹簧长度
	弹力,kgf	26.3±3.2	秤	所需的弹力

❶ 1kgf=9.8N。

续表

项目名称		数据	量具	备注
换挡轴上大压力弹簧（073 040 765）的检验	长度,mm	32.2	深度尺	承载弹簧长度
	弹力,kgf	12.5±1.2	秤	所需的弹力
换挡轴上小压力弹簧(1204 307 022)的检验	长度,mm	30.5	深度尺	承载弹簧长度
	弹力,kgf	16.8±1.8	秤	所需的弹力
换挡轴的中点位置在3~4挡或7~8挡范围内的结构规格的压力弹簧的检验	长度,mm	30	深度尺	承载弹簧长度
	弹力,kgf	5.65±0.7	秤	所需的弹力
对侧面操纵杆的规格型号的换挡轴上压力弹簧的检验	长度,mm	30.5	深度尺	承载弹簧长度
	弹力,kgf	16.8±0.7	秤	所需的弹力
对于换挡机构盖内的止动销的压力弹簧(0732 040 554)的检验	长度,mm	61.8	深度尺	承载弹簧长度
	弹力,kgf	23.8±1.65	秤	所需的弹力
对于换挡机构盖内止动销,压力弹簧(1222 306 003)的检验	长度,mm	24	深度尺	承载弹簧长度
	弹力,kgf	25.5±1.0	秤	所需的弹力
对换挡机构盖内用于定位销的压力弹簧(0732 040 717)的检验	长度,mm	24	深度尺	承载弹簧长度
	弹力,kgf	16.5±1.65	秤	所需的弹力
对换挡机构盖内用于定位销的压力弹簧(0732 041 041)的检验	长度,mm	19.4	深度尺	承载弹簧长度
	弹力,kgf	9.4±0.83	秤	所需的弹力
检验变速操纵杆上的锥形螺旋簧	长度,mm	13	深度尺	承载弹簧长度
	弹力,kgf	6.4±0.9	秤	所需的弹力
主轴上带槽螺母拧紧力矩,kgf·m ❶		25	弹簧秤	相应地加长带槽螺母扳手的手柄以保证将带槽螺母拧紧
壳体的两侧连接螺栓的拧紧力矩,kgf·m		20~22	扭力扳手	装上弹性垫片,并用密封膏涂在螺纹上

❶ 1kgf·m=9.8N·m。

续表

项目名称	数据	量具	备注
支承杆球关节前 M12 防松螺母力矩, kgf·m	7.2	扭力扳手	防松螺母连接侧有左旋螺纹
变速杆球关节上 M14×1.5 六角螺母力矩, kgf·m	6.5	扭力扳手	
换挡操作缸叉头上防松螺母力矩, kgf·m	6	扭力扳手	
壳体内磁铁塞(放油螺栓)力矩, kgf·m	5	扭力扳手	不许超出所给数值,旋入前需清理铁屑
换挡机构盖内 M24×1.5 螺栓力矩, kgf·m	5	扭力扳手	不许超出所给数值
主轴上两个 M10 六角螺栓力矩, kgf·m	5	扭力扳手	将两个螺栓交替均匀地拧紧并用铁丝固定
支撑杆方向球关节上 M10 花螺帽, kgf·m	4	扭力扳手	拧紧后用销子固定
六角螺栓和螺母力矩(M10), kgf·m	4.9	扭力扳手	
用于继电阀上高压管固定的空心螺栓 M12×1.5 力矩, kgf·m	4	扭力扳手	安装新密封圈
用于操作缸上高压管固定空心螺栓力矩, kgf·m	3	扭力扳手	安装新密封圈
六角螺栓 M8 的拧紧力矩, kgf·m	2.5	扭力扳手	
用于主关闭阀固定的六角螺栓 M8 力矩, kgf·m	1.8	扭力扳手	不得超出所给数值,安装弹性垫圈
变速杆球关节上花螺帽 M10×1 力矩, kgf·m	1.5	扭力扳手	拧紧后用销子固定
换挡机构盖内连接螺栓 M16×1 力矩, kgf·m	1/1.5	扭力扳手	连接螺栓不允许伸出壳体内缘,用密封膏填充
传动装置上连接板内连接螺栓 M12×1.5 力矩, kgf·m	1/1.5	扭力扳手	用密封膏填充
抽风机拧紧力矩, kgf·m	1	扭力扳手	不得超出所给数值
倒挡销内正面六角螺栓 M6 的力矩, kgf·m	1	扭力扳手	拧紧后用止动片固定
六角螺栓 M5 力矩, kgf·m	0.6	扭力扳手	
行星齿轮传动部分			

续表

项目名称	数据	量具	备注
传动装置上轴承轴向间隙,mm	0	深度尺	间隙允许小于或等于0.1mm,用平衡垫调整
传动装置中间轴上深槽球轴承轴向间隙,mm	0.1~0.5	深度尺	装配时的间隙
中间梁内深槽球轴承径向间隙,mm	0.5~1.0	深度尺	所给数据仅供参考
壳体内吊孔之间的换挡拨叉或换挡轴轴向间隙,mm	0.1~0.5	塞尺	所给间隙用于检验
滑动套筒导槽内拨叉挡辊子间隙,mm	1.5~1.7	塞尺	新状态数值(磨损很小)
行星齿轮中行星齿轮允许的轴向间隙,mm	0.2~1.3	塞尺	所给尺寸包括两个黄铜止推垫允许磨损,黄铜止推垫磨损极限0.75mm
车速里程表主动轴轴向间隙,mm	>0.1	深度尺	可用手进行检查
车速里程表主动齿轮的齿隙,mm	0.1~0.2		可用手检查所给数值
感应传感器接触面和齿片齿顶之间规定距离,mm	0.5~1.0	测量仪 1po1136430	通过转速里程表盖和感应传感器间齿片调节
同步环或离合器体的磨损极限,在环端面和离合体间进行测量,mm	0.8	塞尺	低于尺寸的应更换同步环或离合器体
同步间隙慢挡区同步间隙;快挡区同步间隙,mm	≥1.2 ≤1.0	塞尺	同步间隙上限对应于0.6mm的磨损极限
同步装置的同步压力,kgf/cm^2	65~75		同步装置上所有压力弹簧用新的代替
离合器体传动侧相对于中间梁或齿圈上装配的同步装置轴向间隙,mm	$24^{+0.2}_{-0.1}$	塞尺	用离合器体和衬套或带槽球轴承之间的调整尺寸 $24^{+0.2}_{-0.1}$mm
滑动套筒的变速行程,mm	52		行程已给出
双位置操作缸的行程,mm	62	游标卡尺	
双位置操作缸安装尺寸,从固定点的孔中心至变速杆孔中心进行测量,mm	min170 max182	游标卡尺	游标在叉头上可进行12mm的调节

续表

项目名称		数据	量具	备注
检验换挡机构的全套限位器	长度, mm	3	长度为19mm的隔套秤	为便于测量,限位块的旋入螺纹上方移动19mm长的隔套,用秤向下压限位销约3mm直至到达隔套支承上读数
	弹力, kgf	42		
检验同步装置中大压力弹簧	长度, mm	27	深度尺	承载弹簧长度
	弹力, kgf	9.74±1.0	秤	所需的弹力
检验同步装置中小压力弹簧	长度, mm	28.8	深度尺	承载弹簧长度
	弹力, kgf	4.84±0.5	秤	所需的弹力
壳体内 M30×1.5 连接螺栓力矩, kgf·m		12	扭力扳手	在螺栓下安装铜密封圈
变速机构限位器力矩, kgf·m		6	扭力扳手	拧紧后用止动垫固定
安装在车速里程表盖上 M12 的六角螺栓和螺母拧紧力矩, kgf·m		8.6	扭力扳手	
输出端法兰上两个 M12 六角螺栓力矩, kgf·m		6	扭力扳手	交替拧紧螺栓,并用止动片固定
壳体内 M24×1.5 磁堵塞(放油丝堵)力矩, kgf·m		5	扭力扳手	不得超过所给尺寸,旋入前将铁屑清理
感应传感器力矩, kgf·m		max5	扭力扳手	
M10 六角螺栓螺母力矩, kgf·m		4.9	扭力扳手	
变速杆上 M8 六角螺栓螺母力矩, kgf·m		2.5	扭力扳手	安装强性垫片
里程表盖上调整螺栓 M10×1 力矩, kgf·m		2.5	扭力扳手	安装密封圈和止动垫片
M8 六角螺栓力矩, kgf·m		2.5	扭力扳手	
从动侧双头螺栓的力矩, kgf·m		1/1.5	扭力扳手	不得超过所给数值,涂密封膏

四、变速箱的安装调试及检测

为了确保变速箱轴的完好运行,花键落在允许的公差极限内,在允许的偏差范围内,按照下列方案来加工连接变速箱作用的平面和孔,同时要避免发动机壳和离合器壳间的中间环,及具有双重定中心的离合器壳和变速箱间离合器操纵法兰。

如图 3-52 所示,转动曲轴时,用测量表显示的孔和端面最大和最小的实际偏差会有差别。$TR_1 = 0.1$mm 是曲轴上用于变速箱驱动轴的滑动轴承或滚动轴承的孔的允许端面跳误差,这个端面跳误差与曲轴主轴承中心有关。

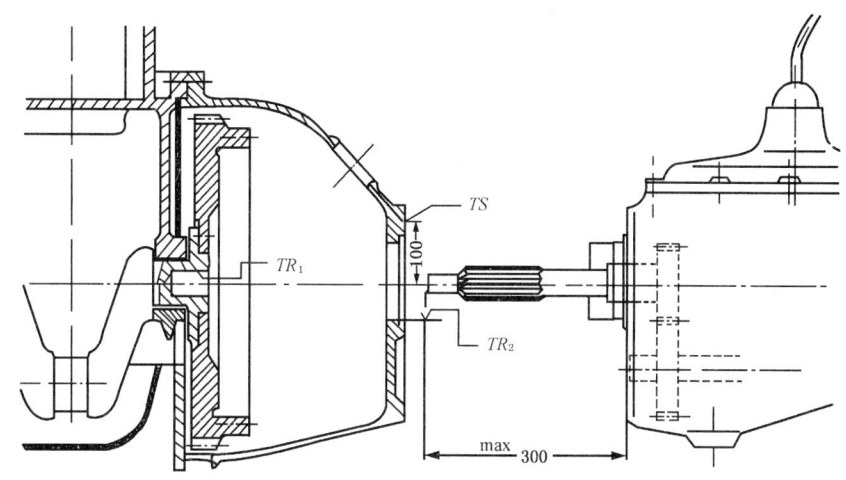

图 3-52　变速箱的安装

$TR_2 = 0.2$mm 是离合器壳上空心孔允许的端面跳误差,这个孔与凸出的滚动轴承外环对中心,并穿过现有的连接板。此端面跳误差与曲轴主轴承中心有关。

在测量半径上,$TS = 0.1$mm,$r = 100$mm 是连接面允许的端面跳误差。此端面跳与到曲轴轴线垂直的平面有关。

安装完变速箱后要加油,因此所有变速箱交货时不用加油。在汽车水平停放的情况下,且油面不动,进行检查油平面。油面必须到溢出孔的边缘,拧紧油溢出螺栓和放油螺栓。

五、维修记录

维修记录见表 3-41。

表 3-41　维修记录

日期	保养间隔运转小时	保养、检修内容	保养检修实耗及时率	保养人

六、常见故障及排除方法

常见故障及排除方法见表 3-42。

表 3-42　常见故障及排除方法

故障现象	可能的原因	排除方法
换挡困难	离合器分离不彻底	检查调整
	同步器磨损	更换同步器
	变速操纵调整不当	调整
没有高挡或低挡	气压不够或漏器	检查气压及气路
	高低变换阀或换挡汽缸损坏	检查更换气阀及汽缸
	同步器磨损	更换同步器
	拨叉滑块磨损	更换滑块
倒爬挡或 7,8 挡不好挂	变速操纵杆调整不当	重新调整
通气器冒油	高低挡变换阀漏气	更换
全部高挡或低挡都没有	高低挡同步器磨损导致脱挡	更换同步器
漏油	通气器堵塞	清洗
	油封磨损	更换
变速器过热	油面过高	放到标准油位
取力器输出轴润滑不良,发烧	油泵不供油	油太脏,换油,油管松动漏气
	油泵损坏	更换
	油面太低	加油到标准位
驾驶室翻转后变速杆挂不上挡	变速杆活动套卡钩卡滞,不回位	清洗并润滑
		检查翻转泵油位
		检查变速杆上的脱钩油缸
2,4,6,8 挡都没有或易脱挡	变速操纵调整不当	调整使支撑杆后倾
取力器拨叉划块磨损严重	接合脱开时转速太高	踩下离合器 6s 后再接合或脱开
	汽缸推杆调整不当	重新调整

第六节 B/FL413F 风冷柴油机修理规范

一、设备维修

(一)发动机机体

(1)曲轴箱各部安装平面无划痕、无裂纹、主轴瓦座无滚伤、无变形。

(2)主轴承盖高118mm,厚36mm,上端宽118mm,下端宽175mm,呈阶梯状定位面,并以175mm内侧定位面为主,定位尺寸188mm所标注的两侧面与曲轴中心线不对称,位移2mm,使装配主轴承盖时具有方向性,同时每个主轴承盖上都有顺序编号(从飞轮端起)。

主轴承盖 ϕ101mm 的内圆表面,有宽度为5mm的定位槽,以给主轴瓦轴向定位。

主轴承盖上的两个垂直螺栓,拧紧规程为50N·m(预紧),扭紧角度分三步,分别为30°,60°,60°。

主轴承盖上的两个横拉螺栓拧紧规程为50N·m(拧紧),扭紧角度分两步,分别为30°,30°。

(3)主轴瓦为三层铝青铜薄壁轴瓦,总壁厚为2.96mm,主轴瓦主耐磨层与表耐磨层之间镀有一层镍栅。在表耐磨层之外,整个轴瓦还要镀锡,止推轴瓦为翻边轴瓦或为止推片结构,主轴瓦标准尺寸为 ϕ95mm。修理尺寸等级(加大):ϕ94.75mm;ϕ94.50mm;ϕ94.25mm。

(4)主轴瓦径向间隙为0.06~0.13mm,主轴瓦轴向间隙为0.13~0.20mm,主轴止推轴瓦轴向间隙为0.175~0.317mm。

(二)汽缸盖和汽缸套

(1)汽缸盖。每缸一盖,同一机型汽缸盖可以互换,增压机型和非增压机型的汽缸盖不能互换。散热片断裂就不能再用,相邻两缸盖之间应留有1.25mm 的间隙。

(2)汽缸套。顶部止口 ϕ150mm(或 ϕ154mm)用来与汽缸盖结合,下部138.84mm用于与曲轴箱结合,汽缸套外部水平散热片为28片。进气侧断一片可使用。排气侧断一片不能继续使用。

(3)汽缸盖与汽缸套的安装。汽缸套和曲轴箱连接时,用汽缸套下部 ϕ138.84mm 外径与曲轴箱定位,下部有橡胶密封圈,曲轴箱与汽缸套结合端面之间,垫有 0.5mm 的钢制垫片。

(4)汽缸盖和汽缸套结合面之间装有钢制调整垫圈,厚度为 2.3~2.9mm,分 5 组,每组间厚度相差 0.15mm,用以密封燃气和调整活塞顶间隙,活塞顶间隙为 1.15~1.3mm。

(5)汽缸盖螺柱长度为 334mm±0.7mm,使用后当残余变形达 2mm 后应更换螺栓。

汽缸盖螺栓拧紧规程见表 3-43。

表 3-43 汽缸盖螺栓拧紧规程

用 30N·m 预紧后再按角度拧紧	第一步拧紧 60°	第二步拧紧 60°	第三步拧紧 60°	第四步仅对增压机拧紧 30°
拧紧顺序	2-3-1	3-1-2	1-2-3	3-1-2

(三)曲柄连杆机构

(1)活塞总成由活塞、活塞环、活塞销和挡圈组成,活塞 ϕ125mm。

(2)三道活塞环有两道气环,一道油环。第一道气环为梯形环,第二道环是锥面环,工作面有 45°倾角,兼有气环和油环双重功能。在第一道和第二环开口上端面附近,有"TOP"标记,装配时必须使标记向上,即标记对着燃烧室,不得装错,第三道环为组合油环。

(3)汽缸与活塞最小间隙为 0.13mm。

(4)连杆轴瓦标准尺寸为 75mm。

(5)连杆轴瓦径向间隙为 0.06~0.13mm,连杆轴瓦轴向间隙 0.17~0.30mm。

(6)连杆螺栓拧紧规程见表 3-44。

表 3-44 连杆螺栓拧紧规程

预紧力矩,N·m	拧紧角度,(°)	拧紧角度为 120°,(°)	拧紧方法	中止检验力矩,N·m
30	第一次 60	第二次 60	交替	210

(7)曲轴平衡块螺栓拧紧规程见表 3-45。

表 3-45　曲轴平衡块螺栓拧紧规程

预紧力矩,N·m	拧紧角度,(°)			备注
50	第一次 30	第二次 60	第三次 60	允许同时拧紧相对的两个螺栓

(8)曲轴前端传动。皮带轮用来代动发电机、打气泵。静不平衡量不大于 50gf·cm❶。减振器为钢骨架橡胶减振器,减振器需将振动的能量以热量方式散到环境中去,所以安装时要尽量使同轴前端有冷却空气流动。

(9)皮带轮螺栓拧紧规程见表 3-46。

表 3-46　皮带轮螺栓拧紧规程

预紧力矩,N·m	拧紧方法(交替拧紧),(°)		检验力矩,N·m
40	第一次 60	第二次 60	220

(四)配气机构

(1)凸轮总成由凸轮轴、正时齿轮、弹性圆柱销和螺栓组成,正时齿轮通过 M14×1.5 的螺栓紧固在凸轮轴上,拧紧规程见表 3-47。

表 3-47　拧紧规程

预拧紧,N·m	第一次,(°)	第二次,(°)	检验力矩,N·m
30	30	45	190

(2)为保证凸轮轴与曲轴及喷油提前器的正确位置,在正时齿轮第 1 齿(离定位销孔 90°48′处)、第 39 齿和第 40 齿上有 2.5×45°的倒角,装配时应将第 30 齿、第 40 齿间的齿谷与曲轮齿轮作有记号的齿啮合及第 1 齿与喷油提前器齿轮作有标记号的两齿间的齿谷相啮合,保证三者之间传动的相互位置。

(3)正时齿轮的轮毂平面与端盖平面之间的间隙由安装时选配端盖垫的高度来保证,使其轴向间隙在 0.2~0.7mm 范围内。

(4)挺杆与凸轮轴接触的工作表面直径为 φ34mm,呈球面,凸出高度为 0.002~0.008mm,如表面磨损有麻点,应更换。

(5)气门间隙为:进气门 0.2mm,排气门 0.3mm。

(6)凸轮轴瓦共有 5 道,径向间隙为 0.05~0.09mm,轴径为 φ60mm。

---

❶ 1kgf·m = 9.8N·m。

(五)冷却系统

(1)该系列机型采用前置静叶轮轴流式压风冷却,由液力耦合器、风扇静叶轮和风扇动叶轮组成,维修时应注意液力耦合器驱动轴固定螺栓、非增压柴油机是正扣的,增压柴油机是反扣的,防止维修时扭断。

(2)风扇护罩内装有离心式滤清器,应定时清洗。

(3)B/FL413F 系列柴油机采用改变风扇转速以达到调节冷却风量的目的,由节温器控制主油道通往耦合器的油量来实现,可改变节温器调整垫圈厚度,使球阀开度保持某个不变位置,调整冷却风量。

(4)液压耦合器驱动轴紧固螺栓拧紧规程:预拧紧扭矩为 30N·m,扭紧角度分三步,分别为 30°,60°,60°。

(六)润滑系统

(1)本机采用压力、间歇压力及飞溅相结合的润滑方式。润滑系统主要由机油泵、机油回油泵、带温度调节器的旁通阀、机油滤清器、主油道、主油道调压阀以及其他油道和油管组成。

(2)机油压油泵由曲轴齿轮直接驱动,从油底壳吸油,并以一定压力流入机油散热器旁通阀。当机油温度达到 130℃ 时,温度调节器使控制活塞打开旁通第二层油路,机油进入机油散热器进行冷却,冷却后的机油温度约下降 8~10℃。

(3)机油滤清器为并联式,机油分别进入两滤筒滤芯外侧,滤清后的机油由中心杆油道进入曲轴箱主油道。主油道压力过高时调压阀打开,分流一部分机油到油底壳,以保证机油压力的稳定。发动机如因大修或其他原因造成机油压力过高或过低,可通过增减调压阀的调整垫调整,以恢复机油压力的正常值。

(4)机油压油泵装在风扇端,由曲轴齿轮直接驱动,其传动比为 1.3125,在发动机 2500r/min 时其转速为 3280r/min。机油泵出口处装有压力调节阀,当机油压力超过 8~10.5bar(1bar = 10^5 Pa)时,调压阀打开分流一部分机油到油底壳,以保证机油压力稳定在一定范围内。

(5)机油回油泵的功能是将油底壳内的机油吸入集油池内,以保持集油池内有一定的油量,维持压油泵的正常循环。注意:为了维护回油泵的正常运转和润滑,在压油泵出口和回油泵之间装有的一根机油连接管,压油泵出口处的一部分机油进入回油泵,防止回油泵缺油引起齿轮干摩擦。维修作业时应保证此根管线固定牢固,无渗漏现象。

(6)机油滤清器在连接盘上装有旁通阀,当滤芯严重堵塞、阻力增大时,打开旁通阀,不经滤清而直接进入油腔,以防止发动机缺油而损坏,旁通阀不能随意调整。

(7)机油的选用与更换时间见表3-48机油牌号和表3-49。

表3-48 机油牌号

季节	环境温度,℃	机油牌号
夏季	-5~25	SAE30.CD
	>25	SAE40.CD
冬季	>0	SAE30.CD
	-25~30	10W/30 中增压柴油机油
	<-25	14 号严寒区稠化机油

表3-49 B/FL413F/W 发动机机油更换时间

燃油含硫量,%		非增压发动机 FL413F/W		
	Ⅰ	到0.5%	HO-B 200h 1000km	HD-C 300h 15000km
		>0.5%	100h 5000km	200h 10000km
	Ⅱ	到0.5%	100h 5000km	200h 10000km
		>0.5%		100h 5000km
		废气涡轮增压发动机 BFL413F/W		
	Ⅲ	到0.5%		200h 10000km
		>0.5%		100h 5000km

(七)燃油系统

(1)喷油泵 B/FL413F 柴油机喷油泵采用的是德国波许泵,型号为PE8A95D410LS2609,各部含义及主要数据如下:

① PE 表示用底部圆弧安装的整体喷油泵。

② 8 为缸数。

③ A 表示喷油泵型号及相应的凸轮升程、A 型泵凸轮升程为8mm。

④ 95 表示柱塞直径(mm)的10倍,95 表示实际柱塞直径为9.5mm。

⑤ D 表示变形的字母。

⑥ 410 表示装配代号。
⑦ L 表示凸轮轴旋转方向为左旋。
⑧ S2609 表示设计号。

(2) 调速器代号为 RQV300-1250AB1128L,其各部分含义数据如下:
① R 表示离心式调速器。
② Q 表示用操纵杆改变浮动杠杆比。
③ V 表示全程调速器。
④ 300 表示 1250 转速调节范围。即在柴油机 600~2500r/min 的速度范围内。
⑤ A 表示与调速器相匹配的喷油泵型号为 A 型泵。
⑥ B 表示结构改进号。
⑦ 1128 表示设计代号。
⑧ L 表示调速器装于喷油泵左面。

(3) B/F8L413F 柴油机校正装置有正校正和负校正两种校正器,供油量随转速下降而增加称为正校正,主要用于提高柴油机的扭矩系数,以改善车辆的爬坡性能;负校正是供油量随发动机转速下降而减小,主要用于改善增压柴油机低速冒烟特性,使低速范围内烟度值限制在允许的范围内。正校正和负校正在喷油泵试验台和柴油机试验台上已调好,不得自行调整。

(4) 喷油泵的维护保养:
① 燃油市场上通用含硫量低于 0.5% 的燃油(柴油)均可使用,加油时应注意清洁。
② 每工作 100h 要更换精滤器的滤芯,注意清洗滤体,若采用两级燃油滤清器均是纸质的,应工作 500h 更换滤芯。

(八) 增压系统

(1) BF8L413F 风冷柴油机增压系统由废气涡轮增压器、中冷器、进气管、排气管及脉冲转换器 5 大部件组成。两台废气涡轮增压器分别安装在柴油机飞轮端上方左右两侧,BF8L413F 风冷柴油机采用 3LDz289A16.1 型和 K27 型两种废气涡轮增压器。

(2) 由于增压器转子转速近 10 万 r/min,轴颈线速超过 50m/s,所以必须保证涡轮增压器有足够的润滑和冷却,运转过程中不能高速熄火,应怠速运转几分钟后再熄火,防止因无润滑油压力而造成涡轮增加器浮动轴承过度磨损和早期损坏。

(3)废气涡轮增压器的主要技术参数见表3–50。

表3–50 主要技术参数

项目 \ 参数	3LDZ289A16.1	K27
压 气 机		
叶轮外径,mm	76.2	83.5
叶轮宽,mm	21.6	26
叶片数	12片,长短相间	12片长短相间
类型	离心、半开式径向叶片	离心式后弯叶轮
扩压器的类型	无叶	无叶
涡 轮		
叶轮外径,mm	75.8	81
叶轮宽,mm	23	25.5
叶片数	10片	12片
类型	径流、等压涡轮	径流、等压、星形盘或涡轮
喷嘴的类型	无叶	无叶
轴承的类型	整体、浮动轴承	分开式浮动轴承
最高压比	2.2	2.4
最高转速,r/min	90000	120000

(4)中冷器无特殊修理要求,但要保证中冷器横向波形散热片通道无阻塞、无灰尘、无油污、修保作业时应做漏气试验,保证中冷器无泻漏现象。如有泻漏现象,必须及时补焊或更换。

(5)脉冲转换器:两排气管与脉冲转换器的连接采用自由抽入的积炭密封,其间隙为0.2mm,插入深度为30mm。

(九)发动机的调整

(1)上止点调整:出厂的发动机,已在附件托架上装有指针,减振器上标有上止点标记,使减振器标记与附件托架指针重合就是上止点,一般不需重新测定调整。但如果由于装配不当,原来上止点不准确,或者标记改变了位置,则需重新测定上止点。

(2)喷油泵供油量提前角的检查和调整:当发动机出现严重排黑烟,功率下降时,经检查其他系统(如进气系统)没有问题,这时需要复查供油提前角是否变化。各种机型发动机的供油提前角要求不同,现以 BF8L413F 为例,(供油提前角为 30°±1°)说明供油提前角的检查与调整。

检查方法有两种,由于第一种需要高压检查仪检查不方便,现用第二种毛细管油面指示仪检查与调整法加以说明:

① 确定第 1 缸压缩行程上止点。

② 拆下喷油泵第 1 缸高压油管,装上毛细管油面指示器。

③ 将曲轴反时针旋转到上止点前 60°~90°。

④ 用手打输油泵向喷油泵泵油,使喷油泵油腔充满油并有一定压力。

⑤ 把操纵杆放到满载位置。

⑥ 正时针缓慢转动曲轴。当毛细管液面指示器油面开始动,即是供油开始,检查皮带轮供油角标记应与指针对齐,如没有对齐说明供油角不符合规定,应调整。

⑦ 松开喷油泵传动联轴器螺栓,转动曲轴皮带轮的供油角 30°与指针对齐。

⑧ 正时针缓慢转动联轴器,当毛细管液面指示仪油面开始动,紧固喷油泵联轴器。

⑨ 重复检查与调整,直至合格为止。

⑩ 拆掉毛细管油面指示仪,装上高压油管。

(3) 当进气门间隙为 0.2mm,排气门间隙为 0.3mm 时,配气相位(气门间隙)的检查与调整:

进气门开:上止点前 22°;

进气门闭:下止点后 52°;

进气门开启延续角为 254°;

排气门开:下止点前 67°;

排气门闭:上止点后 27°;

排气门开启延续角为 274°;

进气门重叠角为 49°。

配出气相位正确与否,直接影响发动机充气效率及动力性,气门间隙又直接影响配气相位,因此气门间隙要定期检查和调整。

(4) 在第一次和第二次更换机油的同时要检查与调整气门间隙,以后在正常工作条件下每经 300 工作小时后需要检查气门间隙。

在不良的工作条件下,如重载、启动频繁、灰尘严重或出现工作不正常,

都需缩短和提前检查气门间隙。检查调整最好是在发动机冷态,至少发动机冷却 7h 以后,其检查调整方法如下:

① 拆下气门室盖,正旋转曲轴,使第一气门重叠(即排气门还没完全关门、进气已开始开启),调整图 3 – 53 中可调整的气门(涂黑的是可调气门)。

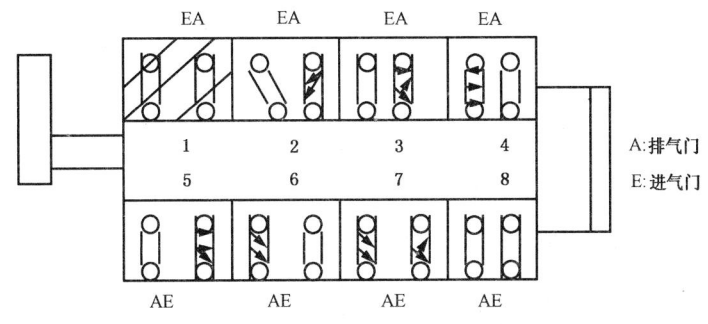

图 3 – 53　调整气门(1)

② 转动曲轴使第 7 缸气门重叠。调整图 3 – 54 中可调整气门(涂黑的是可调气门)。

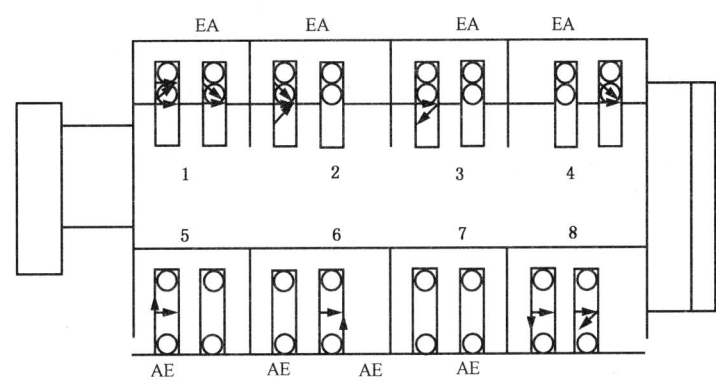

图 3 – 54　调整气门(2)

③ 调整时,松开摇臂上调整螺栓的锁紧螺母,把调整螺栓拧进或拧出,使塞尺在用力不大的情况下从摇臂与气门之间拔出。

④ 紧固锁紧螺母,再次复查调整直至合格。

(十)电器系统

(1)每经 1200 工作小时要检查清洗发电机驱动端轴承有无损坏并加注新润滑脂,检查转子滑环有无烧蚀,如有应及时用 0 号砂纸打磨光滑,碳刷如过度磨损应及时更换。

(2) 发电机运转前，闭合总电源开关，蓄电池经充电指示灯、电压调节器向发电机提供激磁电流进行预充磁，充电指示灯发亮。当发电机运转后，充电指示灯熄灭，如充电指示灯不熄灭，此时发电机不发电，应及时排除故障，或检查更换充电指示灯灯泡。

(3) 发电机系统安装使用注意事项：

① 发电机系统连线必须正确无误、接触良好。

② 电压调节器和过压保护器不能安装在热源附近。

③ 发电机皮带不能过紧或过松。

④ 在发电机运转期间，不能断开发电机系统各部件之间的连接（包括蓄电池的连接线）。

(4) 启动电动机后，每经1200工作小时，要检查清洗启动电动机两端滚珠轴承和滑动轴承有无损坏，并加注润滑脂。

(5) 启动电动机安装使用注意事项：

① 启动电动机时电气接线必须正确无误、接触良好，绝对不允许有虚接、短路现象，连接导线必须有足够的截面积，一般在50mm²左右。启动电动机正极接线柱，接蓄电池正极启动电动机负极接线柱，接蓄电池负极。启动电动机乘余接线柱，接加热启动开关接线柱。

② 应使蓄电池处于充电良好状态。

③ 每次启动之前应断开柴油机负载，每次启动时间不得超过10s，一次启动不成功，则需间隔1min后才允许下一次启动。

如经几次启动还不能使柴油机独立运转则应对柴油机、启动电蓄电池及连接导线进行检查，切不可长时间或多次启动。

④ 柴油机一旦启动后，应立即松开启动开关，切不可在柴油机启动运转后再次扳动启动开关，以免损坏启动电动机小齿轮和飞轮齿圈。

(6) 缸盖温度测量装置：

① 缸盖温度表指示范围为30~200℃，标称工作电压为24V，一般安装在第2汽缸盖上。413F系列风冷柴油机目前配有两种形式的缸温表。两种温度表除了红绿区的分界值不同以外，其余部分基本相同，大部分是分界值为170℃的温度表。柴油机缸温应工作在绿区内。

② 缸盖温度传感器标称工作电压为6~24V，工作温度低于200℃（230℃不得连续超过30min）。

③ 缸盖温度报警开关一般安装在第 6 汽缸盖上。报警开关的技术参数为：

触点闭合温度：170℃ ±5℃；

触点容量：3W（无感）；

标称工作电压：6～24V。

(7) 机油温度测量装置：

① 机油温度表指示范围为 50～150℃，标称工作电压为 24V，刻度区分红区绿区，正常温度应工作在绿区范围内。

② 机油温度传感器工作温度为 -25～150℃，触点闭合温度为 130℃ ±3℃，触点容量为 1.2～3.0W，标称工作电压为 6～24V。

(8) 机油压力测量装置：

① 机油压力表指示范围为 0～0.5MPa，标称工作电压为 24V，工作电流最大为 130mA。

② 机油压力传感器：测量 0～0.5MPa，触点报警压力为 0.04MPa（当压力低于此值时，内部触点闭合），触点容量为 5W，工作温度为 -25～100℃。

二、常见故障及排除方法

B/FL413F 风冷柴油机的常见故障及排除方法见表 3-51。

表 3-51　B/FL413F 风冷柴油机的常见故障及排除方法

故障原因	排除方法
1. 启动开关接通时，发动机不转	
蓄电池输出电量低	充电或更换
接线或开关有故障	修理或更换
启动机电磁线圈有故障	换新线圈
启动机有故障	修理或更换
发动机内部问题造成曲轴不能转动	如分离驱动设备后，曲轴仍不能转动，则拆下喷油器检查汽缸内的状况；如问题不在这里，则需拆开检查发动机
2. 发动机启动不起来	
曲轴转速低	见本表 3,4,5
燃油滤清器脏	更换
燃油输油管堵塞或破裂	清洗或更换油管

续表

故障原因	排除方法
燃油压力低	启动时燃油压力必须大于20kPa
不供油	向燃油箱加油,向系统供油(排除空气)
喷油正时不对	调整喷油正时
3. 启动机不转	
蓄电池电量低	充电或更换
接线或开关有故障	修理或更换
启动机电磁线圈有故障	换新线圈
启动机有故障	修理或更换
4. 发电机不充电	
皮带松	调整皮带
充电电路或接地回路或蓄电池接线故障	检查导线或节点,更换失效零件
碳刷失效	更换碳刷
转子故障	更换转子
5. 交流发电机充电率不稳	
皮带松	调整皮带
充电电路或接地回路或蓄电池接线故障	检查导线或节点,更换失效零件
电压调节器失效	更换
6. 发电机有杂音	
皮带磨损或破裂	换新皮带
皮带轮松动	检查、更换
轴承磨损	安装新轴承
7. 发动机着火不良或运转不平稳	
燃油压力低	查明油箱中却有燃油;检查油箱与输油泵之间的管路有无泄漏或凹瘪的地方,有无空气进入;检查燃油压力;检查燃油泵
燃油系统中有空气	通常由燃油泵吸入端进空气
高压油管泄漏	换新
气门间隙不对	调整
喷油正时不对	调整
8. 功率不足	
燃油品质差	加入优质燃油

续表

故 障 原 因	排 除 方 法
燃油压力低	查明油箱中却有燃油;检查油箱与输油泵之间的管路有无泄漏或凹瘪的地方,有无空气进入;检查燃油压力;检查燃油泵
进气系统漏气	检查进气歧管压力,检查空气滤清器是否堵塞
调速器连杆	检查是否能够达到全行程,视情况更换
气门间隙不对	调整
喷油正时不对	调整
功率调定太低	按发动机铭牌调定功率
涡轮增压器积炭	检查,必要时修理
9. 低速时发动机熄火	
燃油压力低	查明油箱中却有燃油,检查油箱与输油泵之间的管路有无泄漏或凹瘪的地方,有无空气进入;检查燃油压力;检查燃油泵
怠速转速太低	调整调速器
10. 发动机转速变化突然	
调速器或燃油喷油泵失效	检查有无损坏的弹簧、连杆或其他零件,拆下调速器检查控制连杆有无自由行程
11. 燃烧噪声大	
燃油品质差	换新油
喷油正时不对	调整
12. 配气机构有杂音	
气门弹簧或锁片损坏	换新件,锁片损坏会使气门掉进汽缸造成更严重的损坏
润滑不足	检查气门室内润滑情况,必要时清洗油路
气门过桥损坏	换新
气门间隙大	调整
13. 配气机构杂音大	
气门弹簧折断	换新
凸轮轴损坏	更换所有损坏零件,彻底清洗发动机
14. 气门间隙太大	
润滑不足	检查气门室内润滑情况,必要时清洗油路
摇臂工作面磨损	换新

续表

故 障 原 因	排 除 方 法
气门杆端磨损	换新
推杆磨损	换新
气门挺杆磨损	换新
气门过桥磨损	调整，必要时换新
凸轮轴凸轮磨损	换新
15. 气门间隙太小或没有间隙	
气门座或气门接触表面磨损	修复汽缸盖
16. 发动机有杂音	
连杆轴承损坏	换新
正时齿轮损坏	换新
发动机附件损坏	修理或更换
17. 白烟或蓝烟过多	
发动机润滑油太多	放掉多余的油，并查明来源
喷油正时不对	调整
着火不良或运转不稳	见本表8
气门导管磨损	更换
活塞环磨损	更换
18. 排气中有机油	
气门室内机油太多	确保摇臂轴端有堵油塞
气门导管磨损	更换
活塞环磨损	更换
19. 机油消耗量大	
发动机机油多	放掉多余机油，并查明来源
机油泄漏	找出泄漏处，检查呼吸器是否脏污
机油温度高	检查机油冷却器是否正常
气门室内机油太多	确保摇臂轴端有堵油塞
气门导管磨损	修理
活塞环磨损	更换
20. 黑烟或灰烟多	
进气不足	检查空气滤清器是否堵塞
喷油器有故障	换新

续表

故 障 原 因	排 除 方 法
喷油正时不对	调整
21. 机油压力低	
机油滤清器或机油冷却器脏污	检查旁通阀,清洗芯管
润滑油中有柴油	找出柴油从何处进入
摇臂与摇臂轴之间的间隙太大	检查气门室中的机油,必要时换新件
机油泵吸油管有故障	换新
压力调节阀不关闭	清洗阀体,必要时换新
机油泵有故障	修理或更换
曲轴轴颈与轴瓦之间的间隙过大	检查轴瓦,必要时更换
凸轮轴轴颈与轴承套之间的间隙太大	必要时更换凸轮轴和轴承套
机油压力表失效	安装新表
22. 排气温度高	
进气系统漏气	检查进气歧管压力,消除漏气
排气系统漏气	找出漏气原因,进行修理
进气或排气系统堵塞	消除堵塞
喷油正时不对	调整

第四章 通井机修理规范

通井机包括履带式和轮式两种。轮式通井机又包括自带井架和不带井架两种，主要用于井下施工起升作业。本章主要介绍轮式自带井架和履带式通井机的修理，其中包括通井机各部件的构造、维修要点、检验标准以及常见故障及排除方法。通井机主要由动力系统、传动系统、滚筒起升系统、井架底座、控制系统、行走系统等组成。

第一节 轮式通井机的维修

一、轮式通井机维修的基本要求

（1）轮式通井机大修理应符合现行标准的要求，并按照规定程序批准的图样及技术文件修理。

（2）解体前应进行整机清洗。总成解体后所有零部件应清除油污、结胶、水垢等，并除锈、脱旧漆。

（3）拆装时应使用专用机具、工具；对主要零部件的基准面或精加工面不允许敲击，避免损伤。

（4）装配的零件、部件、总成件和附件应符合相应的技术条件，各项装配应齐全，并按原设计的装配技术条件安装。

（5）允许通井机在大修中按经规定程序批准的文件改变某些零件、部件的设计，但其性能不得低于原设计要求。

（6）主要结构参数应符合原设计规定。由于修理而增加的自重，不得超过原设计自重的3%。

（7）凡外购的部件，均应符合相应的国家或行业标准，并经检验合格。

（8）其他要求应符合 GB/T 3798—1983《汽车大修竣工出厂技术条件》的规定。

二、轮式通井机主要部件的维修

(一)柴油机的主要结构和维修

1. 汽缸体、曲轴箱

WD615 系列发动机机身从主轴承孔中心分为两部分,上部为汽缸体,下部为曲轴箱。曲轴箱与七道主轴承在一起构成一个刚性很好的整体式框架。在框架与汽缸体之间设有垫片,装配时在汽缸体底面涂以乐泰 510 号密封胶,涂抹时用手挤出即可,要求涂抹的流线要均匀,切不可断流,但也不能太多,涂抹完后要及时安装。汽缸体与曲轴箱之间用 14 个轴承螺栓($M18 \times 2.5$)紧固,两侧还有 24 个(M8)螺栓,使其成为一个良好的刚性结构。汽缸体的缸孔和汽缸套外径安装前用三氯乙烯除去油脂并涂上一层薄薄的钼粉,用手或工具即可平稳地压入。遇有压入困难时,切不可粗暴,应仔细测量机体缸孔直径($\phi 130 + 0.025$ mm)和缸套外径($\phi 130 ^{+0.02}_{-0.002}$ mm),并尽可能选择合适的尺寸,使其不出现过盈状态。压入后检查缸套高出机体的高度应在 $0.02 \sim 0.07$ mm 的范围之内,同时检查缸孔尺寸($\phi 126 + 0.025$ mm),并控制其圆柱度不超过 0.04 mm。

机体前视右侧有前后贯穿的主油道,左侧有副油道,有 6 个喷嘴与之连通,用于喷油冷却活塞。安装喷嘴时应注意上面的定位销。

主轴瓦为薄壁,表面有减磨镀层的合金瓦,切忌修研,装曲轴前应涂以足量的清洁机油。

2. 汽缸盖

汽缸盖是一缸一盖结构的六面加工体,排气门弹簧下面有一较厚的弹簧垫片,此垫片用乐泰 648 胶粘结在汽缸盖上。每个汽缸盖由 4 根 M16 的螺栓压紧,并用 3 根 M12 的双头螺栓借助于一套夹紧块锁紧螺母等零件,同时压紧相邻的两个缸盖。汽缸垫允许重复使用,但要认真检查,如有破损应予以更换。同时在汽缸盖螺栓扭紧前,排气口侧要用直尺找平,否则会造成漏气和密封垫损坏故障。进气门座锥角为 110°,排气门座锥角为 90°。气门导管是可更换的,导管压入后应保证高出汽缸盖凹坑平面 22 mm。

汽缸盖、汽缸垫与机体都分别有定位,安装时要予以注意。

在上紧摇臂支架螺钉前,要注意使摇臂调节螺钉头处在适当的位置,谨防压坏配气系统的构件。由于摇臂支架与缸盖之间无定位销,扭紧时要注意摇臂与阀头的接触适中。本机摇臂无衬套,安装前应在摇臂轴上涂抹足量的清洁机油。

3. 活塞

活塞顶部标有产品代号,活塞环第一环槽镶有耐热圈,活塞销孔向曲轴旋转方向应偏移一定量。顶岸有细槽,裙部涂有石墨层。采用三道环活塞结构,第一道气环为梯形筒面环,表面有钼层,内圆上部有内切口,安装时要把带有"TOP"字样的一面朝上。第二道环为锥面环,安装时要把带有"TOP"字样的一面朝上,切勿装反。第三道环为内胀圈组合油环,见图4-1。活塞按质量分为5组,标记为G1,G2,G3,G4,G5,更换活塞时注意同一台机器的活塞质量应相同。

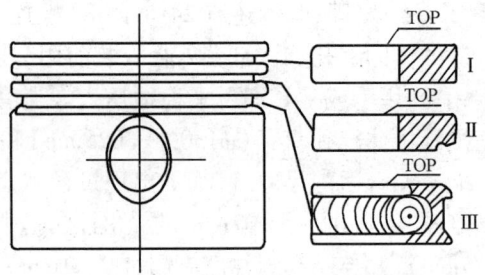

图4-1 活塞环

往缸套内下入活塞前,要在缸套内和活塞裙部、活塞环各处涂抹足量的清洁机油,同时注意使三道活塞环开口互错120°,并使第一道环的开口位置偏离活塞销孔边缘不小于30°。

活塞与连杆组装时,需要将活塞加热到80℃,并注意使活塞裙部下端有缺口处对准冷却喷嘴位置。

4. 连杆

工字形断面的合金钢连杆经喷丸处理,大头呈45°剖分,接合面采用60°的齿形定位。规定连杆按质量分组,其组间的质量差别为29g,并分别以C,D,E,F,G,H,I,J,K,L标记。当柴油机修理需要替换连杆时,连杆的质量等级一定要相符,也就是说要与连杆上的质量标记一致,否则连杆质量等级不一致会引起柴油机工作的不良振动。

连杆体与连杆盖上有配对标记,换修时不得错装,见图4-2。

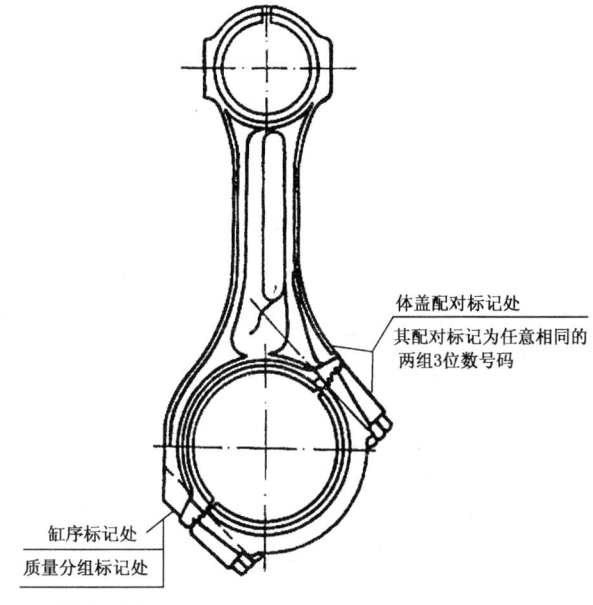

质量分组标记:C,D,E,F,G,H,I,J,K,L
缸序标记:1,2,3,4,5,6

图4-2 连杆

连杆螺栓是两根 M14×1.5 的强力螺栓,此螺栓只准使用一次,即拆卸后应予以报废。

连杆瓦内表面有三元合金镀层,切忌刮研。

5. 曲轴

曲轴带有12个平衡块,有较大的重叠度,需进行动平衡。在曲轴的前端装有硅油减振器。曲轴的前后油封装卸时应特别仔细,如果为了更好地密封,可在相对静止面上加用乐泰胶以防松动。

曲轴齿轮及定位轴套是分别加热到180℃及290℃后安装到曲轴上的。

6. 配气机构

WD615柴油机的配气机构,其特点之一是利用空心推杆作为向汽缸盖输油的油道。在挺杆下部有两条环形槽,上环槽中有一个小斜孔与挺杆底部的球形凹座相通,机油从汽缸体主油道通过细的斜油道,间歇性地经过挺杆的上环槽先入球座,经推杆由空心推杆下面的球头中心的小孔引向摇臂,再经摇臂调整螺钉和摇臂上钻出的小孔润滑摇臂轴承和气门机构,在挺杆的下部环槽中还钻有一个回油孔。另一特点是摇臂轴和摇臂座合为一体,并省去摇臂的轴向定位装置,摇臂轴向定位靠摇臂座侧面和汽缸盖罩内侧面。

(1)WD615柴油机配气相位为:

冷态摇臂与进气阀间隙:0.3mm,见图4-3。

冷态摇臂与排气阀间隙:0.4mm,见图4-4。

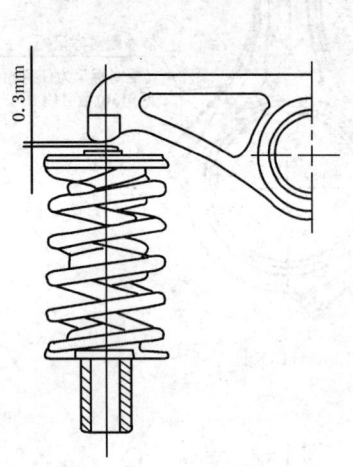 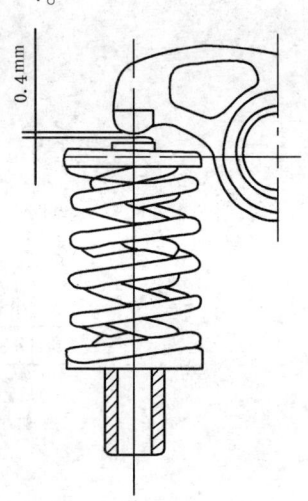

图4-3 冷态进气门间隙　　　　图4-4 冷态排气门间隙

进气阀开:上死点前34°~39°曲轴转角。

进气阀关:下死点后61°~67°曲轴转角。

排气阀开:下死点前76°~81°曲轴转角。

排气阀关:上死点后26°~34°曲轴转角。

在调好冷态气门间隙后,再复查各缸的进、排气门开闭相位,防止误调。

(2)正时齿轮的安装:

转动飞轮,使飞轮上OT刻线对准飞轮壳下部窗口内的OT刻线(卸下窗口盖后才能看到),并使第1缸处在压缩行程。这时即表示第1缸活塞处在压缩行程的上止点,见图4-5。

转动凸轮轴齿轮,使其中一个齿上的刻线对准正时齿轮室上的OT刻线并扭紧到规定的扭紧力矩。安装大小中间齿轮,并按规定扭矩固定各中间轴。遇有大中间齿轮不能同时与曲轴齿轮和凸轮轴齿轮啮合时,可轻微(特别注意只能轻微)转动凸轮轴齿轮使之啮合,见图4-6、图4-7、图4-8。

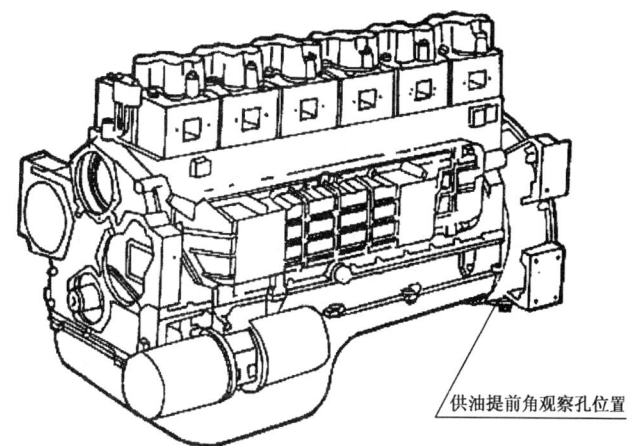

图4-5 飞轮刻线位置

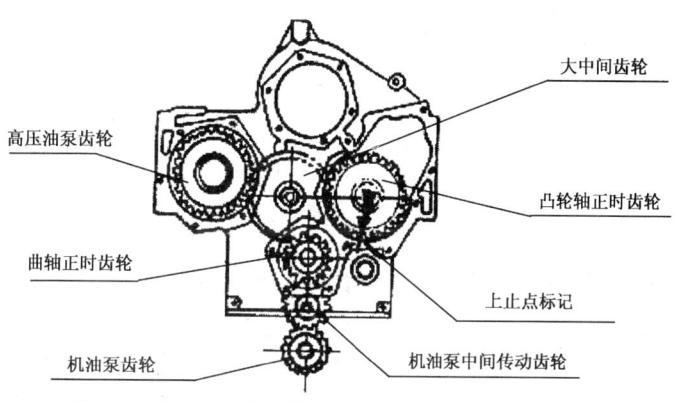

图4-6 凸轮轴正时齿轮安装示意图

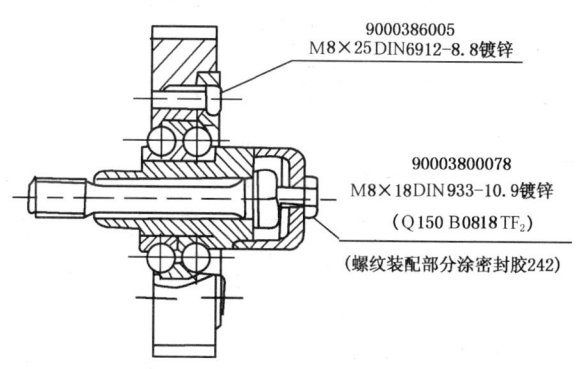

图4-7 中间正时齿轮轴承安装图

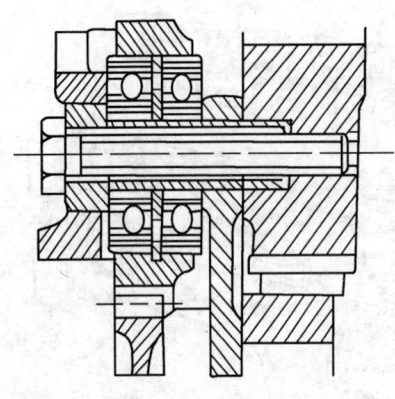

图4-8 机油泵中间齿轮安装图

安装高压油泵传动齿轮和空气压缩机齿轮,并按规定扭矩拧紧。

(3)调整喷油提前角:

① 将飞轮转到(1缸压缩行程)1缸和6缸上止点前规定的喷油提前角的角度,转动飞轮时要沿着柴油机的旋转方向,不可倒转。

② 按油泵的旋转方向转动高压油泵传动端,使之固定在1缸供油位置。其判别方法,一是将提前角的刻线与泵体上的指示板刻线对齐(在有刻线情况下适用),另一方法是用小吊桶和手压输出泵向高压油泵供油,卸下1缸高压管线,仔细观察1缸出油阀座内的油面,一旦出现油面上升即停止转动高压油泵传动轴,此时的位置就是1缸的供油位置。

③ 用弹簧钢片联轴器将高压油泵与传动轴连接,并将其上的M12内六方螺钉扭紧到规定力矩。

④ 倒转飞轮少许后,一边正转飞轮,一边观察1缸出油阀座的油面,重新核对1缸供油提前角,如发现不对,应予调整。

7. 柴油机主要零件的配合间隙及磨损极限

柴油机主要零件的配合间隙及磨损极限见表4-1。

表4-1 柴油机主要零件配合间隙及磨损极限　　　　　　mm

序号	项目		理论值	磨损极限
1	主轴承间隙		0.095~0.163	0.17
2	连杆轴承间隙		0.059~0.127	0.16
3	曲轴轴向间隙		0.052~0.255	0.35
4	连杆大端面与曲轴间隙		0.15~0.35	—
5	活塞裙部冷态最小间隙		0.143~0.182	0.35~0.40
6	连杆小头衬套与活塞销之间的间隙		0.045~0.066	0.1
7	活塞销座与活塞销之间的间隙		0.003~0.013	—
8	活塞环冷态开口间隙	第一环	0.4~0.6	1.0~1.2
9		第二环	0.25~0.40	1.0~1.2
10		油环	0.35~0.55	1.0~1.2

续表

序号	项目		理论值	磨损极限
11	活塞环冷态端面间隙	第一环	—	—
12		第二环	0.07~0.12	0.28
13		油环	0.050~0.085	0.26
14	进气阀杆与套之间的间隙		0.050~0.086	0.15
15	排气阀杆与套之间的间隙		0.030~0.066	0.10
16	油嘴高出缸头平面值		3.2~4.0	—
17	缸套顶高出汽缸体上平面值		0.02~0.07	—
18	凸轮轴轴向间隙		0.1~0.4	—
19	凸轮轴轴承间隙		0.04~0.12	—
20	挺杆与挺杆孔之间的间隙		0.025~0.089	—
21	摇臂与摇臂轴之间的间隙		0.040~0.119	—
22	汽缸体上顶面 M12 螺栓高出汽缸体上顶面值		180±3	—
23	气阀套筒高出缸头凹坑平面值		22	—
24	活塞顶与缸头平面之间的间隙		1.0	—
25	冷态气门间隙（进、排气）		0.3 或 0.4	—
26	齿轮侧隙		0.15~0.33	—
27	正时齿轮与中间齿轮的侧隙		0.015~0.330	—

（二）液力变矩器

（1）采用液力变矩器传动的通井机，柴油机与液力变矩器的匹配，除提升最大钩载的事故挡外，其他各挡变矩器效率不低于70%。

（2）变矩器的工作油温应为80~110℃。变矩器为三元件结构，具有综合式、非综合式结构。为使变矩器与发动机匹配合理，其特性参数应根据发动机的外特性来确定。变矩器由三部分组成：泵轮、涡轮、导轮。由这三个工作轮组成一个循环系统，液体按上述顺序通过循环圆流动。变矩器泵轮和变速器的供油泵不断地使压力油通过变矩器，这样才能使变矩器工作起作用，即增加发动机的输出扭矩。同时，经过变矩器流出的油，吸收了变矩器内产生的热量并将热量排出。

油液由泵轮流入涡轮，流经涡轮时液流改变方向。涡轮及输出轴所得到的扭矩大小，取决于负载。导轮（反作用元件）置于涡轮后面，其作用是将从涡轮流出的油经其油道再次改变液流方向并以适当的方向流入泵轮，因此导轮受一反作用扭矩。将涡轮扭矩与泵轮扭矩之比称为变矩比，通常变矩比随涡轮与泵轮之间的转速比降低而增大。因此，在涡轮不转（零速工况）时变矩比最大，随着输出转速的提高，变矩比会降低。

通过变矩器，输出转速可无级变化，驱动扭矩能自动适应所需的负载扭矩。

当涡轮转速达到泵轮转速的80%时，变矩比接近1。涡轮扭矩等于泵轮扭矩，此时变矩器的作用相当于一个耦合器。

导轮自由轮结构（单向离合器）的作用是在高速工况下提高高效区的传动范围。在变矩工况，自由轮将扭矩传至导轮座，耦合工况时松开，此时导轮就能自由旋转。液力变矩器示意图见图4-9。

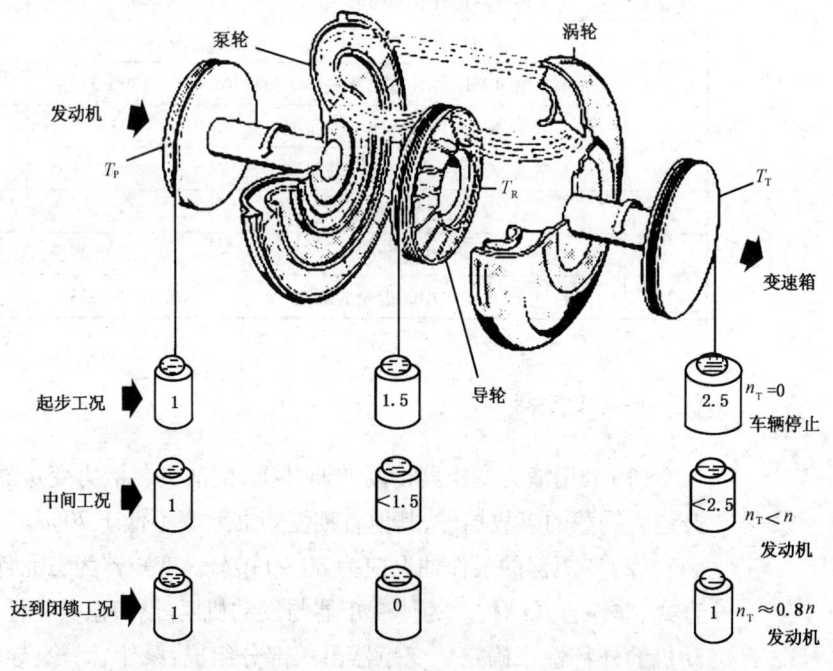

图4-9 液力变矩器示意图

（3）WG180/ZF350液力变速箱：此液力变速箱为多挡动力换挡变速箱，为平行轴（定轴）传动结构，由液压控制的多片式摩擦离合器能在带负荷状态下（不切断动力）接合和脱开，即动力换挡。所有传动齿轮均有滚动轴承支承。齿轮与齿轮之间为常啮合传动。变速箱结构图见图4-10。

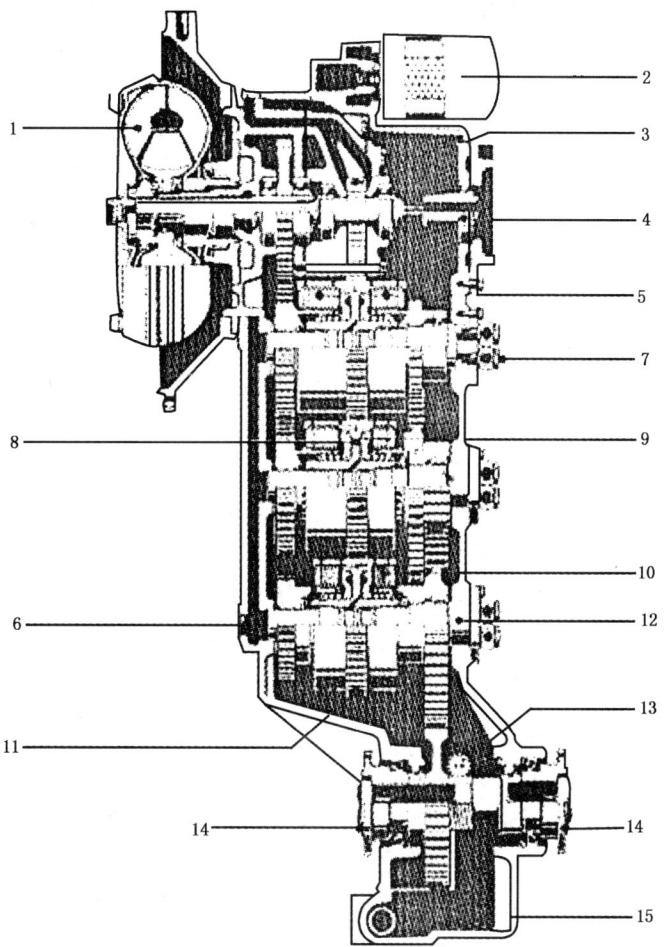

图 4-10 变速箱结构图
1—变矩器部件;泵轮罩、泵轮、涡轮、导轮;2—滤清器(压力滤);3—油泵;
4—取力器(发动机取力);5—换向和换挡离合器;6—润滑油接口;
7—离合器压力油接口;8—活塞座;9—活塞;10—摩擦片;
11—离合器壳体;12—传动支承轴;13—转速表轴;14—输出轴;
15—箱体

各齿轮、轴承及离合器均由经冷却后的油进行润滑。

6挡结构的变速箱有6个多片湿式摩擦离合器。

换挡时,相应挡位的离合器摩擦片被受轴向作用的油压所推动的活塞压紧。

离合器摩擦片的松开是靠螺旋弹簧的作用力将活塞返回。

(4)液力变速箱的控制系统:用于变矩器和操纵阀供油的 ZF 齿轮泵,装于变速箱内部,经取力轴由发动机直接驱动,其流量为 $Q=35\mathrm{L}/(1000\mathrm{r/min})$。油泵经油路内的吸油滤(粗滤)吸油,且将压力油直接泵入箱体顶部或是经油管连接与变速箱分离,安装于其他部位的压力滤清器。

其控制系统为电液控制,由 4 个电磁阀控制所有挡位,其特点是操纵正确方便。其控制原理是:将挡位选择器与接线盒和变速箱上的控制阀连接。选择器的类型为 SG-6S,结构为手柄操纵式,手柄式只能在 1 挡作反向操纵,反向时,残余的啮合速度只在变速箱反向操纵的瞬间存在。反向操纵时最好降低发动机的转速。SG-6S 选择器带有不同的附加功能,如换挡延时连锁、降挡连锁、压力切断以及变矩器的闭锁控制等。电液测试图见图 4-11。

变矩器的闭锁离合器(WK)可实现自动闭锁控制。闭锁离合器的闭、解锁由一个压力控制阀和一个电磁阀来操纵,其中电磁阀是通过转速传感器控制。传感器通过一个与涡轮轴上齿轮对啮的齿轮(齿数 $Z=46$,传动比 $I=1.21$)测得涡轮的转速。

此液力变速箱不带有压力切断阀,而是通过一个压力开关来控制压力切断,压力开关可装于制动踏板下面(与制动器连动,当压力达到 0.25~0.3MPa 时起作用)。根据选择器的电路,压力切断只在 1 挡和 2 挡工况起作用。

(5)液力变矩器的安装连接:

① 采用 3 点或 4 点式弹性支承安装,防止底盘上的应力直接传至变速箱箱体。

② 采用与发动机直接连接的形式,保证发动机曲轴与变矩器定位凸台端面处的轴向间隙。通常变矩器对曲轴会产生 3000N 的轴向推力,在低温启动时可达 4000N。

③ 输入轴最大允许偏角为 7°,输出轴最大允许偏角为 10°。偏角为连接轴与变速器(输入、输出)轴的相对值。

④ 连接轴应有轴向伸缩量、润滑和防护套。万向节十字头应按规定装配。

⑤ 接上启动连锁(电气开关)。只有当达到最大制动压力(气压或液压)的 30% 时,变速箱的压力切断才能起作用。

⑥ 布置电缆时在转角处要有适当的圆角,防止擦伤。

⑦ 脱桥机构、差速锁和取力器的动力脱开机构绝不能在带载状态接合或脱开,必须在停车状态操纵。

测试必须当变速箱温度达80～95℃,发动机在全油门特性下进行!

油压测试点:
51—变矩器入口油压;
52,63—变矩器出口油压;
65—操纵油压
53—KV(压力测点代号,下同);
55—KR;
56—K1;
57—K2;
58—K3;
60—K4。

测温点:
63—变矩器出口。
操纵阀(24V)。

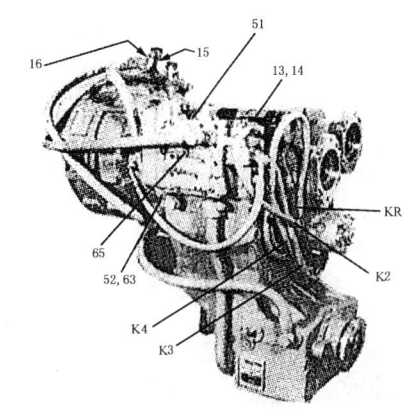

传动原理

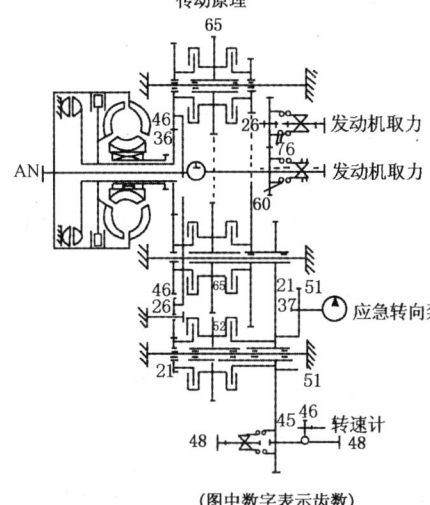

(图中数字表示齿数)

操纵阀(24V)

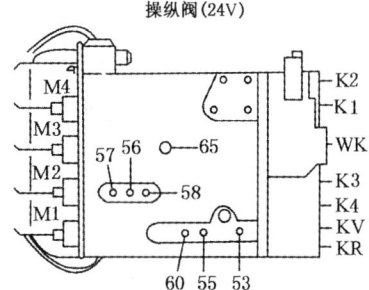

流量测试点:
13—滤清器入口;
14—滤清器出口,
最小流量为50L/min;
15—冷却器入口;
16—冷却器出口,
最小流量为40L/min;

各测点连接螺纹:51,65,
53,55,56,57,58,
60……M10×1;
63……M14×1.5;
13,14……M26×1.5;
15,16……M30×1.5。

操纵阀挡位测试位置表

4挡	6挡	M1	M2	M3	M4	离合器
前进1挡	前进1挡			●	●	V+1
	前进2挡	●	●			4+1
前进2挡	前进3挡			●	●	V+2
	前进4挡	●	●			4+2
前进3挡	前进5挡			●		V+3
前进4挡	前进6挡	●				4+3
倒退1挡	倒退1挡	●	●	●	●	R+1
倒退2挡	倒退2挡	●	●	●	●	R+2
	倒退3挡	●		●		R+3
空挡	空挡					-3
编码E	编码F					

图4-11 电液测试图

⑧ 滤清器采用外接时，其连接油管延伸高度不得高于箱体的油管接口。

⑨ 以环境温度30℃为基础，计算所需冷却容量。冷却容量与变矩器容量（通常为发动机额定功率的80%~100%）之比应不低于35%~40%。当在高温地区使用时，应取适当的环境温度来确定冷却器参数。变速器的冷却器应布置在冷却系统的冷水端。

⑩ 清除滤清器、油管和冷却器的油污和沉积物。

⑪ 冷却器、滤清器油管和螺纹接头的最小通径为20mm，当油管长度超过1m时，其通径应相应增大20%。

⑫ 应从测量点分别将操纵油压和油温接入驾驶室监视。

⑬ 变速器、控制器和电池应分别接地。

⑭ 倒挡显示和报警只能通过继电器连接。

（6）液力变速箱传动装置的空运转试验：

① 传动装置各挡在发动机以低速和高速运转状态下分别运转5min，其运转平稳性和密封性能应符合要求。

② 传动装置各操作手柄应操作灵活、准确，运转中不得有脱挡，跳挡和半挡结合现象，挡位显示装置的显示应与运转中的实际挡位一致。

（三）主滚筒总成

1. 概述

主滚筒是用来缠绕卷扬游动系统钢丝绳的。它主要由离合器、滚筒体、刹车毂和轴等零部件组成，见图4-12。主滚筒的旋转是通过操作滚筒离合器的气控阀手柄来实现的，主滚筒离合器的气控阀为一种组合阀，安装在司钻操作台上。该组合阀不仅能控制离合器的离合，而且能控制发动机的油门大小，把组合阀手柄向前推。当手柄转过10°时，离合器开始挂合，滚筒旋转；手柄继续向前推，控制柴油机油门的大小，随手柄旋转角度的增大柴油机油门随之加大，把手柄推到终端，柴油机油门最大。根据需要，可以将手柄停在10°至终端的任何角度位置。如果脱开离合器，只需把手柄拉到中间位置；其过程是先降低油门，后脱开离合器。若将司钻阀手柄从中间位置向后拉，只能控制油门，而不能挂合离合器；并且也可以根据需要，将手柄停在任何位置上。这种操作只在需要以控制柴油机油门进行其他作业时才使用，如空压机、液压油泵的运转等。

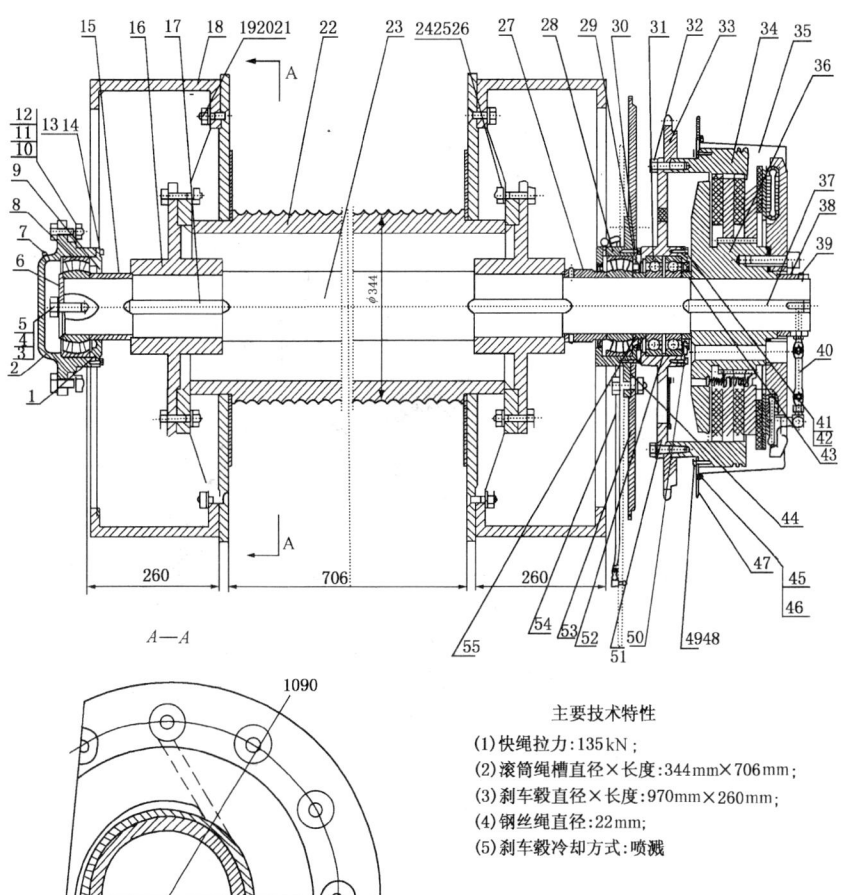

主要技术特性

(1) 快绳拉力:135kN;
(2) 滚筒绳槽直径×长度:344mm×706mm;
(3) 刹车毂直径×长度:970mm×260mm;
(4) 钢丝绳直径:22mm;
(5) 刹车毂冷却方式:喷溅

图 4-12 主滚筒示意图

1—轴承盖;2—轴承盒;3—螺栓,M24×45;4—垫圈;5—垫圈;6—盖板;7—螺钉,M8×1;8—轴承;9—油封,PG115×140×14;10—螺栓,M20×45 或 M20×60;11—螺母,M20;12—垫圈;13—螺栓,M10×35;14—垫圈;15—轴套;16—连接毂;17—键,B28×160;18—刹车毂;19—内六方沉头螺栓;20—螺母,M20;21—垫圈;22—滚筒体;23—轴;24—螺栓,M20×84;25—螺母,M20;26—垫圈;27—轴套;28—轴承盒;29—油封,PG130×160×15;30—轴承端盖;31—轴承;32—螺栓,M20×75;33—链轮;34—齿轮;35—护罩;36—推盘离合器,ATD-224-11;37—键,B28×182;38—轴套;39—螺钉,M5×25;40—进气管;41—螺栓,M10×20;42—垫圈;43—轴套;44—垫圈;45—螺栓,M6×20;46—垫圈;47—挡板;48—螺栓,M8×20;49—垫圈,8;50—轴承盖;51—轴承盒;52—隔套;53—护罩连接盘;54—黄油润滑管线;55—轴套

1) 推盘离合器

推盘离合器主要由气囊、连接盘、摩擦片、压板、回位弹簧、中间齿盘等部件组成,见图4-13。该离合器是连接动力端与滚筒的重要部件,当操作室主滚筒阀挂合后,压缩气体经管线进入离合器气囊,气囊膨胀,推动压板与摩擦片接合,促使连接盘与中间齿圈、压板、摩擦片一起旋转,使滚筒旋转工作。当操作室主滚筒阀脱离时,离合器内的压缩气体经排气阀快速排放,压板和摩擦片在回位弹簧的作用下,恢复原位。

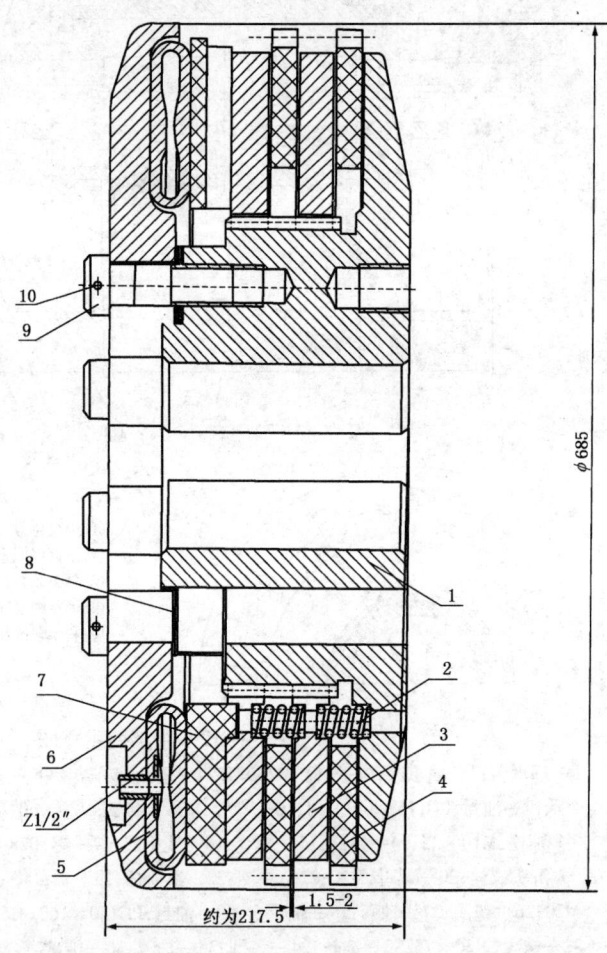

图4-13 推盘离合器
1—连接盘;2—弹簧;3—中间齿盘;4—摩擦片;5—气囊;6—固定盘;
7—压板;8—调整垫片;9—螺钉,M24×90;10—低碳钢丝,$\phi 2.5mm$

2) 主滚筒刹车系统

刹车系统是用来制动滚筒的。它主要由刹车轴、钢带、刹车块、平衡梁、曲柄轴、限位圈、调节丝杠、拉杆和把等组成,见图 4-14。当刹车使用一段时间后,刹车块磨损到一定程度时,应及时进行调整。调整的方法是:将刹车带刹紧后,把限位圈上的顶丝上紧,然后再把各顶丝松开 3 圈,刹带与刹车毂之间的间隙为 5mm。当刹把的高度不合适时,可调节拉杆的长度,使之达到合适的高度。

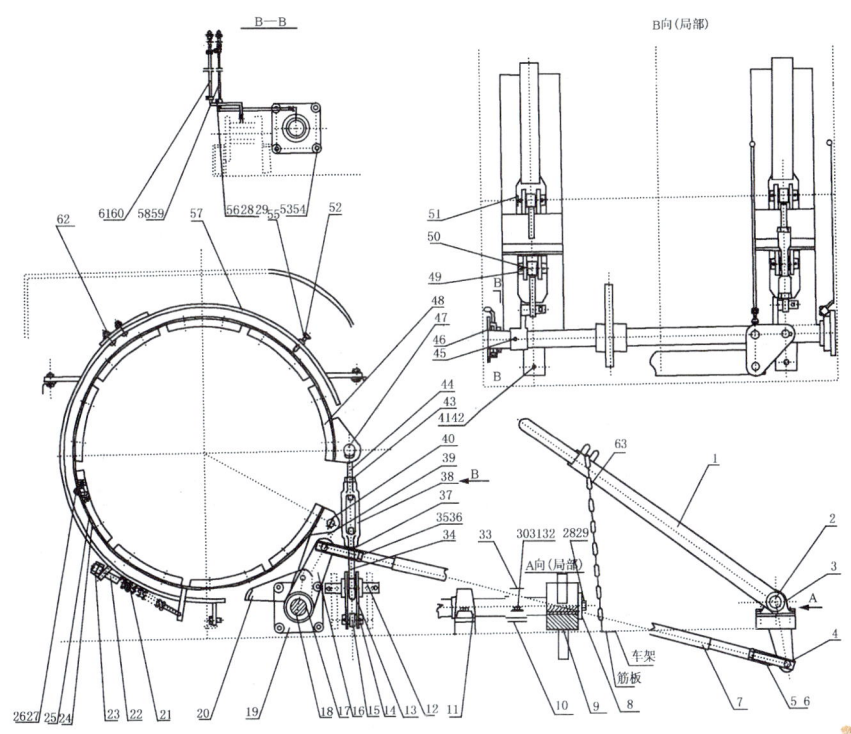

图 4-14 主滚筒刹车结构

1—刹把总成;2—刹把轴;3—键,B12×64;4—销轴,A16h11×50;5—连接叉(左);6—连接叉(右);7—连杆;8—挡板;9—拐臂;10—垫板;11—轴承座;12—销,38d11×162;13—平衡块;14—销 38d11×85;15—平衡梁;16—拐臂 2;17—键 B16×90;18—刹车轴;19—轴承座;20—曲拐;21—弹簧;22—螺杆,M10;23—螺母,M10;24—钢带总成;25—编织刹车块;26—螺钉,M10×32;27—自锁螺母;28—螺栓,M8×20;29—垫圈,8;30—螺栓,M16×1.5×60;31—垫圈,16;32—轴承 390508;33—油杯,M10×1;34—左旋螺杆;35—螺母,M24;36—螺母,M24;37—左旋锁帽;38—调节花帽;39—连臂;40—销,25×86;41—螺栓,M12×50;42—螺母,M12;43—右旋锁帽;44—右旋螺栓;45—螺钉,M12×16;46—轴承,390512;47—销,38×72;48—铸造刹车块;49—销,6×45;50—垫圈 24;51—销 8×60;52—螺母,M12;53—螺栓,M16×35;54—垫圈 16;55—限位螺钉,M12×35;56—卡子;57—限位圈上体;58—黄油润滑管线;59—黄油润滑管线Ⅱ;60—黄油润滑管线;61—黄油润滑管线Ⅰ;62—限位圈下体;63—链条

3) 气助力刹车机构

主滚筒在上述机械刹车机构的基础上,增加了一套紧急气助力刹车机构,主要由脚踏制动阀、汽缸、连接管线及机械刹车系统的部件组成,见图4-15。由脚踏制动阀控制压缩空气量的大小,压缩空气通过管线进入汽缸,由汽缸推动刹车摇臂转动,完成刹车工作。该刹车只能作为辅助刹车使用。

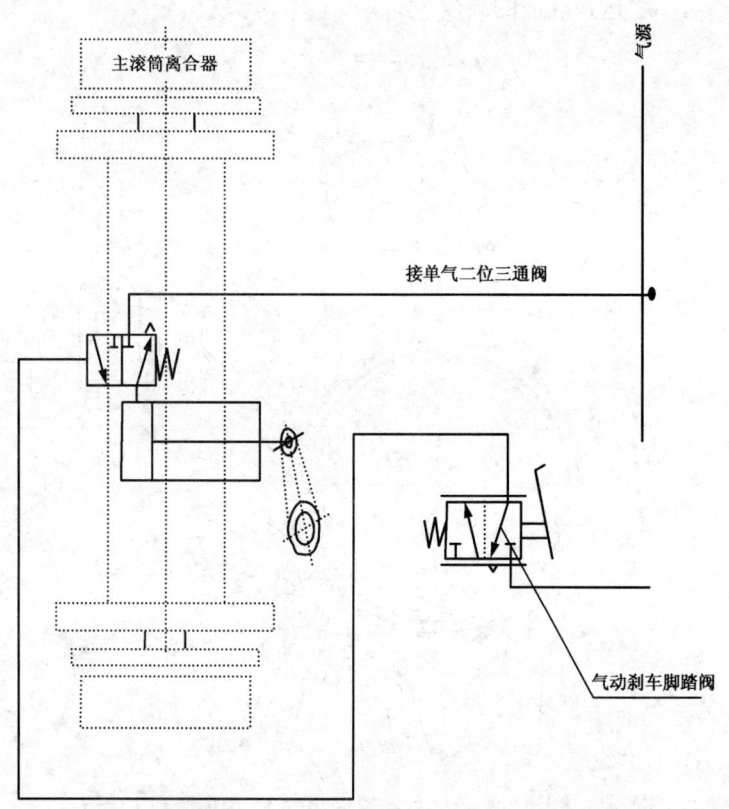

图4-15 气助力刹车机构

4) 主滚筒刹车冷却装置

主滚筒刹车冷却装置主要由水罐、喷嘴、调压阀、脚踏阀等部件组成,该装置的作用是降低刹车毂的温度,延长刹带块的使用寿命。下钻时,司钻踩下脚踏阀后,冷却水便由喷嘴喷出,喷在刹车毂的内壁上。其喷水量可由司钻控制,喷水量一般控制在刹车毂向地面滴水为宜,并应使用软化水。在环境温度低于0°时,应在水罐内加入适量的乙二醇,以防冷却水和管路冻结。

2. 滚筒的空钩载运转试验

（1）转动平稳：发动机以额定转速运转，分别在各挡下启动滚筒，提放游车做最低、最高位置的全程起落 2~3 次，滚筒运转应平稳、无异常响声。

（2）滚筒上缠绕的钢丝绳应排列整齐，无乱绳等现象。

（3）游车下落试验：提升游车大钩至最高位置，待游车大钩静止无摆动后，松开滚筒刹车，游车大钩应自由、顺利下落。

3. 主滚筒检修完成应达到的条件

（1）绞车的滚筒应做动、静平衡试验。

（2）滚筒轴上的轴向离合器摩擦片间的装配间隙为 1~2mm，并应在充气和放气时能够迅速结合和脱开。

（3）离合器摩擦片间的同组回位弹簧，在自由状态时的高度尺寸误差不大于 0.5mm，在组装时应按图样要求做性能试验。

（4）离合器的传递扭矩应进行测试，在工作气压不大于 0.9MPa 时，离合器的传递扭矩应保证能提升通井机的最大钩载。当提升载荷超过最大钩载时，在最大钩载的 1.05 倍内离合器应处于打滑状态。

（5）主滚筒自身应有排绳槽。

（6）刹车带与刹车毂之间的间隙，在刹把完全松开时均应保持 2~3mm。

（7）刹把的操纵力在大钩承受公称钩载时，不大于 250N。

（四）角传动分动箱

1. 概述

角传动箱主要由箱体、输入轴、两根输出轴、一对伞齿轮、花键套、拨叉机构、链轮及法兰盘等零件组成，见图 4-16。其功能是将来自液力变速箱的动力，通过拨叉机构使花键套的挂合脱离，传递给后桥，使整机行驶，或者传递给绞车主滚筒，使该机起下作业或者处于无输出状态。

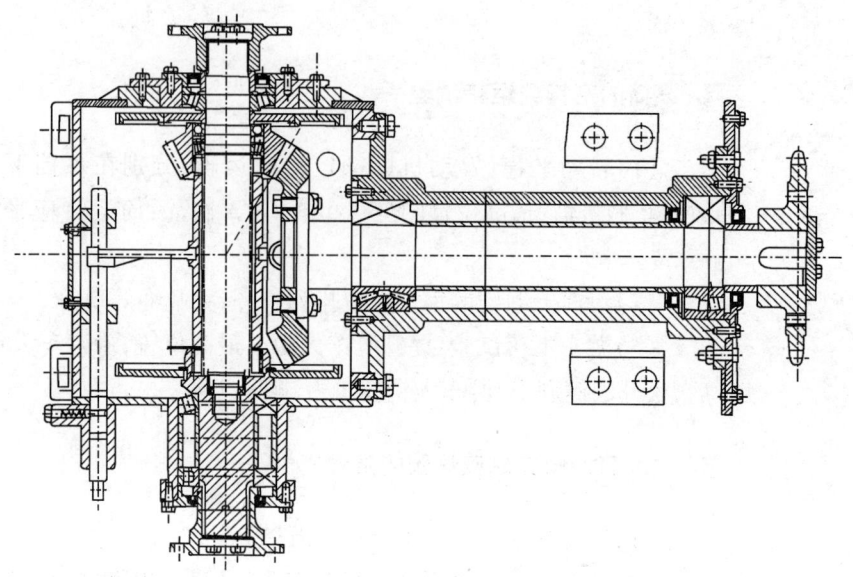

图 4-16 角传动箱示意图

操纵拨叉机构使花键套滑至上端与伞齿轮内花键连接,输入轴与伞齿轮一起转动,动力经输出轴至一对伞齿轮到输出轴,再经链轮至绞车主滚筒,进行起下作业。当操纵拨叉机构使花键套滑至下端与接合轴内花键连接时,输入轴与接合轴一起转动,动力经输入轴至接合轴经传动轴至后驱动桥,驱动轮胎旋转,使该机行驶。当操纵拨叉机构使花键套在中位时动力将不传动。

2. 齿轮箱维修完成后应达到的条件

(1)圆柱齿轮精度应符合 GB/T 10095—2001《渐开线圆柱齿轮》中 8-7-7 级的规定,圆锥齿轮按精度应符合 JB 180《圆锥齿轮传动公差》中 8-7-7 级的规定。

(2)齿轮箱运转应平衡,不允许有冲击性噪声和不均匀的响声,正常情况下噪声不得高于 85dB。

(3)齿轮箱在正常工况下连续运转,其轴承温升不得高于 40℃,最高温度不得超过 80℃,润滑油温度不得超过 70℃。

(4)齿轮箱各密封面及轴密封处不允许有渗漏现象。

(五)绞车减速装置

1. 概述

绞车减速装置是链条式装置,见图4-17。其功能是将角传动箱输出的动力经减速增扭后传递给绞车主滚筒进行起下作业。它由链条护罩、链轮、链条等组件组成。链条的冷却、润滑,主要依靠链轮、链条的旋转将护罩内机油飞溅润滑。机油由上孔盖处加注,加注量以油标中线为准,底部有放油口。

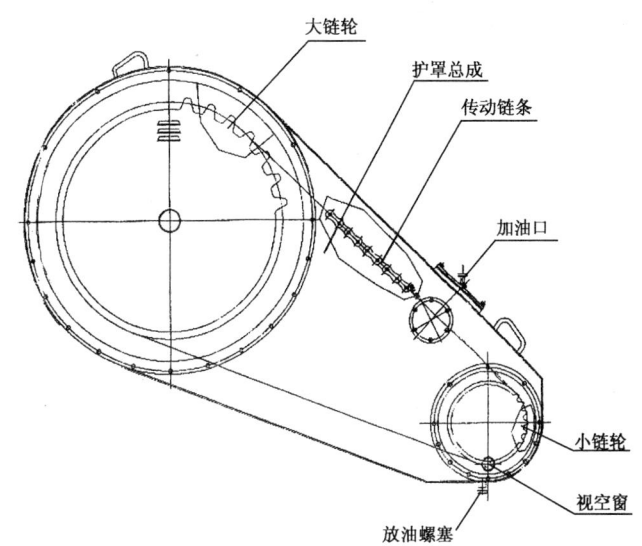

图4-17 绞车减速装置

2. 维修完成后应达到的条件

(1)链轮齿形应符合现行国家标准的规定。

(2)同一链传动副中,两链轮的共面误差,在绞车传动链中不大于中心距的2‰,其他链传动中不大于中心距的2.5‰。

(3)链条应采用密闭油浸润滑,在正常运转情况下,链条最低处的浸油深度为6~12mm,并确保油面显示装置以便于观测。

(4) 链条盒、箱、罩等密封处不得有渗漏现象。

(5) 用滚子链联轴器连接的两轴,其同轴度误差不大于 0.2mm。

(六) 传动轴和驱动桥

1. 传动轴

传动轴主要用来传递相对位置不断改变的两根轴间的动力,该机传动轴共有 3 根,从液力传动箱到角传动箱之间为中传动轴,从液力传动箱前两端到前桥为前传动轴,从液力变速箱到后桥之间的为后传动轴。传动轴主要由万向节叉、凸缘盘、十字轴、伸缩套组成。根据相对位置它有 20 ~ 50mm 的伸缩量,并且万向节转角可达 15°左右。在拆装时应使传动轴两端的万向节叉在同一平面内,见图 4 - 18。

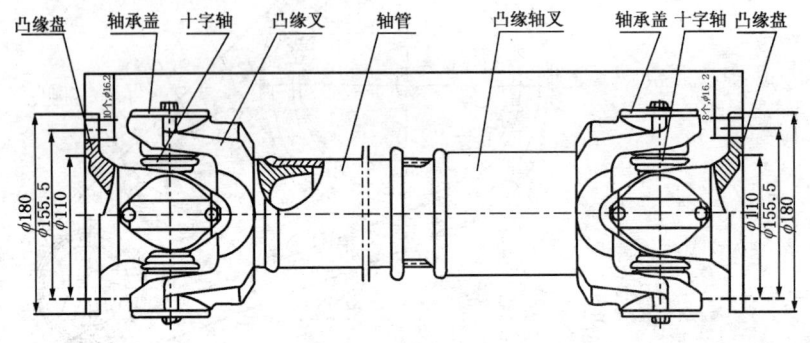

图 4 - 18 传动轴总成

2. 驱动桥

驱动桥分前转向驱动桥和后驱动桥,前转向驱动桥不仅具备转向功能,而且在泥泞、沼泽地区,它还有驱动功能。当液力传动箱前输出端挂合后动力经传动轴至前驱动桥,驱动前桥转动,一般情况下前桥只负责转向,不驱动。前桥与后桥的主传动螺旋伞齿轮的旋向不同,前桥主传动螺旋伞齿轮的旋向为左旋,后桥则为右旋。转向驱动前桥主要由壳体、主传动器(包括减速器)、半轴、轮边减速器、转向节、主销、转向臂、拉杆、轮胎、轮辋总成等部件组成。

驱动后桥主要由壳体和主传动器(包括差速器)、半轴、轮边减速器、轮胎、轮辋总成等部件组成。各主要部件结构及工作原理如下:

(1)主传动器:为一级圆锥螺旋齿轮传动,能改变动力旋向,增大扭矩,且传动效率高。

(2)差速器:为行星式,主要由半轴齿轮、行星齿轮和左右差速器壳组成。直线行驶时,行星齿轮与半轴齿轮间无相对运动,两半轴等速度旋转。在转弯时,行星齿轮与半轴齿轮间出现相对运动,两半轴以不同的转速转动,适应转弯运动。另外,在左右轮胎压力不同及路面条件不同时也起差速作用,减少轮胎磨损。

(3)半轴:左、右半轴为全浮式,它将主传动器通过差速器传来的扭矩和运动传给轮边减速器。

(4)轮边减速器:轮边减速器主要由太阳轮、行星轮、齿圈和行星架组成。其主动件太阳轮与半轴相连,被动件行星架与车轮相连,齿圈与桥壳相连。轮边减速器处于传动系统的末端,进行最后一次减速和增扭,从而减少了轮边减速器前面各零件的受力。

(七)转向机构

轮式作业机转向机构,不是纯机械地依靠驾驶员的手力,而是依靠转向系统中设置的加力装置,借助液压助力油缸操纵转向。

该机载车为单驱动转向前桥,转向系统为机械传动液压助力转向。转向系统由转向油泵、整体式液压转向器、转向油缸、转向横直拉杆等组件组成,见图4-19。转向系统的核心是整体式液压转向器,油泵通过油管和分配阀相连接,油液经分配阀改变流动的方向。当车直线行驶时,滑阀位于中间位置,这时来自油泵的高压油可自由地通过液压系统,不产生任何作用力返回油箱。当车转向时,驾驶员转动方向盘,经转向摇臂,使滑阀相对分配阀壳体移动,移动方向决定于驾驶员转动方向盘的方向。滑阀可上、下移动,由于滑阀的移动引起分配阀里的油路发生变化,这时来自油泵的高压油经分配阀后不再流回油箱,而是流向与驾驶员所选择的转动方向相适应的动力油缸里,推动活塞移动,再通过拉杆使车轮转动,实现汽车的转向。当发动机熄火时,该系统仍能用机械系统操纵转向。靠人力操纵方向盘,通过蜗轮蜗杆、摇臂,推动直横拉杆使车轮传动。

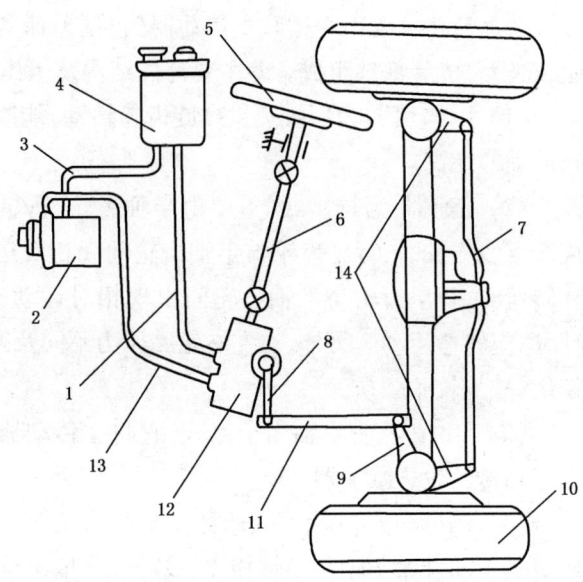

图 4-19 动力转向示意图

1—回油管；2—转向泵；3—油泵进油管；4—油罐；5—方向盘；6—转向轴；7—转向横拉杆；8—垂臂；9—转向节臂；10—车轮；11—纵拉杆；12—转向器；13—进油管；14—梯形臂

(八)制动系统

轮式作业机自走底盘的制动系统是由脚制动和手制动两部分组成,载车的气路系统为双管路制动系统。气路系统气压一般调节为 700～850kPa。载车的制动靠司机在驾驶室用脚踏操纵双管路气动制动阀实施。双管路气动制动阀的上腔接后制动加速阀,下腔接前轮制动阀,当踩下踏板时,压缩空气先后进入后制动加速阀和前制动加速阀,使储气筒的压缩空气迅速进入后制动室与前制动室,起制动作用,实现载车的制动。

制动加速阀有储气筒的压缩空气输入口和双管路制动或手制动控制阀输出的制动压缩空气输入口及通向制动室的输出口。制动时,当制动控制阀输入的制动气压达到 0.5MPa 时,就能使阀门打开,储气筒内的压缩空气开始向输出口输出压缩空气,随着来自制动阀的制动气压的升高,输出口处的气压也迅速升高,最后出口处的气压与储气筒内的气压相等。加速阀的作用就是使储气筒的压缩空气迅速流到制动室里,使制动过程加速。当制动解除时,控制阀输出口处的压缩空气迅速排出,使制动室的压缩空气实现快速排出的作用,称之为快放阀。手制动控制阀开关手柄拉开,开关的进气接头接储气筒,开关的出气接头一个接制动加速阀,一个接制动灯开关,开关的回气孔在开关芯末端与大气相通。回气孔始终与开关的出气孔接头中的一个连通,即回气孔与加速阀连通时,进气接头与制动灯开关接通,制动灯开关起作用,驾驶室里手制动灯亮,表示后制动室中的橄榄形弹簧伸张起作用。手制动器在工作时手制动将车刹住,此时千万不要强行开车。若手制动控制阀开关手柄推入,回气孔与制动开关接通,手制动灯熄灭,进气接头与后制动加速阀连通,加速阀工作,将储气筒中的压缩空气导向后制动室的后部,将橄榄形弹簧压缩,手制动解除。

载车的脚制动是气压式制动,有可靠的制动效果,一般在30km/h车速下,踏下制动踏板车停稳不超过10m的距离。如果超过了这个距离,就要检查,调整制动系统的管路和元件。载车制动主要依靠脚制动,手制动是使后制动室后部放气弹簧起作用,弹簧压力起制动作用,简称放气制动。其制动力限定在一定范围内,主要用于载车在紧急情况下的辅助制动和载车停车后的停车制动。连续使用手制动时,应注意制动系统的气压保持在450kPa以上。气压高于450kPa时,后制动室的橄榄形弹簧的弹力大于气压使制动室起制动作用,迫使载车停车。其中制动分泵结构图见图4-20。

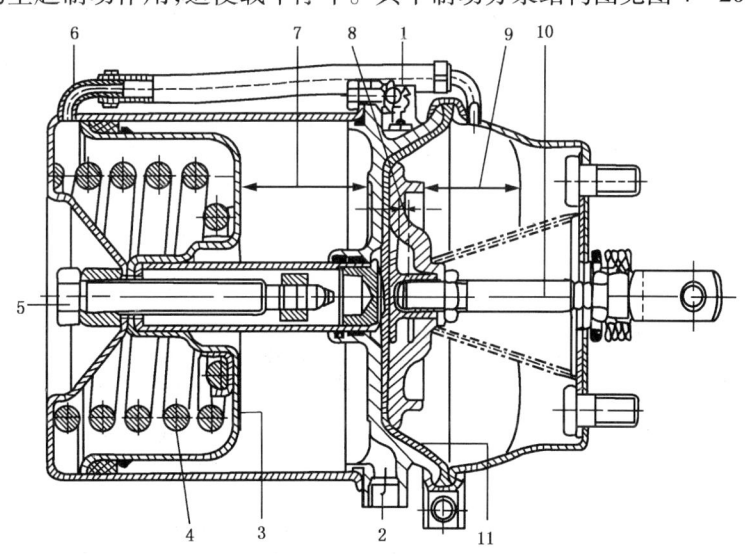

图4-20 制动分泵结构图

1—膜片缸接头;2—弹簧储压缸接头;3—弹簧储压活塞;4—压缩弹簧;5—释放螺钉;6—放气软管;7—弹簧储压冲程;8—弹簧储压组件的超量行程;9—膜片缸冲程;10—推杆;11—膜片

(九)液压系统

轮式通井机工作装置的液压系统主要由齿轮泵、液压油箱、液压千斤顶、起升和伸缩油缸、后支腿油缸、多路换向阀、液压小绞车、溢流阀等组成。齿轮油泵安装在液力传动箱后部壳体,变速箱、联轴套带动齿轮油泵工作,在齿轮油泵与传动箱连接处设有一油泵脱离、挂合机构,需要油泵工作时,向后拉力操纵手柄挂合油泵,不需要油泵工作时,向前推动手柄,脱离油泵。当油泵挂合后,从油泵流出的压力油通过主溢流阀再通过各多路换向阀,由6个单阀分别控制作业机的4个千斤顶,井架可起升、伸缩。操纵单向阀于"工况"位置时,即可把高压油液输出,带动液压动力钳、液压小绞车或其他辅助液压装置工作。液压系统原理见图4-21,液压绞车结构见图4-22。

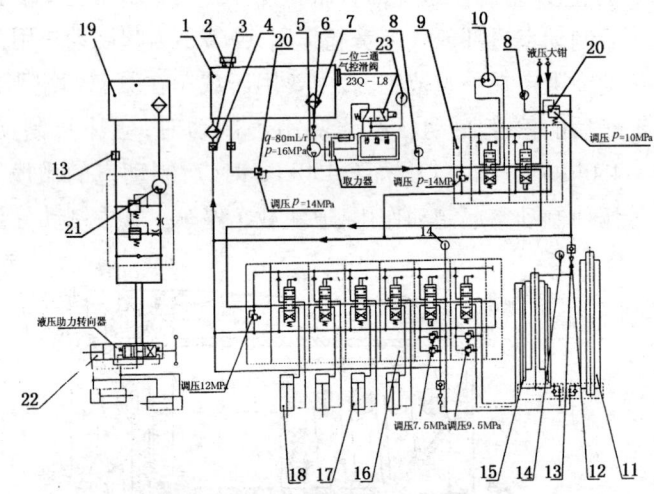

技 术 要 求

(1) 主液压系统工作压力 $p = 14$ MPa,连续工作温度不得大于90℃,转向液压系统工作压力 $p = 12$ MPa;

(2) 系统用液压油:夏季 N68 抗磨液压油(出厂时加注);
　　　　　　　　冬季 N46 抗磨液压油;
　　　　　　　　寒带 N46D 低凝液压油;

(3) 系统液压油用量:0.620 m^3 (新车加油或换新油)

图4-21 液压系统原理图

1—液压油箱;2—液压空气滤清器;3—旁通纸质滤清器;4—单向阀;5—齿轮泵;6—球阀;7—自封式吸油滤清器;8—压力表(0~25MPa);9—二联阀;10—液压小绞车;11—伸缩油缸;12—针形阀;13—单向阀;14—压力表(0~16MPa);15—起升油缸;16—多路阀;17—支腿油缸;18—支腿油缸;19—转向助力器油箱;20—溢流阀;21—转向油泵;22—转向器;23—压力表(0~1.6MPa)

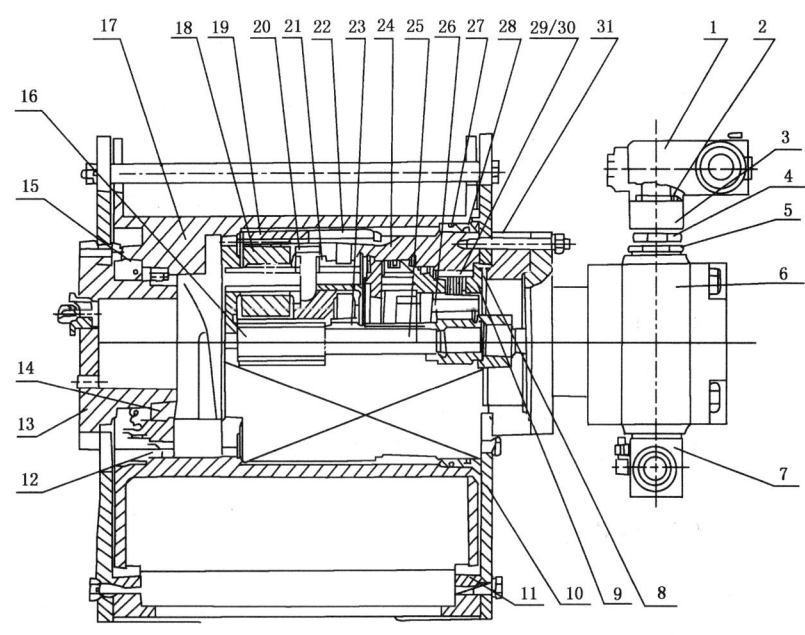

图 4-22 液压绞车结构

1—制动总成;2—O形圈密封;3—连接板;4—直接头;5—补心;6—油马达;7—弯接头;8—O形圈密封;9—压套;10—底座;11—右支板;12—堵丝;13—左支板;14—滚动轴承;15—油封;16—二级中心轮;17—卷扬筒;18—二级行星减速器;19—二级内齿圈;20—连接外齿圈;21—初级行星减速器;22—初级内齿圈;23—初级中心轮;24—制动缸;25—花键轴;26—超越制动离合器;27—O形密封圈;28—X形密封圈;29—外齿钢盘;30—内齿纤维盘;31—垫板

液路系统密封及耐压强度试验：

(1)向液路系统各元件供给压力油,压力由低到高分级升压,使之达到要求。

(2)双向作用的元件,应进行双向试压。

维修完成后应达到以下条件：

(1)液压系统应符合 GB/T 3766—2001《液压系统通用技术条件》的有关规定。

(2)液压系统的额定工作压力为 14MPa。系统的强度试验压力为设计工作压力的 1.5 倍,保压 5min 不允许有降压和渗漏。

(3)井架的起放和伸缩油缸应在全行程内运动平稳、同步。

(十)气压系统

气压系统是由气源、用气装置、控制阀及其他辅助装置和连接管线组成。气源为压缩机,用气装置包括主滚筒离合器、百叶窗、前桥驱动汽缸、增压水罐、油泵离合机构、气喇叭、防碰汽缸、各路控制阀件等。辅助装置包括空气干燥器、防冻器、快速放气阀、储气罐、气压表、调压表等。

空气压缩机由发动机直接驱动,空气干燥器、防冻器、调压阀在气路中起安全保护作用。

气路系统的密封性能试验:

在给系统中各用气单元充气的情况下,气路系统应密封良好,在 0.7～0.8MPa 时,保压 5min,压降不得大于 0.03MPa。

(十一)电气系统

电气系统电压为 24V,采用单线制、负极搭铁。该系统包括电源、启动、换挡、仪表、照明及信号等部分组成。

(1)电源部分:主要由发电机、蓄电池组成。启动时,直接由蓄电池向启动电动机供电。启动后,发动机带动发电机运转,在正常情况下,发电机既可向供电设备供电,又能向蓄电池充电。

(2)启动部分:主要由启动电动机及控制部件组成。启动电动机为直流自激励磁式电动机,启动时,打开电源开关,接通启动开关,启动机电磁线圈通电,在电磁力的作用下,启动电动机齿轮与发动机飞轮齿圈啮合,同时接通启动电动机主电路,启动电动机旋转驱动发动机启动。

(3)仪表、换挡、照明及信号:主要包括挡位控制器、发动机、变速箱仪表、前大小灯、雾灯、尾灯、牌照灯、室顶灯、仪表灯等;信号系统包括转向灯、刹车灯、继电器等。井架照明采用交流 50Hz、额定电压 220V 的电源,灯具有防爆白炽灯。

(十二)井架

井架的维修由专业厂家进行,维修完成后应符合下列要求:

(1)井架应符合现行标准的规定。

(2)按照石油 SY/T 5202—91《石油修井机技术条件》要求井架材料的最低屈服强度与井架承受设计计算的最大钩载值时的构件最大应力之比不得小于 1.65。

(3)井架最大抗风能力 96km/h(约 10 级)。

(4)采用油缸伸缩的井架,扶正器应灵活可靠。扶正圈中心线与柱塞或活塞中心的同轴度误差应符合原设计要求。

(5)井架为两节伸缩式,全部由矩形管材与角钢组焊成桁架结构,18m 井架作业时倾角应为 5°30′。

井架的起、放、伸缩试验:

(1)将井架由运移状态起伸到工作状态,然后再由工作状态缩放至运移状态。井架的起、放、伸、缩过程应运动平稳、同步。

(2)在井架起升离开前支架 100~200mm 时停止起升,在此位置停留 2~3min。在系统无漏失、无压降的情况下,才能按本节(十二)(1)要求进行。

(3)井架的起、放、伸、缩试验,应重复进行两次以上。

(十三)轮式通井机常见故障的诊断及排除方法

1. WD615 柴油机常见故障及排除方法

1)启动困难,柴油机不能启动或不易启动

(1)低压一侧的燃料系统毛病:

① 管线阀门未开或油箱无油。

② 管线或油泵堵塞。

③ 燃料温度太低。

④ 燃料滤清器堵塞或滤清器与油泵之间管线内有污垢。

⑤ 输油泵阀门以下有污垢或阀门磨损。

⑥ 燃油泵或喷油泵气阻。

(2)高压一侧的燃料系统毛病:

① 供油杆位置不适当或喷油提前角不适当。

② 停车控制装置的位置不对。

③ 高压油管气阻。

④泵传动装置连接部分破裂。

(3)喷油定时不对。

(4)电瓶内电解液缺少过多,蓄电量不足或极板损坏。

(5)空气滤清器堵。

(6)各缸压缩不良。

2)发动机停止运转

(1)缺燃料油。

(2)油管堵塞或破裂。

(3)超负荷过大或调速器不当。

(4)燃油箱排气孔堵塞。

(5)输油泵或喷油泵传动装置损坏。

3)转速忽高忽低不均匀

(1)调速器、喷油泵润滑不够。

(2)调速器调节不当。

(3)供油泵供油不足。

(4)喷射泵定时不准。

(5)涡轮增压器系统脏或损坏。

4)温度过高

(1)排气管回压过大,消声器受阻。

(2)冷却水不够。

(3)散热器或输水胶管堵塞或冻了。

(4)风扇皮带打滑。

(5)恒温器卡住。

(6)水泵有毛病。

(7)散热器或缸体水道内水垢严重。

(8)喷油泵调定不对,喷油定时滞后或对错冲程。

(9)润滑油滤清器、冷却器或滤网气阻。

5)机油油压低或不稳定

(1)润滑油不够。

(2)滤子或润滑油冷却器脏了。

(3)油内有水、有气泡。

(4)油级不合适。

(5)调压阀故障。

(6)油压表不精确。

(7)入口滤清器网堵了。

(8)油泵齿轮及管线损坏。

6)敲击声或异常响声

(1)燃料不理想。

(2)超负荷(冒黑烟)。

(3)发动机底座松动。

(4)发动机、风扇、压缩机等附件松动。

(5)连杆、曲轴、飞轮、凸轮轴、水泵等松动。

(6)阀门调节不当。

(7)超过了大修时间,减振器有毛病。

2. 液力传动箱常见故障及排除方法

1)操作换挡阀没反应

(1)换挡阀控制线脱开。

(2)主压力低。

(3)控制电磁阀损坏。

2)变速箱各挡位过热

(1)缺油(油位过低)。

(2)油太多(油位过高)。

(3)散热器堵塞。

3)在所有挡位主压力低

(1)缺油(油位过低)。

(2)滤芯堵塞。

(3)主调压阀弹簧软。

(4)油泵磨损或损坏。

(5)控制阀体漏油。

4)空挡时车辆开动

(1)电磁控制阀线路接错。

(2)离合器不分离。

3. 转向机构常见故障及排除方法

1) 转向沉重

(1) 油泵供油不足,快转沉重。

(2) 液路中有空气。

(3) 油箱液面过低。

(4) 油液粘度太大。

(5) 转向器内分配阀失效。

(6) 转向系统油压低于工作压力。

2) 行走不转向时跑偏

(1) 左右轮胎气压不一样。

(2) 转向器双向过载阀失灵。

4. 制动系统常见故障及排除方法

1) 行走制动力不足

(1) 摩擦片上有油污。

(2) 摩擦片已磨损到极限。

(3) 气压过低。

(4) 总泵拉杆调节不够。

(5) 总泵、分泵皮碗磨损漏气。

(6) 脚制动自由行程过大。

2) 制动跑偏

(1) 两边摩擦片与制动毂间隙大小不一致。

(2) 单边摩擦片磨损严重。

(3) 制动分泵制动力不一致。

3) 绞车离合器打滑

(1) 气压过低。

(2) 气胎漏气。

(3) 摩擦片上有油污。

(4) 摩擦片与压板间隙过大。

4) 绞车转动

(1)角传动箱齿轮未挂合。

(2)离合器打滑。

(3)动力传动系统异常。

5)绞车刹车不灵

(1)刹带与制动毂间隙过大。

(2)摩擦块有油污或磨损严重。

6)大钩空钩下放困难

(1)刹带刹车块与刹车毂间隙太小。

(2)游动系统有卡阻。

5. 液压小绞车常见故障及排除方法

1)重物放不下来和下放不平稳

(1)检查油路是否堵塞。

(2)节流孔是否松动,制动阀是否打不开。

(3)制动器是否能打开。

2)控制阀在空挡时绞车打滑

(1)制动片磨损。

(2)单向离合器间隙不对。

3)绞车提升力达不到额定要求

(1)制动阀进口的液压油压力过低。

(2)液压油温度过高。

(3)绞车安装不平。

第二节　履带式通井机的维修

一、发动机

(一)解体

(1)发动机解体前要进行整机清洗,总成解体后要对所有的零部件进行清洗,除油污、结胶、水垢等,并除锈。

(2)解体前首先要切断电源、关闭油路开关、放水。

(3)拆水箱、离合器及发动机固定螺钉,吊出发动机箱,拆高压油泵、打气泵、水泵、曲轴皮带轮、气门摇臂架、气门挺杆、缸盖、油底壳、机油泵、时规盖、活塞连杆及曲轴。安装时要注意时规齿轮记号。

(二)检验

用千分尺和内径百分表测量缸套、曲轴、连杆及凸轮轴间隙,目测气门工作情况。用油检查气门的密封情况,曲轴有无裂缝。

(三)装配

(1)装配发动机的主要配件时要进行清洗,看好记号。

(2)拆装时应使用专用机具、工具,对主要零部件的基准面或精加工面不允许敲击,避免损伤。

(3)测量缸套与活塞的间隙,测量连杆瓦和连杆轴的间隙,检查时规齿轮以及主轴齿轮的记号。装配活塞连杆时要注意活塞和连杆的记号,安装活塞环要注意环的角度,装配零件、部件总成时要按技术要求装配,主要技术要求应符合设计规定。装配曲轴正时齿轮和打气泵齿时,要把齿轮的记号对好后才能装配时规盖。安装机油泵、油底壳后,开始装高压油泵、缸盖、气门挺杆、气门摇臂架、水泵、离合器,吊装发动机支架连接离合器,装水箱,连接油管线、电瓶等。

(4)发动机组装的标准尺寸及新装配间隙:

① 连杆瓦与连杆轴颈的间隙为 $0.080 \sim 0.151$ mm。

② 连杆小头衬套与连杆小头孔的标准尺寸为 $\phi 58$ mm $+ 0.100$ mm 或 $\phi 58$ mm $+ 0.080$ mm,过盈为 $0.050 \sim 0.100$ mm。

③ 活塞销与连杆小头衬套孔的标准尺寸为 $\phi 52$ mm $+ 0.050$ mm 或 $\phi 52$ mm $+ 0.035$ mm,间隙为 $0.035 \sim 0.062$ mm。

④ 滤子轴承外围与要体主轴承孔的标准尺寸为 $\phi 280$ mm 过渡配合,间隙为 0.015 mm,过盈为 0.060 mm。

⑤ 活塞销子与活塞销孔的标准尺寸为 $\phi 52$ mm $- 0.002$ mm 或 $\phi 52$ mm $+ 0.017$ mm,过度配合间隙为 0.010 mm,过盈为 0.017 mm。

⑥ 活塞上部分汽缸套的标准尺寸为 $\phi 134.72$ mm $- 0.027$ mm 的间隙为 $0.280 - 0.347$ mm。

⑦ 活塞裙下部与汽缸套的标准尺寸为 $\phi 134.82mm-0.027mm$，间隙为 $0.180-0.247mm$。

⑧ 第一道气环开口间隙的标准尺寸为 $0.600-0.800mm$；第二、第三道气环开口间隙的标准尺寸为 $0.500-0.700mm$；第一、第二道油环开口间隙的标准尺寸为 $0.400-0.600mm$。

(四) 调试

调整气门间隙，气门间隙不大于 $0.3mm$，调整高压泵点火正时，调整离合器行程间隙。

(五) 试车

(1) 主要结构参数应符合原设计规定，各部润滑要按设计要求加注机油、润滑油，保证各部件的润滑，在发动车时要检查水箱及连接处有无漏水现象，检查机油是否加到标准线上，高压油泵连接管有无漏油、漏气现象。

(2) 发动机启动后正常运转时温度应正常，听发动机有无异响，应达到离合器接触平稳，分离彻底，操作轻便，工作可靠。发动机大修后应进行 $60h$ 磨合，然后试运转，以后才能进入正常使用。

二、变速箱总成

(一) 结构与原理

(1) 变速箱由主、副变速箱体，主动轴，惰轮轴，中间轴，下轴，通井输出轴，行走输出轴，齿轮，啮合套及变速机构的拨叉室等组成。解体修变速箱时，要记住变速箱的结构、排列顺序和连接位置。

(2) 变速箱主动轴前端与离合器连接盘连接，行走输出轴末端齿轮与中央传动的大伞齿轮相啮合，通井输出轴与中间减速箱输入轴用花键套连接。

(3) 主动轴上装有倒挡主动齿轮，低速主动齿轮、高速主动齿轮及啮合套，轴的两端通过双列向心球面滚子轴承和向心短圆柱滚子轴承，装在主变速箱体上。

(4) 惰轮轴上装有惰轮，轴的两端通过双列向球面滚子轴承和短圆柱滚子轴承装在主变速箱体上。

（5）变速箱中间装有二速主动齿轮、倒挡从动齿轮、三速主动齿轮、一速主动齿轮，轴子两端通过双列向心球面滚子轴承和短圆滚子轴承，装在主变速箱体上。

（6）下轴装有二速从动齿轮、三速双动齿轮、一速从动齿轮、通井主动齿、行走主动齿轮及三个啮合套。下轴通过双列向心球面滚子轴承、两个短圆柱滚子轴承装在主变速箱体和副变速箱体上。

（7）输出轴装有行走从动齿轮，轴的两端通过双列向心球面滚子轴承装在副变速箱体上。

（8）主变速箱体和副变速箱体通过双头螺栓连接成一体，中间采用密封圈防止渗漏油。主变速箱体前端面装有前盖，并采用O形密封圈防止渗漏油。

（9）变速箱的档次分为通井和行走两部分。

（10）变速箱采用强制润滑，同时利用齿轮飞溅的油通过油沟润滑轴承。

（11）中间减速箱在后桥箱的后面，主要由一对伞齿轮和一对常啮合的斜齿轮及联轴器组成。

（二）检验

（1）检查各齿轮磨损程度，若超出极限应更换。

（2）各轴承有无破裂现象。

（3）拆下变速箱上盖检查拨叉固定顶丝有没有松旷，如果有要进行调整、紧固。

（三）装配

按照接替顺序进行安装。

滚筒轴上的轴向离合器摩擦片间的装配间隙为1~2mm，并在充气和放气时能够迅速结合和脱开。

（四）调试

（1）齿轮箱在正常工作情况下连续运转，其轴承温度不得高于40℃，最高温度不得超过80℃，润滑油温度不得超过70℃。

(2)要检查各挡齿轮的啮合情况,检查输入轴和输出的轴向间隙大小,进行调整。

(3)齿轮箱运转平衡,不允许有冲击性噪声和不均匀的响声,正常情况下噪声不得高于85dB。

(4)齿轮箱各密封面及轴密封处不允许有渗漏现象。

三、主离合器

(一)结构与原理

(1)主离合器是用于切离或传递发动机到传动系的动力,使机器在起步、变速或停车时平稳、安全、可靠地工作。主离合器装在发动机和变速箱之间,主要由主动部分、从动部分和移动套组件等组成。

(2)主动部分包括主动齿片和压盘等。

(3)从动部分包括从动齿片、从动齿轮、主离合器轴和主离合器连接盘等。

(4)移动套组件包括移动套、重锤、重锤杠杆、调整盘、主离合器盖和弹簧等。

(二)检验

主要检查离合器片的厚度以及离合器轴承有无损坏,各部件是否完好正常。

(三)装配

(1)将移动套装配到飞轮上时,必须将主离合器压盘上的基准齿标记与飞轮齿内齿圈上的基准齿标记对准。

(2)将主离合器壳体安装到飞轮上时,必须将分离拨叉与分离座上的传动块对准。

(四)调整

摩擦片的间隙是靠调整盘来调整的。调整时,用撬棍撬调整盘上的方孔,使其顺时针方向旋转,则间隙缩小,反之其间隙增大。调整时,先松开调整盘上的锁板螺母,然后调整其间隙,直到拉主离合器手把时能清晰地听到过死点时的清脆响声。当间隙调整好后,再把压在锁板上的螺母拧紧即可。

调整结束后,在发动机全速运转时,将主离合器操纵杆向前推到底,(主离合器处于分离状态)主离合器轴应在3s内停止运转。将变速杆挂上5挡,踏下制动踏板,接合离合器后,发动机应在2s内停止转动。

四、滚筒、与刹车装置

(一)结构与原理

(1)绞车滚筒体是由滚筒、左轮辐、右轮辐焊接而成,左右两个制动壳体用螺栓连接在滚筒体上,可单独更换制动壳。

(2)绞车离合器为CD2 610型气动隔膜推盘式离合器,本离合器主动盘安装在左刹车壳体上,当离合器接合时带动滚筒工作。

拆装时应注意:

① 摩擦片绝不许沾上油污,以免影响传递扭矩。

② 橡胶胶膜不得沾上油污,也不许碰伤,以保证其良好的气密性,使离合器正常工作。

(3)刹车装置由刹车系统、平衡系统和操作系统三个部分组成。

(二)检验

(1)检验方法主要是目测滚筒磨损程度、刹带的厚度以及离合器橡胶膜损坏程度。

(2)离合器摩擦片间的同组回位弹簧,在自由状态时的高度尺寸误差不大于0.5mm。在组装时,应按图样要求做性能试验。

(三)调试

(1)正常情况下,左右刹带总成与轮辋之间的间隙为2.5~3.5mm。如间隙不符合上述要求时必须加以调整。

(2)刹车装置中各润滑点均应按要求定期注油。刹车装置调整好以后,调整螺栓和螺钉,且各部分螺栓不允许松动。刹车块上严禁沾上油污,以免影响刹车性能。

(3) 绞车离合器为气压压紧，不需要调整，但在使用中必须注意气路是否有漏气的地方，一旦发现必须及时排除故障，以保证离合器正常工作。

(4) 刹车带与刹车毂之间的间隙，在刹把完全松开时均应保持 2～3mm 的间隙。

(5) 刹把的操纵力，在大钩承受公称钩载时不大于 250N。

(6) 离合器的传递扭矩应进行测试，在工作气压不大于 0.9MPa 时，离合器的传递扭矩应保证提升通井机的最大钩载。当提升载荷超过最大钩载时，在最大钩载的 1.05 倍内离合器应处于打滑状态。

五、行走装置

(一) 结构与原理

通井机的行走部分位于车架下面的左、右两侧，由左、右台车，两条履带和平衡梁组成。

(1) 台车。每侧的台车由台车架、支重轮、托链轮、引导轮机缓冲装置组成。应先放出液压油，缩短胀紧油缸、打开履带，然后拆托链轮、引导轮、支重轮和驱动轮。

(2) 支重轮既用来支承通井机的重量，同时又在履带的导轨上滚动，以保证通井机的行驶。支重轮分单边支重轮和双边支重轮两种。

(3) 托链轮的作用是在通井机运行时，用来托住履带上区段，防止履带下垂过大，减少履带在运行时产生的振跳现象。每个台车安装有两个托链轮。

(4) 引导轮起引导作用，它由引导轮轴、导轮支架、导轮支座、浮式油封等组成。

(5) 胀紧机构由胀紧弹簧、弹簧支撑、胀紧油缸、撑杆、撑座等组成。

(6) 履带为组合式履带，由履带板、履带销、销套、履带节和履带螺栓组成。

(二) 检验

(1) 各浮封环若漏油必须检修。

(2) 支重轮轮缘表面不得有偏磨、损伤和变形，内孔应光滑，不允许有裂痕、凹槽及毛刺。支重轮外圆底面应位于同一平面内,且距台车梁下平面保持一致,其偏差不大于1mm。全组支重轮的滚道直径偏差不大于3mm。

(3)托链轮外圆不得有偏磨和损伤,两轮缘直径相差不大于1mm,轮缘外表面相对轴套孔轴心线的径向跳动不大于1.5mm。

(4)引导轮轮缘不得有偏磨、损伤和变形。引导轮的轮缘和滚道外表面对轮箍配合面的径向跳动一般不大于2mm。

(三)装配

按拆卸顺序反向安装,履带螺栓的紧固力矩为600~740N·m。

(四)调试

(1)履带胀紧度的调整

履带的胀紧度要调得合适,过松转向时会脱轨,过紧则会引起履带销和套的早期磨损,并增加不必要的功率消耗。

履带完全胀紧后,引导轮相对台车退回12mm。如果在松软的地面上行驶,可比标准调紧些,而在硬地上行驶,可比标准调松些。调整履带松紧度时,通井机需放在平地上进行。两侧的履带胀紧度尽量保持一致。

(2)在平地正常行走时,通井机不应跑偏。

六、履带式通井机常见故障及处理

(一)柴油机的故障

1. 发动机不能启动

(1)燃油中有空气。排除方法:检查油管接头是否松动,排除燃油系统中的空气。

(2)燃油管道堵塞。排除方法:检查管路是否畅通。

(3)滤清器阻塞。排除方法:清洗滤清器,或更换滤芯。

(4)喷油很少,喷不出油或喷油不雾化。排除方法:检查高压油泵和喷嘴。

(5)喷油提前角过早或过迟。排除方法:检查喷油泵传动轴接合盘上的刻线是否正确或松弛,不符要求应重新调整。

2. 排气烟色不正常

(1)排气冒黑烟。
① 燃烧不好,火头过晚:调整喷油提前角。
② 进气量不足:清洗和清除尘埃,必要时更换滤芯。
(2)排气冒蓝烟:柴油机烧机油。
(3)排气冒白烟,喷嘴雾化不良,有滴油现象:检查喷嘴,校高压泵;或者是冷却水进入燃烧室,这时应更换汽缸盖。

3. 油底壳机油平面升高

这种情况是由于冷却水进入机油内,机油浮黄色泡沫,汽缸垫损坏漏水,这时应更换衬垫。

(二)变速箱的故障

1. 挂挡困难

由于联锁装置不当所致的挂挡困难。按以下步骤进行调整:
(1)卸下驾驶室中的有关地板。
(2)将离合器操纵杆放到最前面。
(3)从离合器操纵杆上卸下调整拉杆,并旋松调整杆上的锁紧螺母。
(4)扳动锁定轴杠杆向后倾斜与整机的横轴线约成13°角(从右上方向下看),同时使用任意一挡处于未接合状态,以使锁定销能进入锁定轴销的切槽内锁住锁定轴。
(5)在调整拉杆上的弹簧处于刚开始变形的状态下调整接头螺母,改变调整拉杆的长度,使调整拉杆上的两销孔超过横轴拉臂销孔2~3mm。
(6)轻轻地拨动锁定轴杠杆,装入销轴及开口销,拧紧调整拉杆的锁紧螺母,使调整拉杆与离合器操纵拉杆连接起来。
(7)使离合器接合或分离,用变速方法检查调整是否正确,如不正确按前述步骤重新调整到正确为止。
(8)分开销轴的开口销,安装好地板。

2. 摘挡困难

由于离合器未完全分离或联锁装置调整不当所致摘挡困难。排除方法：
(1)将离合器操纵杆向前推到底,然后再调整。
(2)如因联锁装置调整不当,则按上述方法进行调整。

3. 响声异常

(1)轴承游隙过小(新换的轴承或重新安装之后)。排除方法:更换或调整符合游隙要求的轴承,或检查轴承外圈是否被定位销压扁,必要时重新装配。
(2)零件松脱。排除方法:立即停车检查。

4. 过热(超过周围空气温度60°)

(1)油量不足。排除方法:添加润滑油至规定油位。
(2)油质不佳。排除方法:用柴油清洗内腔,再加注符合规定的润滑油。

(三)行走装置的故障及排除方法

1. 通井机"啃轨"

(1)后半轴弯曲,机身半轴孔磨损,半轴轴头固定座孔磨损。排除方法:修理加工至标准尺寸,并符合技术要求。
(2)台车架变形。排除方法:校正、修理。
(3)履带节销套磨损过大,引导轮支架等零件磨损过大或变形。排除方法:更换。
(4)履带过紧。排除方法:调节胀紧机构。

2. 履带脱轨

(1)过松。排除方法:调节胀紧机构。
(2)支重轮、引导轮、托链轮的凸缘磨损严重。排除方法:修理或更换。
(3)三轮中心没有对准。排除方法:调整、修理对中。

第五章 推土机和拖拉机修理规范

钻(修)井施工附属设备包括汽车起重机、钻具拉运车、油水罐车、推土机以及拖拉机等,主要用于转(拖)运钻(修)井机部件、钻具、起升井架等。本章重点介绍推土机、拖拉机的结构与原理、维修要点及故障诊断与排除方法。

第一节 拖拉机的结构与原理

一、发动机的结构与原理

拖拉机发动机主要总成件包括机体、缸盖、活塞、连杆、曲轴、飞轮、发电机、启动机、高压泵、水箱等部件。

其规格型号为6130T1A、直列、水冷、四冲程、直喷式柴油发动机,额定功率为114kW/1800r/min。

二、底盘的结构与原理

(一)主离合器

1. 主离合器的结构

主离合器为湿式、双片、杠杆压盘、弹簧分离,并带有助力器的非经常结合型摩擦离合器,主要零部件包括壳体、摩擦元件、压紧机构、输出轴、小制动器、助力器、液压系统及若干附件,详细结构见图5-1。

2. 主离合器的工作原理

发动机运转时,飞轮内齿圈带动主动片34旋转。当主离合器操纵杆拉

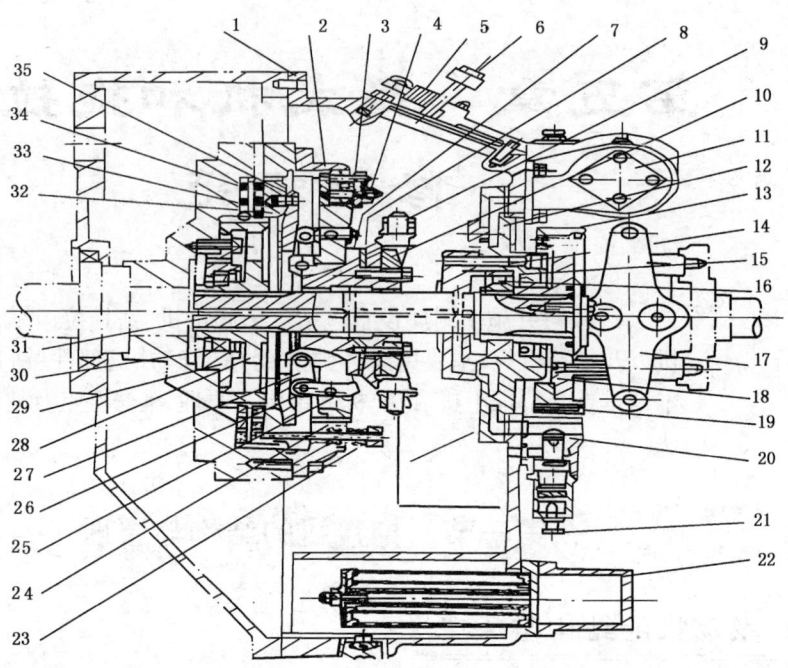

图 5-1 主离合器的结构

1—主离合器;2—飞轮端盖;3—调整盘压板;4—螺母;5—回位弹簧;6—通气罩;7—移动套;8—离合垫片;9—离合座;10—挡盘;11—助力器;12—后轴承座;13—小制动毂;14—定位盘;15—油封;16—轴承;17—联轴节;18—联轴盘;19—小制动带;20—溢流阀;21—调整螺栓;22—滤油器;23—分离弹簧;24—调整盘;25—重锤;26—滚轮;27—连杆;28—从动毂;29—前轴承座;30—轴承;31—主离合器轴;32—压盘;33—从动片;34—主动片;35—后压盘

到结合位置时,离合座 9 带动移动套 7 推动杠杆压紧机构中的滚轮 26,滚轮迫使压盘 32 向前移动,使从动片 33 和主动片 34 被压紧。从动片即与飞轮同步旋转,发动机动力通过从动片的内齿经过从动毂 28 传递给主离合器轴 31,再通过联轴节 17 输出到变速箱上轴。

反之,当主离合器操纵到分离位置时,离合座带动移动套向后移动,杠杆压紧机构中的滚轮沿弧线向后移动,压盘在分离弹簧 23 作用下后移,主动片与从动片脱离结合,从而切断动力。

3. 主离合器的调整

将发动机熄火,卸下主离合器上盖,将变速箱挂上任意一挡,以防在调整过程中离合器轴转动,然后按以下顺序进行调整。

松开螺母 4 和调整盘压板 3,注意不要使螺母完全松脱,以防螺母掉入壳体内。撬动飞轮(或点动启动电动机)使其转动180°,松开另一螺母和调整盘压板。用撬棒施力于调整盘 24 的凹穴处或重锤 25 上,使调整盘旋转到适当位置(顺时针方向转动调整盘则使离合器压紧,反之则放松)。这时拉动主离合器操纵杆,使主离合器结合,操纵杆应能保持在结合位置。新车时调整盘 24 端面应高出飞轮端盖 2mm,然后拧紧螺母 4,压紧调整盘,装好主离合器上盖。

4. 小制动器

为减少变挡时变速箱中的齿轮冲击和便于挂挡,主离合器设有小制动器(见图 5-2),保证离合器分离后离合器轴能迅速停止转动。小制动器的小制动毂 8 与离合器联轴盘连接,小制动带 10 的紧端固定在离合器壳体上,松端与小制动杠杆 7 相连,制动杠杆顶部与操纵叉 6 上的调整螺栓 4 相对。当操纵主离合器分离后继续向前推动操纵杆,则可实现制动。松开操纵杆后,小制动带在回位弹簧的作用下自动离开制动状态,并与小制动毂保持一定间隙。在使用过程中,小制动带磨损而失去制动时,只需拧动调整螺

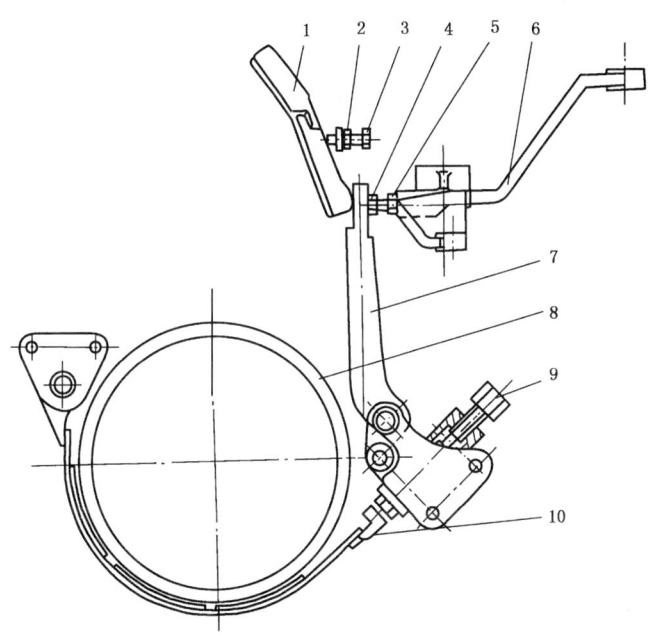

图 5-2 小制动器
1—杠杆;2—螺母;3,4—螺栓;5—螺母;6—操纵叉;7—小制动杠杆;
8—小制动毂;9—调整螺栓;10—小制动带

栓9,使小制动带与小制动毂之间保持约0.8mm的间隙。

5. 主离合器的液压系统

主离合器液压油泵安装在分动箱上。油泵从离合器壳体底部油池中经滤网把油液吸出,并将压力油送入助力器的高压腔。从助力器低压腔流出的油液沿管道进入冷却器。冷却后的油流分成两路,一路经过后轴承座和离合器轴中的暗油道进入离合器去润滑各运动单位部位和冷却摩擦片,然后流回油池;另一路经过润滑油管流向分动箱去润滑各齿轮和轴承,然后流回油池。

为防止液压系统过载和保护油泵,在助力器高压腔设有安全阀,安全阀开启压力为 392.3 kPa($40 kgf/cm^2$)。

在连接助力器低压腔和冷冻器的油路中设有溢流阀,用以防止冷却器因油压过高而损坏,溢流阀的开启压力为 392.3 kPa($40 kgf/cm^2$),溢流油液直接流回油池。

6. 助力器

助力器是为减轻驾驶员的劳动强度而设计的一种增力机构。

当操纵主离合器时,操纵力从操纵杆手柄处经过一组机械连接杆件传递到离合器的离合座。在外操纵机构和内操纵杠杆之间设置了助力器,当操纵力经外操纵机构施加于助力器滑阀的外伸端时,压力油根据助力器内滑阀与活塞的不同相对位置自动作用于活塞的一侧或另一侧,起到增大操纵力、帮助离合器结合或分离的作用,大大减轻驾驶员的劳动强度。去除操纵力后,滑阀在平衡弹簧的作用下回到平衡位置,活塞停止运动。

(二)变速箱

变速箱的结构及工作原理介绍如下:

变速箱为斜齿常啮合、啮合套换挡结构,主要由主箱体、上轴、下轴、齿轮、啮合套和变速机构等件构成。变速箱结构见图5-3。

变速箱有17个齿轮,构成前进6挡,倒退4挡。1~4挡齿轮对为前进和倒退的公用齿轮对,5挡、6挡齿轮对只在前进时使用。外啮合套在内啮合套的外齿上,而内啮合套在花键轴上,当操纵变速杆及进退杆拨动拨叉时,拨叉拨动外啮合套沿轴向移至内啮合套和齿轮上的外齿上,就完成了换挡动作。

变速箱齿轮传动路线见表5-1。

第五章　推土机和拖拉机修理规范

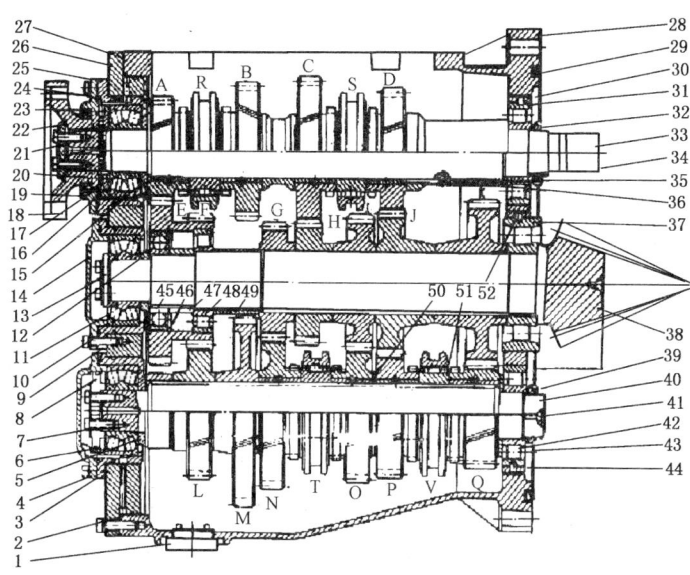

图 5-3　变速箱结构图

1—磁铁塞；2—O 型密封圈；3—中轴轴承座；4—中轴轴承盖；5—隔环；6—密封环；7—锁片；8—密封压板；9—调整垫；10—下轴轴承座；11—轴承；12—隔环；13—压板；14—下轴轴承盖；15—隔环；16—油封环；17—密封环；18—接盘；19—油封座；20—轴承；21—密封垫；22—压板；23—油封；24—O 型密封圈；25—上轴轴承座；26—变速箱前盖；27—纸垫；28—变速箱壳体；29—胶圈；30—短销；31—轴承；32—螺母；33—上轴；34—锁片；35—销；36—隔套；37—轴承；38—下轴；39—螺母；40—中轴；41—螺钉；42—轴承；43—隔垫；44—短销；45—轴承；46—挡圈；47—隔套；48—轴承；49—隔套；50—隔环；51—内齿；52—合套；A—前进主动齿轮；B—倒退主动齿轮；C—6 挡主动齿轮；D—5 挡主动齿轮；E—惰轮被动齿轮；F—惰轮主动齿轮；G—4 挡被动齿轮；H—6 挡被动齿轮；I—3 挡被动齿轮；J—2 挡被动齿轮；K—1 挡被动齿轮；L—前进被动齿轮；M—倒退被动齿轮；N—4 挡主动齿轮；O—3 挡主动齿轮；P—2 挡主动齿轮；Q—1 挡主动齿轮；R—进退挡外啮合套；S—5,6 挡外啮合套；T—3,4 挡外啮合套；V—1,2 挡外啮合套

表 5-1　变速箱齿轮传动路线

方位	挡位	传动齿轮组合		方位	挡位	传动齿轮组合	
前进	1	A-E-F-L	Q-K	倒退	1	B-M	Q-A
	2		P-J		2		P-J
	3		O-I		3		O-I
	4		N-G		4		N-G
	5	D-J			—		
	6	C-H			—		

变速机构共有4个拨叉,其中拨叉25及拨叉23由变速杆通过变速杠杆15来操纵,进退拨叉5由进退杆通过进退杠杆6来操纵,变速机构中装有联锁装置,它保证只有在主离合器分离后才能换挡,并保证不掉挡。保险卡16限制变速杠杆15的位置,使变速杠杆每次只能拨动一个叉,在不挂挡时保持空挡位置,见图5-4。

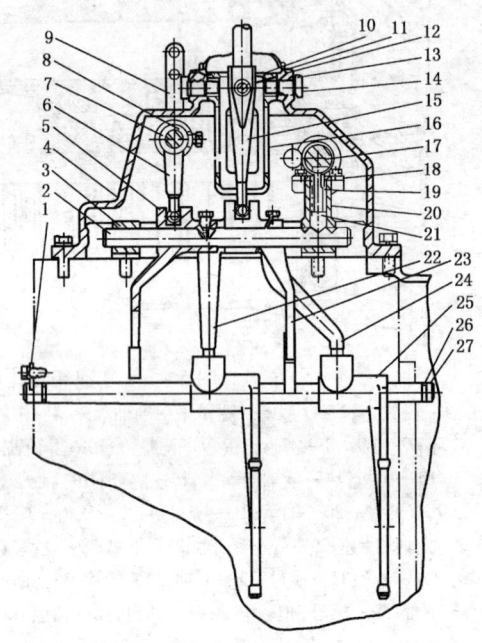

图5-4 拨叉结构图

1—锁板;2—拨叉轴;3—前支座;4—拨叉室;5—进退拨叉;6—进退杠杆;7—进退杆轴;8—锁定螺栓;9—进退杆拉臂;10—纸垫;11—球座罩;12—销轴;13—锁垫;14—保险卡轴;15—变速杠杆;16—保险卡;17—锁定轴;18—锁销导板;19—锁定弹簧;20—后支座;21—锁定销;22—3,4挡拨杆;23—5,6挡拨叉;24—1,2挡拨杆;25—1,2挡拨叉;26—O形密封圈;27—拨叉轴

(三)中央传动

中央传动的结构见图5-5。中央传动是在变速箱与转向离合器之间的传动装置。中央传动采用一对交角为90°的弧齿伞齿轮。小伞齿轮与变速箱下轴为一整体。大伞齿轮用螺栓装在伞齿轮轴的凸缘上,伞齿轮轴通

过两锥轴承支撑在中央传动室的隔板上,轴的两端用锥花键与转向离合器的连接盘相连接。

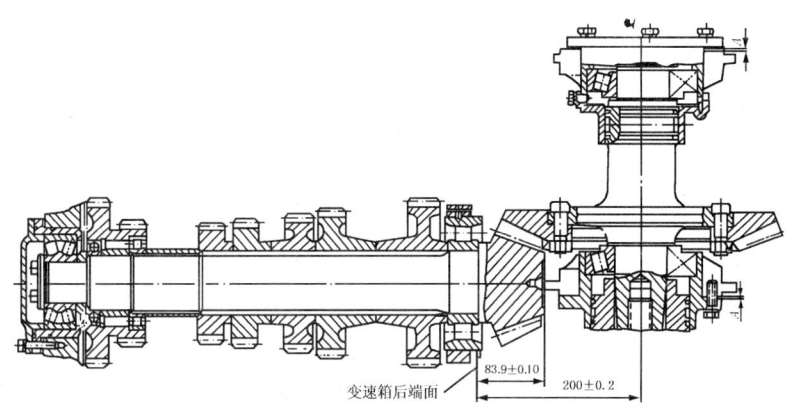

图 5-5 中央传动结构图

(四)转向离合器

转向离合器为湿式、多片常接合、弹簧压紧、液压分离式摩擦离合器,左右各一个,结构完全相同,装在后桥箱左右两侧箱体内。

1. 转向离合器的结构

转向离合器是由内毂 3、外毂 1、摩擦片 2、内齿片 9、内弹簧 6、外弹簧 8、压盘 10、活塞 15 和连接盘 18 等件组成,见图 5-6。

2. 转向离合器的工作原理

当转向离合器操纵手柄处于松放位置时,转向控制阀的滑阀就处于结合位置,这时转向离合器的油路与转向离合器在 8 组内外弹簧的作用下处于结合状态。

向后拉转向离合器操纵手柄,使转向控制阀处于分离位置,压力油腔与转向离合器的油路相通,压力油推动活塞 15,外弹簧 8 和内弹簧 6,活塞 15 与内毂 3 的 K 面接触时,活塞停止运动。

转向离合器的工作原理见图 5-7。

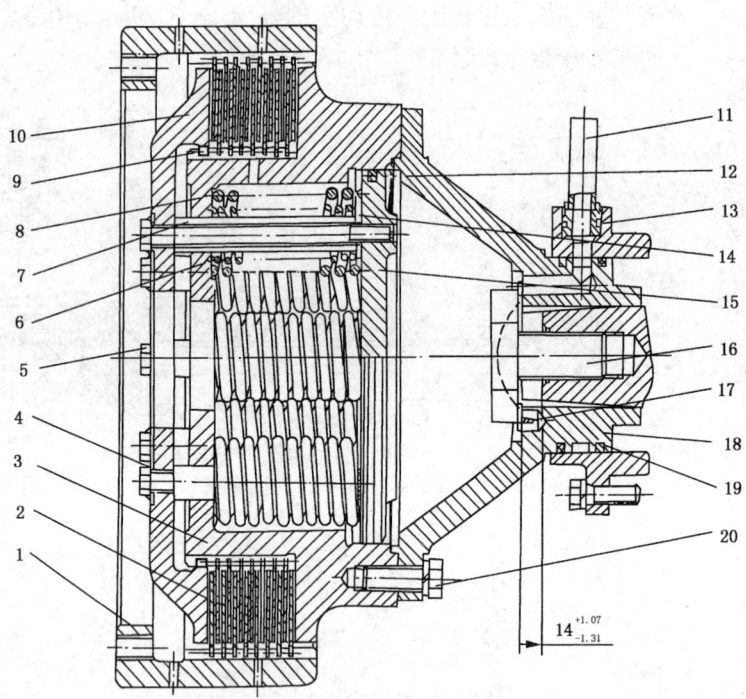

图 5-6 转向离合器结构图

1—外毂；2—摩擦片；3—内毂；4—锁垫；5—螺栓；6—内弹簧；7—定位套；8—外弹簧；
9—内齿片；10—压盘；11—油管；12—密封圈；13—O形密封圈；14—垫圈；15—活塞；
16—螺栓；17—锁垫；18—连接盘；19—O形密封圈；20—螺栓

(五) 转向控制阀

转向控制阀主要用来控制转向离合器的结合和分离，并将压力油分配到制动器的制动油缸内，在制动器制动时起助力作用。

1. 转向控制阀的结构

转向控制阀主要由控制阀体3，滑阀17，溢流阀22，活塞24，活塞弹簧23，回位弹簧19，溢流阀弹簧16等件组成，见图5-8。

2. 转向控制阀的工作原理

拉动转向离合器操纵手柄，通过外拉臂11带动控制阀摇臂2向右摆动，推动滑阀17后移。当椎杆9大端的后端面顶导套10的前端面时，滑阀

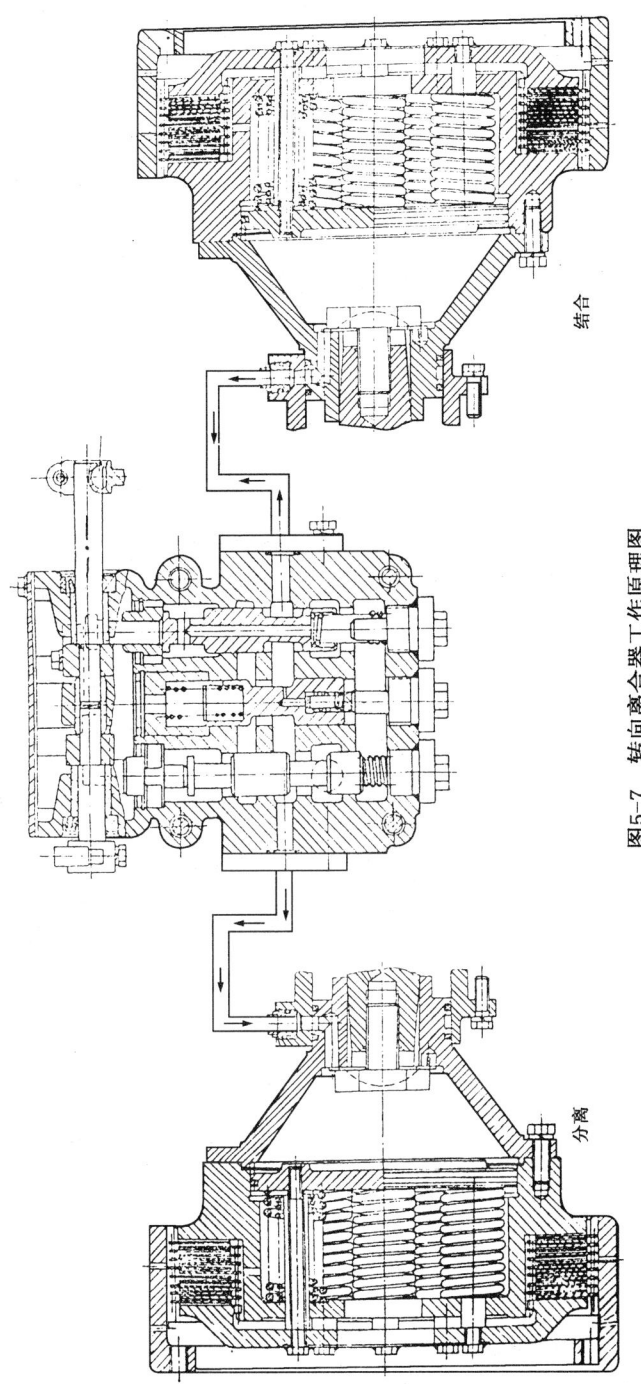

图5-7 转向离合器工作原理图

的移动就停止。这时高压油路与转向离合器油缸相通,离合器内弹簧6和外弹簧8被压缩(见图5-6),使转向离合器处于分离状态。当油压大于1176.8~1471kPa(12~15kgf/cm^2)时溢流阀22打开,油经溢流阀进入回油腔去冷却器。当转向离合器操纵手柄处于松放位置时,高压油腔及转向离合器油缸隔绝,压力油直接通过溢流阀去冷却器,转向离合器在内、外弹簧的作用下处于结合状态。当急转弯时,拉动转向拉杆后,转向控制阀使转向离合器分离,然后踩下制动踏板使高压油和制动器的油缸相通,则可实现制动助力,使转向操纵轻便。

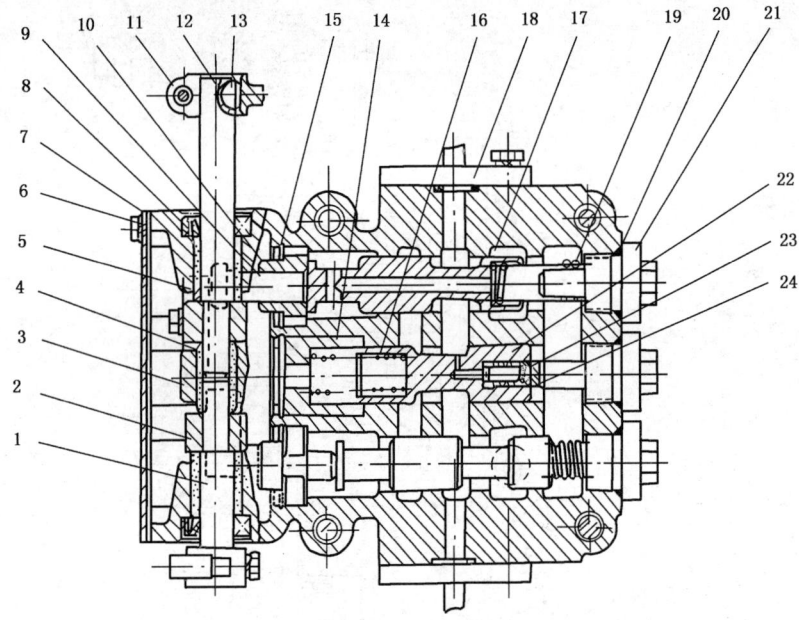

图5-8 转向控制阀

1—左摇臂轴;2—摇臂;3—控制阀体;4—轴套;5—轴套;6—盖;7—纸垫;8—油封;9—推杆;10—导套;11—外拉臂;12—右拉臂轴;13—半圆键;14—弹簧座;15—挡圈;16—溢流阀弹簧;17—滑阀;18—制动油管;19—回位弹簧;20—O形密封圈;21—堵;22—溢流阀;23—活塞弹簧;24—活塞

转向控制阀在使用过程中不需任何保养和调整。

(六)制动器

1. 制动器的结构

制动器为湿式、浮式、带式制动器,脚操纵带有液压助力。制动器分为左制动器和右制动器,主要由制动带 1,制动带架 29,制动器罩 21,拉臂 28,拉杆 22,顶块 30,杠杆 16,制动油缸 10,活塞 12 和推杆 4 等件组成,见图 5-9。

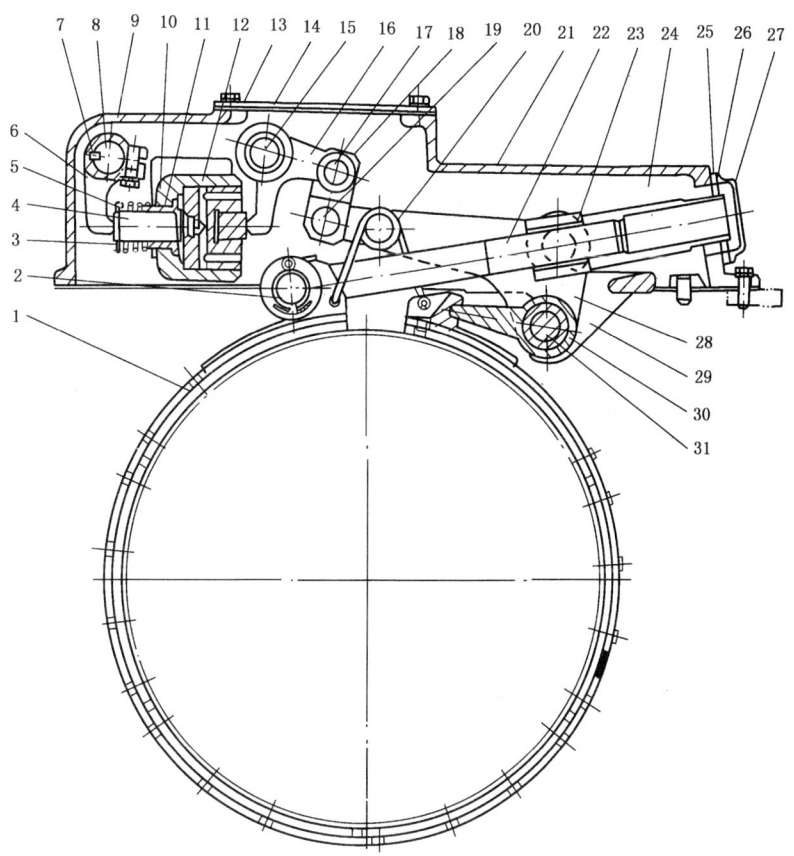

图 5-9 制动器结构图
1—制动带;2—销轴;3—挡圈;4—推杆;5—弹簧座;6—弹簧;7—键;8—轴;9—拉臂;10—制动油缸;11—套;12—活塞;13—纸垫;14—盖板;15—轴;16—杠杆;17—销轴;18—叉形拉杆;19—销轴;20—弹簧;21—制动器罩;22—拉杆;23—拉臂上轴;24—调整螺母;25—防松板;26—纸垫;27—盖;28—拉臂;29—制动带架;30—顶块;31—拉臂下轴

2. 制动器的工作原理

在拉动转向操纵杆后,用脚踏下制动踏板 2,带动拉杆 13 向前移动(见图 5-10),通过制动助力器拉臂 9 的摆动,推动推杆 4 向后移动(见图 5-9)。当推杆 4 后端锥面与活塞 12 的锥孔接触后,推杆即推动活塞一起向后移动。当活塞越过制动油缸上的径向油孔时，从转控制阀的高压油进入制动油缸，推动活塞向后移动，顶紧杠杆16带动拉臂28和顶块30，使制动带1抱紧转向离合器外毂，实现制动作用，见图5-9。制动力的大小与制动踏板的行程成正比。如果不拉动转向操纵杆，踏下制动踏板时仍有液压助力，并可实现制动。

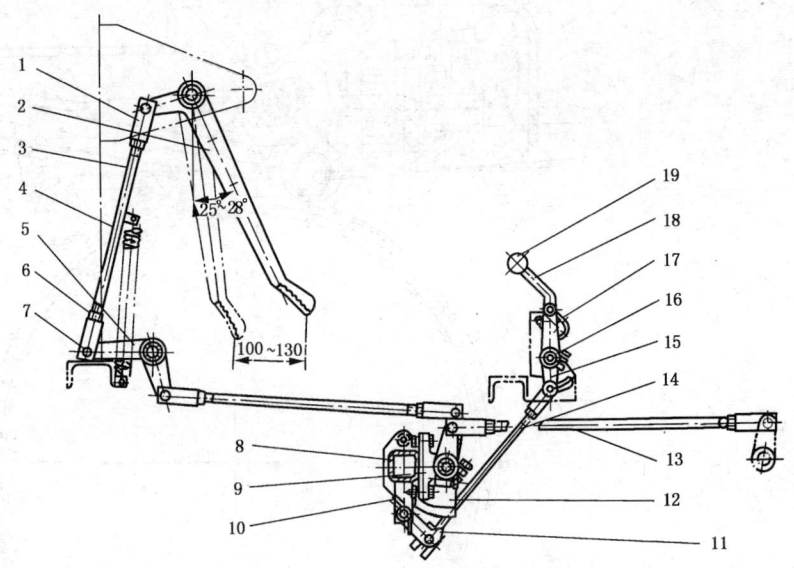

图5-10 外制动机构图

1—调节头；2—制动踏板；3—拉杆；4—弹簧；5—双头拉臂；6—螺母；7—销轴；8—方梁；9—轴座；10—扭转弹簧；11—制动锁；12—拉臂；13—拉杆；14—推杆；15—拉臂；16—轴；17—扭转弹簧；18—手柄；19—手柄球

当放开脚踏板时，制动助力的推杆4在回位弹簧6的作用下向前移动，推杆与活塞之间出现间隙，高压油溢流。于是在回位弹簧20的作用下，制动带与转向离合器外毂脱离，同时推动活塞12向前移动将制动油的缸上的高压油孔挡住，制动解除，见图5-9。

遇油压失灵时，仍可以用人力实现制动动作。

当推土机顺着斜坡停放或临时停车时，应先踏下脚踏板2使制动机构处于制动状态，然后向前推动手柄球至锁定位置，这时制动锁11的齿尖就插到拉臂12齿的齿槽中，使制动机构处于锁定状态，反之制动锁就脱开，见图5-10。

(七)最终传动装置

1. T110(150)B-1型最终传动装置的结构

T110(150)B-1型最终传动装置主要由两对直齿圆柱齿轮(主动齿轮4、双联齿轮8和齿圈44)、轮毂45、齿轮罩1、驱动轮圈9、半轴20及油封环31等件组成,见图5-11。

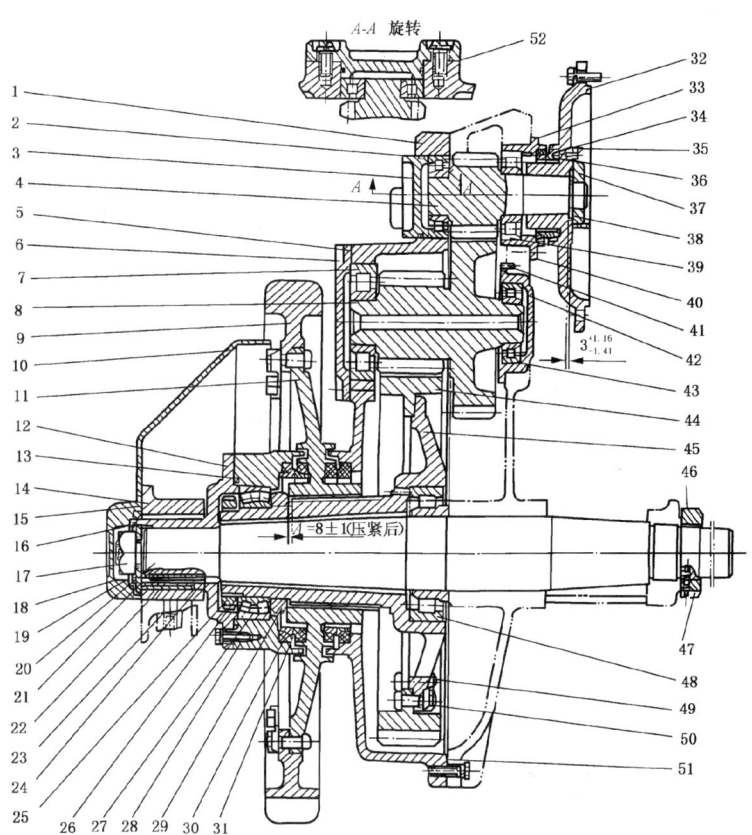

图5-11 最终传动机构图

1—齿轮罩;2—O形密封圈;3—主动齿轮盖;4—主动齿轮;5—外盖垫;6—双联齿轮外盖;7—轴承;8—双联齿轮;9—驱动轮圈;10—驱动轮罩;11—驱动轮毂;12—半轴支承;13—O形密封圈;14—轴承座;15—轴承盖垫;16—销;17—螺母;18—轴承盖;19—锁垫;20—半轴;21—止推垫;22—键;23—销;24—O形密封圈;25—螺母;26—锁垫;27—轴承;28—轴承座;29—隔套;30—浮封胶圈;31—浮封环;32—驱动盘;33—纸垫;34—浮封胶圈;35—锁垫;36—浮封环;37—螺母;38—密封盖;39—轴承;40—轴承壳;41—销;42—轴承座;43—轴承;44—齿圈;45—轮毂;46—锁母箍;47—半轴锁帽;48—轴承;49—螺栓;50—锁垫;51—纸垫;52—调整垫

主动齿轮 4 带锥花键的一端与驱动盘 32 连接,驱动盘和转向离合器的外壳相连,主动齿轮一端通过轴承 39 支承在后桥壳上,而另一端通过轴承 43 装在齿轮罩上。双联齿轮 8 通过轴承 7 和轴承 43 支承在齿轮罩和后桥壳上。

轮毂 45 和齿圈 44 用配合螺栓 49 连接在一起,轮毂的一端通过轴承 48 支承在半轴上,而另一端通过轴承 27 轴座 28 等支承在台车上。在轮毂的锥形渐开线花键处压装着驱动轮毂 11,驱动轮毂与驱动轮圈 9 用配合螺栓固定在一起。

半轴 20 的一端压装在后桥箱底座的孔中,而另一端则通过半轴支承 12 和轴承座 14 固定在台车架上。

为了保证最终传动装置的密封,在驱动轮毂的两侧装有端面浮动油封(浮封环 31 和浮封胶圈 30)。

2. T110(150)BS 型最终传动装置的结构

T110(150)BS 型推土机在 T110(150)B-1 型推土机的基础上履带中心距加大,最终传动装置的半轴、轮毂、齿轮罩、轴承的尺寸和结构也相应改变,其余零件及装配要求与 T110(150)B-1 型推土机相同,见图 5-12。

3. 平衡装置

推土机在台车的前半部装置有橡胶减振平衡装置(T110(150)B-1 型橡胶减振平衡装置),它通过刚性平衡梁支承车架。

橡胶减振平衡装置结构简单,主要由平衡梁 1、平衡枕 3、减振胶块 4 及减振器座 5 组成(见图 5-13)。其中减振胶块硫化在两块互相错开的钢板上,上面一块钢板中间有一圆孔,而且上边缘错开偏多,下面一块钢板没有圆孔。在安装时一定要注意方向,切勿装错。装好后,平衡枕的两上斜面应贴合在减振胶块的钢板平面上。

推土机作业条件是潮湿松软场地,平衡装置采用刚性支承,横向限位平衡梁。平衡梁架与 T110(150)B-1 型推土机通用。

(八)推土装置

推土装置由机械部分和液压系统两部分组成。机械部分由推土铲总成、横梁总成、操纵机构等零部件组成。

第五章　推土机和拖拉机修理规范

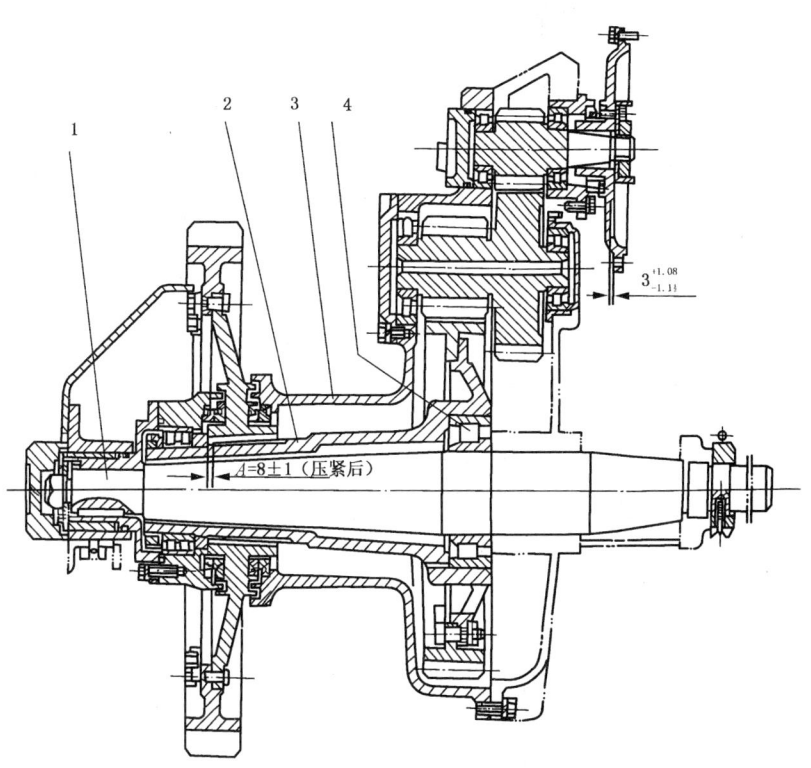

图 5-12　最终传动装置
1—半轴；2—轮毂；3—齿轮罩；4—轴承

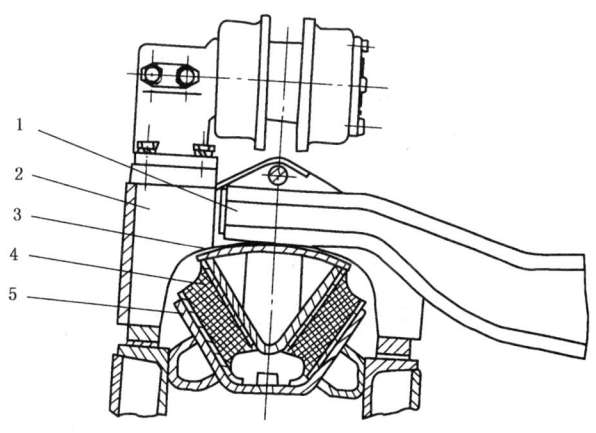

图 5-13　橡胶减振平衡装置
1—平衡梁；2—托轮座；3—平衡枕；4—减振胶块；5—减振器座

1. 结构

配装在以上两种推土机上的推土铲的结构基本相同,都能调整入土角度。其不同的是:配装在 T110(150)B-1 型上的推土铲的侧倾角度是随时可调的,用液压调整,只要扳动操纵手柄即可侧倾油缸调到所需要的侧倾角度;配装在 T110(150)BS 型上的推土铲的侧倾角度也是可调的,只是调整时需停车,调整方式是机械式的。

推土铲总成主要由铲刀总成、左推杆合件、右推杆合件、左撑杆组件、推杆坐合件(推杆坐焊合件)及各销轴等零部件组成。用推杆坐合件(推杆坐焊合件)及螺栓将推土铲总成固定在台车上,见图 5-14 和图 5-15。

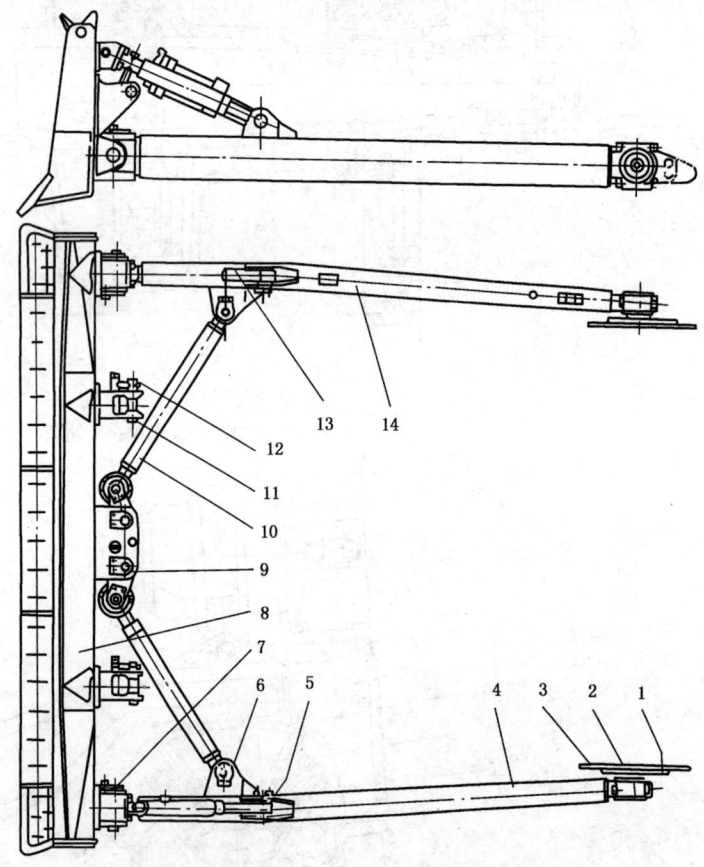

图 5-14 推土铲总成(1)

1—螺栓;2—推杆座焊合件;3—座板;4—左推杆合件;5—撑杆组件;6—撑杆轴合件;7—前支座轴合件;8—铲刀总成;9—联板座轴合件;10—斜撑杆总成;11—销轴;12—销轴;13—侧倾油缸;14—右推杆合件

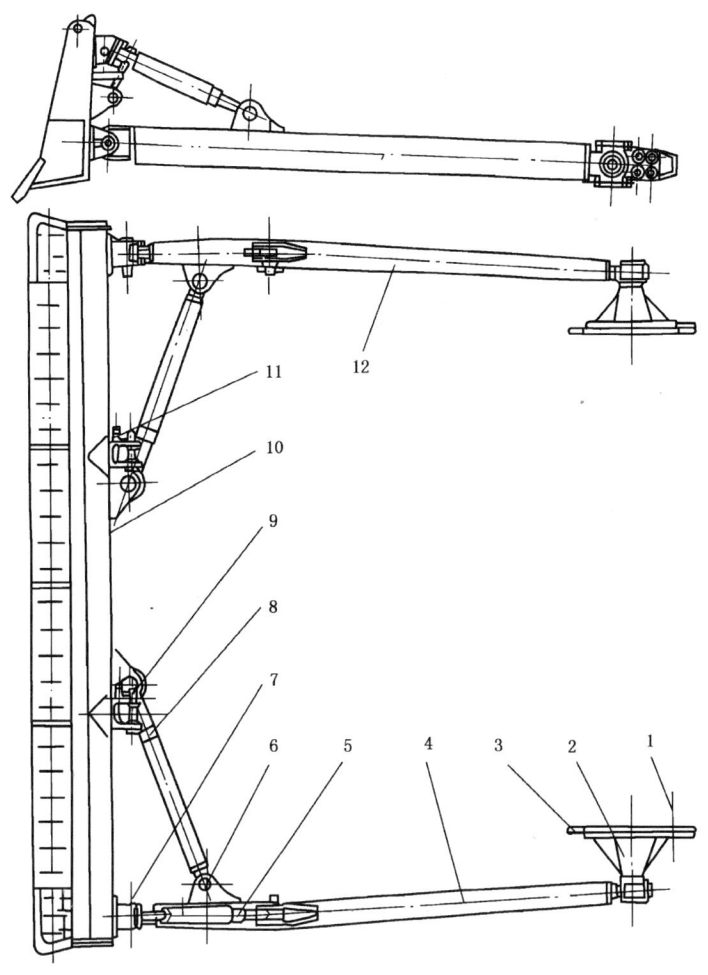

图 5-15 推土铲总成(2)
1—螺栓;2—推杆座焊合件;3—座板;4—左推杆合件;5—撑杆组件;6—销轴;7—销轴;8—斜撑杆合件;9—销轴;10—铲刀总成;11—销;12—右推杆合件

铲刀总成由铲面板、上U形板、下U形板、加强板、侧板等件焊接成箱式结构,刚度较好,上面装有左右副刀刃和主刀刃。左推杆合件,右推杆合件由不同厚度的4块钢板焊接成箱式结构,强度高,刚度好。撑杆组件为丝杆,可调节推土铲的入土角,T110(150)B-1型有一个,T110(150)BS型有两个。T110(150)B-1型的右撑杆为侧倾油缸,可调节推土铲的侧倾角,它的斜撑杆总成为连杆机构,即增加了推土铲总成的刚度,又满足了调整推土铲侧倾时的结构需要。

2. 横梁总成

配装在推土机上的横梁总成的结构基本相同,主要由横梁焊合件2,轴套3,4,钢球5,横梁叉组件7等件组成,它装在机罩上侧壁上,用来支承油缸(见图5-16)。

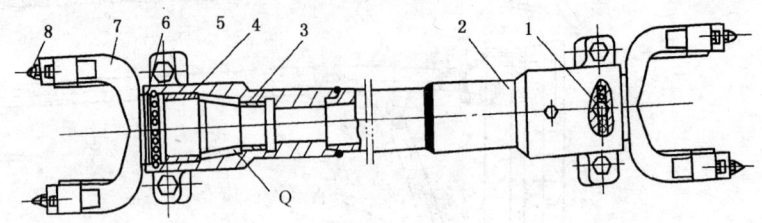

图5-16 横梁总成
1—螺栓;2—横梁焊合件;3,4—轴套;5—钢球;6—O形密封圈;7—横梁叉组件;8—油杯

3. 操纵机构

T110(150)B-1型及T110(150)BS型的操纵机构基本相同,均为独立式操纵机构。T110(150)B-1型为3个操纵手柄,T110(150)BS型为1个操纵手柄。

采用手动操纵,其机构主要由操纵杆2,护罩3,密封座4,弧形滑块5,弹簧6,前支座合件8,联板9,10,11等零部件组成,操纵方便、省力、最大操纵力为53.9N(5.5kgf),见图5-17。

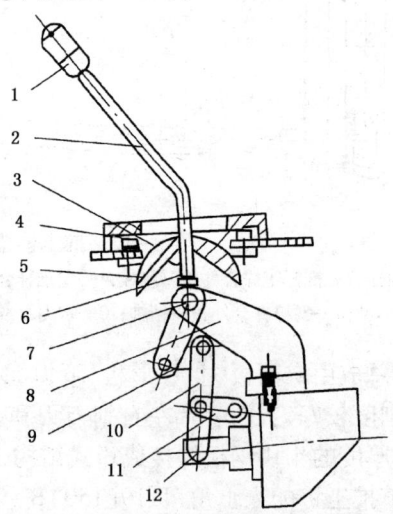

图5-17 操纵机构
1—手柄;2—操纵杆;3—护罩;4—密封座;5—弧形滑块;
6—弹簧;7—轴;8—前支座合件;9,10,11—联板;12—销轴

操纵杆各工作位置示意图见图 5-18。

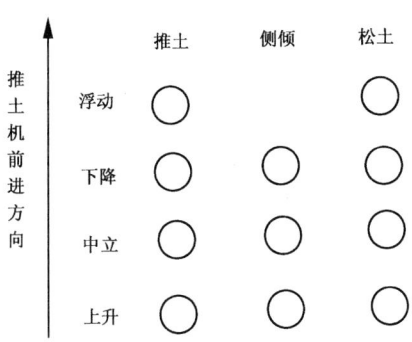

图 5-18　操纵杆各工作位置示意图

第二节　发动机的维修

一、发动机的拆卸

(1) 卸下空气滤清器、排气管和发动机罩。
(2) 关闭燃油箱底部的断油阀。
(3) 放出液压油箱中的液压油。
(4) 卸下所有底板。
(5) 卸下变速杆挡板。
(6) 脱开制动和转向的操纵连接杆。
(7) 脱开从液压油箱引出的全部油管。
(8) 卸下推土机两侧的踏板支座。
(9) 脱开从变矩器和变矩器泵引出的油管。
(10) 卸下变矩器和半自动变速箱之间的连接管。
(11) 卸下支杆和液压缸。
(12) 脱开发动机与散热器连接的所有水管。
(13) 脱开蓄电池连线。
(14) 卸下踏板支座的固定螺栓。
(15) 取下消音器。
(16) 取下托架。
(17) 卸下发动机固定螺栓。

(18)卸下发动机前端的固定螺钉。

(19)把起重钩装在发动机上,用起重设备吊下发动机、动力输出装置、变矩器和仪表板。

注意事项:

(1)从底盘上吊下发动机总成时必须特别注意,勿损伤发动机上的零件或任何其他零件。

(2)起重索必须不带扭结,不生锈,不得有断股。

(3)在发动机的每个支座的垫片上清晰地标上记号,以便安装时能保持原位。

(4)将发动机总成落在台架上,在松开起重吊索前,必须注意发动机总成是否稳妥。

二、发动机的解体与检查

(1)拆洗三滤器(空气滤清器、机油滤清器、柴油滤清器)及呼吸管滤网,并更换柴油、机油滤芯。

(2)卸下发动机附件及发动机连接部分。

(3)拆下缸盖,清除燃烧室及排气管积炭。

(4)清除气门积炭,研磨气门。

(5)清洗检查摇臂轴与套的间隙及气门角磨损度。

(6)拆洗油底及机油泵吸滤器、滤网。

(7)检查曲轴、连杆的轴向间隙。

(8)检查活塞销与铜套间隙。

(9)抽出活塞,除掉活塞缸口积炭,并检查活塞环侧隙和开口间隙。

(10)检查活塞和缸套配合间隙。

(11)检查曲轴、连杆瓦的径向间隙。

(12)清洗主轴油道。

(13)清洗检查水泵轴套及风扇轴套松旷和水泵的密封性。

(14)清洗检查机油泵。

(15)清洗检查输油泵。

(16)清洗检查高压油泵,按各型号泵标准校定。

(17)清洗校对喷油嘴的压力。

(18)清洗水箱及机油散热器,检查是否漏油、漏水,必要时焊补。

(19)清洗燃油箱。

三、发动机部件的检验

(一)汽缸盖

(1)汽缸盖不允许有裂纹,与汽缸体接合平面在全长上的平面度不大于0.15mm。磨修总量不超过1.5mm,允许用加厚的汽缸垫。汽缸盖修后需进行水压密封试验,在0.4MPa压力下,5min气门与气门座间无渗漏。

(2)进排气门座孔锥面应无划伤、裂损、烧蚀和凹陷。锥面与气门研磨后着色应均匀、连续。修后的气门与气门座应做密封性试验,用煤油注入缸盖各进、排气孔内,5min后气门与气门座间无渗漏。进、排气门应进行无损探伤检查,不得有裂纹,气门工作表面不得有氧化皮、刻痕、腐蚀等缺陷。气门杆圆柱度不大于0.01mm;气门锥面对杆部轴线斜向圆跳动不大于0.04mm;气门锥面表面粗糙度为0.6。

(3)6130柴油机喷油头凸出汽缸盖底面的高度为2.5mm。

(二)汽缸体

(1)缸套不得有裂纹。缸套内表面不得有划痕或擦伤。6130发动机汽缸套的修理尺寸及与活塞裙部的配合间隙应符合表5-2的规定。

表5-2 配合间隙　　　　　　　　　　　　mm

柴油机型号	配合件名称		原厂尺寸	原厂配合间隙	大修规定间隙	修理尺寸		
						1	2	3
6130	汽缸套活塞	第一组	130 $_{-0.035}^{-0.015}$ 130 $_{-0.194}^{-0.179}$	0.144~0.179	0.15~0.18	130.5	131	—
		第二组	130 $_{-0.015}^{+0.005}$ 130 $_{-0.179}^{-0.164}$	0.149~0.184	0.15~0.19	130.5	131	—

(2)汽缸体不允许有裂损,与汽缸盖接合平面,表面粗糙度为3.2,平面度不大于0.1mm,磨修总量不大于0.3mm。

(3)汽缸套座孔的上台肩应平整、光洁,与汽缸套配合的上、下环带及阻水圈槽处不得有锈蚀、斑痕。

(4)汽缸体的曲轴轴承孔表面粗糙度为1.6,各中间轴承孔对两端轴承孔公共轴线的同轴度不大于0.03mm,曲轴轴承孔圆度和圆柱度不大于0.01mm。

(5)凸轮轴轴承孔表面粗糙度为1.6,各中间凸轮轴轴承孔的公共轴线的同轴度不大于0.03mm,圆度和圆柱度不大于0.01mm。

(6)同一台发动机内应安装同一级的汽缸套和活塞。汽缸套装入汽缸体内,其圆度和圆柱度不大于0.012mm。阻水圈不得有挤切和损伤。汽缸套轴线应垂直于汽缸体的曲轴轴承孔轴线,在100mm长度上垂直度不大于0.04mm。汽缸套的上台肩应凸出汽缸体平面,其技术要求应符合表5-3的规定。

表5-3 台肩突出量

柴油机型号	台肩突出量,mm
6130	0.03~0.135

(7)汽缸体需进行水压密封试验,在0.4MPa压力下,稳压3min无渗漏。

(三)曲柄连杆机构

(1)活塞裙部的圆柱度和圆度应符合表5-4的规定。装入活塞销后,活塞圆度不得超的大修标准。

表5-4 圆柱度和圆度   mm

柴油机型号	圆柱度		圆度	
	原厂标准	大修标准	原厂标准	大修标准
6130	—	0.012	—	0.012

(2)活塞销孔表面粗糙度为0.8,活塞销孔的圆度和圆柱度应符合表5-5的规定。

表 5-5 活塞质量差

柴油机型号	销孔的圆柱度和圆度公差,mm		裙部内孔最大直径 mm	同一组活塞质量差,g（不大于）
	原厂标准	大修标准		
6130	0.007	0.007	—	15

（3）同一组活塞的质量差应符合表 5-5 的规定。超重的活塞允许由活塞裙部内孔去除金属以减轻质量。

（4）活塞环二端面平面度不大于 0.05mm。活塞环的漏光检验,其每处漏光弧长不大于 25°,总漏光弧长不大于 45°。

（5）活塞销需经无损探伤检查,不得有裂纹。活塞销工作表面不得有划伤、锈斑、凹痕和铬层脱落。销的端面不得有尖角、毛刺。衬套内外表面不得有刻痕和擦伤,外圆表面粗糙度为 0.8,内孔表面粗糙度为 0.4。

（6）连杆及连杆螺栓不得有裂纹。连杆不准焊修。同一组连杆和活塞连杆组的质量差应符合表 5-6 的规定。

表 5-6 连杆质量差　　　　　　　　　　　　　　　　　　　g

柴油机型号	同一组连杆的质量差（不大于）	同一活塞连杆组质量差（不大于）
6130	10	25

（四）曲轴

（1）曲轴轴颈表面不得有毛刺、烧伤和碰伤。主轴颈、连杆轴颈和各轴颈两端圆角处,表面粗糙度不低于 0.4,安装滚动轴承的主轴颈,其表面粗糙度 R_a 为 0.8。

（2）曲轴修复后,以两端主轴颈的公共轴线为基准时：

① 中间各主轴颈的径向圆跳动不大于 0.05mm；

② 各连杆轴颈轴线对主轴颈轴线的平行度不大于 0.02mm；

③ 曲轴装飞轮接盘的外圆径向圆跳动不大于 0.05mm,与飞轮接触的端面圆跳动不大于 0.06mm；

④ 装曲轴齿轮及装皮带轮的轴颈径向圆跳动不大于 0.05mm；

⑤ 曲轴装油封轴颈径向圆跳动,采用回油螺纹或回油槽防漏的不大于 0.05mm,采用油封圈防漏的不大于 0.05mm；

⑥ 止推轴颈两端面及曲轴齿轮配合端面的端面圆跳动不大于

0.05mm。主轴颈及连杆轴颈应分别按原厂尺寸或同一级修理尺寸修磨,并符合表5-7的规定。

表5-7 主轴径和连杆轴径修理尺寸   mm

柴油机型号	轴颈名称	原厂尺寸		修理尺寸					最后一次修理尺寸	修理尺寸差
		1	2	1	2	3	4	5		
6130	主轴颈	$\phi110^{0}_{-0.022}$	—	$\phi109.5$	$\phi109$	$\phi108.5$	$\phi108$		$\phi108$	0.5
	连杆轴颈	$\phi90^{0}_{-0.022}$	—	$\phi89.5$	$\phi89$	$\phi88.5$	$\phi88$		$\phi88$	0.5

(3)轴瓦合金层表面不得有毛刺、刻痕和深度超过0.3mm的环形沟纹及合金层削落等缺陷。轴瓦钢背表面与座孔的贴合面积不小于85%,且不贴合面应呈分散分布,其中最大面积应小于或等于钢背面积的10%。轴瓦钢背表面与座孔配合过盈为-0.05~0.18mm。不允许用衬垫的方法恢复紧度。

(五)飞轮

(1)飞轮不得有裂纹及机械损伤。工作面的平面度,原厂标准为0.05mm,大修允许不大于0.1mm。表面粗糙度为0.8。飞轮齿圈磨损后,可焊修或翻面倒角后使用。

(2)飞轮的工作面对曲轴两端主轴颈公共轴线的端面圆跳动不大于0.25mm。

(六)配气机构

(1)凸轮轴轴颈和凸轮的工作表面应光洁、圆滑,不得有锈蚀、斑痕和裂纹等缺陷。其表面粗糙度为0.4,硬度为HRC50~63。凸轮轴轴颈的圆柱度和圆度原厂标准为0.01mm。大修允许为0.015mm。以两端支承轴颈的公共轴线为基准,中间各支承轴颈的径向圆跳动不大于0.03mm。装正时齿轮的轴颈或接盘径向圆跳动不大于0.04mm。凸轮轴轴套压入汽缸体时,油孔和汽缸体油道及定位螺孔应对正。

(2)气门挺杆工作端面和导向面应光洁,不得有刻痕、划伤、锈蚀等缺陷,其表面粗糙度为0.4,球窝面硬度不低于HRC56~63,导向面硬度不低于HRC30~35。

(3)正时齿轮的齿面应光洁、圆滑,不得有毛刺和击伤。齿轮齿厚磨损大于 0.5mm 时,应更换。正时齿轮的啮合间隙应符合表 5-8 的规定。

表 5-8　啮合间隙　　　　　　　　　　　　　　mm

柴油机型号	齿轮名称	原厂标准	大修标准
6130	曲轴齿轮 凸轮轴齿轮 喷油泵齿轮	0.1~0.2	0.15~0.5

(七)润滑系

(1)组装后的机油泵应转动灵活、平稳、无卡滞。机油泵的性能试验:采用 HC-14 柴油机机油,室内温度在 15~28℃,油温 70~80℃,各项指标应符合表 5-9 的规定。

表 5-9　机油泵性能的各项指标　　　　　　　　mm

柴油机型号	主轴转速 r/min	出油压力 MPa	输油量 L/min	限压阀开启压力 MPa
6130	2100	1	125	0.9

(2)机油泵在试验过程中,运转 20~30min,无异常噪声、无局部过热、无渗漏。

(3)粗滤清器过滤芯的金属网应清洁、无裂纹和脱焊等缺陷。滤清器壳体的油道和内腔、细滤清器的量孔和油沟应清洁畅通。滤清器所有的阀,应能自由移动和转动,并与阀座贴合严密。

(4)机油散热器应清洁、无损伤,散热器片应平整、无皱纹。机油散热器需进行水压密封试验。当压力为 0.4MPa 时,稳压 3min,各部位无渗漏。

(八)燃油供给系

(1)喷雾试验:以每分钟 40~80 次的喷油次数试验,喷出的燃油应呈现细小而均匀的锥体油雾,不得有肉眼可见的油滴。喷射声音应清脆,断油应及时。喷射结束后,喷口不允许有漏油,允许有微量潮湿。

(2)密封试验:将 6130 喷油器燃油压力升高到 19.6MPa 时,压力由 17.64MPa 降到 14.7MPa 时,时间不小于 4s。

(3)燃油滤清器:精、细滤清器壳体与盖不应有裂纹和损伤,壳体与盖的结合应平整、严密。精滤清器的滤芯绕线应完整、均匀,不得有缝隙和穿通现象。经过焊修的面积,不超过滤芯总面积的10%。细滤芯隔板应平整、无裂纹和擦伤。

(4)滤清器总成的密封试验:用清洁的0号或10号轻柴油作介质,在0.25MPa压力下,稳压3min,各接合处无渗漏。

(5)高、低压油管:油管清洁、畅通。油管两端锥形面应光洁、匀整,无毛刺和凹痕。油管不应有局部压扁和陡弯,无渗漏。同一台车的各高压油管的长度差不大于20mm。

(九)喷油泵

(1)柱偶件和出油阀偶件可参照执行现行国家标准的规定。

(2)喷油泵盖与泵体的接合面应光洁,不得有擦伤和刻痕。接合面的平面度不大于0.05mm。柱套与泵盖相接触的地方应清洁、平整、无损伤。泵体上滚轮体孔应光洁,不得有刻痕和划伤,滚轮体孔与泵体上平面的垂直度在100mm长度上不大于0.1mm。凸轮轴轴颈与凸轮工作表面应光洁,无刻痕、划伤和波纹,其表面粗糙度为0.4,硬度不低于45HRC,凸轮高度磨损不大于0.5mm。凸轮轴直线度不大于4.1mm。拉杆(或齿杆)应平直,其直线度不大于0.05mm。挺杆导向面应光洁,不得有擦伤、刻痕和波纹。滚轮转动灵活、无卡滞。拉杆移动应灵活。

(十)冷却系

(1)水泵:水泵壳体无裂损,壳体与盖的结合面的平面度不大于0.15mm。水泵叶轮无袭损及严重气蚀。水泵轴应光洁,无刻痕和划伤,其表面粗糙度为0.8,硬度不低于45HRC,水泵轴直线度不大于0.05mm。油封、水封应完好,无破裂和老化。

(2)风扇:风扇叶片与支架不得有变形、裂纹和折断现象。风扇每个叶片尾端所构成的平面的偏差不大于2mm。

(3)散热器:各散热管与进出水管内无水垢和脏物,并畅通。散热片间无堵塞物。散热片平直,间距均匀,表面清洁、无油污。散热器支承板应平整、无变形和损伤。散热芯管端总凸出支承板的高度为3~8.5mm,两端高度一致,无折皱。散热管无法修复时允许堵管。堵管数量不大于总数的10%。上、下水槽无水垢,水槽无裂纹、无渗漏。上、下水槽与散热器支承板贴合面的平面度不大于 0.2mm。在 0.1MPa 的压力下散热器进行水压密封试验,3min 内各部位无渗漏。散热器盖通气孔与溢水管应畅通,散热器盖上的垫圈无损伤。

(4)风扇护罩无变形和裂伤,散热器帘不许撕破。

(5)温度调节器:连接管和温度调节器壳体内表面应清洁,温度调节器的零件无锈蚀。阀门圈与底座不得变形;温度调节器阀门在 68~72℃ 时开始开启,到 80~85℃ 时全开。

四、发动机部件的组装和磨合

(一) 发动机组装

(1)发动机总成的组装必须保证零件清洁,管道畅通,调整垫片不错、不漏,锁止有效、可靠。

(2)活塞环的开口位置应交错 120°,并应躲开活塞销方向。第一道环开口应躲开涡流室凹穴的方向。

(3)活塞至上死点时顶部与汽缸体上平面的距离应符合表 5-10 的规定。

表 5-10　汽缸上平面突出量　　　　　　　　　　mm

柴油机型号	凸出不超过	下沉不超过
6130	0.27~0.63	—

(4)曲轴安装后,主轴承的轴向间隙应符合表 5-11 的规定。

表 5-11　轴向间隙　　　　　　　　　　mm

柴油机型号	主轴承位置	轴向间隙
6130	—	0.2~0.38

(5)主轴瓦盖固定螺钉按拧紧顺序及扭矩拧紧。

(6)汽缸垫应平滑、厚度均匀,不得有折皱、翘曲、锈蚀和烧损等缺陷。

(7)风扇皮带的松紧度应符合表 5-12 的规定。

表 5-12　皮带松紧度

柴油机型号	按压力,N	下垂度,mm
6130	1000	10~15

(8)装配后的发动机在无压缩状态下,以1个人的力量用启动摇把旋转曲轴时,应转动灵活、无卡阻现象。

(二)发动机的磨合

(1)在冷热磨合过程中各摩擦零件不得有过热现象。

(2)各连接部位不得有漏水、漏油和漏气现象。

(3)在冷热磨合中,机油压力应保持正常(冷磨合用混合油时,油压应不低于0.07MPa)。

(4)发动机各机构不应有异常响声和敲击声。

(5)在热磨合过程中,拉动油门拉杆时,发动机应能平稳地从低转速升至高转速,并不间断地工作。

(6)热磨合的发动机不得有窜油和冒烟现象。

五、发动机的出厂试验

发动机出厂试验的一般规定:

(1)柴油机功率和燃油消耗率的试验,其指标应符合表5-13的规定。所用测试设备和仪表,其精度应符合GB/T 1105.1~1105.3—1987《内燃机台架性能试验方法》的有关规定。

表5-13 发动机试验指标

柴油机型号	转速,r/min			额定功率 kW	燃油消耗率 g/kW·h	机油温度 ℃	水温 ℃	机油压力 MPa	燃油压力 MPa
	额定	最高	最低						
6130	1050	—	≤600	73.5	≤231	70~85	75~85	0.3~0.4	0.05~0.07

(2)清洁度测量:整机清洁度测量方法应符合GB/T 3821—1983《中小功率内燃机清洁度测定方法》的规定。

(3)噪声测量:柴油机噪声测量方法应按GB/T 1859—2000《往复式内燃机 辐射的空气噪声测量 工程法及简易法》的有关规定执行。

(4)烟度测量:柴油机排气烟度测量方法可参照执行GB/T 3846—1993《柴油车自由加速烟度的测量 滤纸烟度法》及其他有关规定。

(5)抽查试验:每季度(年大修量不足200台时可半年)应从出厂产品

中任意抽取两台：一台进行性能试验，检查标定功率、标定转速、燃油消耗率、机油消耗率、启动性能、调速率、"三漏"和排气烟度等项目；另一台进行清洁度和装配质量的检查，装配质量检查按标准进行。

第三节　底盘和推土设备的维修

一、底盘部件的拆卸与检查

（一）拆卸

(1)拆下所有连接螺栓和地板。

(2)拆下发动机底护板，放出液压油箱中的油。

(3)放出离合器壳体中的油。

(4)拔出转向离合器操纵杆上的销子，将转向离合器杆卸下。

(5)拔出销子，拆下主离合器和制动器操纵杆。

(6)取下离合器壳体盖板。

(7)取下主离合器助力器。

(8)取下离合器总成。

(9)脱开电瓶线，取下电瓶，吊下司机座。

(10)卸下与变速箱连接的万向节和变速箱减压阀。

(11)用起重索绕在变速箱上，打结后把变速箱从后桥壳体脱开，取下。

(12)取下液力变矩器。

(13)打开两侧履带，垫起后桥壳，放净后桥内齿轮油。

(14)取下后桥壳盖板。

(15)卸下转向制动器和制动带。

(16)拆下两侧台车。

(17)放出两侧减速器内的润滑油。

(18)卸下驱动齿轮组。

(19)卸下履带板固定螺栓，取下履带板。

(20)卸下螺栓，同时取下托带轮和支架。

(21)卸下引导轮。

(22)卸下支重轮。

(二)检查

(1)清洗检查变速箱齿轮间隙和啮合面。

(2)清洗检查主离合器片磨损程度。

(3)清洗检查中央传动机构、中央传动齿轮的啮合面和轴的窜动量。

(4)清洗检查最终传动箱的啮合间隙和轴承间隙。

(5)清洗检查转向离合器。

(6)清洗检查油压操纵器。

(7)清洗检查四轮:引导轮、支重轮、托带轮和驱动轮。

(8)清洗检查台车钢板和左右台车缓冲弹簧及调整丝杠。

二、部件检验

(一)主离合器

(1)壳体:壳体无裂损,加工表面平整、光洁,定位销孔无磨损和变形。

(2)从动盘:从动盘钢片表面应光洁、平整,不得有变形现象。从动盘钢片与从动盘花键轴套铆接牢固。从动盘摩擦片与从动盘钢片铆接牢固,不得有翘曲和裂纹。从动盘在离合顺轴花键上应能自由滑动,无卡滞。

(3)压盘:压盘的工作面平整、光洁,其表面粗糙度为0.1。红旗-100型主离合器后压盘上的压圈标准厚为3mm,允许局部磨损不大于1.5mm。红旗-100型主离合器后压盘上的同一组弹簧片内第一片磨损到厚度一半时,允许翻面使用或更换新件。红旗-100型主离合器中盘标准厚度为$340^{0}_{-0.34}$mm,允许不小于30mm,平面度不大于0.1mm。中盘端面对轴线的端面圆跳动不大于0.2mm。

(4)轴:花键轴的键齿与轴颈表面应光洁、平整,键齿表面粗糙度不低于6.3,轴颈表面粗糙度不低于$R_a 0.6$。

(5)主离合器总成:主离合器的小制动器在主离合器分离时,应立即制动。接合时,小制动器应安全分离。小制动器摩擦片与压盘的间隙为7~8mm。

(二)变速箱

变速箱壳体各加工表面应平整、光洁、无裂损。变速箱和后桥壳接合平面的平面度不大于0.5mm。各轴孔表面粗糙度为3.2,其圆柱度和圆度不大于0.015mm。各轴孔轴线平行度不大于0.5mm,并与后桥壳接合平面垂直,其垂直度在100mm长度上不大于0.05mm。同一轴孔的同轴度不大于0.07mm。

(三)中央传动机构

(1)后桥壳无裂损,各加工表面应光洁、平整,各连接表面的平面度不大于0.3mm。

(2)后桥壳体轴承座安装孔的圆柱度和圆度不大于0.012mm,小减速齿轮的轴承孔对后桥轴轴承孔的同轴度不大于0.15mm。

(3)后桥轴和半轴表面应光洁,轴颈的圆度和圆柱度不大于0.01mm,直线度不大于0.1mm。

(4)后桥轴安装大锥形齿轮接盘的端面圆跳动和安装大锥形齿轮的轴颈表面径向圆跳动不大于0.05mm。

(5)大锥形齿轮工作表面不得有毛刺和损伤,在不相邻的牙齿上允许有不超过齿长1/4的渗炭层剥落。

(6)大小锥形齿轮的啮合间隙、大锥形齿轮端面对后桥轴轴线的端面圆跳动和后桥轴的轴向间隙应符合规定。

(7)大小锥形齿轮转动平稳,无卡滞和异常响声。其齿面接触印痕的长度不小于齿宽的50%,高度不小于齿高的60%,且在齿高的中部不得偏离。

(四)差速器

差速器架无损伤和裂纹,大锥形齿轮接合面对半轴轴线在边缘上测量端面圆跳动不大于0.05mm。差速器的半轴和行星齿轮,安装后用手转动灵活,无卡滞。

(五)差速联锁器

离合套在浮轴上能灵活移动,并与制动轴灵活连接。接合叉在离合套的环槽内不得卡住,定位锁锁止可靠。离合器齿厚磨损不超过3mm。

(六)转向机构

1. 主、被动毂

(1)键齿不得有毛刺、锋边和损伤。

(2)主动毂外表面应光洁、平整,允许有深度不得大于0.3mm的局部擦伤和不平。外表面对内孔轴线的径向圆跳动不大于0.2mm,凸缘的端面圆跳动不大于0.1mm。

(3)主、被动毂齿顶平面度不大于0.5mm。

(4)主动毂键槽不得有毛刺、锋边和损伤。红旗-100主离合器的主动毂端面凸出半节轴键齿端面的标准为 $6_0^{+1.5}$ mm,大修时允许为6.5~4.5mm。

(5)被动毂与制动带接触的表面应光滑、平整,允许有深度不大于0.5mm的局部擦伤和不平,被动毂的外表面对内孔轴线的径向圆跳动不大于0.3mm。

(6)被动毂与制动带接触表面磨损后允许减少外圆,但外圆直径不得小于标准直径的5mm。

(7)主被动毂的齿厚磨损到允许不修的尺寸时,允许把主动毂与主动片一起调换到另一侧继续使用(红旗-100型连同半截轴)。

2. 主、被动盘

(1)主、被动盘的钢片不得有翘曲和裂纹。盘的牙齿应完整,不得有毛刺、锋边和损伤。

(2)主动盘厚度的标准:红旗-100型为2.4mm±0.17mm,大修允许2.4~1.8mm。被动盘摩擦片厚度的标准为2.4mm±0.1mm,大修允许2.4~1.8mm;

(3)主、被动盘牙齿不得有毛刺、锐边,牙齿折断不超过3个。当牙齿一面磨损时,允许翻转180°使用。

3. 压盘

(1)转向离合器压盘表面应平整、光洁,其径向圆跳动不大于0.12mm,摩擦表面的端面圆跳动不大于0.2mm。

(2)转向离合器压盘滑动应灵活、无卡滞。

(3)转向离合器压紧弹簧应光滑,不得有锈蚀、裂纹和折断。端面应平整,并与弹簧轴线垂直,在100mm长度上的垂直度不大于1.5mm。

(七)制动器

(1)制动带摩擦片与钢带铆接牢固,红旗-100型在30mm的弧上,局部间隙不大于0.5mm。摩擦片表面无波裂、烧损和凸凹不平的现象。制动带摩擦片各铆钉孔周围不得有破损、裂纹和剥落等现象。制动带杠杆臂能自由转动。制动脚踏板轴直线度不大于0.15mm。

(2)制动器上的滚轮应紧贴在凸轮的对应面上,凸轮轴在轴套内应灵活转动。

(3)两制动踏板的踏面应在同一平面上,其相差不大于3mm,两制动踏板的行程相差不大于10mm。当松开制动踏板时,能自由复位。当定位爪"卡"住制动踏板时,应保持在制动位置。

(4)制动装置灵敏、可靠,制动带与制动毂间应清洁、无油污。其接触面积不小于总面积的70%,分离彻底,无摩擦或发热现象。

(5)制动器主动轴花键与传动齿轮花键配合间隙原厂标准为0.13~0.35mm,大修标准为0.13~0.60mm。

(6)制动盘和压力盘的摩擦表面不得有翘曲、龟裂和烧损,加工后最薄处不小于9mm。压盘摩擦表面的平面度不大于0.1mm,总厚度不小于13mm。

(7)制动器脚踏板轴的直线度不大于0.15mm。

(8)制动盘总成装入壳体后与摩擦盘表面的间隙不小于2mm,摩擦盘总成在主动齿轮轴花键上移动应灵活、无卡阻。

(八)最终传动装置

(1)链轨式拖拉机的侧减速器壳体应完整无裂损。主、被动齿轮工作表面不允许有明显的斑点或阶梯形磨损,在不相邻的牙齿上允许有不超过齿长¼的剥落层。主动齿轮接盘应无轴向和径向间隙,其径向圆跳动和端面圆跳动:红旗－100型不大于0.2mm;东方红－54/75型不大于0.1mm。

(2)红旗－100型驱动盘与被动毂配合的端面圆跳动不大于0.35mm。驱动盘与被动毂外圆配合的直径径向圆跳动不大于0.15mm。驱动盘 $\phi 90_{-0.35}^{-0.12}$ mm 直径处径向圆跳动不大于0.10mm,轴颈表面要求光滑、无沟痕,表面粗糙度为1.6。齿轮的啮合印痕应分布在齿侧表面中部,不少于齿长的60%和齿宽的50%。

(九)行走机构

(1)引导轮:引导轮轮缘无偏磨、变形和损伤。红旗－100型引导轮导向凸缘宽度的标准为100mm,大修时允许为100~80mm。红旗－100型引导轮张紧装置导向板与支重托架支持平板的间隙,当张紧弹簧在自由状态时,标准为2~3mm,大修时允许为2~5mm。导向板与支重托架的间隙,当引导轮压紧时,不小于0.5mm。拐轴在前横梁轴套孔中摆动应灵活、无卡滞,两轴套对共同轴线的同轴度不大于0.1mm。引导轮在拐轴上转动应灵活、无卡滞,两轴套对共同轴线的同轴度不大于0.1mm。

(2)张紧螺杆轴向移动应灵活,张紧螺杆及螺母螺纹完好,调整时轻便、锁紧、可靠;链轨下垂量红旗－100型为20~30mm。

(3)引导轮密封环两端面光洁、无锈蚀和磨痕,引导轮油封无裂损。

(十)托链轮

(1)托链轮轮缘外圆不得有偏磨和损伤,两轮缘直径差不大于1mm。托链轮轴承孔表面应光洁,孔的圆度和圆柱度不大于0.015mm,两轴承孔表面对轴线的径向圆跳动不大于0.04mm,轴承孔两端面对轴线的端面圆跳动不大于0.04mm。托链轮轴颈表面应光洁,不得有擦伤和磨痕。轴颈表面对轴线的径向圆跳动不大于0.04mm。托链轮轴套内外表面应光洁,在轴套凸缘的端面上不得有磨痕和刻伤。托链轮用手转动应灵活,不得有卡滞和渗漏。

(2)红旗－100型拖拉机托链轮轴压入托架时,轴端应伸出手架端面 $235_{-0.5}^{0}$ mm。

(十一) 驾驶室、发动机罩及翼子板

(1) 驾驶室顶棚外表面应平整、轮廓明晰、线条圆顺,流水槽平顺、通畅。驾驶室顶棚内装饰层表面平整、不松弛,转角处无折皱。驾驶室门窗关闭严密,开关自如,不透风,不漏水。门锁及玻璃升降灵活。驾驶室高度框架和底盘横梁门槛不得有裂纹、变形及严重锈蚀。驾驶室、发动机罩等各处连接部分的各种防火、防震及防尘胶垫应按原制造厂规定配齐。驾室门窗玻璃透明度符合技术要求。门窗玻璃镶边嵌条平顺,密封严密。

(2) 发动机罩及翼子板不得有裂损和严重锈蚀,外表面不得有凹陷及明显变形,翼板左、右高度差不大于10mm。挂钩伸缩灵活,勾合牢固。

(3) 坐垫、靠背、侧垫应完整、弹性好。

(4) 水箱护罩,左、右罩、后护罩,地板等无裂纹、无孔眼、无变形,符合原制造厂要求。

(十二) 动力输出装置

动力输出轴与连接套的花键不得有飞边、毛刺和机械损伤。动力输出装置的操纵机构灵活,限位销锁上不得有松脱和卡阻。离合套能自由滑动,无卡滞。动力输出装置传动部分运转平稳,接合与分离应灵活、无杂音。

三、装配

(一) 离合器

(1) 将每一组连接销、滚轮、连接片和连接重块用销与挡圈连接起来,要将销紧紧打回原位。

(2) 将离合器总成装在飞轮上。安装顺序与分解顺序相反。

(3) 安装主离合器助力器。

(二) 变速箱

(1) 按拆卸时相反的步骤把变速箱的3根轴装成分总成,然后依次把输出轴、中间轴和输入轴分总成装入变速箱壳体。

(2)注意区分各个啮合套并使之正确地装回原位。在装好所有齿轮后,再装变速箱前盖。

(3)先用3个长螺栓把轴承座装到变速箱前盖上,拧紧轴承座固定螺栓。在轴承座和前盖间要放入适当数量的垫片,以保证各对齿轮的正确啮合。

(4)在固定拨叉支座时,必须确保每一拨叉的端部都正确地跨在啮合套外环的槽内,然后拧紧支座固定螺栓。

(5)安装好所有的变速箱轴总成后,用手转动每个齿轮以检查转动是否圆滑。

(6)安装变速箱盖后,拨动变速杆和进退杆以检查拨叉的移动是否正常,然后拧紧变速箱盖固定螺栓。

(三)锥齿轮和锥齿轮轴

(1)清洗锥齿轮并检查轮齿的磨损、碎裂或其他损坏情况。

(2)检查锥齿轮轴的配合处有无损坏,以及密封环接触面的状态。

(四)转向控制阀

(1)当组装一阀体时,注意使阀可以圆滑地在阀体的孔中移动。

(2)在安装油封时,注意不要损伤或刮伤油封。

(五)最终传动

(1)把最终传动壳体安装到后桥壳体之前,必须保证两壳体之间的密封垫厚度符合规定。

(2)在最终传动齿轮组上安装新换的最终传动壳体时,需先试装,在确保所有齿轮位置对正后,再把新的壳体用定位销固定到后桥壳体上。

(3)在安装驱动轮时,驱动轮和驱动轮轴必须同心,缓慢地把驱动轮推放到驱动轮轮毂上,以保证密封环的正确位置。

(4)在装卸浮动油封时,切勿掉到地上。

(5)安装浮动油封时,为确保清洁,着手安装时才在油封上涂以滑油。

(六)支重轮

(1)按拆卸时的相反步骤把支重轮架总成装到底盘上。

(2)在安装前必须保证平横梁处于正确的位置。

(3) 在固定驱动轮轴承前,检查两个引导轮中心线之间的距离。

(七) 引导轮

(1) 用拆卸支重轮的压力机把引导轮和支重轮的衬套压入座孔中。
(2) 每个引导轮的衬套分别从两侧压入。
(3) 在安装引导轮周围固定螺栓前,在这些螺栓下放入锁片,按规定拧紧这些螺栓。

四、推土机构的拆卸、检查与装配

1. 拆卸

(1) 将推土铲降落到地面上,在推土铲推臂下面用适当的垫块垫好。
(2) 脱开从回转油缸引来的两根胶管。
(3) 在推土机两侧卸下螺栓,拔出锁销,打出销子,从液压油缸活塞杆上卸下推土铲。
(4) 把液压油缸活塞杆退回到油缸止点位置,然后通过挂钩和销子固定在散热器护板上。
(5) 从机架上卸下推土铲推臂轴承盖的固定螺栓,取下轴承盖。
(6) 缓慢使推土机后退,卸下推土铲和推臂。

2. 检查

(1) 检查推土铲的磨损、变形、缺陷以及焊封的裂纹。
(2) 检查销和孔的磨损和损坏。
(3) 检查刀片和刀角的磨损,还要检查固定螺栓的磨损和断裂。
(4) 检查球头螺柱头部和推土铲球座的磨损和损坏。
(5) 检查推土铲推臂支撑轴销与推臂衬套的间隙是否合适。
(6) 检查横臂有无弯曲和损坏。
(7) 检查其他零件,例如销和销孔的磨损和损坏。

3. 装配

(1) 在推土铲上装上横臂分总成。用增减垫片的方法调节球头螺柱的球头和推土铲球座的间隙。

(2)把推土铲固定到推臂上,两根横臂在调节到相同长度后固定到推臂上。

(3)调节斜撑杆长度,把斜撑杆固定到推臂上。用增减垫片的方法调整螺柱球头和推铲球座的间隙。

(4)装复回转油缸。

第四节　整车出厂验收

一、设备验收

(1)全部油嘴装配齐全有效,所有润滑部位及总成均按季节、品种及规定容量加注润滑油(脂)。

(2)各种管线和接头安装正确,不松动、不碰擦、不渗漏。

(3)驾驶室、发动机罩、翼板、侧板、后板、地板规整完好,密封好。

(4)驾驶室玻璃明亮、门窗开关自如、牢固可靠。

(5)燃油箱无压皱、裂纹、变形和渗漏。

(6)牵扯引装置完整无缺,无弯曲变形,牵扯引钩和插销牢固、可靠。

(7)各部螺栓、螺帽、垫片、垫圈、锁片和开口销安装正确,坚固可靠。零部件和附属装置完整、齐全。

(8)轮式拖拉机前轮定位应符合规定。

(9)链轨式拖拉机履带张紧度调整,符合拖拉机制造厂使用说明书的规定。

(10)轮式拖拉机轴距左、右差不大于5mm。

(11)轮式拖拉机转向盘自由转角不大于15°,转向装置各连接部位不松旷,锁止可靠。

(12)主离合器踏板、制动踏板的自由行程应符合规定。

(13)电气线路完整无缺,连接整齐,接头牢固,接触良好,不松动、不外露、不漏电。

(14)各种灯光、信号、标志齐全有效,灯光调整符合技术要求,喇叭音响清脆、无异响。

二、设备试运转

(1)用启动机启动发动机 2~3 次,每次时间不大于 15s,其间隔 45~50s。

(2)拖拉机按表 5-14 规范进行道路试车。

表 5-14 路试规范

拖拉机型号	发动机空转 min	各挡无负荷试运转时间,min					
		1挡	2挡	3挡	4挡	5挡	倒挡(1速)	总计
红旗-100	冬季60 夏季30	60	60	60	20	5	5	210
东方红-75	冬季60 夏季30	60	60	60	20	5	5	210
铁牛-55	冬夏季各15 低、中、高速各5	20	15	15	15	12	3	80

(3)发动机工作平稳,无窜油、冒烟和敲击声。

(4)在额定转速下,拖拉机发动机功率、牵引功率和挂钩牵扯引力,链轨式拖拉机应达到原厂标准的 98% 以上,轮式拖拉机应达到原厂标准的 95% 以上,牵扯引功率和挂钩牵引力应符合表 5-15 的规定。

表 5-15 牵扯引功率和挂钩牵引力规范

拖拉机型号	牵引功率,kW	各速牵引力,kN				
		1	2	3	4	5
红旗-100	50.75	88.2	52.92	43.12	26.46	14.7
东方红-54	26.5	27.93	20.58	17.15	14.21	9.8
东方红-75	33.1	35.28	26.95	22.74	18.23	12.15
铁牛-55	—	11.46	8.722	6.223	4.12	2.6

(5)牵引力、牵引功率应按 GB/T 6375—1986《土方机械 牵引力测试方法》有关规定执行。

(6)油门操纵正确可靠。当油门操纵杆在两个极端位置时,应保证最大供油量和完全停止供油,且发动机转速应符合规定。

(7)仪表工作正常,仪表指针读数应符合规定。

(8)主离合器接合平稳,分离彻底。

(9)变速箱变速灵活,不跳挡、不乱挡。齿轮啮合正常,在各速工作时,无不正常的噪声和敲击声。

(10)中央传动齿轮啮合正常,转弯时,无不正常的杂音。

(11)拖拉机噪声应参照 GB/T 6376—1995《拖拉机噪声限值》和 GB/T 3871—1993《农业轮式和履带拖拉机试验方法》的有关规定。

(12)转向轻便灵活,无跑偏。履带式拖拉机在 100m 长度内,跑偏不超过 1m。

(13)操纵机构的自由行程、工作行程和所需要的力应符合规定,松开操纵杆或脚踏板时,能自动复位。

(14)链轨式拖拉机转向离合器一边完全接合、另一边安全分离时,拖拉机能在原地做 360°的转弯。轮式拖拉机最小回转半径为 3.7m。

(15)制动器制动灵敏、可靠,在脚踏板移动到全部行程的 1/3 时,应开始均匀平稳地起制动作用。在 20°的斜坡上行驶时,上坡或下坡时都能完全制动。松放制动踏板,制动器分离彻底。

(16)液压悬挂装置操纵灵活、工作可靠,提升载荷符合规定。

(17)各支重轮、驱动轮、引导轮和托链轮、前轮和后轮转动灵活。链轨松紧度合适,不顶牙、不跳轨。

三、路试后的检查

(1)变速箱、中央传动机构、最终传动、各轮毂不过热,齿轮油温度不高于 85℃,机油温度不高于 95℃。

(2)检查各部位,不漏油、不漏气、不漏水、不漏电。

(3)再次检查并坚固钢板弹簧 U 形螺栓、转向机构、传动轴、轮胎等重要部位的螺栓和螺母。

(4)喷漆时,漆层表面色泽应均匀,无裂纹、剥落、起泡、流痕及皱纹,刷漆表面不允许有明显的刷纹和流痕,非涂漆部位无漆痕。

四、通用技术要求

(1)拖拉机修理前,必须进行整机外部清洗。

(2)总成解体后,所有零部件必须彻底清除油污、积炭、结胶、水垢,并进行除锈、脱旧漆及防腐等工作。

(3)在拆装过程中,需使用专用工具和专用设备;对主要零件的基准面或精加工面,不许敲击,避免碰撞,谨防损伤;对不能互换、有装配规定或有平衡块的零部件,拆卸时应做好标记,装合时应按原位装回。

(4)凡橡胶、胶木、塑料、铝合金零件及牛皮油封、制动器摩擦片(带)和离合器摩擦片等,不允许用碱性溶液清洗。

(5)预润滑轴承、含油粉末冶金轴承以及液压部分橡胶密封件不许浸泡在易使其变质的溶液和油中清洗。

(6)制动器摩擦片(带)及离合器摩擦片等,不允许接触油类。

(7)各种油管、水管、气管及其接头不允许有裂损,确保清洁、畅通、无渗漏。

(8)对主要旋转零件或组合件,如飞轮、离合器压(中)盘、曲轴、凸轮轴、传动轴等,需做动或静平衡试验。

(9)对有密封性要求的零件或组合件,如汽缸盖、汽缸体、散热器、分配器、齿轮滑油泵等应进行液压或气压试验。

(10)对主要零件及有关安全的零部件,如曲轴、连杆、凸轮轴、前轴、转向节轴、转向节臂、球头销、转向蜗杆轴、传动轴、半轴、半轴套管及后桥壳、变速箱壳等,需作探伤检查。

(11)对基础件及主要零件的配合部分和主要部位的几何形状、尺寸、位置及其公差等必须符合原厂的规定。

(12)重要的螺栓、螺母不允许有裂纹和变形,其螺纹损坏不大于2牙。凡有规定的拧紧力矩和拧紧顺序的螺栓及螺母,装配时应按规定拧紧。

(13)各部螺栓、螺母配用的垫圈、开口销、销紧垫片及金属锁线等,必须按规定选用,其装配需符合技术要求。

(14)选用的及自行配制的零件,必须达到原厂或拖拉机配件技术条件的要求。

(15)各零件经检验合格后方可安装。各总成、附件经试验,性能符合其技术要求方可装配。

以上内容参考大庆油田有限责任公司企业标准：Q/SY DQ0124—2000。

第五节　常见故障的诊断与排除方法

一、发动机的故障

（1）柴油机猛加油门时散热器喷水的原因。

主要原因是：

① 散热器冷却水管沉积的水垢过厚或部分堵塞。水冷式柴油机工作时，冷却水由水泵泵出，经冷却水套、进水管流入散热器上水室，再经散热器冷却水管、下水室、出水管流回水泵。如果散热器冷却水管积垢过厚或部分堵塞，使水流通过面积减少，当猛加油门时，水泵大量水进入上水室而不能全部通过冷却水管产生喷水。

② 汽缸套上部破裂和汽缸垫冲坏。如果汽缸套上部破裂，或汽缸垫冲坏与水套或水套孔相通，柴油机工作时，高压燃气窜入散热器产生喷水。

（2）柴油机经常冲坏汽缸垫的原因。

主要原因是：

① 汽缸体、汽缸盖变形。由于不正确的拆装，如在高温下拆卸汽缸盖，或在装汽缸盖时，不按规定的顺序几次拧紧汽缸盖，拧紧力不均匀，使汽缸盖翘曲变形或拱曲变形；以及在拧紧汽缸盖螺栓或螺帽时，拧紧力矩过大，使汽缸盖未进行时效处理或时效处理不充分，零件内应力很大，在柴油机工作过程中，由于高温作用，这些内应力要重新分配，达到新的平衡，结果造成变形。

② 汽缸套装入汽缸后，上端面低于汽缸体或各汽缸高度差过大。如果汽缸套上端面低于汽缸体上平面，汽缸垫与汽缸盖安装后，尽管螺栓的拧紧力矩是符合标准的，但低于汽缸体上平面的汽缸套并未压紧，所以它会随着活塞的运动而上下窜动，工作时，高压气体就从汽缸体、缸盖和缸垫的未压紧处冲坏缸垫。因此，干式汽缸套镶装后上端面不得低于汽缸体上平面；湿式汽缸套安装后，上端面应高出汽缸体上端面 0.007～0.140mm。

③ 汽缸垫质量差。如果汽缸垫厚薄不均或卷口不平整，均可导致汽缸盖压不紧缸垫而使其冲坏。

④ 安装时方法不当。如果安装时,在汽缸垫上面涂了润滑脂,拧紧缸盖螺栓或螺帽后,一部分润滑脂被挤出,剩下的润滑脂在柴油机工作时由于受热,一部分熔化流失了,另一部分则烧成炭,形成间隙,就造成冲垫。

(3)柴油机运转时,排气管冒白烟的原因及诊断与排除。

柴油机运转时排气管冒白烟是由于进入燃烧室的柴油蒸气蒸发后燃烧,呈乳白色从排气管排出;或柴油中有水,水在汽缸中蒸发形成水蒸气,水蒸气排出时为白色。

故障原因:

① 柴油中有水或因汽缸垫冲坏、汽缸盖或汽缸体破裂漏水,使汽缸进水。

② 汽缸压力过低。

③ 工作温度过低。

④ 喷油器喷雾质量差。

⑤ 柴油质量低劣。

⑥ 喷油泵供油时间太晚。

诊断与排出方法:

① 在柴油机运转情况下,松开喷油泵上的放气螺钉或高压油管接头,检查油流中有无水珠。若有水珠出现,说明排气管冒白烟的原因在于柴油中有水。应将油箱、柴油滤清器及高低压油路中的水排干净。

② 若柴油中无水,可打开水箱盖,观察水箱内有无气泡冒出。若有气泡冒出,说明冷却水进入汽缸。应拆下汽缸盖,找出故障部位检修。

③ 若无水进入汽缸,应检查汽缸压力。如汽缸压力过低,则故障在此,应进行检修。

④ 冬季行车,若柴油机经常在低温下工作,也会使排气管冒白烟。应检查百叶窗是否关闭,保温套是否良好。

⑤ 若上述无问题,应检查喷油器喷雾质量。

⑥ 喷雾质量无问题,应检查供油正时。

(4)柴油机运转时,排气管冒黑烟的原因及诊断与排除。

柴油机运转时排气管冒黑烟是由于柴油燃烧不完全,其中未燃烧完全的炭形成游离碳,悬浮在燃气中,随废气一起排出,就成为黑烟。

故障原因:

① 空气滤清器太脏,进气阻力太大。

②喷油泵供油量过多或各缸供油不均匀度太大。
③喷油泵供油时间失准。
④喷油器喷油不良。
⑤汽缸压力低。
⑥柴油质量差。

诊断与排除方法：

①拆下空气滤清器，若柴油机冒黑烟现象消失，说明空气滤清器太脏，应进行清洗。

②若空气滤清器良好，柴油机在急速运转时排黑烟，说明急速工况供油量太大。柴油机在标定转速运转时排黑烟，说明标定工况供油量太大，应拆下喷油泵，在喷油泵试验台上进行检查与调试。

③若喷油泵供油情况良好，应检查喷油泵供油正时，方法与前述相同。

④若供油正时正确，可采用单缸断油法检查各缸的工作情况。如某缸断油后转速变化不明显，且排黑烟现象消失，说明该缸工作不良，可能是分泵供油量太大，喷油器喷雾质量不好或汽缸压力太低，确诊后予以排除。

⑤若上述均无问题，则可能是柴油质量太差，造成燃烧不完全。

（5）柴油机运转时，排气管冒蓝烟的原因及诊断与排除。

柴油机运转时排气管冒蓝烟是由于大量机油进入燃烧室蒸发成油气未燃烧从排气管排出。

故障原因：

①油底壳内机油过多。
②油浴式空气滤清器内机油过多。
③汽缸上油严重。
④气门杆与导管磨损，间隙过大。

诊断与排除方法：

①检查油底壳和空气滤清器的机油油面，若油面高于规定，则故障在此。应放出或倒出过量机油。

②若机油平面正常，可拆下喷油器，检查喷油嘴的油污和积炭情况。若油污和积炭严重，说明汽缸上油严重，或气门杆与导管间隙过大，应拆下汽缸盖查明原因，排除故障。

(6)柴油机机油压力过低的原因及诊断与排除。

故障原因：

① 机油压力表失准或传感器效能不佳。

② 机油量不足或机油粘度太低。

③ 机油管路接头及各密合面漏油。

④ 机油限压阀关闭不严、调整不当或弹簧折断。

⑤ 机油泵工作失常。

⑥ 机油滤清器滤网或集滤器堵塞。

⑦ 曲轴主轴承、连杆轴承或凸轮轴轴承间隙过大。

诊断与排除方法：

① 柴油机运转时，检查机油管路各接头及润滑系各结合面是否漏油，若有漏油之处应进行检修。

② 经检查外部并无泄漏，将柴油机熄火，略等几分钟，待机油停止流动后，拔出机油尺，检查油面高底和机油粘度。若油面太低或机油粘度太小，应加油或更换机油。

③ 若油面高度和机油粘度符合要求，要检查机油压力表是否失准。将导线从传感器上拆下，打开电路开关，将导线头与缸体搭铁。若机油压力表指针迅速上升到头，说明压力表良好；若压力表指针不动或仅动一点，说明压力表失效或导线接头接触不良。应检查坚固程度或更换压力表。

④ 若机油压力表良好，应检查传感器的效能。

启动柴油机，逐渐旋下传感器，观察油流情况。若流出的机油压力很足，流量很大，说明传感器失效，应更换传感器。若流出的机油无力，说明传感器良好，应检查机油滤清器旁通阀、限压阀是否关闭不严、调整不当或弹簧过软或折断；内部管道是否泄漏，机油滤清器滤网或集滤器是否堵塞，机油泵工作是否正常以及曲轴主轴承、连杆轴承、凸轮轴轴承间隙是否过大。故障找到，进行检修。

(7)活塞敲缸响的特征、原因及诊断与排除。

响声特征：

① 柴油机低温启动后，发出清脆的"当、当、当"响声，温度升高至正常后，响声减弱或消失。

② 怠速响声明显，转速提高响声减弱或消失。

③ 单缸断油，响声减弱或消失。

故障原因：

① 活塞与汽缸磨损严重，配合间隙过大。

② 活塞销与连杆衬套装配过紧。

③ 活塞与汽缸壁之间润滑条件不佳。

诊断与排除方法：

① 将柴油机转速控制在声响最明显范围内(怠速)，观察加机油口处是否冒烟，排气管是否冒蓝烟。用螺丝刀抵在缸体上部加机油口一侧，如听到"当、当、当"好像用小锤敲水泥地的响声时，一般是活塞与汽缸间隙过大造成；如听到"刚、刚、刚"好像小锤敲铜管的响声时，则可能是汽缸壁润滑不良造成。

② 采用汽缸断油试验，如某缸断油后响声减弱或消失，即断定为该缸活塞敲缸响。

③ 如怀疑缸活塞敲缸响，可将该缸喷油器拆下，向汽缸内注入少量机油，摇转曲轴数圈，然后装回喷油器，再启动柴油机，若响声减弱或消失，但运转短时间又出现响声，则可确诊为活塞敲缸响。如果活塞敲缸响随温度升高响声消失，可以照常运行；如果敲缸响严重，则要视情况进行修理，更换活塞、活塞环、搪磨汽缸。如属润滑不良，还要找出原因，进行检修。

(8) 柴油机发生拉缸的原因。

所谓拉缸，是指在汽缸壁表面沿活塞移动方向，出现一些深浅不同的沟纹、拉毛、擦伤的现象。这是由于活塞或活塞环某个部位与汽缸壁之间失去润滑油膜出现干摩擦，并发展到一定程度时，在金属表面产生熔着所造成。

主要原因：

① 活塞头部或裙部与汽缸壁之间的间隙过小。

② 活塞热膨胀系数太大。

③ 活塞环开口间隙太小或折断或粘结。

④ 活塞销卡簧脱出。

⑤ 活塞在汽缸内歪斜。

⑥ 机油中含有杂质。

⑦ 油底壳内机油不足。

⑧ 柴油机过热。

(9)柴油机烧瓦的原因。

柴油机烧瓦是指柴油机的曲轴轴承和连杆轴承的减磨合金熔化,严重时合金粘合在轴颈表面,产生撕裂现象。

主要原因:

① 由于机油压力低,轴承缺乏润滑,使轴瓦温度急剧升高,形成严重摩擦,使轴瓦发生熔着磨损。

② 轴承与轴颈的径向间隙过小,机油不易进入,使摩擦热不能带走,增加热变形,间隙消失进而产生烧瓦抱轴。

③ 轴承与轴颈的径向间隙过大,使轴颈与轴瓦接触弧长变小。

二、底盘故障的诊断及排除方法

底盘故障的诊断及排除方法见表5-16。

表5-16 底盘故障的诊断及排除方法

故障原因和特征	排除方法
主 离 合 器	
1. 主离合器打滑 　(1)摩擦片磨损 　(2)调整盘松动	(1)调整或更换摩擦片 (2)调整后固定
2. 主离合器接合不上 　调整盘调整过量肘节连杆未过死点	调整
3. 主离合器分离不彻底 　(1)调整盘调整不当,分离间隙小 　(2)摩擦片翘曲严重	(1)调整 (2)更换
4. 小制动器失灵 　(1)小制动器调整不当 　(2)小制动摩擦片沾有油污 　(3)小制动摩擦片磨损严重	(1)调整 (2)清洗摩擦片 (3)更换摩擦片
5. 主离合器操纵费力 　(1)油池油量不足 　(2)液压系统滤网堵塞 　(3)助力器泄漏	(1)加油 (2)清洗滤网 (3)修复

续表

故障原因和特征	排除方法
6. 主离合器油温高 　(1) 主离合器打滑 　(2) 油池油面过高	(1) 调整调整盘 (2) 放出多余的油
变 速 箱	
1. 挂挡困难(联锁装置调整不当)	调整
2. 摘挡困难(由于主离合器未完全分离或联锁装置调整不当)	将离合器操纵手柄推到分离位置,然后再摘挡,必要时按本表3.(2)方法进行调整
3. 响声异常 　(1) 轴承间隙过小(换新的轴承或重新装配之后) 　(2) 零件松脱	(1) 更换符合要求的轴承或检查轴承外圈是否被定位销压偏,必要时重新装配 (2) 立即停车检修
4. 过热(超过周围空气温度60°) 　(1) 润滑不良 　(2) 轴承间隙过小(换新的轴承或重新装配之后)	(1) 检查油路是否畅通 (2) 更换符合要求的轴承或检查轴承外圈是否被定位销压偏,必要时重新装配
转 向 离 合 器	
操纵杆向后拉,推土机不转弯 　(1) 液压系统的滤油器堵塞 　(2) 液压系统的密封元件损坏 　(3) 液压系统中有空气	(1) 清洗摩擦片 (2) 更换 (3) 从放气螺塞放气
制 动 器	
1. 过热 　制动带调整过紧	调整
2. 制动带不起作用 　调整不当	调整
3. 液压助力不起作用,与转向离合器故障同	同转向离合器故障排除方法
中 央 传 动	
1. 过热 　轴承游隙或齿轮侧隙过小	调整

续表

故障原因和特征	排除方法
2. 响声异常 　　原有轴承间隙被破坏或伞齿轮轴承损坏	调整轴向游隙,轴承磨损应予以更换
最终传动装置	
1. 端面浮动漏油 　　(1)浮封环摩擦表面损坏 　　(2)浮封胶圈老化变形,失去弹性 　　(3)装配不当	(1)更换 (2)更换 (3)重装
2. 主动齿轮双联齿轮轴承过热(超过周围空气温度50℃) 　　齿轮轴向游隙过小	用垫片调整游隙至 0.3~1.4mm

三、行走系统故障的诊断与排除方法

行走系统故障的诊断与排除方法见表 5-17。

表 5-17　行走系统故障的诊断与排除方法

故障原因和特征	排除方法
1. 引导轮,支重轮、托链轮的油封漏油 　　(1)浮封环摩擦表面损坏 　　(2)浮封胶圈老化变形,失去弹性 　　(3)O形密封圈损坏 　　(4)装配不当	(1)更换 (2)更换 (3)更换 (4)重装
2. 引导轮支承弹簧断	更换
3. 履带板固定螺栓松动 　　(1)履带板固定螺栓松动 　　(2)履带锁紧销轴松动	(1)紧固,扭矩为 588.4~725.7N·m(60~70kgf·m) (2)打紧或更换锁紧销轴

四、液压推土装置常见故障的诊断与排除方法

液压推土装置常见故障的诊断与排除方法见表 5-18。

表 5-18　液压推土装置常见故障的诊断与排除方法

故障原因和特征	排除方法
1. 分配器在上升下降位置油缸不动作 　(1) 油面太低,泵吸不上油 　(2) 安全阀压力调得不对(太低) 　(3) 安全阀调压螺塞松脱 　(4) 安全阀活塞前端节流孔堵塞	(1) 加油 (2) 重调 (3) 紧住 (4) 清洗穿透
2. 提铲时油缸反向动作单向阀密封不严或卡住	清洗
3. 铲子提起来或铲刀将推土机前端支起,分配器处于中立位置,油缸活塞杆明显沉降 　(1) 油缸活塞处 O 形密封圈损坏 　(2) 分配器磨损较大 　(3) 分配器磨损,间隙太大 　(4) 出油阀密封不严或卡住	(1) 更换 (2) 配研 (3) 修复、更换 (4) 清洗
4. 铲刀上升速度太慢且不稳定 　(1) 油箱里油面较低,油中混有气体 　(2) 分配器磨损较大 　(3) 油温过高,粘度太小	(1) 加油 (2) 修复、更换 (3) 停车、冷却
5. 分配器阀杆不能自动回位或无操纵力 　(1) 组合阀片螺杆螺母拧得太紧使阀内孔压变形 　(2) 阀杆与阀体孔间隙内有污物挤塞 　(3) 回位弹簧折断 　(4) 挡圈脱落	(1) 稍松螺栓至阀杆无卡滞现象为止 (2) 拆检清洗,必要时检查液压油并换油 (3) 更换 (4) 拆开阀盖检查弹簧及挡圈

续表

故 障 原 因 和 特 征	排 除 方 法
6. 分配器在定位位置不能定位 　(1)弹簧压力不足 　(2)分配器磨损较大	(1)将调整螺钉向阀杆内旋入 (2)将阀杆在阀内旋转180°,或将定位套旋转 　　30°～90°,或更换定位套
7. 各管道法兰端面渗漏 　(1)法兰端面不平 　(2)螺栓松动 　(3)O形密封圈损坏	(1)修平 (2)拧紧 (3)更换
8. 液压油箱加油后提升铲刀,箱体突然破裂加油太多,油面过高	更换液压箱,严格按油尺刻线标志加油

第六章　热洗类设备修理规范

热洗类设备主要用于井下洗井、压井等作业施工。本章主要介绍热采类设备锅炉车、水泥车以及热洗车等上装部分的修理规范。

第一节　GLC-60型锅炉车特车部分修理规范

一、GLC-60型锅炉车特车部分构造与工作原理说明

GLC-60型锅炉车特车上部主要由副机(一般是212发动机或495柴油发动机)、离合器、传动箱、水泵、柴油泵、风机、锅炉、仪表、柴油柜和水柜等组成。其工作原理是:副机转动时,把离合器合上,这时副机的动力传递给传动箱,传动箱带动水泵、柴油泵和风机运转,同时供给水、柴油和空气。当一切正常之后点炉,这时锅炉就可以产生出蒸汽来。需要停炉时先把柴油关掉,当锅炉温度降到80℃左右时,摘掉离合器,副机熄火即可,见图6-1。

二、锅炉的维修

(一)锅炉的解体

首先将锅炉的进水和出水接头卸掉,然后把锅炉管外壳体卸掉,再把上盘管内壳体上盖卸掉,将上盘管吊出,然后吊中盘管。下盘管需要换时,首先把炉砖拆掉再将下盘管吊出。

(二)锅炉的检验

(1)锅炉外壳圆弧平整,无凹凸开口地方,若有开孔处可用A3钢板修复,凹凸变形超过10mm时需校正。壳体中间接触平面应光滑、平整,平面度小于0.5mm,固定螺栓孔无开口、损坏、翘曲现象。

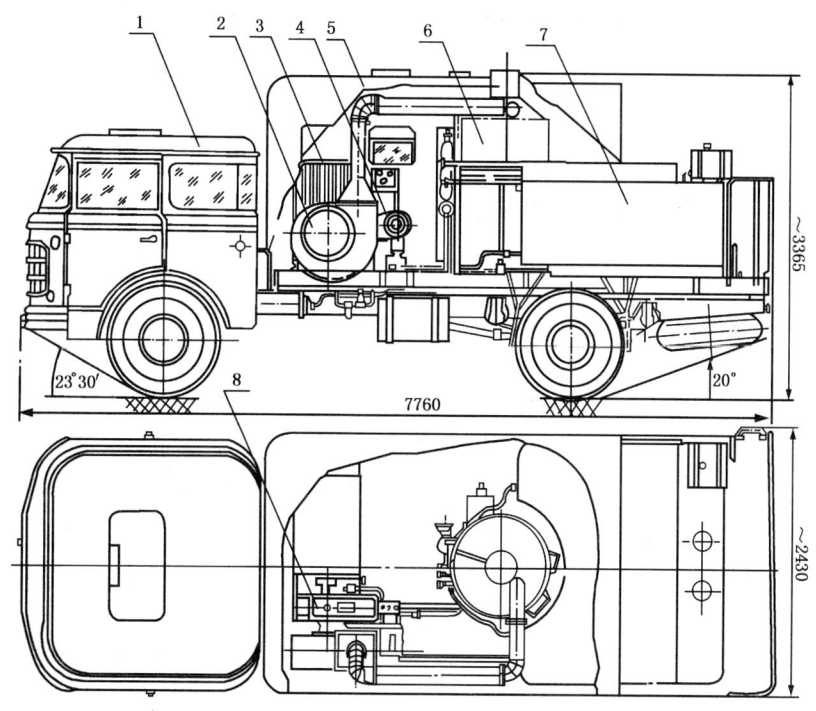

图 6-1 GLC-60 型锅炉车总体布置图
1—载重汽车;2—风机系统;3—汽油机改装;4—水泵;5—车棚;6—蒸汽锅炉;
7—水箱及柴油箱总成;8—传动系统

(2)锅炉内壳圆弧平整,无凹凸开口地方,若有漏损可用耐热不锈钢板焊复。凹凸变形超过 10mm 时需校正。内壳体中间接触平面应光滑、平整,平面度小于 0.5mm,固定螺栓孔无开口、损坏、翘曲现象。

(3)如果下盘管检验合格,就不用更换;如果炉砖无裂口、损坏、变形,可修复使用,否则应更换炉砖。

(4)锅炉上、中、下盘管应无变形,上、下盘管标准壁厚为 3mm,中盘管壁厚为 4mm,且中盘管挡风板必须是 5mm 厚的耐热不锈钢板。锅炉盘管应进行水压试验,当压力达到 15MPa 时,稳压 10min 后无渗漏为合格。

(5)蒸汽包应清除水垢,各接头应完好、无损。

(三)锅炉的装配

(1)装配前,首先用耐火土 1 袋、填料半袋的比例加适量水和成较干的泥,放置一会再用。

(2)锅炉下盘管装入锅炉下部内壳体内,然后再用和好的泥把底面抹平,四周用泥填补到盘管内壁抹平。把3块底砖放入锅炉底部,注意3块一定放在中心位置。然后,把带孔的立砖先放在相对应的炉门口,镶入底砖边缘台阶内,再把其他3块立砖也装上。如果立砖与盘管之间有空隙,则用泥塞满,一定要抹严、抹均。

(3)将中盘管装入壳体,注意中盘管正反面不要装错,带不锈钢板那面朝下,如接头位置不合适应校正。中盘管装上后一定要平,四周与内壳体间隙基本相同。

(4)将吹灰器放在地面上,然后把上盘管装入吹灰器内,再把上盘内炉壳装上,放上上盘管支撑架,并用螺母上紧。然后,将装好的上盘管组件再装在中盘管上面。内壳体中间接触平面加石棉绳后把螺钉上紧,保证接触面不透风。盘管进出口处管与壳体之间的空隙用混合好的石棉绳和铅油堵上,防止透风。

(5)将锅炉上盘管外壳装上,这时一定要对准方向,进风口和炉门口在相对应的位置上。

(6)装好的锅炉外壳用银粉浆刷好,吊入车上装好,再把管线连接好。

(四)锅炉的调试

(1)锅炉管线进出口连接平合,上盘管底平面和中盘管上平面应保持5~10mm间隙。中盘管外圆与中盘管内壳体有10~20mm间隙。

(2)压力在6MPa,蒸汽压力为6MPa时,蒸汽温度为280℃。一般试炉时多数是水压在2MPa时出水口满口出水,柴油压力在0.5MPa以上时,开口蒸汽温度能够达到150℃即为合格。

(3)将5℃的水加热到150℃的蒸汽所需时间应小于6min。

(4)试验过程中所有管线接头、阀门均不得有渗漏,喷油嘴雾化良好,最高耗油量为27kg/h。锅炉易点火,燃烧正常,排烟为淡灰色。

(5)锅炉密封良好,不漏风、不漏烟、不漏火。

(6)各仪表显示正确,不工作时指针回位。

(7)停炉时先把柴油关掉,待蒸汽温度将到80℃时停机。如果在冬天停炉时应将盘管中的存水排出。

(五)锅炉维修记录

各部分修理一定要按工艺认真填好组装前和组装后的检验记录,并且把主修人和检验员的名字签好,以便查阅。

(六)锅炉的常见故障

(1)锅炉多数故障是出干气,这时要检查水泵。

(2)锅炉温度烧不上去,首先应检查风机转速是否太低、风量不够。如果转速达到要求,且风门处于打开状态,再检查一下柴油压力是否在0.5MPa以上,如果正常,再检查喷嘴。

三、水泵的修理

(一)水泵的解体

先把机油放掉,然后卸掉水泵轴两端轴承端盖,打开上盖,注意上盖一定要做标记,以防安装时两面装错。卸掉柱塞室两端侧盖,把压水泵柱塞密封填料螺帽松开,这时连水泵凸轮轴连杆和柱塞一齐取下来。把泵头和泵身连接的螺帽卸掉,取下泵体。把压柱塞密封填料的压帽全部松开,这时就可以把水泵柱塞密封填料和隔环取下来。

泵头解体时,首先卸掉6个阀的压盖锁紧螺帽,分别取出阀弹簧压盖、阀弹簧、阀,阀座需要更换时要用专用工具将它拉出来。

(二)水泵的检验

泵盖、泵身、泵头应无裂纹,接合面无创伤,平面度不大于0.15mm,逾限应修复,修复后最大减薄量不能大于1mm。泵盖与泵身轴承孔的磨损不大于0.03mm。轴两端轴径的磨损不大于0.03mm。与轴承内孔的配合为$-0.005 \sim -0.020$mm。轴承外径与轴承孔为过盈配合。轴凸轮的磨损不大于0.15mm,圆度均不大于0.05mm。杆不得有变形,大端与小端轴承孔轴心线的平行度不大于0.15mm,大端轴承孔的磨损不大于0.04mm,小端轴承孔的磨损不大于0.03mm。与连杆铜套的配合为$-0.03 \sim -0.05$mm。铜套磨损应小于0.04mm。

柱塞与密封件的配合表面不允许有划痕、碰伤等缺陷,其直径的磨损应不大于 0.10mm。阀座和泵头阀座的配合接触面不小于 70%。如果换新阀座,应与泵头阀座成对研磨,这样才能达到密封效果。

阀座和阀接触的密封平面粗糙度应达到 $Ra1.6$。如果达不到,用细阀砂放在玻璃平面上研磨,达到标准为止。阀的压盖装 O 形圈槽不应有腐蚀和碰伤等缺陷。

(三)水泵的装配

(1)首先把阀座镶入泵头阀座上,装上阀、阀弹簧、阀压盖,把阀压盖锁紧螺帽锁紧。

(2)柱塞密封填料和隔环放入泵身里面,把压盖和螺帽带上,然后把装好的水泵凸轮轴两端盖装上。

(3)将组装好的泵身装到泵头上,上紧固定螺钉。然后将压柱塞密封填料的螺帽再紧一下,直到用手盘水泵皮带时水泵不感吃力时为止。压紧力调整后把 3 个压帽用铁丝锁住,再把泵身两侧侧盖装上,最后加入机油。

(四)水泵的调试

(1)阀压盖螺帽上到泵头应不漏水。

(2)水泵凸轴的轴向间隙为 0.05~0.10mm,径向间隙小于 0.06mm。

(3)连杆大端铜套与销的配合间隙为 0.03~0.05mm。

(4)柱塞密封填料压紧力应适当,不能太紧。

(5)把装好的水泵安装在车上,当风机转速为 1500r/min 时,水泵运转平稳,无发卡现象,外表无渗漏,锅炉出水口能满口出水并能喷出 0.6m 远为合格。如果有计量器具时水泵排量为 1000L/h 为合格。

(五)水泵维修记录

各部分修理一定要按工艺认真填好组装前和组装后的检验记录,并且主修人和检验员应签字,以便查阅。

(六)水泵常见故障

水泵常见故障多数是上水不好,这时首先检查阀弹簧是否太软。阀和阀座密封平面是否有脏物卡住,或两密封平面粗糙度不够。如果检查都没有问题时,再把泵身两侧面打开,把压柱塞密封填料的压帽再紧一下。

四、风机传动箱的维修

(一)风机传动箱的解体

(1)把传动箱外面的附件传感器、柴油泵、链条、风机外罩、叶轮、固定叶轮轴支座螺钉卸掉,然后把轴两端轴承盖卸掉,再把上盖打开,并分别取出即可。

(2)把轴上的轴承和齿轮卸掉。

(二)风机传动箱的检验

(1)箱体无裂损,箱盖与箱体接合面的平面度不大于0.15mm,逾限应修复。

(2)壳体上的轴承孔磨损不大于0.03mm,逾限应修复。修复后的各轴孔间的平行度不大于0.06mm。

(3)传动箱各轴承的内径与轴及轴承外径与孔的配合均为过盈配合,一般在-0.02~-0.04mm,轴承不允许有损坏、烧伤、点蚀、剥落等缺陷。

(4)齿轮工作面不允许有明显的斑点、剥落及阶梯形磨损。

(5)各轴轴径的磨损不大于0.02mm。

(6)鼓风机的叶轮内孔与风机轴为过盈配合,一般在-0.05~-0.08mm,如果出现间隙时用加厚键调整。风机叶轮叶片应规整无破损,装在轴上运转时不得有摆动现象。

(7)各轴花键齿和套及拨叉的磨损不大于0.20mm。

(三)风机传动箱的装配

首先把各轴齿轮装在轴上,装上轴两端轴承,然后把装好的齿轮轴分别装到传动箱相应的位置,把上盖扣上,同时把轴承两端端盖装上,然后把附件装上。

(四)风机传动箱的调试

(1)各轴的轴向间隙不大于0.20mm,径向间隙不大于0.08mm,各轴间平行度不大于 0.10mm。

（2）齿轮的啮合间隙为 0.15~0.50mm，齿轮与轮齿接触面沿齿高度方向不小于 45%，沿长度方向不小于 60%。

（3）拨叉挂和摘挡应轻便、无阻力。

（4）风机叶轮转动时不刮壳体，与进风口有 3mm 间隙。

（5）传动箱装后应转动灵活，没有卡阻现象。

（五）风机传动箱的试车

首先将组装完好的传动箱装到车上，把链轮连接上，把传动箱拨叉挂空挡位置，进行空负荷运转。如果运转正常，再把拨叉拨到挡位位置进行带负荷试验，当风机转速达到 1500r/min 以上时，转速平稳，传动箱无异响，表面无渗漏，说明传动箱修理合格。

（六）风机传动箱的维修记录

各部分修理一定要按工艺认真填好组装前和组装后的检验记录，并且主修人和检验员应签字，以便查阅。

（七）风机传动箱故障指南

一般风机传动箱故障多出现在挂不上挡或掉挡，这时首先应检查一下拨叉锁珠是否磨损，压紧珠子的弹簧弹性是否够。如果没有问题，再检查一下拨叉和滑动套是否有问题。

第二节　RC-20 型热洗车特车部分修理规范

一、RC-20 型热洗车特车部分的构造与工作原理说明

RC-20 型热洗车特车部分主要由取力器、大泵、液压系统、传动箱、水平传动箱、锅炉和柴油系统组成。其工作原理是：首先把取力器挡位拨到上部大泵输出位置，这时把底车的动力经取力器输入到水平传动箱，经过水平传动箱再传给大泵，大泵再把液体从吸水口吸入，然后水经过大泵压缩后从出液口输出进入锅炉。当液体需要加温时把液压泵挡挂上，液压泵开始转

动,把液压油输入到传动箱液压马达。当液压马达转动时带动柴油泵给锅炉供油,同时风机转动给锅炉供风,这时给锅炉点火,燃油在锅炉内充分燃烧,锅炉内盘管被加热,同时盘管内的水也被加热。当需要停锅炉时,首先把燃油供油系统关掉,当炉温降到80℃时再停大泵,见图6-2。

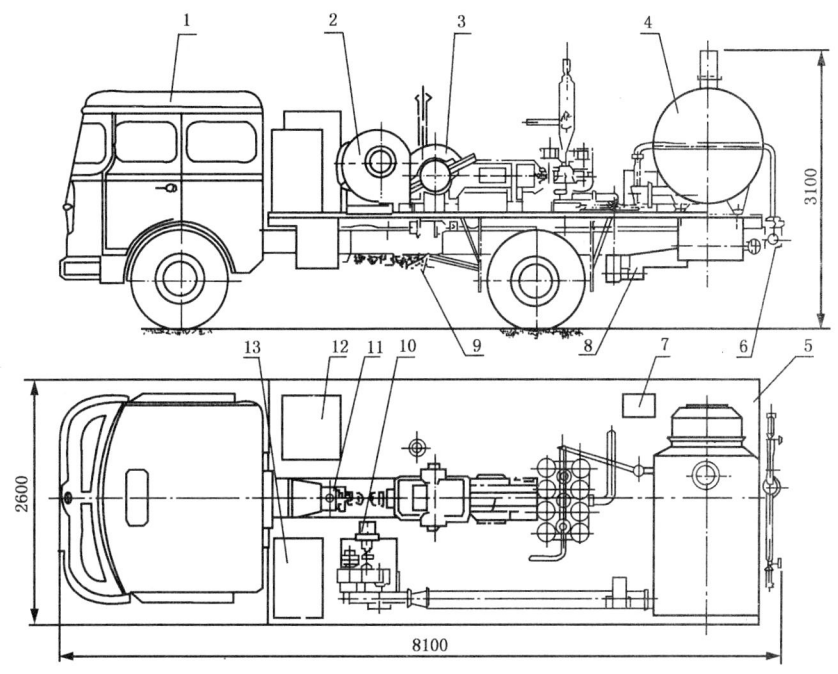

图6-2 RC-20型热洗车总体布置图
1—载重汽车;2—风机;3—输液泵;4—加热炉;5—构架;6—排出管系统;
7—操纵系统;8—供液箱;9—取力器;10—液压马达传动系统;11—汽车及输液泵传动系统;
12—燃油箱系统;13—液压油箱系统

二、分动箱维修

(一)分动箱的解体

(1)分动箱解体前应进行外部清洗,拆卸时应使用专用机具、工具,对主要零件的基准面或精加工面不允许敲击,避免损伤。

(2)解体时首先用12in活动扳手打开分动箱,放丝堵,油放净后将放油丝堵装上,防止油漏到地面。用14mm×17mm开口扳手把分动箱上盖打开,检查齿轮的磨损情况。如果需要换齿轮或轴承时,首先用 19mm×22mm 梅花扳手或开口扳手打开轴承两端的端盖,用铜棒敲打轴一端带外花键的轴的端面,一直到把轴打出为止,然后可以把齿轮和轴承都拿出来。分动箱一般有 3 根轴,拆卸时一定先从最上面一根轴往下拆,然后拆中间轴,最后拆底下那根轴。拆底下那根轴时首先用 14mm×17mm 开口扳手把拨挡叉盖取下,再把带机油泵齿轮取下。

(3) 总成解体后所有零件应彻底清洗,清除油污,凡橡胶件不允许放在碱性溶液或汽油中清洗,各种管线应确保清洁、畅通。

(二) 部件的检验

(1) 用目测检查分动箱壳体及轴承端盖是否有裂损,如有裂损应修复或更换。用量缸表测量各轴承孔的磨损情况,一般轴承孔的磨损量不大于 0.03mm,逾限应修复,修复后的各轴承孔轴线的同轴度不大于 0.05mm。

(2) 分动箱各轴承与孔的配合及各轴承与轴的配合为过盈配合,一般在 -0.01 ~ -0.03mm。

(3) 轴承不允许有损坏、烧伤、内外滚道点蚀、剥落等缺陷。

(4) 花键轴、花键套、内齿花键轴均不应有烧伤、变形等缺陷。其花键齿侧面磨损不大于 0.20mm,逾限应修复或更换。

(5) 各齿轮工作面不允许有明显的斑点或阶梯形磨损。

(6) 拨挡叉应无裂纹、缺口和明显变形,拨叉与齿槽接触部位单面磨损应不大于 0.50mm。

(三) 部件的装配

(1) 在装配时首先装分动箱第一轴,也就是最下面的一根轴。先把输入端轴承装上,然后把轴承外套装好,再把输入轴端盖上,调整好轴向间隙,一般在 0.20mm 左右时把锁帽锁好。用同样方法把输出轴装好。把装好的输入轴装在分动箱输入端后,把滑动套套上,然后再把输出轴装在分动箱输出端,两轴中间连接处有一个轴承,装时先把轴承抹上黄油,两轴装完后各自转动灵活,再把拨叉装上。用撬杠把滑动套前后拨动,拨叉不发卡。

(2) 装完一轴后把带机油泵齿轮装上,先把带泵齿轮放进壳体内,然后再装轴承。装完轴承之后,调整好轴向间隙,并用锁帽锁好。

(3)装中间轴输出轴时,先把齿轮放在分动箱内,然后把轴无台阶那端装在齿轮内花键上,用铜棒把轴打紧后再装轴两端轴承和轴承端,注意调整好轴向间隙。

(4)把放油丝堵装上,加上齿轮油后把上盖装好。

(四)分动箱的调试

(1)分动箱各轴的轴向间隙不大于0.20mm,齿轮的啮合间隙为0.15~0.40mm,拨挡叉与滑动齿槽的配合间隙为0.20~0.50mm。

(2)分动箱装好后,轴动应灵活,挂、摘挡轻便、无阻力。

(五)分动箱的试车

首先把分动箱装在车上,进行空试,待分动箱运转正常时,再连接输出传动轴然后分别进行不带泵和带泵试验。如果运转都正常,分动箱外表也无渗漏,说明分动箱修理合格。

(六)分动箱的维修记录

各部分修理一定要按工艺卡认真填好组装前和组装后的检验记录,并且主修人和检验员都要签字,以便查阅。

(七)分动箱故障指南

一般分动箱多数故障都是挂不上挡,这时应首先查看手动三位四通阀,如果该阀没有问题,再拆下拨挡叉进行前后试验。如果拨挡叉没有问题,再检查滑动套和啮合齿轮。如果齿轮和滑动套有飞边,用锉刀修复。

三、大泵的维修

(一)大泵的解体

(1)首先拆掉大泵外边机油管线和机油泵,打开缸套压盖,取下缸套衬圈,同时打开十字头两端侧盖,卸掉拉杆锁帽,顶出拉杆。

(2)打开传动箱上盖,同时取出大泵的蜗轮、拉杆和十字头。然后卸蜗杆前后端轴承压盖,再拆蜗杆锁帽,从大泵前端把蜗杆取出。

(3)打开液压室梅花盖,取出阀总成。

(二)大泵的检验

(1)大泵传动箱壳体无裂纹,箱体与箱盖的接合面不应有碰伤、划痕等缺陷。接合面的平面度不大于0.10mm,逾限应修平,但最大减薄量应不大于1mm。

(2)蜗轮、蜗杆不得有裂纹,蜗轮副工作面不得有严重划伤、斑点、阶梯形磨损等缺陷。如有上述轻微缺陷可修复,若蜗轮或啮合面磨损超过1mm时可换面使用。

(3)蜗杆轴两端轴径磨损不大于0.03mm,逾限应修复。两端轴与轴承的配合应为过盈,大修时不允许有间隙。

(4)蜗轮轴及曲轴两端轴径磨损不大于0.05mm,曲轴轴承与曲轴及承孔均为过盈配合。

(5)连杆不得有裂纹,连杆大、小端轴承孔轴线在同一平面内,其平行度不大于0.10mm。连杆轴承孔的圆度与圆柱度大端不大于0.10mm,小端不大于0.05mm。

(6)十字头横销与滚针轴承不应有明显磨损,十字头上、下工作面和十字头上、下导板的接触面如有轻微烧伤、划痕可修复。

(7)大泵拉杆不应有明显划伤,如划伤严重应更换。

(8)液压室应无裂纹、半孔等缺陷,阀座锥孔接触面不应有沟槽,与阀座配合接触面的连续宽度不小于15mm,阀座工作面出现沟槽时应更换。

(9)缸套孔与缸套的配合面不应有沟槽,出现沟槽可修复。修复后的孔外端与孔中心线的垂直度不大于0.06mm,表面粗糙度不低于6.3,缸套与孔配合间隙为0.10~0.15mm。

(10)液压室螺孔的螺纹损坏应少于2牙,扩张修复只能加大一级。

(三)大泵的装配

(1)首先把检验合格的蜗杆从前端装入传动箱内,然后把蜗杆两端轴承盖装上,锁上蜗杆锁帽,装上机油泵。

(2)把连接好的蜗轮、连杆和十字头装入传动箱,盖上箱盖;装上蜗轮两端的轴承盖,然后连接机油管线。

(3)安装大泵拉杆、活塞、缸套衬圈和缸套压盖。

(4)安装阀座、阀和阀弹簧,然后安装梅花盖。

(四)大泵的调试

(1)蜗杆轴的轴向间隙为 0.24~0.36mm。

(2)蜗轮轴的轴向间隙为 0.30~0.45mm。

(3)蜗轮副装合后,蜗轮副工作面的齿高不小于70%,齿宽不小于25%。

(4)十字头和上、下导板的间隙为 0.15~0.35mm。

(5)传动箱装合后,转动蜗杆时应轻便自如,无卡滞现象。

(五)大泵的试车

(1)在发动机运转正常情况下,泵的最大工作压力和最大排量应符合表6-1的规定。

表6-1 泵压力和最大排量表

泵冲次 min^{-1}	缸径(ϕ100mm)		缸径(ϕ115mm)		缸径(ϕ127mm)	
	压力,MPa	排量,L/min	压力,MPa	排量,L/min	压力,MPa	排量,L/min
117	7	680	5.1	930	4.08	1170
25	30	146	23.8	200	19.1	250

(2)负荷试验时,所有管线、接头闸阀应不渗漏,上、下水正常,闸阀开关灵活。

(3)润滑油泵工作正常,油管接头有油流出现。

(4)压力表指示准确,不工作时指针回到原位。

(5)传动箱不渗漏、无异响。

(6)试负荷时间:每个挡次试负荷时间不小于10min。

(7)试车后冬天必须将液压室及管线内的水排净。

(六)维修记录

各部分修理一定要按工艺卡要求认真填好组装前和组装后的检验记录,并且主修人和检验员应鉴字,以便查阅。

(七)大泵常见的故障

大泵常见的故障多数是上水不好,这时首先检查上水管线是否有漏气和管壁内鼓现象。如果上水管线没问题再查看阀和阀座,如果也没有检查出问题,应检查大泵活塞和缸套。

四、热洗锅炉的维修

(一)锅炉的解体

首先卸掉锅炉盘管进、出水管线接头,防爆口和坛形预热室外壳,然后卸热洗炉外壳上半部,再把锅炉内壳吊出。卸掉内壳上半部后把盘管吊出,然后拿卸辐射锥。

(二)锅炉的检验

(1)锅炉外壳圆弧应平整、无凹凸开口,若有开孔处可用 A3F 钢板修复。凹凸变形超过 10mm 时需校正。水平中心剖分面光滑、平整,平面度小于 0.5mm,固定螺栓孔无开口、损坏、翘曲现象。

(2)外壳内腔设置的两条螺旋形风挡板损坏时,需有 20mm 宽、2mm 厚的 A3P 钢板沿原螺旋方向重新焊复。

(3)锅炉内壳应光滑、平整,无凹凸开口地方,若有漏损用 1Cr18Ni9Ti 耐热不锈钢板焊复。壳体外面装有间隔孔隙隔热板,若有开焊处需焊复。水平剖分面平整、无翘曲,平面度小于 0.5mm,螺栓孔无变形。

(4)锅炉内壳体底部两块垫铁损坏后,可用 20~25mm 的 1Cr18Ni9Ti 不锈钢焊复。

(5)锅炉内壳体固定螺孔损坏时可以采用加大等方式修复,必须保证盘管牢固、可靠、无窜动。

(6)锅炉盘管安全工作期限为 3000h,如连续工作 3500h,管内结垢超过 2mm,内外层盘管散架、严重变形、无法修复时,需更换盘管。

(7)内盘管为密排筒形水冷炉膛,盘管管与管之间间隙小于 0.2mm,平盘管管与管之间间隙为 5~6mm,外盘管管与管间隙为 5~6mm,外盘管与内盘管间距为 25～30mm。

(8)内盘管进口端面平面度小于 0.8mm,损坏后可用 1Cr18Ni9Ti 耐热不锈钢板焊复。

(9)盘管必须清洗干净,进行压力试验时静压为 40MPa,1h 压力无变化方可使用。

(10)坛形预热室由耐火水泥和填料砌成的三段炉砖应烧透、无裂口损坏,变形严重可修复使用,否则应更换炉砖。坛形预热室的调风器是旋流型的可动叶片式结构,手把扳动灵活,可动叶片最大开启角度为 45°,闭合时 6 块弧形叶片组成一圆柱形筒。活动叶片无损坏,叶片活动销及随动拉杆无严重磨损及折断现象。

(11)辐射锥不能严重变形,变形严重无法修复时可用 Cr25Si2 耐热不锈钢板卷制而成,锥顶角为 60°,锥底尺寸为 $\phi240mm$ 的锥形体。

(12)防爆片应无损坏,损坏时可用 1～2mm 厚的铝板制成 $\phi134mm$ 的圆片。

(三)锅炉的装配

(1)坛形预热室里的炉砖需更换时,先用耐火水泥、填料和水按 1∶3∶4 比例混合均匀。安装第一段和第二段炉砖时周围填足混合均匀的泥,安装第三段炉砖时确保二次进风口与预热室开口相吻合,周围和上平面填足混合均匀的泥并抹平,24h 之后才能安装。

(2)辐射锥放在盘管侧面内孔里,把盘管吊起放在内炉壳内,这时注意进、出水口不要装错。查看盘管两侧间隙是否符合要求,否则以改变盘管进水口角度来校正,直到满足要求。然后压入石棉密封填料,再装上上盖并固定好盘管。

(3)把安装好的内炉壳总成放入炉外壳体内,调整好两侧间隙并固定好内炉壳。把外壳水平剖面四周围石棉密封填料压好后装上外壳上盖,再把坛形预热室外壳装在炉外壳上。

(4)把防爆片装好。这时,将整体锅炉安装在车上,再把进、出水口接好。

(四)锅炉的调试

(1)外盘管与内炉壁间隙调整到 20～25mm。

(2)炉内壳体外壁与炉外壳体内壁间隙为 25~30mm。

(3)坛形预热室端部平面与盘管进水口面应接合平合、无漏气现象。

(五)锅炉的试炉

(1)负荷试验的冷洗工艺技术条件可参见 SNC-300 型水泥车特车部分修理技术要求的负荷试验部分。

(2)负荷试验的热洗试验条件如下:

① 风机转速一般在 1500~2900r/min。

② 液压系统调整压力为 12MPa,流量为 56L/min。

③ 燃油系统调整压力为 1.2~1.8MPa,流量为 8L/min。

④ 主车 2 挡的炉最高温度为 140~160℃,升温时间如果是 10℃液体,加热到 140~160℃之间的时间不大于 15min。

(3)检验过程中所有管线接头、阀门均不得有渗漏,喷油嘴雾化良好,易点火,锅炉燃烧正常,排出烟为淡灰色。

(4)各仪表指示正确,不工作时指针回位。各照明灯配备齐全,照明良好。

(六)风机传动箱的维修

1. 风机传动箱的解体

把传动箱外面附件传感器、柴油泵、液压马达和风机叶轮卸掉,然后打开传动箱两端轴承端盖,再把上盖打开,分别取出每根轴。

2. 风机传动箱的检验

(1)箱体无裂损,箱盖与箱体接合面的平面度不大于 0.15mm,逾限应修复。

(2)壳体上的轴承孔磨损不大于 0.03mm,逾限应修复,修复后的各轴孔轴线间的平行度不大于 0.06mm。

(3)箱各轴承的内径与轴及轴承外径与轴承孔的配合均为过盈配合,一般在 -0.02~-0.04mm,轴承不允许有损坏、烧伤、内外点蚀、剥落等缺陷。

(4) 齿轮工作面不允许有明显的斑点、剥落及阶梯形磨损。

(5) 轴径的磨损不大于 0.02mm。

(6) 风机的叶轮内孔与风机轴为过盈配合,一般在 -0.05 ~ -0.08mm,如果出现间隙时用加厚键来调整。风机叶轮叶片应规整无破损,装在轴上运转时不得有摆动现象。

(7) 柴油泵工作压力为 1.2 ~ 1.8MPa,流量为 8L/min。

(8) 液压马达在系统压力为 12MPa、流量为 56L/min 时,转速一般在 1500 ~ 2900r/min。

3. 风机传动箱的装配

首先把各轴齿轮装在轴上,把轴承装在轴两端,然后把装好的齿轮轴分别装在传动箱相应的位置;把上盖扣上,同时把轴承两端端盖盖上,然后装上附件。

4. 风机传动箱的调试

(1) 各轴的轴间间隙不大于 0.20mm,径向间隙不大于 0.08mm,各轴平行度不大于 0.10mm。

(2) 轮的啮合间隙为 0.15 ~ 0.50mm,轮齿接触面沿齿高度方向不小于 45%,沿长度方向不小于 60%。

(3) 风机叶轮转动时不刮壳体,与进风口有 3mm 间隙。

(4) 传动箱装合后应转动灵活,没有发卡现象。

5. 风机传动箱的试车

首先将组装完好的传动箱用手转动,灵活时再挂上液压泵挡,使液压泵输出的液压油带动液压马达转动。当液压系统压力达到 12MPa 时,流量在 56L/min,这时风机转速在 1500 ~ 2900r/min。传动箱无异响,表面无渗漏,说明传动箱修理合格。

6. 机传动箱的维修记录

各部分修理一定要按工艺认真填好组装前和组装后的检验记录,并且主修人和检验员应签字,以便查阅。

7. 风机传动箱故障指南

一般风机传动箱故障多数出现在风机转速不够,这时首先检查一下液压系统压力是否达到12MPa。如果压力达不到,就应调整系统压力,如果压力调不上去,再检查一下液压泵和液压马达。

第三节　SNC-H300型水泥车上装部分修理规范

一、SNC-H300型水泥车特车部分构造与工作原理说明

SNC-H300型水泥车特车部分主要由取力器、大泵和管汇系统组成。其工作原理是:首先接好大泵上水管线,打开出水闸门,把取力器挡位拨到上部输出位置。这时把底车的动力经过取力器输出端经传动轴输入给大泵蜗杆转动,蜗杆带动蜗轮转动,蜗轮轴带动连杆运动,连杆带动十字头做直线往复运动,十字头带动拉杆及活塞运动,这时大泵把上水管的水吸入,从出水口排出。需要停泵时把取力器挡位摘掉即可,见图6-3。

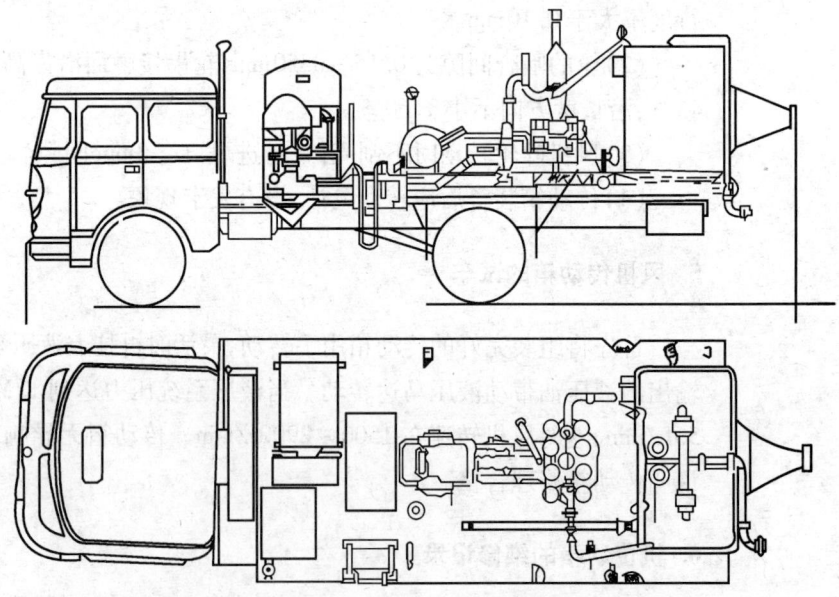

图6-3　SNC-H300型水泥车外形图

二、分动箱的维修

(一)分动箱的解体

(1)分动箱解体前应进行外部清洗,拆卸时应使用专用机具、工具,对主要零件的基准面或精加工面不允许敲击,避免损伤。

(2)解体时首先用12in活动扳手打开分动箱,放油丝堵,油放净后将放油丝堵装上,防止油漏到地面。用14mm×17mm开口扳手把分动箱上盖打开,检查齿轮的磨损情况。如果需要换齿轮或轴承时,首先用19mm×22mm梅花扳手或开口扳手打开轴承两端的端盖,用铜棒敲打轴一端带外花轴的端面,一直到把轴打出为止,然后把齿轮和轴承都拿出来。分动箱一般都有3根轴,拆卸时一定要先从最上面一根轴往下拆,然后拆中间轴,最后拆底下那根轴。拆底下那根轴时首先用14mm×17mm开口扳手把拨挡叉盖取下,再把带机油泵齿轮取下。

(3)总成解体后所有零件应彻底清洗,清除油污,凡橡胶件不准放在碱性溶液或汽油中清洗,各种管线应确保清洁、畅通。

(二)部件的检验

(1)用目测检查分动箱壳体及轴承端盖是否有裂损,如有裂损应修复或更换。用量缸表测量各轴承孔的磨损情况,一般轴承孔的磨损量不大于0.03mm,逾限应修复,修复后的各轴承孔轴线的同轴度不大于0.05mm。

(2)分动箱各轴承与轴承孔的配合及各轴承与轴的配合为过盈配合,一般在0.01~0.03mm。

(3)轴承不允许有损坏、烧伤、内外滚道点蚀、剥落等缺陷。

(4)花键轴、花键套、内齿花键轴均不应有烧伤、变形等缺陷。其花键齿侧面磨损不大于0.20mm,逾限应修复或更换。

(5)各齿轮工作面不允许有明显的斑点或阶梯形磨损。

(6)拨挡叉应无裂纹、缺口和明显变形,拨叉与齿槽接触部位单面磨损应不大于0.50mm。

(三)部件的装配

(1)在装配时首先装分动箱第一轴,也就是最下面的一根轴。先把输入端轴承装上,然后把轴承外套装好,再把输入轴端盖上,调整好轴向间隙,一般在 0.20mm 左右时把锁帽锁好。用同样方法把输出轴装好。把装好的输入轴装在分动箱输入端后,把滑动套套上,然后再把输出轴装在分动箱输出端,两轴中间连接处有一个轴承,装时先把轴承抹点黄油,两轴装完后各自转动灵活,再把拨叉装上。用撬杠把滑动套前后拨一下,拨叉不发卡。

(2)装完一轴后把带机油泵齿轮装上,先把带泵齿轮放进壳体内,然后再装轴承。装完轴承之后,调整好轴向间隙,并用锁帽锁好。

(3)装中间轴和上面带大泵输出轴时,先把齿轮放在分动箱内,然后把轴无台阶那端装在齿轮内花键上,用铜棒把轴打紧后再装轴两端轴承和轴承端盖,注意调整好轴向间隙。

(4)把放油丝堵装上,加上齿轮油后把上盖装好。

(四)分动箱的调试

(1)分动箱各轴的轴向间隙不大于 0.20mm,齿轮的啮合间隙为 0.15~0.40mm,拨挡叉与滑动齿槽的配合间隙为 0.20~0.50mm。

(2)分动箱装好后,轴动应灵活,挂、摘挡轻便、无阻力。

(五)分动箱的试车

首先把分动箱装在车上,进行空试,待分动箱运转正常时,再连接输出传动轴,然后分别进行底车和带泵试验。如果运转都正常,分动箱外表也无渗漏,说明分动箱修理合格。

(六)分动箱的维修记录

各部分修理一定要按工艺卡认真填好组装前和组装后的检验记录,并且主修人和检验员要签字,以便查阅。

(七)分动箱故障指南

一般分动箱多数故障都是挂不上挡,这时应首先查看一下手动三位四通阀,如果阀没问题,再拆下拨挡叉前后试验。如果拨挡叉没问题,再查一下滑动套和啮合齿轮。如果齿轮和滑动套有飞边,用锉刀修复。

三、大泵的维修

(一)大泵的解体

(1)首先拆掉大泵外边机油管线和机油泵,打开缸套压盖,取下缸套衬圈,同时打开十字头两端侧盖,卸掉拉杆锁帽,顶出拉杆。

(2)打开传动箱上盖,同时取出大泵蜗轮、拉杆和十字头。然后卸蜗杆前后端轴承压盖,再拆蜗杆锁帽,从大泵前端把蜗杆取出。

(3)打开液压室梅花盖,取出阀总成。

(二)大泵的检验

(1)大泵传动箱壳体无裂纹,箱体与箱盖的接合面不应有碰伤、划痕等缺陷。接合面的平面度不大于0.10mm,逾限应修平,但最大减薄量应不大于1mm。

(2)蜗轮、蜗杆不得有裂纹,蜗轮副工作面不得有严重划伤、斑点、阶梯形磨损等缺陷。如有上述轻微缺陷可修复,若蜗轮或啮合面磨损超过1mm时可换面使用。

(3)蜗杆轴两端轴径磨损不大于0.03mm,逾限应修复。两端轴与轴承的配合应为过盈,大修时不允许有间隙。

(4)蜗轮轴及曲轴两端轴径磨损不大于0.05mm,曲轴轴承与曲轴及承孔均为过盈配合。

(5)连杆不得有裂纹,连杆大、小端轴承孔轴线在同一平面内,其平行度不大于0.10mm。连杆轴承孔的圆度与圆柱度大端不大于0.10mm,小端不大于0.05mm。

(6)十字头横销与滚针轴承不应有明显磨损,十字头上、下工作面和十字头上、下导板的接触面如有轻微烧伤、划痕可修复。

(7)大泵拉杆不应有明显划伤,如划伤严重应更换。

(8)液压室应无裂纹、半孔等缺陷,阀座锥孔接触面不应有沟槽,与阀座配合接触面的连续宽度不小于 15mm,阀座工作面出现沟槽时应更换。

(9)缸套孔与缸套的配合面不应有沟槽,出现沟槽可修复。修复后的孔外端与孔中心线的垂直度不大于 0.06mm,表面粗糙度不低于 6.3,缸套与孔配合间隙为 0.10~0.15mm。

(10)液压室螺孔的蜗纹损坏应少于 2 牙,扩张修复只能加大一级。

(三)大泵的装配

(1)首先把检验合格的蜗杆从前端装入传动箱内,然后把蜗杆两端轴承盖装上,锁上蜗杆锁帽,装上机油泵。

(2)把连接好的蜗轮、连杆和十字头装入传动箱,盖上箱盖;装上蜗轮两端的轴承盖,然后连接机油管线。

(3)安装大泵拉杆、活塞和缸套衬圈和缸套压盖。

(4)安装阀座,阀和阀弹簧,然后安装梅花盖。

(四)大泵的调试

(1)蜗杆轴的轴向间隙为 0.24~0.36mm。

(2)蜗轮轴的轴向间隙为 0.30~0.45mm。

(3)蜗轮副装后,蜗轮副的工作面的齿高不小于 70%,齿宽不小于 25%。

(4)十字头和上、下导板的间隙为 0.15~0.35mm。

(5)传动箱装合后,转动蜗杆时应轻便、自如,无卡滞现象。

(五)大泵的试车

(1)在发动机运转正常情况下,泵的最大工作压力和最大排量应符合表 6-2 的规定。

表 6-2 泵压力和最大排量表

泵冲次 min^{-1}	缸径(ϕ100mm)		缸径(ϕ115mm)		缸径(ϕ127mm)	
	压力,MPa	排量,L/min	压力,MPa	排量,L/min	压力,MPa	排量,L/min
117	7	680	5.1	930	4.08	1170
25	30	146	23.8	200	19.1	250

(2)负荷试验时,所有管线、接头闸阀应不渗漏,上、下水正常,闸阀开关灵活。

(3)润滑油泵工作正常,油管接头有油流出现。
(4)压力表指示准确,不工作时指针回到原位。
(5)传动箱不渗漏、无异响。
(6)试负荷时间:每个档次试负荷时间不小于10min。
(7)试车后冬天必须将液压室及管线内的水排净。

(六)维修记录

各部分修理一定要按工艺卡要求认真填好组装前和组装后的检验记录,并且主修人和检验员应签字,以便查阅。

(七)大泵常见的故障诊断与排除

大泵常见的故障多数是上水不好,这时首先检查上水管线是否有漏气和管壁内鼓现象。如果上水管线没问题再查看阀和阀座,如果也没查出问题,应检查大泵活塞和缸套。

第七章 修理案例

第一节 汽油发动机

一、BN492Q发动机汽缸缸径失圆问题的解决

(一)故障现象

2001年5月间,我厂接收2台锅炉车上部大修工作,接车时发现副机BN492Q发动机启动困难,且运转不稳,加速不良,发动机抖动现象严重。当时我们以为这是发动机已到了大修周期,各部间隙磨损过大所产生的现象。

(二)故障分析

(1)发动机解体后,发现该2台发动机的活塞、活塞环和汽缸套都是新零件,按道理是不应该出现这些现象的。我们对解体后的发动机进行了全面检验、测量,测量过程中发现,所有4个汽缸的圆差,均超过了大修标准所规定的小于0.05mm的标准,达到了0.21~0.35mm,而且4个缸都是顺发动机中线方向尺寸超小,发动机横向方向尺寸却不太大。由此断定,此种现象不是发动机运转形成的磨损现象,再次测量汽缸,发现是由于汽缸座孔失圆挤压汽缸套纵向尺寸,使其缩小而形成的汽缸内径圆差过大。

(2)研究其原因,发现在其铝合金汽缸体、汽缸套座孔与汽缸套接合部位的上下内圆处有大量灰绿色氧化铝结垢现象,由其以上,缸口纵向两边结垢更厚、更硬。这是由于BJT492在设计上只在汽缸套下部有阻水密封圈,而在上端没有密封圈,冷却水与汽缸内的隔绝是靠汽缸垫在上汽缸口周围的压力来达到密封目的的,这样就存在,汽缸套上部外圆与汽缸体座孔的微小结合空隙内永远留有冷却水存在的现象。在发动机工作过程中,此处的温度最高,而冷却水在如此小的空隙内(0.10~0.15mm)形成冷却水循环

死角,在汽缸工作的高温条件下不断产生水蒸气,使此处缸套座孔铝合金逐渐氧化,结成硬垢。而由于缸体的构造设计原因,缸体纵向的4个汽缸缸口处于相邻位置,不断膨胀增多的氧化物挤压汽缸套,使汽缸在工作磨损不大的情况下被挤扁,形成汽缸内径圆差过大现象(圆差达0.20~0.25mm)。活塞和活塞环在椭圆形的汽缸内工作形成漏气现象,致使发动机工作不良。但是,为什么椭圆只是在汽缸纵向方向减小尺寸而横向方向却影响不大?我们发现,因为汽缸套横向两边的铝合金可以不受其他机件的挤压,能产生向外胀尺寸的轻微变形,所以并没有对汽缸横向尺寸产生影响。而汽缸体纵向相邻位置的汽缸套材料都是坚硬的,缸套与缸体间不断增多的氧化物只能不断挤压两边缸套向内收缩,因而形成了汽缸套的失圆现象。

(三)故障排除

原因找到之后,就可以肯定,这两部车在原修理单位换新汽缸套时,没有注意汽缸套座孔的除垢工作,汽缸套装入座孔后变形,而后又以为换的是新件,没有进行汽缸套装合后的检测工作,致使两部车工作不良。

我们先用三角刮刀,慢慢精心地刮去汽缸座孔的硬垢,同时注意不能损伤座孔表面吃合面,然后用120#砂布抛光处理,再将缸套装入孔内测量,各缸圆差斜差均小于0.01mm,证明故障排除。完工后启动发动转速平稳,动力强劲。

二、湿式汽缸套的安装必须进行二次检尺

(一)故障原因

根据我多年的汽车修理检验员工作经验,湿式汽缸套在安装工序过程中必须进行二次检尺工作。我多年坚持这项工作,避免了10余起因在安装汽缸套工作中装配不当,造成汽缸套锥度及圆差过大的返工事故,避免了不必要的材料和人工的浪费,提高了修理质量。

(二)故障分析

(1)汽缸阻水圈错位造成汽缸套锥度过大,圆差过大。

汽缸套在压装时,需十分小心才能对正中心,操作稍一失误即使是好的阻水圈也容易偏挤出槽。每当出现此类问题时,汽缸套内径尺寸都会出现较大的变化,一般会出现0.10~0.30mm的圆差或斜差。

(2)因汽缸套座孔不清洁或微小伤痕,挤压汽缸套造成汽缸失圆。

汽缸体上的汽缸套座孔的结合面或台肩部位在发动机的长期工作中会积炭和积留氧化物,修理中不予清除,会将汽缸套挤压变形。在汽缸套取出的过程中,拉力器或手锤有时会撞击座孔面形成不易发现的伤痕,也会挤压缸套失圆。

(3)活塞销子与活塞装配不当或加温不当会引起活塞变形。

(三)故障排除

(1)在检验过程中,我增加了汽缸套在压装到汽缸体座孔后和活塞连接到连杆后的检尺工作。结果发现了多起影响修理质量的隐患,从而及时得到了纠正,避免了责任事故的发生。

(2)以上种种问题,都可以在安装过程中通过二次检尺及时发现,从而得到纠正。否则,就会造成因发动机异响或活塞环不密封而产生的发动机单缸不工作等返工现象。

三、桑塔娜轿车冷却风扇不停转

(一)故障现象

上海桑塔娜轿车,出现冷却系统散热风扇一直转动,将发动机熄火后风扇仍不停转,且发动机温度达不到正常要求。

(二)故障分析

(1)该型轿车采用可变的冷却风扇,由温控开关根据冷却液温度自动控制风扇电动机的通断和转速。温控开关装在散热器的一侧,是一双金属感温触点继电器。当冷却液温度高于95℃时,温控开关的低温开关触点合上,通过熔断丝使散热风扇电动机的低速接头与常带电的电源接通,以1600r/min的速度转动。当冷却液温度升到105℃

时,温控开关的高温触电合上,常带电的电源接通风扇的高速连接线,风扇以 2400r/min 的转速转动。若温控开关触电一旦烧结在一起,风扇电动机就会转不停。

(2)桑塔娜空调压缩机和冷凝器也是依靠冷却系风扇冷却的。空调冷却系统工作时,空调继电器接通电源,并通过熔断丝接通风扇电机的低速连接线,风扇以低速运转,加速冷却液和制冷剂的冷却,这时风扇保持常转。如果散热器继电器触点烧结,同样能造成风扇电动机不停地转动。

(三)故障排除

知道冷却扇的工作原理,进行综合判断,分段拔掉连接线插头查出故障。发动机熄火后,冷却液的温度降至 85° 以下,风机仍不停转动,拆下温控开关用数字型万用表进行测量温控开关损坏,更换新的温控开关,冷却风扇工作正常。

四、北京切诺基吉普某缸不工作

北京切诺基吉普车发动机一缸不工作,2002 年 4 月该车进厂,四分厂修理一班对该车进行检修,最后排除故障。

(一)故障现象

切诺基 6 缸电喷发动机启动后,发动机抖动,排气管冒黑烟,并且伴有有节奏的突突声。

(二)故障分析

根据该车的现象,确认为某缸不工作,具体原因有以下几点:
(1)高压线不跳火。
(2)火花塞损坏。
(3)活塞环对口。
(4)气门烧蚀。

(5)液压挺杆卡死。

(三)故障排除

根据以上可能存在的各种故障原因,拟定维修计划,并按照由简单到复杂的步骤去排除故障,具体过程如下:

(1)检查高压线有无火花,检修后高压线跳火正常。

(2)拆下火花塞,火花塞湿润,有积炭,更换一个新火花塞,重新启动发动机,发动机工作良好,1缸工作正常。试车,路试约10km,检查发动机,1缸又出现上述情况。

(3)拆下火花塞,测试汽缸压力,缸压正常,待发动机冷却后,将缸盖拆下,检查1缸气门,气门有积炭,但其密封性良好,无烧蚀,检查1缸液压挺杆,工作正常。

(4)更换1组活塞环,重新装车后,将气门的积炭处理后启动发动机,发动机各缸工作正常。待发动机温度正常后,路试,试车10km,停车检查。发动机1缸又出现上述故障,拆下火花塞,火花塞湿润,并有机油附在电极上。再试汽缸压力,缸压正常,所以将故障原因确定在气门油封上,将其更换之后,启动发动机,路试后,该故障被排除。

总结以上情况,可以看出,其故障原因在气门油封,但由于气门油封更换不久,排气管也没有冒蓝烟、烧机油现象,忽略了气门油封。由于其损坏,机油进入燃烧室,是造成1缸不工作的主要原因。

五、汽车散热器反水现象的处理

2002年4月,黄海DD6111型大客车在行驶中出现水温过高,水箱反水现象,经多次检修故障仍未缓减。车队保养站对该车进行了再次检修,最后彻底排除了故障。

(一)故障现象

当发动机怠速运转时水箱反水现象较轻,水温上升较慢;当增加发动机转速时水箱反水现象较严重,同时水温升高也比较快。在行驶热试时,散热器反水及水温过高都较严重,经多次观察发现:发动机的转速越高,水箱反水现象越严重。如果外界气温高时运转发动机,反水高温现象较严重;如果外界气温较低时运转发动机,反水高温现象较轻。这一不正常现象,直接影响发动机的正常工作。

(二)故障原因分析

经过初步分析症状,认为故障是由以下几点因素造成的:
(1)渗漏、缺少冷却水,产生高温反水。
(2)水箱散热器积有污垢、水垢,散热不好,产生高温反水。
(3)冷却水各部连接处管线有阻塞或胶管内层老化起层,阻塞冷却水顺利通过而产生高温反水。
(4)发动机内水套有水垢、机体散热不好,产生高温反水。
(5)发动机水泵结垢严重、泵水不畅,产生高温反水。
(6)冷却水泵轴花键有较大间隙、排水不良,产生高温反水。

(三)故障排除

根据以上可能存在的各种故障原因,拟定了维修计划并按照由简单到复杂的步骤去排除故障,具体过程如下:
(1)检查冷却系统各部有无渗漏现象,并逐一进行紧固与调整。
(2)检查散热器是否有严重的污垢、水垢,并进行了排污除垢处理。
(3)检查冷却水各部管线连接处是否阻塞,或连接胶管内层是否老化起层,并对有些管线进行了更换。
(4)对发动机内水套进行了清垢处理。
(5)检查并清理了水泵内的水垢及杂物。

完成了以上可能产生高温步骤后,试车发现水箱高温反水现象略有好转。再次分析判段,确定循环水泵的故障是造成高温反水的主要原因,因此下一步准备检查水泵。
(6)将水泵解体,检查叶轮与泵轴连接是否紧固,并进行了调整。
(7)检查水泵叶轮与水腔的间隙是否合适,其间隙约为 2~3mm 左右。

再次对发动机进行热试,运行 3h40min 行驶了 150km 后,检查发现散热器的反水现象没有发生,故障排除了。

总结这次故障的处理过程,使我们认识到,遇到问题多动脑筋、多动手,并动员大家共同努力,出主意、想办法,没有解决不了的问题。

六、EQ140-1 传动轴中间轴承响的故障处理

2002年,我单位有一台EQ140-1卡车底盘有异响,虽经几次维修,还是未彻底排除。于是,我们对此进行了一次检修。

(一)故障现象

当车速达50km/h时,底盘常会出现抖动,并伴随出现一种齿轮啮合不良的噪声。油门变化时,其响声变得更明显。

(二)故障分析

(1)造成此异响可能有以下几种情况:
① 主减速器响;
② 变速箱响;
③ 离合器响;
④ 传动轴及中间轴承响。

(2)主减速器响与油门变化不大,加油与不加油都响;变速箱响随挡位的不同响声也不同;离合器响和传动轴响在以前的维修中均已维修过;汽车传动轴中间支承中的球轴承,因受载荷大、转速高,故容易产生松旷、异响。

(三)故障排除

(1)顶起后桥,挂上挡位,并使发动机以中速以上运转,用长螺丝刀在变速箱中间轴承及主减速器的有关部位,听察异响究竟是发自何处。

(2)若异响呈混杂不清的状态,可卸掉两根后半轴,再挂挡运转。此时,若为中间轴承故障,其异响就会变得很清晰,由此可得到判断。

(3)通过上述排除,判断为中间轴承响,更换后,底盘异响消除。

七、燃油箱途中漏油的应急处理

2003年8月,我大队一台东风EQ140卡车在去肇源区块途中,燃油箱

突然漏油，为了确保安全，司机紧急停车，进行了及时处理。

(一)故障现象

油箱在托架处漏油，有油滴出现。

(二)故障分析

燃油箱底部由于多年汽油腐蚀，加上托架与燃油箱之间垫皮损坏或丢失，加剧了燃油箱底部的磨损。

(三)故障排除

常见的应急修复方法是，用肥皂或小木棍堵漏。实践证明，用这些方法堵漏有时并不奏效，或经临时堵漏后，可使用的时间很短。我们采用以下应急方法：

在车上找一根比漏孔略粗的自攻螺钉，并剪一块胶皮垫穿在自攻螺钉上，涂上树脂胶，然后将自攻螺钉拧入漏孔内，漏孔就会立刻被堵住，并且可使用很长时间。

八、无铸铁焊条的应急处理

2002年10月，我们单位电气焊操作工在宋芳屯区块为井队焊制铸件的过程中，由于现场没有铸铁焊条而影响井队施工，于是我们采取了以下应急措施。

(一)活塞环做铸铁焊条的可行性

活塞环多是由优质铸铁或球墨铸铁加工，在汽车维修行业中，被更换下来的活塞环常认为无使用价值而成为废品。其实，活塞环完全具有铸铁焊条的特性。

(二)操作方法

先将要焊接的部位加工成"坡口"，再用乙炔—氧气焊对该处进行局部加热，直至200℃左右，然后配合使用硼砂，把旧活塞环(将其视为铸铁焊条)，熔化到裂缝处。焊接完毕后，让其在空气中自然冷却，实践证明，该焊接方法效果良好。

(三)注意事项

活塞环应先除尽油污,尽量不用镀铬环。

第二节　柴油发动机

一、T815发动机气门密封不严问题的解决

(一)故障现象

2000年7月,我厂同时接收两台T815 10缸型发动机的大修任务,修理过程中,一切都按标准正常进行,运转磨合效果也良好。装车出厂3天后用户反映发动机冒黑烟,动力不足,在急加速时排气管冒火星。我厂立即通知用户紧急召回,连夜组织抢修。

(二)故障分析

(1)重新对解体的发动机检查,对各项记录数据校对,没有发现问题。

(2)重新校正高压油泵和喷油器也没有发现问题。

(3)重新校正点火正时,还是没见好转。

(4)发现所有气门接触面发黑,证明这是气门关闭不严所造成的,把气门再研磨一遍组装,发动机仍不见有根本性的好转现象。

(5)拆下全部气门,在检查气门弹簧和弹簧座垫圈时,问题暴露出来了。这两台发动机都是T815一型发动机,进车前两台发动机各有两个T815二型发动机的汽缸盖装在上面,而这几个缸盖上的小配件的微小改进我们没有注意到:T815一型缸盖安装的气门弹簧内弹簧比气门外弹簧高出8mm,而T815二型气门内弹簧比外弹簧短8mm,二者正好尺寸相反。另外,二型车的气门弹簧座垫圈也比一型车的垫圈厚1mm,由于我们在修理过程中将全部的弹簧和垫圈都混放在一起,在安装时一型车的弹簧和垫片与二型车的弹簧和垫片之间有错乱混装现象。那些错装了气门弹簧的气门由于弹簧压力不均匀而造成气门密封不良,产生了发动机冒黑烟、动力不足、排气管冒火星等现象。

（三）故障排除

我们把一型弹簧安装到一型汽缸盖上，二型弹簧安装到二型汽缸盖上。二型车的气门弹簧座垫片由于经多次修理，现在大多换成一型的垫片了，而市场上又买不到这种垫片，我们又加工了几个符合厚度标准的垫片装配上。

发动机组装后再次试车，所有异常现象消除。产生这个问题的原因是，制造厂家对此类小改动没有通知用户，我们的确又难以发现这样小的改动，只有在工作中逐渐摸索才能取得经验。

二、大型进口柴油机主轴承座孔修复方法

近年来，油田进口大型汽车数量有所增加，在修理这些大型车辆时，也遇到了以前工作中所没有遇到的一些问题。

（一）故障现象

1994年，外单位送来一台日野EK100发动机缸体，要求修复主轴承座孔。该发动机因烧瓦事故造成主轴承座孔磨损变形，失圆度很大，主轴承无法在座孔内安装，保证不了主轴承与曲轴间的正常配合间隙。

（二）故障分析

（1）其第四道主轴承座孔，也就是汽缸体上的中间主轴座孔磨损最为严重，沿缸体垂直中心线处测量，磨损量达1.20mm左右，与座孔水平线内孔处测量数据失圆度达1.80mm以上。

（2）汽缸体上与之相邻的第3、第5轴承座孔磨损程度稍轻一些，失圆度为0.30~0.40mm。

（3）向外方向的第2、第6道轴承座孔，磨损程度比第3、第5道座孔磨损程度又轻微许多，失圆度为0.10~0.15mm。

（4）缸体两端的第1、第7道轴承座孔，基本没有磨损，保持正常尺寸。

（5）由于发动机运转时只有工作行程对曲轴的冲压力最大，所以承受压力最大位置的主轴承压盖内径表面是磨损最严重的部位。同时，在汽缸体上的轴承座孔半圆内径表面，有凹凸不平的拉伤和斑痕，测量其7个座孔

水平高度值均在 0.05mm 以内,其表面的拉伤和斑痕可以通过小量镗削处理。

(三)故障排除

针对已查明的各项因素,我厂决定在现有条件下将其修复,在最短的时间内使该车投入生产。

(1)针对主要磨损失圆的部位发生在第 2、第 3、第 4、第 5、第 6 道主轴承压盖内圆表面,根据各道轴瓦压盖的磨损量,再加上需要加工的余量,将这几道瓦压盖与汽缸体接合的两脚高度用铣床分别铣去 0.40~1.50mm,注意保持轴瓦压盖两平面间的垂直度和两脚平均高度的精确度。然后,再把加工后的轴瓦压盖装到汽缸体上,按技术标准扭紧螺栓。

(2)用轴体两端的第 1 道和第 7 道没有磨损的轴瓦座孔反复细心找正中心,直到两孔同心度完全一致为止。然后,按标准轴瓦座孔尺寸将各座孔内径镗削好。工作时要注意,每次进刀量要小一些,多次镗削后,使各轴承座孔恢复原有尺寸。安装新轴瓦后,测量其内径尺寸,达到了曲轴和瓦片间的正确配合间隙(0.08~0.12mm),全部工作就圆满完成了。

从那时以后,我们不断充实经验,在此基础上又先后修复了日野 ED100,卡玛斯 V8,五十铃等发动机的主轴承座孔 10 余台,具有较高的经济效益。

三、卡玛斯发动机温度过高问题的解决

(一)故障现象

2001 年 5 月份,我厂接收了采油厂作业大队一台乌拉尔水泥车的大修任务。据采油厂反映,此车的发动机一直温度高,已经在多家厂子修过,但始终没有修好,致使此车一直不能正常工作。

(二)故障分析

(1)这台车装的是一台卡玛斯 V8 水冷发动机,发动机解体后,我们对冷却循环各部机件水泵、散热器各部水道、节温器、循环管路及发动机各部间隙,进行了仔细检修,并未发现有造成发动机温度高的直接原因。我们认

为可能是发动机冷却水大循环与小循环转换不灵敏,造成冷却水温度过高,于是先试着把节温器取下,把小循环冷却水道堵死,进行冷却水强制大循环,以增加散热量的试验。发动机组装完毕后试车,发动机高、中、低运转正常 10min 后,温度开始升高,手感散热器发动机体温度均超过 80℃,说明冷却水循环并无问题。

(2)继续详细观察,这台发动机与其他卡玛斯发动机有不同之处,它加装了一个风扇液力耦合器。我们接着又检查了耦合器的工作状况,在检查到耦合器动力输入机油管与汽缸体连接处时发现,此处没有机油输送孔道,只是在汽缸体前端平面上有一个 $\phi16mm$ 的死窝攻上螺纹,把耦合器供油管连在缸体上,没有一点一滴机油过来驱动耦合器。风扇叶轮在发动机转动情况下虽然旋转,但只是在机械轴的驱动下作中、低速旋转,耦合器依发动机转速的变化而对风扇叶轮转速实现加速、加力或减速、减力的作用,因而使散热器热量散发不掉,造成发动机高温。

(三)故障排除

通过观察发现,在汽缸体上离此处最近的机油道是高压油泵润滑孔道,我们决定借用这条油道给耦合器供油,采用 $\phi5mm$ 钻头在机体上斜向 45°,在 $\phi16mm$ 螺纹窝内钻出与高压油泵机油孔道贯通的一条油道,然后装复其他机件。重新发动后,风扇叶轮转速明显随油门的高低变化而变换转速,风力强劲,供风量明显增大,发动机高温现象消除。

路试中又发现发动机温度过低现象,高、中、低转速发动机温度达不到工作温度,于是把节温器重新装回,开通大小循环冷却水道后再路试,水温一切正常。

四、T815 水泥车油路故障的应急解决方法

(一)故障现象

由于该车型结构原理较之同类机型要复杂得多,特别是一旦出现油路故障,对正常作业和施工中所带来的负面影响是很大的。如 T815 水泥车在冲砂、压裂平衡、压井施工中因车辆油路故障造成停机,就有可能造成生产事故。

(二)故障原因分析

T815 水泥车油路管线走向较之其他车辆要复杂得多,其油路管线是从油箱出来,经滤油杯通到喷油泵上与输油泵相连,从输油泵出来到手压泵,经手压泵的滤子过滤后返回到喷油泵上,通过这一路线油管线给喷油泵供油。

所以说,一旦某个环节出现故障,都会造成发动机无法正常工作。经多年实践分析,故障原因主要有以下几点:

(1)油路管线受损破裂,管线接头松动、退扣。
(2)油质差,油杯过滤性能下降,杂质进入油路造成堵塞。
(3)输油泵凸轮磨损,致使输油泵无法正常工作。
(4)手压泵滤子及油路管线接头松动,使空气进入油路。
(5)拆装更换其他部件时,碰撞挤压造成油路管线受损、变形。

(三)故障排除

在施工作业中和车辆行驶时发生油路故障,如果一时无法准确认定存在问题的部位和油路管线,为了节省时间,可采取油路断开法:

(1)把从油箱到喷油泵、输油泵上的油路管线排除掉,暂时不用查找这趟油路是否存在故障,而是从高压泵来油管线入手。将来油管线拆下,用塑料桶或铁桶从油箱中抽一部分油来装到桶里,放置到副驾驶室后部支架上固定好。把手油泵来油管线的另一头放到油桶里,再把回油管线接头拆开也放到油桶里。有时因回油管线是铁管线或因长度不够,可以选用塑料胶管与铁管线相连。上述安装、紧固后,就可以用手压泵泵油了。待油路畅通,油路中没有气泡,回油管路单流阀有回油的"吱、吱"响声后,拧紧手压泵,就可以启动发动机,直到发动机正常工作为止。

(2)如需要长时间工作,油桶中的油量不够可以随时添加,以保证发动机正常运转。

(3)如果是车辆在行驶中发生油路故障,除按上述做法排除外,记住一定要把装油的桶固定好。另外,还应把油桶盖口用塑料布或手套之类的东西堵好,以防止车辆在行驶中因颠簸使油从桶中洒出,确保安全,待回厂后再对油路进行一次全面检查,把故障彻底排除。

(4)如果是因为高压油泵上的输油泵凸轮磨损发卡,或其他因素致使输油泵无法正常工作造成油路不来油,用上述方法排除故障最为有效,能使发动机在最短时间内正常工作。

(四)总结

这种方法我们在实际工作中经常使用。对于驾驶员因油路故障一时无法排除或冬季车辆在外抛锚,这是个及时解决问题的好方法,可以避免因排除故障时间过长,特别是冬季,给人员和车辆带来不必要的伤害和损失。

五、车辆行驶中油管漏油、破裂的应急方法

2001年6月,我单位一台送班车在送作业工上井途中,车辆因油路故障而抛锚,后经专业人员认真查找,终于排除了故障。

(一)故障现象

汽车发动机有明显供油不足现象,具体表现为行驶中发动机突然供油不畅,并在短时间内自行熄火,且在启动发动机时不着火,由于油泵泵油后不见来油或来油很少。

(二)故障分析

根据多年的实践和排除故障的经验,我们认为来油不畅、油路有空气、漏油,主要有以下几种情况:

(1)汽油管线接头紧固不牢,因路面颠簸使管线接头松动、退扣造成管线漏油,使空气因此进入管线,造成油路不畅,使发动机熄火。

(2)管线接头在装配或更换时,人为造成接头螺纹损坏或紧固用力过大,使内螺纹螺帽出现裂纹,致使油从破损处渗出。

(3)油管线过长,固定不牢,管线与大梁、驾驶室底板、发动机引擎角等部位接触过紧,因振动摩擦而造成管线凹陷破损,严重时可造成管线断裂。

(4)在检查或更换其他部件时,人为或因不小心碰撞挤压造成油管弯曲、变形或因油路管线使用时间过长,管线本身老化造成油管渗漏。

从以上几种原因分析来看,造成油路故障的主要因素,是因为油路管线破损、老化。

(三)故障排除及应急办法

在检修过程中,我们主要采取的是重点部位重点检查,辅助部位全面检查的原则。

(1)首先,在准确判断破损部位后拆下破损的油管线,认真检查破损程度的大小。如属管线接头渗漏,铜管线或铁管接头可使用棉线和线手套拆下的棉线涂上黄油在接头处缠绕几圈,然后把管线接头扭紧,直到不渗油为止即可应急使用。

(2)如果是铜管部分破损、开裂、漏油,根据漏油部位大小可先把漏油部位擦拭干净,在破损处涂抹肥皂然后用胶布在破损处反复缠绕进行包扎,再用铁丝或小卡子扭紧即可使用。

(3)如果是胶管或塑料管破损、断裂,解决办法是将破损处剪断,找一根钢管或铁管插入管线两端进行连接,然后按上述方法进行包扎。如现场没有硬管线可以替用,也可暂时找一块小铁皮剪好卷成一个小管,大小粗细与管线内径相同插入两胶管内固定好;然后用涂有肥皂的胶布包扎紧,再把胶管两端用细铁丝扎紧连接在一起,以防止因振动而渗油或脱落,即可应急使用,待回厂后立即更换新的管线。

(4)在具体操作过程中应注意,一定要在发动机正常运转后,观察管线包扎处有无渗漏后方可起步。如果破损管线靠近发动机缸体处,要避免因发动机温度过高使包扎的胶布软化造成漏油。这时,可用一截暖风管线之类的胶管,破开后套在包扎位置并固定好,以确保安全。

对可能因摩擦而造成管线破损的部位,也应用胶管套上,保护油路管线完好。驾驶员在日常工作中,一定要注意对油路管线的维护,应及时更换老化、破损的管线。

六、Z12V190 柴油机个别缸不着火的现场判断

(一)问题的产生

2001年的一天,钻井大队一井队 Z12V190 柴油机冒黑烟,并且振动较大。当我们赶到现场后得知该井已钻进 1100 多米,并观察到以下情况:

(1)柴油机无下排气现象;(2)柴油机不超负荷;(3)空气滤清器和中冷器无污堵现象;(4)增压器打气良好;(5)每个缸供油提前角均正确;(6)气门间隙在规定范围内;(7)无排机油、柴油现象;(8)高、低压管线无渗漏现象。待柴油机停车温度降低重新启动后,根据排气管的温度,最后我们判断是1,6,7,11等4个缸不着火。4个缸不着火相当于柴油机失去1/3的动力,因此造成柴油机带较高负荷时冒黑烟。

(二)问题的分析

以上4个缸不着火有以下几种原因:(1)喷油器雾化不良,甚至根本就不雾化;(2)喷油器回油量过大,使单缸雾化油量不足;(3)喷油器没有固定住,有刺铜垫漏气现象发生;(4)出油阀紧座扭矩力不够,造成柴油在高压油泵内的回流,使喷油器供油量不足;(5)柱塞或柱塞弹簧折断,造成单缸不供油;(6)出油阀损坏,造成单缸不供油;(7)出油阀密封垫被刺坏,造成柴油在高压油泵内的回流。在判断时用排除法将(1)、(2)、(3)、(4)、(5)、(6)6个原因排除,最后确定出油阀密封垫被刺坏。

(三)处理过程

更换油阀密封垫,将出油阀紧座扭紧到标准力矩。从新启动柴油机,1,6,7,11等4个缸正常着火,且柴油机振动情况也达到标准要求。

(四)结论

在柴油机的故障判断中采用看、闻、听、摸4种方法,能够在较短时间内、较准确地判断出故障所在,缩短现场修理时间,从而保证钻井修井生产的顺利进行。

七、柴油机油底壳进水的故障总结与分析

(一)问题的产生

1994年11月份,1566队井位搬迁后,1台Z12V190B型柴油机经冷车

启动后，运转不到 10h 发生如下现象：油底壳油位上升，打开呼吸器后有白雾产生，呼吸器口还明显有水珠，机油压力表数值较正常情况下降约 120kPa。我们迅速组织人员上井处理故障，当时情况是：高温循环水泵漏水观察孔已堵塞，停车拆卸齿轮室两侧的盖板观察到高温循环水泵齿轮与水泵体处，有水珠一滴一滴地渗出，现场更换了 1 只新水泵，重新更换了油底壳内的机油，上述发生的现象消失，柴油机运转正常。1996 年 12 月，15116 队搬迁到新井位后，1 台 Z12V190B 型柴油机启动后仅运转 2h，发现油底壳油位明显上升，油中有水珠和气泡，油略显灰白色且粘度下降。当时经我们分析判断，认为是搬迁过程中，未放尽增压器内的冷却水，增压器被冻坏所致。于是，我们打开了机体两侧与增压器相对应的观察孔，发现在机体上部与柴油机功率输出端一侧增压器相对应处仍有水珠向下渗漏，现场更换了 1 台新增压器，处理了柴油机故障，上述现象消失。回到机修厂解体增压器发现，增压器支承体有用肉眼可以看到的裂纹。通过以上事例，我们觉得对柴油机油底壳进水的故障进行分析和总结非常有必要。

(二)问题分析与总结

当冷却水通过某种途径渗漏到油底壳后，其主要表现特征有几种：第一，柴油机连续工作数小时后，油底壳内的油位明显上升，即机油量不但不减少，反而增加，有时甚至是大幅度地增加；第二，巡回检查过程中打开呼吸器后，有排白雾现象，有时呼吸器口处还会有水珠产生；第三，对机油进行检查，油底壳进水初期机油中含有水珠，数小时后机油变成灰白色，有时还伴有气泡产生；第四，观察仪表盘时会发现，机油压力表的读数指示较正常工况时下降约 90~200kPa。

冷却水进入油底壳的主要途径有以下几种：第一，缸套封水圈密封不好或缸套穴蚀严重，冷却水渗漏至油底壳，这种情况一般在大修厂大修后或现场处理事故更换缸套后易出现；第二，冷却水泵水封、油封均损坏，致使冷却水渗漏至油底壳，水封、油封同时损坏的情况一般发生在冬季，冷车启动后，夏季很少发生；第三，油冷器损坏，部分冷却水渗漏至油底壳；第四，增压器支承体有裂纹，冷却水腔内的冷却水渗漏至油底壳，这种情况一般发生在冬季未使用防冻液的柴油机或由于在井位搬迁过程中未放尽冷却水腔中的冷却水所致。

冷却水进入油底壳的判断及分析方法。发生了冷却水进入油底壳的故障,应先分析进水的途径,再按段分系,由简到繁进行分析、判断。首先,应检查机油冷却器。方法是停机20min左右,观察低温冷却水箱内是否有机油,如发现有机油,则说明机油冷却器损坏,应更换。其次,检查高、低温冷却循环水泵。方法是先检查水泵漏水观察孔是否堵塞,若堵塞待停机后拆卸齿轮室两侧的盖板,分别观察水泵齿轮与水泵体处,如有冷却水渗漏,则说明水泵上的水封和油封均密封不好,应更换水封和油封,并疏通水泵漏水观察孔。最后,检查增压器与缸套封水圈。方法是打开机体两侧与增压器相对应的观察孔,检查渗漏下来的冷却水,若从机体上部渗漏,则说明与之对应的增压器支承体有裂纹,应更换增压器,这种情况一般发生在冬季,停机后增压器支承体内的冷却水未放净而冻裂所致;若从缸套与机体缸套孔处渗漏,则说明该缸套已严重穴蚀,缸套上的1个矩形和3个O形封水圈均密封不好,应拆卸缸套检查,更换该缸套全部封水圈或缸套,这种情况很少发生。根据多年的修理经验,冷却水由缸套处渗漏至油底壳内的可能性很小,而主要的渗漏途径是冷却水泵、油冷器和增压器。

(三)结论

以上,对柴油机油底壳进水的故障进行了总结与分析,我认为这一分析很有必要,因为只要掌握了这些方法,就能快速判断出故障原因,从而找出解决问题的办法,大大提高工作效率。

八、从使用维护保养角度谈柴油机发生故障的原因

(一)问题的产生

在多年的柴油机修理过程中,我发现由于零件的自然磨损、变形以及使用维护保养不良和修理质量等方面的原因,致使柴油机性能下降,甚至不能正常运行的现象很普遍,据现场调查分析,柴油机故障的发生,大部分是由于使用时不遵守操作规程,不注意保养引起的。因此正确地使用和及时保养是防止和减少故障,提高柴油机耐久性和使用寿命的最有效办法。

(二)原因分析

1. 违章操作引起故障的原因

操作者没有严格按照操作规程进行操作,使柴油机正常工作条件受到破坏,零部件受损,引起故障。常见操作错误如下。

1)新机或大修机的启用

(1)新机在出厂时为了防止锈蚀,内外已涂上油封,柴油机安装好之后没有经过除油封处理就启动,导致"飞车"事故的发生。

(2)新机或大修机未经磨合运转,而直接带负荷使用,造成零部件严重磨损,甚至出现活塞卡住、拉缸和烧瓦等严重事故。

2)启动前的准备与检查

(1)忘记加机油就启动,使柴油机发生粘缸、烧瓦、转不动等故障。

(2)启动前不用预供油泵就直接启动,使摩擦表面干磨,引起零件磨损以及产生拉缸、烧瓦事故。

(3)冬季启动前不进行预热机油和冷却水,造成拉缸、烧瓦事故。

(4)不装空气滤清器启动,使杂质进入汽缸,造成气门与气门座、缸套和活塞环的早期磨损。

(5)机油量不足,使柴油机润滑条件恶化,造成零件表面严重磨损,甚至出现表面拉伤、烧损现象。

(6)电瓶接线不牢,启动时打火烧损极柱。

(7)启动前不做盘车检查。如冷却水进入汽缸,操作者强行启动而顶弯连杆或损坏其他零件。

3)启动及运行

(1)用电启动时,按启动开关时间过长,使电瓶或启动机发热而损坏。

(2)用电启动时,柴油机启动后又突然停止,曲轴还没有停转就按启动开关,打坏启动机的齿轮。

(3)冷车启动时,不进行暖机运行而直接带负荷使用,造成零件表面严重磨损和拉伤。

(4)长期怠速运转,使柴油雾化不良,燃烧不完全而积炭。积炭的形成,不仅加速缸套、活塞及环的磨损,而且堆积到气门与气门座之间,引起气门漏气、发动机功率不足、气门烧损等故障。

(5)长期超负荷、超速运转,使发动机冒黑烟,燃烧不完全而产生积炭,加速零件磨损和产生疲劳破坏,如轴瓦合金层疲劳脱落、曲轴断裂等故障发生。

(6)柴油机运转过程中,机油和冷却水的温度维持过低而使零件早期磨损。

(7)柴油机工作时猛轰油门,一方面由于油门猛加大,吸气量短时间内供应不足,柴油机冒黑烟,产生积炭;另一方面供油量突然增大,转速由低速猛增到高速,对曲轴连杆机构产生冲击力,影响强度和加大磨损;再者调速器来不及使用,产生瞬时超速易引起"飞车"事故。

(8)柴油机工作中骤冷骤热。如:冬季启动时,有的操作者为了方便启动,先将柴油机启动后再加冷却水;柴油机在缺水开锅时突然加大量冷水等。这些都会引起机体、汽缸盖与缸套的炸裂。

4)柴油机停车

(1)用减压机构停车,造成气门和气门导管烧坏、气门弹簧断裂以及高温下吸入冷空气导致汽缸盖突然冷却而开裂等故障。

(2)带负荷停车,使受热零件造成配合破坏或出现骤冷裂纹。

(3)停车前卸去负荷后,没有降速、降温,突然停车而引起粘缸、粘瓦等故障。

(4)冬季停车后,超过半小时没放冷却水,引起机体、汽缸盖、缸套的冻裂。

(5)长期停车未做封存准备,使雨水等进入汽缸内产生锈蚀。

2. 使用维护保养不良

柴油机在使用过程中,没有按照维护保养规程进行检查、清洗和调整,致使有关零部件产生污堵现象,破坏了柴油机正常的工作条件,引起故障。常见的维护保养不良情况如下。

1)进、排气系统

(1)不按时清洗或更换空气滤芯;油浴式滤清器机油面加得过高。这些都会使滤清效果降低,供气量不足,柴油机工作无力、冒黑烟、燃烧室积炭,缸套、活塞及环早期磨损。

(2)柴油机工作中由于排气管及排气道积炭,不按时清洗而影响排气,使发动机出现功率不足等。

(3)不按期检查和调整气门间隙。因气门间隙过大,工作中气门与气门座撞击加大,加速磨损,易引起气门、气门弹簧断裂等故障。

2)燃油供给系统

(1)柴油未经过沉淀即运转中向油箱内加油;不按时清洗或更换燃油滤芯,不定期清洗油箱。这些均会使杂质进入燃油供给系统,堵塞油路,供油量不足,造成柴油机功率不足、启动困难。同时大量的杂质进入,使精密偶件(如喷油泵柱塞偶件、喷油嘴偶件)造成严重磨损或卡死。

(2)不检查清洗油箱通气孔,而使通气孔堵死,柴油机工作时油箱内部形成真空,断油停车。

(3)不定期检查和调整供油提前角,使供油提前角变大或变小,各缸供油间隔和供油量不均匀,燃烧情况进一步恶化,出现转速不稳定或启动不着等故障。

3)润滑系统

(1)加油工具不清洁,不按时清洗或更换机油滤芯、机油;不定期清洗油底壳和油道等,使杂质进入发动机内部,造成润滑条件恶化,引起零件表面磨损、划伤及烧损等故障。

(2)加机油过多。油面过高,机油容易窜入汽缸燃烧,产生大量积炭加速零件磨损,柴油机冒蓝烟,还会引起"飞车"事故。

(3)使用不合格的机油,如冬季用了夏季用的机油,使机油过粘,油压高,特别是夏季用了冬季机油,由于机油过稀,零件配合面之间油膜形成困难,而出现粘缸、烧瓦等故障。

4)冷却系统

(1)使用未经软化的井水或自来水,造成冷却系积水垢太多而影响冷却效果,柴油机出现水温过高等故障。

(2)不定期清洗冷却系水垢,使柴油机散热不良引起高温而烧损零件。

5)电动机系统

电动机系统出现的故障与清洁程度有直接关系。如电瓶电解液不清洁和混有金属杂质造成内部短路;各接触点、接触线有污垢,增加接触电阻而发热;因污垢接触不良,产生火花或使接线柱和触点烧损。

(三)具体预防措施

柴油机发生故障,不仅影响其正常使用,而且会造成性能恶化、使用寿命缩短,有时还会引起更大事故的发生。因此必须采取有效的预防措施。

(1)提高操作者的技术素质,操作者在使用柴油机前必须进行技术培训或学习,使他们掌握柴油机的构造、工作原理、性能和用途,掌握使用操作和维护保养方法。

(2)严格按照操作规程进行操作,必须掌握柴油机使用保养说明书和操作规程标准,并在实际工作中严格执行。

(3)操作者在日常工作中必须严格地按照维护保养要求,进行定期强制保养工作。但也要考虑工作的环境条件,如在风沙大的地区可采用缩短保养周期的办法。不要等到空气、机油或柴油滤芯堵塞,气门间隙过大等故障发生了,才进行清洗、检查和调整。

(4)严格按规定使用合格的柴油、机油和冷却水,并按季节变化更换相应的型号。

(5)加强管理,在工作中及时消除三漏(漏油、水、气),对一切故障要及时处理。

(四)结论

以上列举的故障发生原因,都是在实践中总结出来的。有关人员对柴油机的正确使用维护和保养应高度重视,并从中借鉴,从而可以及时避免或减少发动机故障的发生。

九、活塞"偏缸"的判断及预防

(一)问题的产生

发动机在维修时,经常遇到活塞连杆组装入汽缸后向汽缸内一侧偏斜的现象,即活塞中心线与汽缸中心线不重合,生产中称这种现象为"偏缸"。活塞连杆组在装配中,如各零件形位公差不符合技术要求,将使活塞在汽缸中产生偏斜,应根据实际情况进行计算。当活塞在汽缸中偏斜量在100mm长度上为0.03mm时,活塞对缸壁的压力可达147N,而发动机装配后转动曲轴时,所需的力矩将成倍增加,达到196~245N·m;若偏斜量在200mm长度上为0.17~0.18mm时,则汽缸的磨损量将增加30%~40%。偏缸的结果将导致汽缸密封不良,功率下降,油耗增加,活塞、活塞环及汽缸套等相关零件早期磨损,缩短发动机的使用寿命,严重时还会发生咬缸事故,使发动机无法正常工作。

(二)原因分析

1. 活塞"偏缸"的原因

产生"偏缸"的因素很多,就使用维修而言,通常有以下几点:

(1)汽缸体或汽缸套产生变形,使汽缸中心线对曲轴主轴承孔中心线的垂直误差超限,引起"偏缸"。

(2)曲轴产生弯、扭变形,没有按照修理技术标准进行检查和修理,使连杆轴径中心线与主轴径中心线平行度误差超限,或两个中心线虽然平行,但不在同一平面内,造成活塞出现"偏缸"。

(3)连杆产生弯、扭变形,没有按照技术规范进行校正,导致活塞"偏缸"。

(4)汽缸套支撑台阶与汽缸套结合面的平面度不符合标准规定,或者二者之间夹有杂物,也会导致活塞在汽缸中"偏斜"。

(5)连杆轴径圆柱度误差超限,使连杆与曲轴主轴径中心线不垂直,导致活塞压向缸壁前后侧面,产生"偏缸"。

(6)连杆小头衬套加工不符合技术要求,或搪削连杆瓦时连杆打头孔中心线与连杆小头衬套中心线不平行,导致装机后出现"偏缸"。

(7)活塞销孔加工不符合标准规定,使活塞销孔中心线与活塞裙部中心线不垂直,导致活塞歪斜,产生"偏缸"。

2. 判断方法

如果所有的活塞在汽缸上、中、下部位都偏斜于同一方向,则说明汽缸中心线与曲轴主轴承径不垂直;如果仅个别或几个活塞在汽缸上、中、下部位朝同一方向偏斜,其原因可能是连杆弯曲,使上下轴承中心线不平行,或活塞销孔及小头衬套铰偏,使活塞销孔中心线或连杆小头中心线与活塞中心线不垂直;如果活塞在汽缸上、中、下部位朝不同方向偏斜,其情况有以下两种:

(1)活塞在上、下止点时改变偏斜方向,这多属于连杆轴径的锥度过大所致。

(2)活塞在上、下止点位置不"偏缸",在汽缸的中部位置"偏缸",这主要是由于连杆扭曲而使连杆小头孔与大头孔中心线不在同一平面内造成的。

(三)预防措施

(1)总装前要严格检查以下零部件的技术状况,必须符合技术标准规定才能装配。

汽缸体的技术状况视情况检查,特别是对发生烧瓦、粘缸、抱轴等重大事故及一些使用时间较长、技术状况差的机型,更应仔细检查,必要时进行处理,使之符合技术要求;检查和校正连杆的弯、扭变形使之符合技术要求;曲轴连杆轴径的中心线与主轴径中心线的平行度误差,连杆轴径的圆柱度误差应符合标准规定。

(2)按装配工艺要求装配活塞连杆组。

连杆与活塞销、活塞按规定的装配工艺装配后,除应再测活塞裙部的椭圆外,还应检查活塞裙部母线与连杆大端的垂直度,使其符合标准规定。否则应对有关零件分别进行检查,直至符合技术要求时,才允许将活塞连杆组装入汽缸。

(3)检查活塞"偏缸"。将不带活塞环的活塞连杆组装入汽缸内,并按规定拧紧各道轴承螺母,然后摇转曲轴,分别使活塞顶部处于汽缸上、中、下位置,用厚薄规检查活塞头部两边汽缸的间隙,一般情况下两边间隙差应不大于0.1mm。否则,说明产生了"偏缸"故障,应查明原因,予以排除。

(四)结论

通过以上做法,可以很好地避免活塞偏缸现象的发生,从而延长发动机的使用寿命,减少重大事故的发生,提高工作效率。

十、紧急情况下 Z12V190B 型柴油机高压油泵的更换

(一)问题的产生

2002年3月,我接到去钻井施工现场处理高压油泵柱塞卡死的任务。

当赶到现场时,发现这台柴油机高压泵的 12 个柱塞全部卡死,致使柴油机无法运转,同时由于井底情况复杂,并伴有井涌现象发生,钻井液已窜至钻台高度,时刻有发生井喷的危险,后果不堪设想,为此,在紧急情况下能够快速有效地更换高压油泵极为重要。

(二)问题分析

通过现场分析,故障原因是由于柴油机维护人员的疏忽大意,没有及时给高压油泵、调速器添加润滑油或长时间没有对柴油滤清器进行维护和清洗,很容易造成高压油泵柱塞、出油阀、喷油嘴卡死和卡滞现象的发生。

(三)处理过程

(1)一人盘车,另外两人迅速拆卸高压油泵。
(2)待拆卸完毕后,迅速将新换高压油泵及上油管线固定到高压油泵支架上。
(3)将高压油泵联结法兰与传动装置上的联结法兰零对零固定。
(4)将两排缸供油量的调解拉杆安装后直接启车,带动钻井泵运转。
(5)在柴油机运转的同时,根据两排缸的排气温度把拉杆调整到相对准确的位置,待压井完毕后,再停车按标准校对供油提前角和两排缸的供油量。

如果当时按常规方法校对供油提前角和两排缸的供油量,至少多需要 20min 时间,用这种处理方法至少能节省 20min。同时,由于柴油机能及时带动钻井泵运转来处理钻井液和压井,因此在一定程度上能够避免井喷等重大事故的发生。

在不同情况下可以有不同的处理方法,有时会遇到柴油机高压油泵尺条卡滞而又没有完全卡死的现象,使柴油机无法正常运转,而井队又急需柴油机运转起来。这时,我们可以用手锤来回敲打调解拉杆,待有一定活动余地后,用手握住调解拉杆加力,启动柴油机,使其能在较为平稳的状态下运行,这样两个人轮班把握拉杆加力,待紧急情况被制止住后,重新更换高压油泵。

(四)结论

用这些方法能够快速更换 Z12V190B 型柴油机的高压油泵,避免重大事故的发生,因此我认为,此种经验非常值得借鉴。

十一、EQ140-6100 发动机正时齿轮损坏的故障处理

2003年8月,一台装有6100发动机的东风卡车因无法发动而抛锚,不管如何启动发动机,就是发动不起来。

(一)故障现象

发动机突然熄火,并再也无法启动。用手半捂住化油器进气口,再启动发动机,手上有交替且有节奏的吸气和排气的感觉。

(二)故障分析

造成此故障可能有以下几种情况:
(1)电路故障。
(2)油路故障。
(3)机械部件损坏(正时齿轮损坏或键滚)。

(三)故障排除

(1)检查电路:打开分电器,转动发动机,发现其分火头并不随发动机转动而旋转。用螺丝刀拨动白金,分缸高压火正常。
(2)检查油路:经检查汽油泵、化油器均正常。
(3)打开正时齿轮罩,发现正时齿轮损坏。因为正时齿轮被打坏后,凸轮轴将不再随曲轴转动,发动机内原先开启的进气门将始终保持开启的位置。若这时曲轴转动,将带动活塞往复运动,就会出现有节奏的吸气和排气现象。

十二、机油压力过低的故障处理

机油压力过低的故障是很常见的,2001年5月,一台6100Q发动机由于机油压力过低而不能正常使用。虽经过几次维修,但还是未彻底排除。

(一)故障现象

在发动机正常运转的情况下,机油压力表指针指示值低于规定的技术

要求(正常值为 300~500 kPa)。

(二)故障分析

(1)机油泵损坏。

(2)润滑系各部件密封性能变差。

(3)机油粘度过低。

(4)发动机轴瓦间隙过大。

(5)润滑系限压阀压力调整不当或弹簧过软。

(6)机油不足。

(7)机油集滤器堵塞。

(三)故障排除

(1)将机油感应塞拧下,启动发动机,机油溢出很少。

(2)检查机油盘储油量和粘度均正常。

(3)检查机油管线接口并无损坏或松脱。

(4)打开机油盘,检查机油集滤器和机油泵并无异常。

常规操作是:对限压阀、连杆瓦主轴瓦配合间隙、主油道进行逐一检查,比较费事。这里,我们采用打气法进行诊断。其方法是:卸下机油泵,从缸体进油口处压入 0.3~0.4MPa 的高压空气,然后仔细观察润滑系的各处漏气情况。哪个地方漏气严重,哪个地方就可能是大量泄漏机油的部位。用此方法检查后发现,该发动机凸轮轴正时齿轮盖处漏气严重。经拆检,证实故障果然是该处机油限压阀被卡死,正是此原因,导致机油压力过低。

这样做,诊断简单,准确无误,可大大提高修理工效。

第三节 锅 炉

一、锅炉内水压过高的原因与处理

(一)故障现象

车载锅炉水压过高不但影响锅炉的正常使用,还会造成供水泵的损坏。

(二)故障分析

通常立式锅炉的供水是由水泵强制供应锅炉用水,供水线路是:水泵从水箱吸入的水送入水线路,经过单流阀进入锅炉的上盘管,进行水的初预热。经过初预热的水再通过上盘管与下盘管的连接管进入下盘管,水在下盘管继续加热。通过下盘管出水口经由下盘管与中盘管的U形连接管进入中盘管,进入中盘管后再次加热形成高压水蒸气,高压水蒸气通过工作阀的控制排出。

(三)故障排除

(1)了解了锅炉内水的流程和方向,我们就可以对水压过高的问题进行查找。首先检查第一关口即来水的单流阀。单流阀只能从水泵流向锅炉,而不能反方向流动。单流阀的组成是由一个弹簧和一个阀球组成的,工作原理是带有压力的水克服弹簧的弹力顶开球阀,进入锅炉上盘管。如果单流阀的压力弹簧损坏,水泵打出的高压水将单流阀内的阀球顶入阀体的出水口,这时的供水压力会迅速升高,造成水泵的损坏。

检查和处理办法是:一旦发现水泵运转困难,转速缓慢,水泵有不正常响声,迅速停车,检查单流阀是否损坏。拆下单流阀,检查其弹簧是否损坏,球阀是否卡死,如果损坏更换新的弹簧和阀球。

(2)锅炉水循环时,由上盘管进入下盘管时经过中间的连接管,由于连接管有一定的弯曲度,所以使管内流动的水增加了阻力。由于长期使用所形成的水垢凝结在管线弯曲和接头焊接部位,时间久了就会造成管路的堵塞,使水流不畅,水压升高。

检查和处理办法是:拆下上盘管与下盘管的连接管,查看是否有水垢和堵塞,检查上、下盘管接头处是否有水垢堵塞现象,如有清除水垢及杂物,通畅管线。

(3)锅炉内的水经下盘管后温度不断升高,再经下盘管出水口,通过U形连接管进入中盘管。由于下盘管到中盘管距离较近,所以用一个较短的U形管。由于其特殊形状,极易在U形管中堆积水垢,致使堵塞管路,水压升高。

处理办法是拆下U形管,清理堆积的水垢,清理两管接头处的水垢,通畅管线。

(4)水进入中盘管后迅速升温形成蒸汽,高压蒸汽经蒸汽包、工作阀排出,由于蒸汽包和工作阀管路弯曲窄小,极易产生水垢,造成堵塞。由于出口不畅,使炉内压力升高。

处理办法是将蒸汽包、工作阀全拆开,清理其管接头和汽包内部和工作阀内部的堵塞水垢,使其畅通无阻。

(5)上述几处经查如无堵塞,再检查盘管是否有堵塞,如有堵塞给予通畅,或更换新的盘管。

二、热洗炉积灰原因探析及其操作注意事项

(一)故障现象

在报修的热洗车中,热洗炉烟大、烧不起温度为最常见故障。在修理实践中我们发现,热洗炉发生此故障的根本原因在于热洗炉积灰。

(二)故障分析

热洗炉积灰的化学成分很复杂,原因也比较多,主要有以下几点:

(1)燃料中含有泥沙和杂质,使管外积灰。燃料中的灰分(主要是指油中的钠、钒、硫和其他杂质含量)和粘度对积灰影响较大,必须加以控制。

(2)燃料燃烧是否完全,对管外积灰影响很大。燃料不完全燃烧时形成的灰分混合物极易粘附在盘管外壁并且不易除去,这种灰分混合物的存在能加快灰分的生成。一旦形成灰分混合物,盘管积灰的周期就会大为缩短。

(3)加热炉结构上不合理导致管外结灰。主要结构影响因素有:内盘管未能形成密排筒形水冷炉膛,外盘管与炉壁间隙尺寸不合适,盘管间距不符合要求及锅炉安装时有漏风的地方等。同时,在结构上卧式炉较立式炉易结灰、对流管较辐射管易结灰。

(4)操作上的不当是结灰的重要因素。操作时风量不够及燃油雾化不好,会导致不完全燃烧,从而形成灰分混合物。

(三)故障排除

热洗炉积灰后,常见的修理方法是将热洗炉打开进行盘管外部清洗,同时在修理热洗炉时应注意以下几点:

(1)更换新盘管时必须注意盘管的质量,尤其是要注意盘管内炉壁的致密情况,若盘管比较松散则要更换。同时,盘管安放时注意与炉皮的间隔应符合技术要求的有关规定。

(2)砌炉砖时,必须注意炉砖二次进风口的V形开口形状及通风情况,炉砖端口面必须平齐。

(3)炉皮必须密封严密,尤其是烟筒出口处。

(4)清洗热洗炉盘管时,先用物理手段清除积灰,再用高压清洗枪清除盘管缝隙中的积灰,最后酸洗盘管灰分:将盘管放入5%的盐酸水溶液中浸泡1~2h,然后用5%的氢氧化钠溶液浸泡2~5h,再用高压清水洗盘管。清洗后的盘管应喷涂红色或黑色漆料,然后再安装。

(四)为防止加热炉结灰的几点注意事项

(1)及时利用蒸汽除灰。蒸汽压力为2.5~4MPa为宜。

(2)吹灰时应将防爆口卸开,加热炉底部放液丝堵拧开,开机供风,将干蒸汽通入吹灭器接管。

(3)新炉或换盘管后,开始工作后,应每1~2月吹灰一次,随着工作小时的增加,吹灰周期亦应缩短。我们建议每工作50h吹灰一次。

(4)选择好燃油的型号,及时调整供风量与燃油量的比例,保证燃油的充分燃烧,防止灰分的生成。

(五)操作规程

要保证热洗炉尽量少积灰或延长积灰的时间,必须规范操作手的操作行为,减少热洗炉的积灰频率,提高热洗炉的使用质量和使用寿命。

(1)工作中随时注意燃烧室内的燃烧情况(从观察孔监视火势)及排烟情况是否正常,并及时调整供风量与燃油量的比例。黑烟排出将尽而稍带有白色的烟气一般表示炉内燃烧比较完全。

(2)注意加热炉壳体各连接处是否紧固牢靠、密封,有无漏烟、漏气情况。

(3)注意加热炉内盘管不能有干烧情况发生。

(4)注意盘管排出压力及温度变化是否正常,其最大压力及温度不能超过规定数值。最大压力不超过20MPa,最高温度不超过160℃。

(5)每次工作中要及时、准确做好加热使用记录,如工作时数,加热压力、温度、注入井内排量、累计加热工作小时数等。

(6)点火时应先开点火开关,后开供燃油开关。每次点火时间不超过

15s，若第一次点火不着时，应暂停点火1~2min（供风不停，以便吹掉炉膛内的燃油油雾），再进行第二次点火，必要时可停车查明原因及时整修。

(7) 工作中途，因风吹炉灭时，不能停泵，只能关闭燃油开关，待吹去炉内的燃油油雾后，再重新点火。

(8) 加热炉排出介质温度大于100℃时，禁止停泵，应先关闭供燃油，继续供风，待排出介质温度降至40~50℃时方能停泵。

(9) 工作时井口压力超过12MPa时，只能用汽车2挡排量。此时应特别注意温度上升情况，如温度急速上升，必须调小供燃油量或关闭供燃油，并查明原因。

(10) 如果工作结束时发现燃烧室内有火，只能关闭供燃油，继续用风机鼓风吹灭火，禁止用水浇灭，以防止炉砖爆裂，并且此时应立即停机。也可用灭火器通入炉内导管施放灭火剂灭火，但必须在短时间内将机器运离井场。

(11) 每1~2月应冷试压一次，盘管压力为20MPa。

(12) 每1~2月应用水循环冲洗盘管内管道一次（使用汽车6挡排量）。

(13) 每1~2月应用干蒸汽通入吹灭器接管，并卸开防爆口，加热炉底部放液丝堵，开机供风。用蒸汽与供风吹除盘管外壁上的积灰。

(14) 加热炉工作时，操作者和司机不能随意离开岗位。

第四节 底盘传动

一、汽车发动机、变速箱、分动箱、差速器内部机件损坏快速鉴定方法

(一) 故障现象

当汽车发动机、变速箱、分动箱、差速器内部润滑油总成有严重异常现象，或发生异响、高温、运转不正常时，除采用我们常用的听、看、摸、闻等综合手段判断外，还可以用一个清洁的小油盆，把怀疑有问题部位的放油丝堵打开，接一些润滑油在盆内，然后拿其到亮光处进行分析。

(二) 故障分析

第一，检查润滑油油质。首先闻一闻润滑油的气味，如果是发动机放出

的油有较重的汽油味或柴油味,手摸油有明显变稀现象,这时可以考虑是汽缸、活塞和活塞环有损坏现象。其次看看润滑油的颜色,如果润滑油变成了乳白色,这可能是汽缸垫、水道密封圈损坏。如果情况很严重,还有可能是汽缸盖、汽缸体产生了裂纹。如果润滑油变成深黑色,通常是活塞环磨损严重或有折断现象。

第二,检查润滑油的杂质。用手指蘸点润滑油,捻一下如有小颗粒的感觉,朝向光亮处观察,如呈现白亮的粉末状,则说明轴承、齿轮因间隙过小而磨损;如是黄色亮粉末状,可能是半轴垫片、星形齿轮垫片、曲轴止推轴承等磨损严重;如果变速箱放出的润滑油有这种现象,则说明同步器磨损严重。

第三,形状和材质分析。用手把润滑油下面的沉淀物捞出来,用汽油洗净后再对这些沉淀物的形状和材质进行分析,齿轮碎块和轴承碎块很容易辨认,这样就可以大致确定是什么部位的机件损坏了。如是胶木或尼龙的碎块,可以确定是正时齿轮掉下来的碎块;如是轴瓦合金材料,可以判断为轴瓦损坏;如是条状或卷状的铁质残片,可能是轴承架或轴承背片损坏。

用上述方法再结合听、看、摸、闻等外部判断,一般情况下都会得到准确判断零件损坏的部位的效果,这样就可以有效避免盲目查找和拆检有故障部位的误工损失。

二、关于前桥驱动式轿车轴头轴承拆卸与装配的工艺改造

前桥驱动与后桥驱动最大的区别在于前桥驱动不但前轮要有驱动力,而且还需要有转向的性能。后桥驱动则没有后者的要求。所以前桥驱动的车辆在设计与制造上运用了很高的技术和复杂的工艺。

它的构造是:该轴头轴承的外圆与前悬挂的羊角总成相配合,轴头连接盘与轴头轴承内圆相配合,轴承的内、外圆与两构件装备都是过盈配合。

(一)故障现象

车辆在行驶过程中,轴头轴承很容易磨损,当磨损超过使用极限时,就必须更换。

(二)故障分析

当进厂车辆需要更换该轴轴承时,难度都很大。轴承内外圆过盈量很

大,此件又是装配在独立悬挂的羊角轴承座上,以往拆装时用手锤、铜棒强行击出轴承,再用同样的方法装配轴承。用这种普通的方法拆卸与装配既容易损坏配件,修理工期又长,质量和安全都不能保证。

(三) 故障排除

针对这个问题,我们反复思考、分析,是否能用一种简便、合理的方法来解决这一问题。

(1) 用液压加力的方法解决这一问题,为此根据该件和相配合件的各部尺寸,自行设计和加工了一个胎具和一个压杆,同时制作了一个相配套的简易压力架。

(2) 采用该拆装工具时,首先将悬挂羊角轴头总成从前桥上拆下,把分解件的轴承座外端放在胎具平面上,用压杆相配合的一端压在轴头连接盘上,用液压千斤顶将轴头连接盘压出,再用内卡簧钳将轴头轴承两侧的卡簧取出。

(3) 将分解件的外端放在胎具平面上,用压杆的另一端把轴承压出(此端与被拆下轴承的面相配合),整个轴承拆卸完毕。

(4) 安装新轴承时,工序相反。

(四) 运用该工具的效果

该工具运用到此项修理中,节省时间、劳力,提高效益,保证了配件的完好性,提高了修理质量。

三、关于小型车半浮式半轴拆卸与装配的工艺改造

(一) 故障现象

我维修站以修理小型车为主。现在生产的车辆在半轴构造上有很大的变化,以前小型车辆多数是全浮式半轴,现在多数是半浮式构造,所以在修理该部位时,半轴存在不易拉取检修的问题。

(二) 故障分析

因半浮式和全浮式半轴在构造上有很大的区别。所谓半浮式半轴有两

个作用:(1)承受载荷;(2)传递扭力。半浮式半轴是通过一个圆柱式向心轴承与后桥连接。轴承装配时,内外直径都有一个过盈量,无论哪种车型半浮式半轴,在拉取半轴时过盈量的阻力很大,通常都是用手锤或撬杠拆卸,既浪费人力、易损配件,又不安全。

(三)故障排除

我们自行设计、制造了半浮式半轴拆卸工具。本工具所要解决的技术问题是针对该修理中存在的问题,而提供一种既省力、又安全的汽车半轴拆卸工具。

这种工具可通过如下技术方案达到其目的:与汽车后桥半轴轴头相配合的有圆盘,该圆盘的另一侧装有轴,轴上套有惯性锤及限位盘。圆盘有与半轴轴头上安装的螺栓相对应的 4 个、5 个或 6 个条形径向孔,即圆的 4,5,6 等分。圆盘上也可有与半轴轴头安装的螺栓相对合的 10 个条形径向孔。其中有两孔的周向宽度大于其余孔的宽度,夹角为 90°,72°或 60°的孔可有 4,5 或 6 个(单轮轮胎螺栓为 4,5 或 6 个都可通用)。由以上构成的拆卸器,其中圆盘装于汽车后桥半轴轴上,在惯性锤的反复作用下克服过盈量的阻力而取下,达到拆卸的目的。

(四)运用该工具的效果

由于多种半浮式半轴都与轮胎用螺栓连接为一体,所以在修理该部位时,半轴拆卸比较困难。根据这种结构,用该拆卸器节省劳力,减少配件在修理过程中的损坏,达到高效、优质的目的。

四、130 面包车前制动不灵的故障处理

(一)故障现象

2002 年 3 月,外单位一辆北京 130 面包车来我厂检修,此车的刹车不灵已有很长时间了。我们首先进行了一次定点刹车路试,在观察其刹车距离时感到达不到要求,随后进行了调整。在试刹车时,后轮刹车有明显的拖

印,而前轮只有轻微的压花,制动性能达不到。

(二) 故障原因分析

针对以上现象,经分析怀疑有以下几点原因:
(1) 前蹄片磨损严重或烧焦,制动力不够。
(2) 前分泵渗油,制动力不够。
(3) 前制动毂失圆或有裂痕。
(4) 前制动各路制动油管线有渗漏现象。
(5) 制动系统的刹车油杂质较多,堵塞了油路。

(三) 故障处理

根据以上故障原因进行分析,对每一可能造成刹车失灵因素进行排查:
(1) 解体前侧车左、右制动系统,检查蹄片磨损不大,没有烧焦现象。
(2) 检查前左、右轮刹车分泵的工作性能,经查各轮分泵工作均正常。
(3) 检查前左、右制动毂,经检查制动毂有一定的磨损,但没有失圆,也无裂痕。
(4) 检查前左、右轮制动系各制动油路管线没有渗漏现象,并按要求进行了调整、紧固。
(5) 检查制动系制动液的油类品质是否合格,并更换了品质合格的制动液。
完成以上检查、调整步骤后,再次试车发现,还是没有明显的好转。但当倒车制动时,意外地发现两前轮有明显的拖印现象,于是又试了几次,依然如此。在重新拆检前轮时,发现前面左、右两轮的制动盘被装反了,随后对换两制动盘后调整试车,刹车就非常好用了。

(四) 总结

通过这次故障的排除,使我们更加了解了单项平衡式车轮、制动器的工作原理:制动时此制动系统具有自动助势作用,如果正确安装,它能起到自动助势、加大制动力矩的作用,否则就起减势作用。所以,单项平衡式车轮制动器及左右制动盘不能反装。

五、北方奔驰 2629 中桥制动系统失灵的故障处理

(一)故障现象

2003年11月,北方奔驰2629大型载重车在运输途中忽然发现中桥制动气压表归零,中桥制动系统失灵。在现场检修调试无效的情况下,送往修理厂进行检修。

(二)故障原因分析

在检修前进行了故障分析。
(1)打气泵是否工作不正常、皮带轮有无丢转现象。
(2)中桥制动系统输气管线是否有漏气或堵塞之处。
(3)制动总泵阀体是否卡死、破损或有泄压、渗漏气现象。
(4)中桥制动分泵皮碗是否卡死、破损、或有泄压、渗漏气现象。
(5)是否气压分配阀出现故障,气流到不了储气筒,从而使中桥制动系统失灵。

(三)故障排除

根据以上可能存在的各种故障原因,制定了维修计划,并按照由简单到复杂的步骤去排除故障,具体过程如下:

第一步:检查打气泵。经检查,打气泵的单项阀片及阀片弹簧工作性能良好,活塞体工作正常,皮带轮工作时没有丢转现象。

第二步:检查中桥制动系统输气管线、经检查,输气管线没有渗漏、堵塞故障。

第三步:检查制动系总泵阀体。经检查,总泵阀体各部件工作正常,没有泄压、渗漏气故障。

第四步:检查中桥制动分泵。经检查,各分泵工作均正常。

第五步:检查气压分配阀。检查中发现,气流到分配阀之前是通畅的,到分配阀体内,后桥阀气路通畅进入储气筒,而中桥气路不通,气流到不了中桥储气筒。这时,断定是分配阀中桥气路有故障。

针对这一故障现象,经多次观察试验发现是气阀皮碗弹簧强度过大,气流压力顶不开通向中桥储气筒的单向阀,从而造成了中桥制动系统失灵。于是把分配阀中桥气路的单向阀部分解体,把皮碗压缩弹簧取出来,用砂轮磨掉2mm左右,用以减轻皮碗单向阀的压力。

完成了上述步骤后,组装,再次试车。经路试观察,中桥制动系统气压表显示正常,中桥制动系统恢复正常工作。

(四)总结

通过这次故障排除使我们深深认识到,做任何工作都要认真,要亲自动手,只要大家共同努力,充分发挥集体的智慧,没有解决不了的难题。

六、宣化140推土机后驱动故障的排除

2002年6月,宣化140推土机在施工中出现了动力不足,带不动负荷的现象。车队保养站对该车进行检修,排除了故障。

(一)故障现象

宣化140推土机在施工作业过程中,当机体工作温度较高时,左、右后驱动系统失灵,推土机不能正常工作。当停机1h以后,机体温度下降,启动后还能工作30min左右,但动力不足。遇较大负荷时,左、右驱动还是不工作。

(二)故障原因分析

针对这一不正常现象,我们组织人力进行了分析,分析影响后驱动系统不能正常工作的原因有以下几点:

(1)液压泵泄压,所输送的工作液压油达不到额定压力,不能充分地打开其工作阀体,使离合器半联动,从而造成驱动力不够。

(2)当液压油温度较高时,油的粘度降低,流动性较好,加之各部运动机件间隙较大,有泄压的可能,从而达不到驱动要求的工作压力。

(3)液压油内有杂质堵塞了过滤系统,油路不畅,有憋压现象。

(4)左、右后驱动离合器摩擦片严重磨损,动力传不出来或制动力不够。

(5)液压驱动系统的分配阀有泄压、渗油现象。

(三)故障排除

根据以上可能存在的各种故障原因,拟定了维修计划,并设计加工了一个检查各部液压油工作状态压力的试压表。从液压泵输出端到驱动分配阀,各部的压力逐一进行检测,观察输油泵及各部阀体的工作压力是否正常,具体过程如下:

(1)检查液压泵是否有泄压现象,泵齿磨损是否较严重,泵体输出端的油压是否达到出厂标准压力,不合格处进行调整或更换。

(2)检查液压油的品质是否合格,并换上品质合格的液压油。检查调整各相对运动副间隙,并排除有卸压的现象。

(3)用试压表检查液压工作系统有无堵塞、油路不畅、憋压现象,并清洗了各路滤清器。

(4)检查左、右后驱动离合器摩擦片是否严重磨损,并调整了驱动离合器间隙,使其达到标准要求。

(5)用试压表检查液压驱动系统的分配阀有无泄压、渗漏现象。经检测发现驱动分配阀的工作压力忽高、忽低(即急加油时,试压表指针明显下降,怠速时工作压力有所回升),根据这一不正常的现象确定了故障所在。

(四)处理过程

根据这一不正常的现象,初步断定是液压油输油管线可能有堵塞的地方。于是,拆下怀疑堵塞的高压管线,进行了检查,结果发现是由于高压管线内层胶皮老化起层所至。当液压油温度升高时内衬胶皮随油温的升高而变软,急加油时液压油高速通过管线,冲起起层的内衬胶皮,从而堵塞了油路,造成了驱动系统不能正常工作。更换新高压胶管,故障就排除了。

总结以上分析可以确定,本车所存在的功率不足,主要是由于驱动系统各部机件老化和长时间缺少维护保养所引起的。故障虽然不大,但又一次提醒我们要加强设备的保养和维护,认真对待每一个部件、每一个问题,决不能让设备带病行驶,小毛病很有可能酿成大事故。

第五节 电器电路

一、启动机电磁开关有"嗒嗒"声

(一)故障现象

2001年7月,我厂接到一辆装有QD1211型启动机的汽车,接通点火开关的启动挡时,启动机发出连续而有节奏的"嗒嗒"声,启动机不能带动发动机转动。用其他车辆牵引发动,启动机又能正常工作。

(二)故障分析

(1)电磁开关保持线圈因短路、断路或接触不良,而不能正常工作。当启动机开关接通后,吸拉线圈被短路,活动铁心在弹簧作用下回到使启动机开关断开的位置。此时吸拉线圈短路现象消除,吸拉线圈又能使活动铁心将启动机开关接通,吸拉线圈又出现短路。如此反复动作,电磁开关上的接触盘与启动机开关触点发出连续而有节奏的撞击声。

(2)导线连接部位松动、生锈、脏污或烧蚀,造成启动电路接触不良,启动机启动电流过小,扭矩减小,不足以带动启动机运转。

(3)蓄电池存电不足。

(4)上述(2)、(3)两种情况,当点火开关的启动挡接通时,蓄电池电压将迅速下降,此时吸拉线圈已被短路。当蓄电池电压降到不能保持线圈(并联线圈)正常工作时,活动铁心将在弹簧的作用下向后移动,使启动机开关的触头与接触盘分开。此时吸拉线圈重新通电并产生吸力,活动铁心再次向前移动,将启动机开关电路再次接通。这样,活动铁心反复前后移动,接触盘与触头时而接通又时而断开,故启动机电磁开关会出现连续而有节奏的"嗒嗒"声。

(5)根据以往经验,可以用以下方法判断:①用螺丝刀杆将启动机开关的两接线柱连接,若启动机不转动,说明故障在启动机。此时,若连接处有强烈火花出现为磁场火电枢绕组短路;若无火花为磁场火电枢绕组短路。②用螺丝刀杆将启动机开关的两接线柱连接后若启动机能正常运转,则故障在电磁开关,多为接触盘及开关触头烧灼所致。③晃动蓄电池与启动机的连接线及夹头,若启动机能正常运转,为线路接触不良。应查出发热、烫手或冒火花的部位进行检修。④若启动机不能转动,用车牵引发动后启动机又能正常工作,说蓄电池存电不足,可用高频放电叉作进一步的检查。

(三)故障排除

因用车牵引发动后,启动机又能正常工作,所以用高频放电叉进行检查,蓄电池存电不足,充电或更换蓄电池后,启动机能正常工作。

二、车用变光器损坏的判断和应急办法

东风 EQ140 卡车和经过改装扣棚后的东风系列车型,经使用后发现经常因变光器触点烧坏而造成大灯远近光不亮,给夜间行车带来很大不便。

(一)故障原因分析

在经过多台车的试验后分析发现,造成变光器触点烧坏的主要因素是:
车辆所使用的变光器负荷过小。现有东风车型前面 4 个大灯共同使用一个开关控制钮,所通过的电流强度过大。现有车型变光器负荷只有 100W,按设计只能承担两只大灯的负荷。变光器的设计负荷为,远光 55W,近光 45W。如果使用一个变光器负载两只前大灯是比较正常的,而同时负载 4 个大灯照明,极易因通过的电流大而造成变光器触点烧坏。

(二)故障排除

在实际操作中,如果遇到灯光不亮可按下列顺序进行判断和排除。
(1)首先检查电源的开关是否关闭,如没关闭,检查接头是否松动,并紧固,使之接触良好。
(2)检查保险盒内的远近光熔断丝是否有熔断,或有接触不良的地方。必要时更换新的熔断丝。
(3)检查通过继电器的线路,火线线路是否完好,是否有开裂露线的地方或磨损搭铁。打开大灯开关,把火线拆下用试灯或万用表进行检验,检查

火线是否有电,有电则说明电源通过正常。

(4)检查通往变光器的线路是否有电,可用试灯方式试验,如试灯亮,说明线路正常。

(5)最后检查变光器分往前大灯的线路是否有电,前大灯的灯泡或真空灯芯的灯丝是否有断丝和烧黑现象。如果没有上述症状,就应判断是变光器出现故障,应检查触点是否烧坏或更换新的变光器。

(三)应急方法与措施

在夜间行车出现灯光突然不亮而造成无法正常行驶时,如经判断是变光器出现的故障,应急办法是:

(1)把变光器上的火线(来电线)拆下和两个灯光负载线任意一条线相连,就可以使灯光亮了。如需要远光灯就接到远光灯线上,如需要近光灯就与近光灯线相连。这样就保证了车辆的正常照明。

(2)为了延长变光器的使用寿命可采取分流办法,即把前面左、右4个远光灯线各分出一条支线,用另外一个开关钮控制电源。

以上只是一种应急办法,收车后应及时更换变光器并把地线路恢复原样。这样既延长了变光器和灯光继电器的使用寿命,又可以解决变光器因电流负荷过大而经常烧坏的问题,保证了车辆夜间照明不再出现故障。实践证明,此方法在实际工作中是行之有效的。

第六节 混砂车

一、LTJ5190TH60混砂车车台液压传动系统故障判断与处理方法

(一)故障现象

一台LTJ5190TH60型混砂车自1997年投入使用以来,由于台上液压系统存在设计上的缺陷,在施工过程中经常出现分动箱主轴过热、离合器打滑、砂泵转速不受控制等故障,如不进行有效的处理,会严重影响压裂施工的正常进行及施工质量。在对整个车台液压系统的流程和原理进行细致的了解后,我们针对上述故障进行了有效的处理。

(二)故障分析

(1)在施工过程中分动箱出现的主轴过热的原因是由于此车在设计时

没有考虑到井场的不平整,柴油机动力输出采用是靠背轮方式,而不是万向节式传动方式。在遇有不平井场时,汽车大梁的变形扭曲,造成柴油机与分动箱之间不在同一轴线上,只能靠靠背轮连接缓冲胶垫,克服不了变形,造成主轴轴承径向负荷增大,发热加剧,严重时分动箱输入轴处冒烟。因此,有时不得不中止施工,重新调整车位,找平车位后才能重新施工。

(2)由于原车离合器控制机构不合理,经常造成离合器打滑,离合器片磨损严重,严重地影响了压裂施工。我们通过观察,发现离合器控制缸的力矩不够,不能把离合器有效地锁止,造成离合器半联动和急剧打滑,严重时烧坏离合器。由于是设计上的原因,离合器分离控制缸力矩太小,不足以把离合器有效地锁止在完全结合的状态上。车台发动机还增加了一只打气泵,冬季施工气路故障不断,气压的高低直接影响到离合器的分离。

(3)砂泵转速不受控的解决处理。在压裂施工过程中,此型号混砂车经常发生砂泵转速不受手柄控制的现象。但砂泵转速能缓慢地自动增加,要达到施工需要的转速,需要等待 2~3min 时间,这样对压裂施工速度及施工质量影响太大。

(三)故障排除

(1)在不改变原结构的前提下,我们采用了软质耐油橡胶加工的胶垫取代原有的硬质胶垫,加大了缓冲,解决了主轴发热的问题。

(2)去掉控制缸,改造成为手动分离。通过几年来的运行,至今在用的两台混砂车离合器再没有发生过烧坏现象。

(3)通过一系列试压检查,发现各部压力正常,根据砂泵转速不受控,但压力正常,砂泵转速也能缓慢增加的情况,我们通过细心检查,找到了问题的所在:轴向柱塞变量泵两路控制阀的补偿孔堵塞,造成了手控失灵;由于设计上的原因,本车液压系统只装了一只回油粗滤器,长时间工作,液压油中的杂质不能有效地滤除,造成上述现象。

二、STL-70型混砂车混砂槽密封装置的改造

(一)故障现象

诺斯高 SLF-70 型混砂车使用 5 年后,因混砂槽底部轴承处漏液、漏砂,使轴承损坏,整个混砂系统不能正常工作,因进口密封装置一直不能按

时到货,该车不得不停产。混砂车是压裂施工中不可替代的设备,它的停产,对压裂施工任务的顺利完成造成很大的影响。

(二)故障分析

SLF-70型混砂车的混砂装置为诺斯高专利Condor混砂槽,与传统开式系统相比具有输砂能力强(900kg/min)、混合均匀、变化灵敏的优点。混砂槽为一个垂直放置、弧形面、底部全密封、顶部半密封的圆柱体,压裂砂、液在里面均匀混合,搅拌叶轮速度为1250r/min。叶轮和混砂槽体间采用机械密封。机械密封装置损坏后,压裂携砂液进入底部轴承,造成轴承损坏,使叶轮无法工作,无法实现混砂功能。

(三)故障排除

为了恢复生产,我们对密封装置进行改造,新装置应满足以下条件:
(1)工作转速为0~1250r/min。
(2)工作温度为-40~300℃。
(3)工作压力为0~20psi❶。
(4)密封含有固体颗粒的工作介质。
(5)长效密封。

针对上述要求,我们决定采用金属波纹管这种机械密封装置,动静密封组件材质分别选定为石墨—石墨,碳化钨—碳化钨,硬质合金—硬质合金这三种的组合,进行装配试验。

通过上述三项对比试验,我们发现石墨组合在低温下,表面会发生剥落,不能满足系统要求。碳化钨—碳化钨组合密封对于纯净介质效果良好,而介质中含有固体颗粒时,效果不佳,极易早期磨损,只有硬质合金动静组件能够满足上述技术要求。

首先,选择国内专业厂家成套加工的金属波纹管密封装置,使用中发现,国内生产的产品材质终不能达到国外技术水平。针对这一难题,我们分析静环是密封组合中关键部件,于是将静环改为进口MISSIM水泵的静环组件,动环仍用国产件,装车使用后,性能完全达到原进口件技术要求。

改造后的混砂车立即投入吉林压裂市场,至今施工290余口压裂井,使用良好。

---

❶ 1psi=6.89kPa。

三、混砂车台上柴油机启动故障的排除

压裂大队1999年购进兰通厂组装的混砂车,台上动力为CAT3406型柴油机,在陕北进行压裂施工至今近三年。

(一)故障现象

2002年秋季,在一次井上施工中途柴油机正常熄火后,发现台上柴油机突然无法再次启动,按下启动开关启动机没有任何响应。

(二)故障分析

(1)起初怀疑是从启动开关到启动机之间的线路出现断路,于是对此线路进行检查。按下启动开关,用万用表测量启动机磁力开关的接线端电压,为正常值24V,证明此段线路正常,但启动机没有响应。松开启动开关,电压值恢复为0,证明启动开关正常。

(2)测量启动机磁力开关端的电压也为正常值24V,因此可以断定故障发生在启动机。

(3)由于启动机在短接启动的情况下可以工作,于是暂时排除启动机故障。根据经验,造成启动机无法启动的原因是由于启动机飞轮和柴油机齿圈在启动时最先啮合的齿刚好在一直线,导致启动时轮齿相抵无法正常啮合,一般情况下用"盘车"的方法即可解决。

(三)故障排除

(1)用一根粗电线对启动机的两接线端进行短接,同时按下启动按钮,启动机动作,柴油机正常启动。

(2)在此后的多次施工中,启动机均反应正常,但是又过了一段时间,启动机再次出现启动无响应的现象,用短接的方法故障再次排除。考虑到如果按原来的分析方法判断,故障的出现属于"巧合",但相同的巧合不会频繁出现,于是分析认为启动机有问题。由于当时条件的限制,并没有马上拆下启动机进行检查,在后来一段时间的工作中,启动机又出现过无法启动的现象。故障频率的增加,证实了故障原因确实在启动机。

(3)在条件允许的情况下,拆下该启动机对其进行解体检查。拆下后端盖发现底部沉积许多油泥,碳刷架弹簧局部生锈,磁力开关内部触点平面不光滑,抽出启动机转子后,发现转子轴的两端及部分轴体生锈,而且厚度不均。于是对启动机进行彻底清洗,用汽油将启动机内积存的油泥清洗干净,用细砂纸将转子轴及其他生锈的部位进行磨光。重新组装后将启动机装回原位,经试车,启动机启动灵敏,声音正常,在后来的多半年使用中再没有出现过启动无反应的现象。

该车在陕北施工,工作环境恶劣,灰尘大,空气潮湿,由于生产任务重,未对该车台上的启动机进行保养,造成启动机转子轴生锈,在启动机启动时磁力开关动作的阻力增大,致使启动机无法启动。由此可见,启动机在接线完好的前提下启动无响应,如果用短接法可以排除故障,其故障原因不一定是启动机飞轮和发动机齿圈最先结合的齿相抵,另外也许就是启动机内部不清洁而导致故障的发生。

四、双 S 混砂车台上启动困难的修复

(一)故障现象

压裂二队双 S 混砂车自 2000 年 10 月投产以来在工作时发现冬季经常启动困难,经过排查油路没有发现问题。由于冬季启动需要比较大的电量,而且本车的设计思路是台上和台下共用 1 组电瓶,因此,经分析认为原设计的供电系统难以满足本车冬季启动时所需的电量。

(二)故障分析

经过查询电瓶型号资料,发现这种车的原设计存在有一定的局限性:原车所配备的电瓶是两块,特性如下:额定容量为 135A·h,20h 放电电流 6.75A,终止电压 10.5V,-18℃时启动放电持续时间 2.5min。这两块电瓶就需要带动底盘及台上的工作,电瓶的特性理论上能够正常维持混砂车的正常工作。但是,在冬季由于需要带动附加的加热系统,而且大庆地区冬季温度远低于-18℃,电瓶内部的化学效应降低,充放电量远低于理论值。混砂车需带动的负载多,充放电量大,对仅仅两块电瓶来讲负担过大,长期下来启动困难的问题就暴露出来。

(三)故障排除

为了保证冬季的正常施工,该供电系统必须进行改造。如图 7-1 所示,我们考虑把台上和台下的供电系统分开独立,统一充电,给台上柴油机增加两块 80A·h 电瓶,同时采用 80mm² 的电瓶线进行改装,以保证有充足的电流。在连线过程中尽量保持原车的接线方式不动,把新增加的线路并连接到原车的电路中。

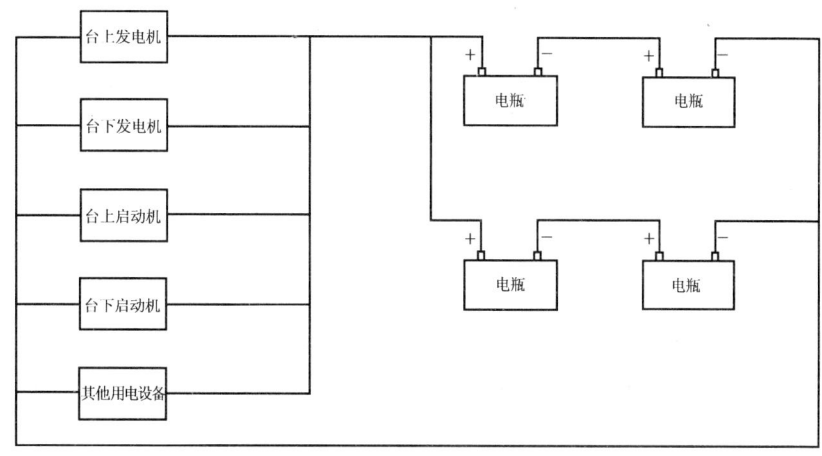

图 7-1 改造后供电系统电路图

这样,既保持台上台下的独立,又保证了大电流时的正常工作。在充电时台上和台下分别有一个发电机,供原车电瓶和新增加的电瓶充电。

安装完成后,该设备顺利完成了海拉尔地区的压裂施工,仅在海拉尔高寒地区施工就完成了 10 口井 27 层 8 缝的施工。改造以后,设备的电路系统处于一种非常良好的状态,设备的启动也很正常,彻底解决了原来的启动困难的问题,大大提高了此种车组的工作效率。

第七节 压 裂 车

一、艾里逊自动变速箱缺挡故障的排除

(一)故障现象

压裂大队一队诺斯高 2# 压裂车在使用过程中经常发生艾里逊 CT-

9884变速箱4,6挡缺挡现象,严重影响了车辆的使用。

(二)故障分析

由于该变速箱只有4,6挡缺挡,其他挡位正常,根据自动变速箱原理,我们判断是其中某组离合器控制系统故障。根据上述思路我们进行了以下检查。

(1)检查电控部分。检查挡位电磁阀,确认电磁阀工作良好,各控制系统间连接良好。

(2)检查系统油压。

原系统标准油压:1~2挡,220~250psi(1517~1723kPa);3~8挡,160~180psi(1104~1241kPa)。

润滑油压力: 50psi(345kPa)。

变压器油压: 65~30psi(448~207kPa)。

经检查4挡、6挡油压明显低于标准值,因此断定系统有泄压,而压力低造成离合器接合不足、打滑,从而导致缺挡。

(3)找出受损离合器。CLT-9884变速箱各挡离合器工作情况如下:

1挡:分流直接离合器,低挡离合器。

2挡:分流超速离合器,低挡离合器。

3挡:分流直接离合器,中挡离合器。

4挡:分流直接离合器,高中挡离合器。

5挡:分流超速离合器,中挡离合器。

6挡:分流超速离合器,高中挡离合器。

7挡:分流直接离合器,高挡离合器。

8挡:分流超速离合器,高挡离合器。

由上可知,4,6挡缺挡,其他挡位正常,说明高中挡离合器损坏。

(三)故障排除

通过分析得知,系统有泄压,高、中挡离合器已损坏。解体检查证实,高、中挡离合器烧毁,主控制阀体中,高中挡离合器控制阀、滑阀表面拉伤,关闭不严,造成高、中挡离合器泄压,更换离合器及主控制阀体后,故障消失。

二、行驶中车辆产生剧烈抖动的原因

(一)故障现象

2003年4月,西方压裂车出现在不平路面行驶时产生驾驶室剧烈抖动的症状,而在平坦的路面行驶时没有这种抖动的症状。

(二)故障分析

(1)传动轴松动可能产生这种症状,后来对传动轴进行检修,发现传动部件的连接没有出现异常情况,经试车验证该症状依然存在。

(2)前减振器减振效果不好,使车在凸凹路面行驶时前驾驶室产生共振。后来更换了前4个减振器,经试车发现该症状没有消除,因此排除了这一因素。

(3)车前束不对。通过车的前束重新校对,试车,该症状依然没有排除。

(4)转向机有故障,产生方向摆动造成驾驶室抖动。

(三)故障排除

(1)更换前方向机,试车发现该症状依然没有减弱。

(2)更换后转向助力器后该症状消除,试车在不平路面正常行驶。

后来对后转向助力器解体进行分析时发现,该助力器内部有轻微的磨损。在其工作时,磨损的部位产生高温,使周围的方向机油在高温下产生气体。高温的气体在方向机液力传动管线中存留,由于气体的压缩系数和膨胀系数均较大,造成方向抖动,从而引起驾驶室抖动。在平坦路面时,由于方向转动角度较小,转动频次也较少。这样封闭的滞留气体对方向的影响相对较弱,使驾驶室不致于产生剧烈抖动。而在不平路面时,由于方向转动角度较大,转动的频次也相对增多,这样封闭的滞留在管线中的气体对方向的影响相对增强,造成方向严重抖动,从而引起驾驶室的剧烈抖动。

三、诺斯高压裂车大泵曲轴瓦改造

诺斯高压裂车大泵采用SPM公司TUS-2000型三缸泵,最大施工压力可达105MPa,最大排量为3m³/min。

(一)故障现象

该车在动力端检修时,发现大泵连杆瓦磨损过度需更换,而进口件一时难以到位,决定进行国产化改造。

(二)故障分析

(1)使用中正常磨损。
(2)摩擦表面涂层脱落。

(三)故障排除

该泵连杆瓦尺寸大(直径ϕ181mm),工作压力高,加工技术难度大,材质选择难,这都是需要克服的困难。

(1)对受损的曲轴进行了喷涂处理,恢复其工作尺寸。
(2)选择热膨胀系数与原材质相接近的磷表铜作为新瓦的材料。
(3)对原瓦进行了详细认真的测绘,形成了图纸。
(4)选择具有生产该瓦能力的厂家,进行加工。
(5)对因高温产生变形的瓦座我们采用局部加热的办法,使其恢复基本尺寸,再镗削恢复其标准尺寸,达到使用要求。
(6)以上措施完成后,装车试验。我们发现新瓦在工作温度升高后机油压力波动,经分析认为新瓦的膨胀系数与原瓦仍有区别。由于新瓦大于原瓦,于是我们将轴与瓦的配合间隙在原有基础上加大0.05mm,压力波动现象消失。

现该泵已施工290余口压裂井,至今使用良好,国产替代件的使用收到了良好经济效益和社会效益。

四、压裂车 CAT3512 柴油机熄火故障的排除

(一)故障现象

我队于 2003 年 6 月去海拉尔施工,在施工过程中,突然发生 CAT3512 柴油机自动熄火故障,再次启动柴油机也不着火。

(二)故障分析

(1)因该柴油机主要受电子控制,如果电缆出现问题,有断路或短路也会造成此现象。

(2)检查油门动作器油压传感器,没有电流同样能造成柴油机立即熄火。

(3)检查油路(柴油)是否有漏油现象出现,或柴油滤清器堵塞,机油压力是否满足要求等。以前,双 S 压裂车组 CAT3512 柴油机也出现过熄火现象,但是故障原因是该车型装有油水分离器。由于该分离器滤芯过密,透油性低,因此经常出现熄火现象。但是,这次出现熄火现象都不是以上原因,这种现象以前没有出现过。

(4)为了排除故障我们对该车做了仔细检查,对电路及油路的走向及对各种能造成熄火的原因进行了细致研究,发现该车有一套紧急熄火和超压复位系统,并且由一只电磁阀来控制。如果电磁阀出现问题,就会给出错误的指令,立即启动紧急熄火装置,使柴油机熄火。

(三)故障排除

(1)检查电路,没有发现问题。

(2)将电磁阀断开,从外部直接供电,经检测电磁组件工作良好。因该电磁阀控制机油开闭,为此我们分析该电磁阀控制机油通路的柱塞偶件出现了问题。折开以后发现,推动柱塞回位弹簧弹力不够,柱塞与柱塞套配合间隙过小,柱塞头部出现拉伤现象,经处理装车后,柴油机故障排除。

五、压裂车 P25 液压泵故障的解决方法

压裂大队五队使用的 SJX5231TYL1050 压裂车组大泵润滑系统的 P25 液压泵为外啮合齿轮泵,其结构紧凑,具有体积小、自吸性能好等特点。P25 液压泵装在压裂车台变速箱上与变速箱体外的传动齿轮座的花键连接。它的作用是,当外力带动齿轮旋转时,相对啮合的内齿旋转吸油,然后把具有一定压力的润滑油通过输送管线输送到 OPI 泵箱内的油道,为曲轴连杆瓦及大泵拉杆进行润滑、清洁、降温,是整车润滑系统中不可缺少的部件。

(一)故障现象

压裂车在施工时,经常由于液压泵产生的故障造成润滑油冷却器风扇不工作,液压泵体发烫,压力表显示 OPI 泵润滑系统油压下降归零。

(二)故障分析

(1)来油管线接口螺母松动,造成润滑系统进入空气。
(2)花键槽磨损或磨秃。

(三)故障排除

(1)设备启动前操作手应检查油箱内是否缺油,补充后油位高度不低于管线出口位置,拧紧液压泵来油管线接头螺母,避免运行中由于缺油。管线密封不好液压泵内的齿轮会空转、摩擦,使泵体发烫、损坏零件。

(2)卸下液压油泵油管线、液压泵与传动齿轮座 4 条螺栓及固定液压泵高度的螺栓,取下液压泵后放在无灰尘的地方;发现花键轻微磨损,在无备用件的情况下,用锉刀对花键槽进行修理,或用 1mm 厚的铜皮缠在花键上,装入传动齿轮座孔内拧紧螺栓,此方法在应急时使用。

(3)在装配时,应使液压泵与传动齿轮座保持平行,松开或拧紧固定高度螺母进行调整,否则会使液压泵在工作中发生花键断裂。

通过以上的处理方法,解决了由于 P25 泵在使用过程中发生的抽空、花键磨损等造成的大泵曲轴箱润滑不良,甚至烧坏曲轴连杆瓦的重大事故,也

基本解决了由于 P25 泵缺货、配件不足而导致车辆"趴窝"的问题。

六、压裂车动力不足的解决

压裂大队一队诺斯高压裂车 3 号,经常存在动力不足,上井带不动负荷的问题。

(一)故障现象

经试车后,发现油供给、烟气排放均正常,但在高速时出现转速不稳、带不动负荷的情况。

(二)故障分析

诺斯高压裂车使用中央集中计算机控制,计算机收集各部分传感器的信息,计算机内出厂有预设制,计算机将传送的信息与预设值进行比较分析,然后反馈给各部分进行控制。压裂车在高速运转时计算机因此怀疑控制部分及传感部分有问题。高压裂车 3 号控制与动力有关的传感器共有 3 个,分别为:发动机转速、温度、进气压力传感器,齿条位置传感器。计算机接收这些传感器的信息分析后,控制油门动作器动作使发动机输出动力。应该说,控制动力输出的环节众多,油、气、电路都包括,给诊断带来了很大困难。

(三)故障排除

由于控制部分牵涉众多,如何在检查某一路时不被其他部分的故障所干扰是很重要的。因此我们决定采取两头收口的办法,先将基础的油路清理好,然后查电路,慢慢向油电交汇处合拢,将问题集中到一点。

(1)在检查电路前,将发动机柴油及机油都更换为新油,并清洗了各部分滤杯,确保在检查试车中不会因多方面故障而无法确定故障位置。

(2)检查各部分磁传感器。在检查中,由于传感器是以感受磁场变化原理制成的,需传感部分的距离也对它的工作有很大影响,因此不但要检查传感器的好坏,还要清理传感器安装部分的尘土,确保没有因接触不良而造成的假故障。

(3)尺条位置传感器对传感位置的距离要求较高,深浅差1mm也会造成车辆动力输出的很大变化。由于此传感器无资料,我们与其他车测量数据相对照,多次调整,将其调整到与正常车相同的位置,但经试车后故障依旧没有完全排除。

(4)通过电控制油路的油门动作器是车辆油、电路的交汇点,而且在卸下它后就完全无法工作,必须要在安装完好的情况下才能工作,因此很难确定故障。经万用表检查,它的电路部分电阻正常,电磁阀动作良好。由于动作器控制齿轮,有可能存在机械故障,因此将动作器拆下,拆开后使用汽油彻底清洗内部,安装后到井场试车,问题有所缓解。

因此可确定,本车长期出现动力不足的毛病,其原因主要是由于动作器老化,发动机内部机油垢积于动作器内部,造成动作器工作不正常,输出功率不足。尽管清洗了内部,但依然有机械故障无法排除。最后我们为此车更换了一个全新的油门动作器,经试车故障排除。此压裂车修复后再未出现动力不足的现象。

七、CAT3512发动机功率不足故障的处理

诺斯高压裂车3号,存在动力不足、带不动负荷的现象,经多次维修,故障仍未缓减。2002年5月,该车的动力不足情况更加严重,大队决定于2002年5月29日停用抢修该车。大队保养站组织抢修,排除了故障。

(一)故障现象

诺斯高压裂车3号,动力不足现象具体现象为:空挡操作时,正常;2,3挡操作时,油门自动回至1200~1300r/min(工作范围:1500~1800r/min),泵压25MPa,且冒黑烟;低急速及停车时,冒白烟;燃油回油管线过热、燃油消耗过多。

(二)故障分析

压裂车3号的车台发动机为CAT3512型发动机,该发动机的工作范围为:1500~1800r/min。以上故障现象可归纳为以下4种情况:

(1)功率不足。

(2)工作时冒黑烟过多。

(3)低怠速及停车时冒白烟过多。

(4)燃油消耗过多。

在以上4种现象中,功率不足是影响该车正常工作的最主要因素,而冒黑烟和白烟可能只是功率不足的一种表面现象。因此,我们就着重分析、讨论引起功率不足故障的各种可能原因,经讨论总结出可能存在的故障原因如下:

(1)燃油品质差。

(2)燃油压力低。

(3)气门间隙不对。

(4)发动机的某缸可能不工作。

(5)喷油定时不对。

(6)燃油量的调定值不对。

(7)进气系统漏气。

(8)制动器及其操纵杆有毛病。

(9)涡轮增压器积炭。

(三)故障排除

根据以上可能存在的各种故障原因,拟定维修计划,并按照由简单到复杂的步骤去排除故障,具体过程如下:

第一步:检查油品质是否合格,并换上品质合格的燃油。

第二步:检查发动机各缸是否正常工作,经检查各缸均工作正常。

第三步:检查燃油压力是否过低。燃油压力过低,可能是由于回油量过大,使回油阀压力不足。因此检查回油阀,使其压力正常。试车,发现故障现象仍然存在。

第四步:检查气门间隙,按照Caterpiller3512发动机气门间隙的容许范围调整其进、排气门间隙。

第五步:按照Caterpiller3512发动机喷油定时及燃油量调定说明,调整其喷油定时及燃油量。

完成以上两步后再次试车,发现1~3挡操作时,排烟正常,而转速和泵压均低。经详细观察发现,3挡操作时,制动器不动作。采用手操纵油门控制连杆加油后,发现发动机转速和大泵泵压均有所升高,但有冒黑烟现象,可能是手操纵油门控制连杆加油时,加油不均引起的冒黑烟。试验数据记录见表7-1:

表7-1 试验数据

挡位	排量,m³/min	转速,r/min	泵压,MPa	排烟	备注
1	0.5	1800	28	正常	
2	0.69	1600	35	正常	
3	0.85	1360	33	正常	
2	0.69	1700	34	轻度黑烟	手操纵加油
3	0.85	1680	53	浓黑烟	手操纵加油

从本次试车结果可以看出,故障可能出在油门动作器上,因此下一步准备检查油门动作器。

第六步:检查动作器。首先检查动作器的电路部分,检查结果均正常,于是分析动作器内部有故障。拆开动作器,发现动作器内积有污垢,检查并清洗各部件。安装已检查过的动作器,再次试车,发现故障现象有所减轻。

第七步:换上新的动作器,试车观察各挡工作状况。经测试,发动机转速、泵压及排烟均已正常。

总结以上分析可以确定,本车长期存在的车台CAT3512发动机输出功率不足,主要是由于动作器各部件老化和内部长时间积有污垢引起的。

第八节 压裂仪表车和液罐车

一、奔驰车钢板托架的修复

(一)故障现象

奔驰车后钢板有4个托架,它分别固定在中后桥上,主要用于扶正钢板和车辆载重后的承重作用。由于托架与钢板两端的常年接触摩擦,加之道路状况,车辆的左、右转弯,使托架与钢板两端磨损程度加大。时间久了,托架平面磨损得很薄,甚至可以造成中后桥受损。

(二)故障分析

酸罐车 7# 正是存在上述情况的车辆,进厂对钢板托架进行修理和更换时,难题又出现了。由于固定钢板托架的螺钉常年受酸、泥水的侵蚀,螺钉已无法松动,根本拆不下来。如果把螺钉用气焊割断更换托架,普通螺杆又达不到原车螺杆的强度。针对上述问题的出现,我们同保养站检验、司机共同协商,决定保留原有钢板托架,用新的处理方法,对钢板托架进行修复。

(三)故障排除

在对原有钢板托架的长度和厚度进行测量后,决定由托架平面磨损同等厚度的钢板焊接在钢板托架的平面上,使其厚度达到原钢板托架的厚度。4 只钢板托架在没有拆卸的情况下,得到了及时的处理和修复。

虽然对钢板托架的处理方法算不上什么复杂绝活,但能根据设备在拆检过程中出现的问题,及时制定具体的修保方案,使设备完好及时出厂,以保证生产用车,同时也做到了修旧利废和成本节约。

二、高低速助力缸活塞和密封胶圈的改进

压裂大队的铁马和 MAN 拉液罐车的变速箱都装有高低速助力缸。该助力缸活塞头上装配的皮碗式橡胶密封圈在缸内作往复运动,由于司机每次行车时都不断变换挡位,橡胶表面和缸体内壁摩擦力很大,使用时间往往超不过 200h 胶圈就会不同程度地磨损。

(一)故障现象

磨损轻微时,胶圈和缸体内壁的间隙大,造成助力缸漏气,司机换挡不畅;磨损严重时,皮碗式密封圈会翻背卡死活塞,导致全车无任何挡位,给司机安全驾驶车辆带来极大隐患。

(二)故障分析

分析其工作原理可得出结论,高低速助力缸的活塞头设计上有不完善

的地方,并且皮碗式密封胶圈在使用过程中,其橡胶的弹性和强度也不能满足使用要求,存在一些缺陷。更换该配件总成费用大约在 2500 元左右,配件损坏就更新,使用周期还是很短,不能从根本上解决问题,而且成本也太高,得不偿失。

(三) 故障排除

(1) 如果把高低速助力缸的活塞头密封胶圈改成相应尺寸的 O 形密封圈,从原来的单一密封改成双道密封,增强密封效果。

(2) 把助力缸活塞头外径扩大 4mm,达到 $\phi58mm$,使其与缸体内径间隙变为 15mm,并且在加大活塞头外径上开两道深 8mm 凹槽用来镶 O 形密封圈。通过实践检验,使用效果不十分理想,分析原因是改进的活塞重量比原件增加了 200g。在气压不变的情况下,活塞在单位时间内往复工作的次数减少了,不能满足使用要求。而且 O 形圈质量也有一些问题。

(3) 重新设计活塞头的重量,使其和原件重量一致。使 O 形圈和缸体内壁的摩擦力及活塞单位时间内做的功完全满足使用要求。

改进后的助力缸装到铁马和 MAN 拉液车上试验,单车使用时间均突破了 350h,而且把助力缸分解检查 O 形圈的磨损情况,几乎没有磨损,完全可以继续使用。该改进的高低速助力缸还可使用在奔驰系列车型上,很有推广使用价值,为我单位节约了十几万余元材料费。而且,该项技术革新成果从根本上解决了高低速助力缸设计上的不合理,排除了车辆的不安全隐患。

三、奔驰 Actros 卡车挡位故障一例

奔驰 Actros 卡车是奔驰公司全新的一代重型卡车,该车首次将工业控制总线系统应用于汽车,实现了整车智能化控制,原有的维修方法已不能适应该车。

(一) 故障现象

压裂大队一台 Actros 卡车在行驶途中出现无挡故障,应用紧急模式下的挡位行驶螺栓,以 2 挡返回大队。

(二)故障分析

该车采用EPS智能换挡系统,由操作手发出指令,计算机核对系统工况,执行操作。该车EPS换挡控制原理如图7-2所示。

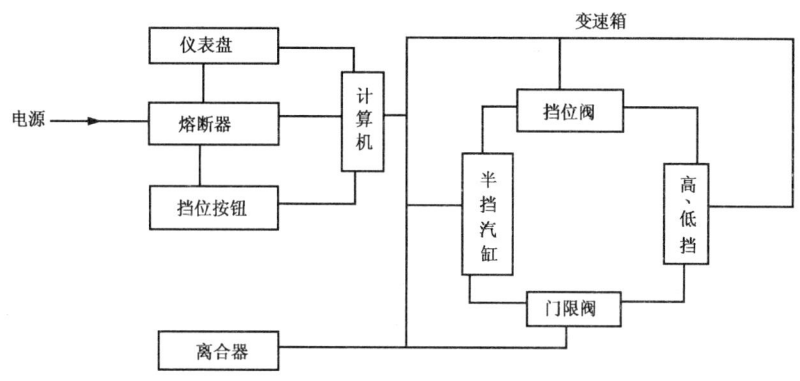

图7-2 EPS换挡控制原理图

当操作手操作挡位时,只需拨动排挡,仪表盘上即显示出当前挡位和要选择的挡位,此时踩下离合器,再松开时,计算机就会给变速箱发出指令,由3个电控气动缸完成挡位操作。在这过程中,计算机若认为操作手的挡位选择不适合当前车辆行驶状况,则拒绝执行,同时发出警报声。

该车由于安装了先进的智能控制系统,所以多数故障是传感器、线路等电器部分造成(例如,发动机突然进入紧急模式,只能以1300r/min转速操作,这时很可能是某个"进气压力"传感器故障造成的)。

(三)故障排除

(1)检查变速箱。该车使用不足一年,司机反映未听到异响,油品无杂质、无缺失,再加上EPS系统的保护功能,判定变速箱本身无故障。

(2)检查执行机构。该车执行机构有半挡阀、门限阀、挡位阀、高低挡阀,这4个阀的动作由电磁阀控制,气动执行。首先我们检查电磁阀无故障,外接电源促动电磁阀,各阀工作良好。

通过以上两项检查排除了机械故障,确认无挡故障是由电路故障引起。

(3)电路检查。由于该车电路是总线结构(所有信号由一根线传递),所以重点检查变速箱到计算机(FR控制模块)、排挡到计算机间的总线。通过检查发现变速箱到计算机间,总线无信号,故障显示断路。对照电路图,查找结果发现插头焊点松动,焊接后,故障消失。

四、正确维护保养 F413 发动机离心式机油滤清器

压裂大队目前拉液拉砂所用的主力车型是铁马液罐车和奔驰拉砂罐,该机种因为功率大,采用风冷较易维护而显得适用性较强。但是使用中也发现了一些问题,这些问题有的是不了解设备的结构性能,不会正确维护保养而产生的。

(一)故障现象

1996 年,我队北方奔驰 2629 型拉砂车行驶 5 万多公里,发现车辆高速行驶时间一长温度就高,极易造成拉缸、烧瓦现象。

(二)故障检查

(1)调整针阀。
(2)清洗发动机缸筒散热片。
(3)清洗机油散热器,故障还是没有排除。

(三)故障排除

拆开耦合器后,发现此件不单是液力耦合器,还担负着机油离心滤清器的功能,由于长期没得到清洁,里边的油泥已积聚了有 1.5cm 厚。清理完毕后,故障得以解决,温度也不高了。

通过这次故障的处理,我们了解了机油在风扇耦合器通过时由于腔体的高速旋转使机油在离心力作用下其中质量较大的杂质被离心力甩到壳体边缘沉积下来。当杂质积累到一定量时就需清除,否则就会因离心作用使杂质没有来得及甩出就循环下去了,这样就失去了离心滤清器的作用。另外,因油泥沾积太厚阻挡了耦合器的通道,使风扇不能及时耦合旋转,而造成发动机温度过高。症结找到了,问题也就解决了。

五、仪表车计算机死机现象的恢复

2002 年 10 月,压裂二队 5 号仪表车计算机系统在朝阳沟施工结束后死机。如果不及时恢复工作,不但影响当天的工作,还要影响以后的工作计

划,损失极大。

(一)故障现象

仪表车计算机系统死机,再次开机后仍无法启动,使用软盘启动机器后,发现硬盘系统已经无法识别。

(二)故障分析

(1)首先检查了硬盘驱动器与主板的连线,工作正常。

(2)使用万用表检查了硬盘驱动器电源线 12V,5V,接地,正常。

(3)检查 CMOS 中的硬盘信息,找不到硬盘的信息。经询问,工作人员在早上曾使用其他单位的软盘拷取施工数据,由于计算机工作后一般不会关机,联想到再次重新启动机器后才发生故障,硬件系统并没有被改动,因此确定是恶性病毒使硬盘系统遭到破坏。

(4)硬盘系统此时无法识别,说明硬盘的 0 磁道已经被破坏,而且当时机器中存在病毒,由于硬盘已经无法识别,杀毒软件无法检测到任何文件,也无法杀除病毒文件。如果使用分区命令,硬盘中所有文件将被清除,显然不行,使用 fdisk/mbr 重建分区表也失败。

(三)故障排除

(1)将另一块相同的硬盘的主引导分区记录覆盖到损坏的硬盘。

(2)使用 KV3000 杀毒软件,它有备份且恢复硬盘分区表的功能,用此功能修复该系统,具体做法如下:

在良好的硬盘上进入 KV3000 引导软盘打入"KV3000/B"向 A 盘备份一个无病毒的硬盘主引导信息文件。然后再用软盘启动坏机器,执行 KV3000,按下 F6 键,可以看到硬盘 0 盘 0 柱 1 扇区引导信息,比较重要的是两个标志,即 80H 和 55AA。80H 是分区激活的标志,表示系统可引导,且整个分区表只能有一个 80H 标记;另一个就是结尾的 55AA 标记,用来表示主引导信息是一个有效的记录。在 KV3000 找到两个标志后,屏幕下方提示"F9 = Save To Side 0Cylinder 0 Sector 1!!!"。按下"F9"键,将刚找到的原硬盘主引导信息覆盖到硬盘 0 面 0 柱 1 扇区中,然后重新启动机器。硬盘分区可以查看,使用 KV3000 杀毒后重新安装 Windows,机器恢复了正常,数据无一损坏,保证了第二天的正常施工。

第九节 其 他

一、事故车钣金修复前判断事故过程的重要性

汽车在碰撞以后，为了决定最佳的修理步骤和方法，必须将那些损伤部位的状态进行细致的检查与分析。如果最初的工作步骤和方法正确，不但可以使损伤部位复原，也可以使整个修理作业时间缩短，提高了工作效率。

（一）故障现象

维修站接到了一台凌志300型事故车车身钣金大修任务。

（二）事故分析

经过认真地查看、分析，判断出事故的原因是由于车速太快，司机处理情况不及时，而造成汽车左前翼子板骨架变形，翼子板骨架缩短近40cm，驾驶室前部缩短10cm，左侧两个车门变形，车门已经不能开启。它的主要受力点就在左前轮骨穴上，其次是左前门门柱，力最后消失在左后翼子板上。

（三）故障排除

知道了事故的主要原因和受力点以后，我们采取了施加相反作用力的方法，把车身固定好以后，用一个5t的捣链在前部以向左侧约20°角的方向拉抻左前翼子板骨架，又用一个3t的捣链向前拉抻左前门门柱。在拉抻的同时，对车的各部主要褶皱用手锤进行敲击，大形基本到位以后，在力不变的情况下，保持了一天，使车由我们拉拽的弹性变形变成塑性变形，大形很快就校正过来了。

在碰到一台事故车的钣金修复作业开始之前，仔细检查损伤的状况及决定修理方法是最重要的。汽车碰撞事故所引起的损伤并不是瞬间所产生的，由瞬间的冲击到车辆的静止为止，有一段发生损伤的过程。也就

是车身钣金最初是被撞凹入,随着持续的力量,使损伤变得更大,还会形成多个弯曲起伏的凹凸。凹凸的多少、大小以及程度都是和车身当时碰撞所承受的力的大小、力的方向、受力点的位置、受力点的面积有很大的关系。因此,汽车钣金工最初的工作是检查、判断车身的哪一部分最先受到冲击和哪一部分是最后形成的凹凸痕迹,最后形成的凹凸痕迹必须最先修理。

二、巧卸轴承圈

(一)问题的提出

在进行钻(修)井设备的修理过程中,经常要拆卸轴承内、外圈,但是有些轴承的内、外圈用普通工具拆卸比较困难。通过实践,我总结出下面巧妙拆卸轴承圈的方法。

(二)具体做法

1. 拆外圈

用$45^{\#}$钢制作如图7-3所示的圆环,其外径比轴承外圈的内径小$0.1\sim0.2$mm,内径为$\phi16^{+0.2}_{+0.1}$mm,厚度尺寸与轴承外圈厚度相同;在圆周上间隔90°打4个孔,孔径比该轴承的钢球大$0.10\sim0.02$mm;另配4个圆珠笔柱销3(图7-4),其直径比圆环上的(4个)孔径小$0.06\sim0.10$mm,4个圆柱销长度要相等。

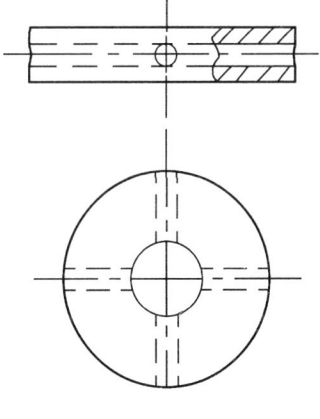

图7-3 圆环体

拆卸时,按图7-4所示在圆环的4孔内涂塞润滑脂,经粘住将放入圆柱销及钢球,由外向内放入圆柱销3及本轴承的或尺寸相同的钢球4。将圆环放入需拆卸的外圈孔内,用螺丝刀把4节圆柱销从$\phi16$mm的孔内往外拔,使钢球紧贴轴承内槽,再放进 M16 螺栓,敲打或用拔销器拔 M16 螺栓即可卸下外圈。如果没有合适的钢球,可将圆柱销 3 适当加长,朝外的一端磨成与外圈沟槽相吻合的圆球头也可使用。

2. 拆内圈

拆内圈的示意图见图 7-5,方法与拆外圈相似。

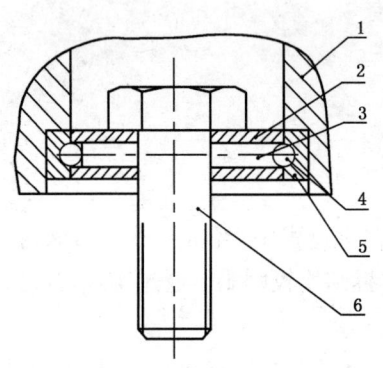

图 7-4 外圈拆卸工作原理
1—机体;2—圆环;3—圆柱销;
4—钢球;5—轴承外圈;6—M16 螺栓

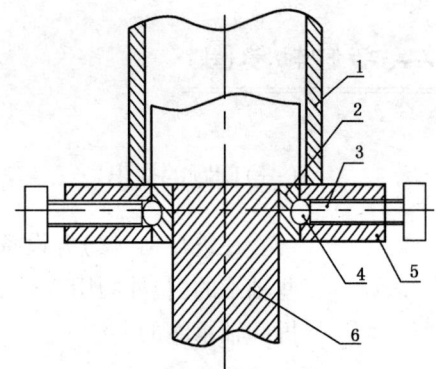

图 7-5 内圈拆卸工作原理
1—拆卸用套管;2—轴承内圈;3—内六角螺钉;4—钢球;5—圆环;6—轴

(三)结论

用此种方法拆卸轴承圈,省时、省力,简便易行,已广泛应用于生产实践。

三、修复断轴一例

(一)问题的产生

我厂的 1 台 20t 桥式吊车,1996 年出现行走小车减速箱内 1 个齿轮轴(直齿轮)扭断,扭断部位发生在 $\phi35mm$ 轴径 $A-A$ 处,如图 7-6 所示,按一般维修方法只能更换齿轮轴。但因无备用件,我厂又无加工齿轮的装备,外协加工需 1 周以上,严重地影响着生产。

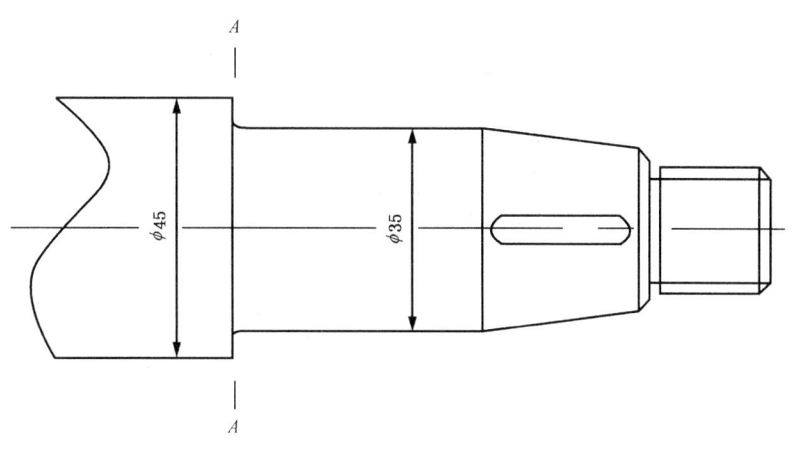

图 7-6 轴的断掉部分

(二)问题分析

经分析,该轴的断裂是由于在 φ35mm 轴径的 A-A 处产生疲劳造成的,经仔细研究,我们终于修复了扭断的齿轮轴,停工仅 12h 就使设备恢复了正常,至今已使用 6 年多。

(三)具体修复方法

1. 检测扭断的轴

经检测,准备利用的带齿轮的这段轴,内部无隐伤,且各部位尺寸符合要求,有利用价值。

2. 确定接轴的材料和接轴前的准备

采用圆柱面过盈去,选定配合为 H7/r6,圆柱面结合长度为 40mm。该齿轮轴传递扭矩为 50N·m,需接部分选用与原轴材料相同的直径为 45mm 的 45 号钢。截取相应长度,将其一端加工如图 7-7 所示尺寸;在被选用这段齿轮轴断裂端,在轴径为 45mm 上截去 10mm 并加工成如图 7-8 所示尺寸。

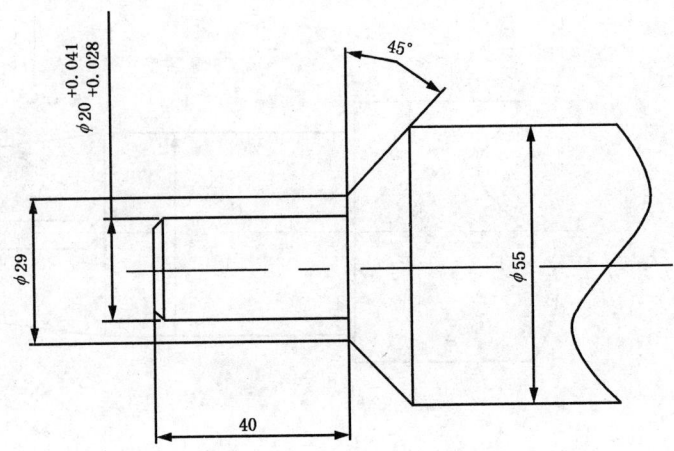

图 7-7 轴的补缺部分

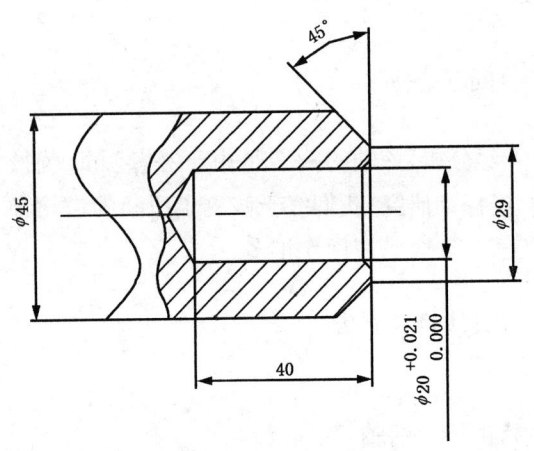

图 7-8 轴的断口整修

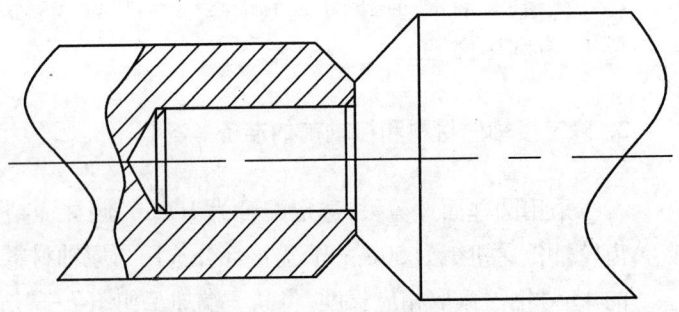

图 7-9 补缺部分与断口连接

3. 接轴及车削修复

我们采用压入法装配,压力为 65kN,将准备好的两段轴对接,如图 7-9 所示。若采用热装法,应将 $\phi 20mm$ 的孔加热至 310℃(计算值)后再装配。选用 E5016 焊条,在 90°V 形坡口处施焊 1 圈,焊接处应无气孔等焊接缺陷;最后上车床车削,恢复原轴尺寸。

(四)结论

1998 年 12 月份,我们已将该技术应用于 JC20D 绞车传动轴(接轴处轴径为 110mm)的修复,并取得了满意效果。

四、磨合对发动机使用寿命的影响

发动机经过大修理并更换了一些主要零部件(如曲轴、连杆瓦、主轴瓦、凸轮轴、凸轮轴瓦等)后,良好的磨合对以后发动机的使用寿命影响很大。2002 年,日野(ZM443)砂 15 在发动机的修理和磨合过程中就是一个很好的案例。

(一)故障现象

2002 年 3 月,砂 15 在行车过程中,由于水箱下水管破裂而产生漏水,在行车过程中司机并没有发现这一情况,使发动机由于缺水而产生高温。后经过发动机解体,发现缸筒、活塞均已拉伤,曲轴、连杆瓦、主轴瓦已严重烧毁。主轴瓦出现滚瓦现象,并使机体主轴瓦座孔严重拉伤。

(二)故障分析

在该发动机后来的修理过程中,经过检测发现,该发动机由于滚瓦而使主轴瓦座孔严重磨损,产生失圆现象。经测量发现,磨损严重的主轴瓦座孔最大圆差已达到 0.19mm,最大锥度已达 0.08mm,这远远超过了发动机的装配极限最大圆差为 0.03mm,最大锥度为 0.03mm 的要求。但由于该车受当时生产的需求和配件采购难的限制,又必须在现有已损伤机体的情况下尽快修复。当时考虑到在瓦的背侧加铜皮等办法都是不可取的,都不能使发动机正常工作较长时间,为此我们采取了通过修复基准瓦与采用合适的磨合方法相结合的措施。

在修理时,主轴瓦装配好并测量发现,圆差最大达到 0.18 mm,锥度最大达到 0.08mm。当时,曲轴与机体装配好后,曲轴转动已很困难,必须根据曲轴和瓦的配合痕迹对瓦进行修复。主轴瓦经过修复后与主轴的最大配合间隙已达 0.20 mm,这远远超过了发动机主轴瓦与曲轴配合间隙 0.07~0.13 mm 的装配范围要求,但并没有超过主轴瓦与曲轴的使用装配极限小于或等于 0.25 mm 的要求。所以,必须采用合适的磨合措施,才能保证发动机主轴瓦和曲轴磨合后不超过使用极限并保证机油压力的要求。

(三)故障排除

在磨合时,采取了以下 4 种措施:

(1)空负荷磨合。曲轴、主轴瓦、机体装配好后,没有再装连杆、活塞等其他零部件,使曲轴与主轴瓦在空负荷下进行人工转动磨合。当曲轴磨合到转动自如时,拆下曲轴,对曲轴及瓦进行清洗,然后再装好进行人工转动磨合。这种磨合的主要目的是,初步形成曲轴与主轴瓦在有一定的负荷下有较大磨损。

(2)一定负荷下人工转动磨合。这种磨合可以分两步进行,主要是使负荷逐渐增加。第一步是发动机组装好后不要装到车上,而是在工作间用人工转动轴进行磨合,经过 2~3h 磨合后,组装到车上,再进行人工转动磨合 2~3h。这样做的主要目的是,经过逐渐增加负荷使主轴瓦与曲轴配合,进一步达到工作配合要求,减少对主轴瓦的磨损。这种磨合能使主轴瓦处于冷磨合状态,进一步减少了对主轴瓦的磨损。

(3)控制发动机的温度进行磨合。这个阶段的磨合主要分 5min,10min,20min,30min,1h,2h 几个时间段进行控制温度静磨合。发动车磨合 5min 并在怠速下磨合,然后熄火,使主轴瓦冷动到常温,然后怠速磨合 10min,20min,30min,1h,2h,每个磨合时间段都使主轴瓦充分冷却到常温,再进行下一个时间段的磨合。这种分时间段并使主轴瓦充分冷却进行磨合的主要目的为:①修复的主轴瓦与曲轴的配合面能充分达到工作配合需求;②磨合中主轴瓦与曲轴产生的细小颗粒摩擦力较大,使主轴瓦温度降低,摩擦生热不会使主轴瓦产生轻微烧伤;③控制温度另一个原因是减少对主轴瓦的磨损量,使主轴瓦与曲轴的配合间隙不超过工作配合间隙要求。

(4)路面行驶磨合。路面行驶磨合主要是不断提高车速和逐渐增加车载重量进行磨合。磨合总里程达到1400km。

该发动机经磨合的机油压力正常。后经满载山路行驶及高速公路高速行驶累计里程达8000km,后来对发动机进行解体检查,发现主轴瓦工作状况很好,没有出现任何不良情况。

根据该发动机的修复和磨合经历我们认为合理的磨合对延长发动机的使用寿命影响很大。

参 考 文 献

付成昌主编.190系列柴油机使用与维护.北京:机械工业出版社,1990